행정안전부 재난관리분야 전문인력양성사업 교육교재

도시방재학개론

강원대학교 방재전문대학원 저

Urban Disaster Prevention

도서출판
구미서관

머리말

도시는 우리 인간이 자신의 의지를 가지고 자연을 변형하여 조성한 인공 환경으로 우리의 문명을 창조하고 발전시키는 다양한 활동이 일상적으로 이루어지는 삶의 터전이자 우리 문명을 결정하는 여러 기능이 집약된 복합공간이다. 도시는 또한 자연환경과 정치 · 사회적 여건의 변화에 따라 발생 · 성장 · 쇠퇴 · 소멸하는 매우 동적인 공간이며, 그 도시를 중심으로 하는 국가 · 지역의 경제발전을 견인하고, 쇄락의 원인이 되는 핵심공간이다.

도시의 재난 취약성은 크게 자연적인 요인과 인적 요인, 그리고 사회적 요인에 의한 것으로 구분할 수 있다. 도시화가 급격히 진행되고, 도시 내 인구 집중, 하천 주변 토지이용 고도화 및 각종 시설물 증가 등과 같이 인프라가 집중됨에 따라 재해에 대한 도시의 취약성은 점차 심각해지고 있다. 다양한 사회 · 경제적 자원이 집중되어 있는 대도시에서 발생하는 재해는 직접적인 인적 · 물적 피해에 그치지 않고, 통신두절, 교통마비, 식량공급 단절이나 생산시설과 기반시설에 영향을 미치는 등과 같이 사회질서를 혼란시키는 간접적인 2차 복합영향을 유발하고 있다.

인적 요인에 의한 재난측면에서 도시는 20세기 후반기 이후 정보통신기술의 혁신, 인구의 도시집중과 고밀화, 산업의 고도화 및 분업화, 도시 시설의 네트워크화 등으로 도시 기능이 고도화되고, 도시 내 공간이용이 복합화 · 입체화 · 고층화 · 대형화되었으며 각종 다중이용시설 · 다중복합공간이 건설되었다. 그 결과 대형화재와 폭발사고, 교량 · 건축물 붕괴사고, 산업시설 · 수송차량에서의 유해물질 누출사고 등에 대한 위험성이 급증하고 있다.

자연적 요인에 의한 재난측면에서 기후변화는 도시공간속에서 다양한 부정적인 영향을 야기시키고 있다. 홍수, 고온현상, 미세먼지 등을 발생하는 열환경 악화와 대기오염 문제는 도시를 구성하는 인프라를 비롯해 인간의 건강과 활동, 재산 등의 손실을 가져오고 있다. 기후변화에 취약한 도시공간은 대응이 늦을수록 미래비용이 크게 증가하고 적응 옵션의 선택 폭도 줄어들게 된다.

또한, 도시는 경제성장, 일자리 창출 및 혁신의 핵심동력임과 동시에 기후온난화의 주범이라는 인식이 커지고 있다. 인구의 도시집중은 에너지의 고소비로 이어지고, 이는 곧 온실가스 배출, 특히 CO2 배출의 주요인이 된다.

도시에서의 재난은 다양하다. 우선 태풍, 홍수, 호우, 강풍, 해일, 대설, 낙뢰, 가뭄, 지진, 황사, 조류대 발생, 화산폭발 등과 같은 자연재난이 있으며, 도로, 철도, 항만, 통신, 전기, 원자력, 가스, 상하수도, 금융, 의료 등 다양한 분야에서 여러 종류의 사회적 재난이 있다. 재난 유형의 패러다임은 태풍, 홍수, 지진 등으로 인한 자연재난에서 사회발전에 따라 화재, 붕괴, 폭발과 같은 사회재난으로 변해왔으며 점차 재난이 복합적으로 다양화 · 대형화되는 대형복합재난으로 옮겨가는 추세이다. 이에 따라 도시재난관리의 패러다임도 사후적인 재난복구에서 상황전파 등의 재난대응 수준을 넘어 재난예측으로 변화하고 있다. 도시의 복합재난은 자연재난과 사회재난이 연쇄 혹은 동시다발적으로 발생하는 재난을 말한다.

본 교재는 도시에서 발생할 수 있는 복합재난 정의와 유형 및 사례 그리고 대응방안에 대하여 다루고 있으며, 재난을 전공하는 전문가와 비전문가들도 쉽게 이해할 수 있도록 구성하였다.

끝으로 본 도시방재학 교재를 집필하는 데 도움을 주신 여러 저자분께 감사드리며, 아울러 감수를 해주신 많은 분들에게도 감사드린다.

2019년 8월

대표집필자 강원대학교 교수 **김 병 식**

목 차

CHAPTER 01 도시재난안전의 개념 범위

1.1 재난이란 3
1.2 재난의 추이 13
1.3 도시복합재난의 정의 26
1.4 도시복합재난 발생유형 34

CHAPTER 02 도시와 홍수

2.1 홍수의 정의 43
2.2 도시 홍수 피해 사례 48
2.3 도시홍수 해석 모형 59
2.4 홍수방어 계획 67

CHAPTER 03 도시와 화재

3.1 도시화재의 개념 81
3.2 도시화재의 이론 82
3.3 주요 피해현황 84

CHAPTER 04 도시와 환경

4.1 대기오염 111
4.2 수질오염 117
4.3 폐기물 134

contents

CHAPTER 05 도시와 지진

5.1 지진의 정의 147
5.2 발생원인 148
5.3 지진 메커니즘 150
5.4 지진정책 및 대응시스템 157
5.5 국내외 지진 현황 167

CHAPTER 06 도시와 토석류

6.1 토석류의 정의 및 특징 189
6.2 토석류의 분류방법 192
6.3 토석류 해석모형 198
6.4 토석류 피해발생 사례조사 202

CHAPTER 07 도시와 기후변화

7.1 기후와 도시환경의 변화 213
7.2 도시지역에서 나타나는 기후변화 영향 215
7.3 기후변화가 도시환경에 미치는 위험과 기회 231
7.4 기후변화 대응을 위한 도시계획 사례 242
7.5 기후변화 대응 도시의 등장 246
7.6 기후변화에 따른 도시재생 방향 250

목 차

CHAPTER 08 도시와 유비쿼터스

8.1 유비쿼터스 혁명 도래 256
8.2 유비쿼터스의 기원과 유비쿼터스 컴퓨팅 특징 260
8.3 우리사회의 유비쿼터스 컴퓨팅 사례 264
8.4 유비쿼터스 컴퓨팅 통신 인프라 271

CHAPTER 09 도시와 원자력

9.1 방사선 이론 277
9.2 국내 원자력 발전 현황 281
9.3 원자력 안전문화 284
9.4 방사선 안전 292
9.5 원전의 안전대책 300
9.6 원자력 사고사례와 교훈 307

CHAPTER 10 도시계획과 제도

10.1 도시계획의 개념 329
10.2 도시계획과 방재계획 336
10.3 방재성을 고려한 도시계획 사례 349

참고문헌 364
찾아보기 374

CHAPTER 01

도시재난안전의 개념 범위

1.1 재난이란

1.2 재난의 추이

1.3 도시복합재난의 정의

1.4 도시복합재난 발생유형

CHAPTER 01

도시재난안전의 개념 범위

1.1 재난이란

1.1.1 재난의 정의

인류의 역사 이래 현재까지 지구의 역사는 각종 재난이 늘 함께 하였다고 해도 지나친 표현은 아닐 것이다. 재난으로 인해 인류는 때때로 삶의 터전을 잃고, 재산과 생명도 잃었다. 하지만 인류는 재난을 극복해 나갔고, 지금도 재난을 극복하면서 새로운 문명을 만드는 업적을 계속해 나가고 있다.

지금까지 재난이 발생하지 않았던 시대는 없었지만, 특히 현대사회에 있어서 재난을 주목해 보면 재난의 발생 빈도가 과거보다 그 주기가 단축되었고 재난으로 인한 피해규모는 점점 대형화되고 있음을 알 수 있다. 19세기까지 재난이라고 하면 홍수, 태풍, 지진, 해일, 화산 폭발, 가뭄 등과 같은 자연재난만을 인식해왔으나 20세기 이후에는 과학 · 기술의 발달과 산업사회의 진전으로 인해 각종 오염사고, 폭발사고, 대형화재, 가스폭발 같은 인위재난이 빈번하게 발생하고 있고, 규모에 있어서도 자연재난 못지않게 대형화되는 추세이다. 이렇듯 현대사회는 과거의 개인적 실수 혹은 부주의로 인한 사건이 사회에 끼친 영향은 미미한 것이었으나 이제는 그런 실수 혹은 부주의라 하더라도 거대한 재난으로 연결되는 위험성을 내재하고 있는 것이다. 또한 사회적 이념의 마찰과 개인의 영리를 위하여 계획적으로 이루어지는 전쟁, 테러, 파업 등으로 사회를 마비시키고 혼란을 초래하는 일도 끊이지 않고 있다. 그리하여 지금은 자연재난 못지않게 인위재난의 심각성을 인식하고 있는 것이다. 예를 들면, 전 세계적으로 20세기 후반부터 지진, 가뭄, 태풍, 지진해일 등 자연재난, 화재, 건축물 붕괴 폭발 등의 인위재난 그리고 최근 들어서는 에너지, 통신, 교통, 금융 등 국가기반체계의 마비와 광우병, 수인성 전염병, 에이즈의 확산 등과 같은 생활적 재난 발생으로 인한 수많은 인적 · 물적 피해를 입고 있다.

최근 인위재난은 자연재난에 비해 오히려 국민들의 심리적 안전을 더욱 크게 위협하고 사회 전체에 불안감을 조성시키며 사회구성원 모두의 삶의 질에 심각한 영향을 미치고 있다. 우리나라의 경우 1990년대 중반 이후 서울 아현동 가스폭발, 성수대교 붕괴, 대구 도시가스 폭발, 서울 삼풍백화점 붕괴 등 일련의 대형 사고를 통해 엄청난 재산과 인명손실을 가져왔다. 2003년에 발생한 대구 지하철 방화참사는 재난에 대한 인식이 없는 정책당국의 안이함이 빚은 불행으로 규명되었으며, 2004년도에 발생한 강원도 고성 산불은 늘 위험성을 내포하고 있는 현대인의 생활에서의 시민의식의 미성숙 문제로 인식되고 있다. 또한 2006년 8월 여름 장마와 같은 자연재난 등은 지구환경의 변화(온난화 등)가 가져온 참사로 보고 있으며 그 발생 빈도와 강도는 날로 증가할 수 있음을 경고하고 있다. 재난은 점점 대형화되어 인명손실과 기반시설을 포함한 재산상 막대한 손실이 발생할 수 있음을 예고하고 있는 것이다. 그러나 이러한 엄청난 재난을 지속적으로 경험하고 있음에도 불구하고 국민들의 안전의식은 그다지 높지 않다는 게 현실이다. 또한 정부는 대규모 재난 발생 시 체계적인 대응과 장기적 대응전략으로 재발방지에 힘쓰기보다는 일시적이고 임시처방적인 사후복구에 중점을 두고 재난에 대처하고 있어 여전히 많은 문제점이 반복적으로 제기되고 있는 실정임을 부인할 수 없다.

현대사회에서 재난의 개념을 일목요연하게 정의하는 것은 어려운 일이다. 왜냐하면 재난과 유사한 용어가 많이 있어서 각각의 의미가 혼용되어 사용되기 때문에 혼란을 초래할 뿐만 아니라 재난의 개념과 분류가 학자들의 견해에 따라 다르고, 각 나라마다 다양하게 사용되고 있다. 또한 같은 나라에서도 시대적 배경과 사회적 환경의 변화에 따라 재난의 범주가 다르게 사용되고 있기 때문이다. 문명이 발달하고 인명을 중요시하게 되면서 재난의 범주는 점차 늘어나고 있다. 특히 우리나라의 경우는 법률상에 따라 다양하게 정의되어 현재까지도 학문적으로 통일되지 않은 채 사용되고 있는 실정이다. 종합적으로 재난의 개념이 사회 환경과 시대에 따라 유동적으로 생각되고 있는 상대적인 개념이며, 사회 관심도에 따라 작은 사고조차도 재난으로 받아들여지고 있는 경우가 있기 때문이다.

앞서 언급했듯이, 이러한 재난의 개념에 대하여 학자나 관련 법규, 각 나라의 기관에 따라 약간씩 차이를 보이고 있다. 먼저 학자에 따라서는 '예기치 못했고, 바람직하지 않은 사건이나 현상의 출현으로 재산이나 신체에 손실을 초래하는 상태'로 재난을 정의하거나, '인간의 생존 및 생활 질서를 위협하거나 파괴하는 상태'로 정의하기도 한다. 또한 각 나라의 기관별 재난의 정의도 약간의 차이를 보이고 있다(표 1-1).

표 1-1 각 나라의 기관별 재난의 정의

구분	정 의
미국의 연방재난관리청 (Federal Emergency Management Agency, FEMA)	없는 인적 및 물적 손상을 초래하는 사건을 말하고, 재난은 대개 돌연히 발생하지만 대처 과정에서는 다수의 정부기관과 민간부문들의 즉각적이며 조정된 노력을 필요로 한다.
유엔개발계획 (United Nations Development Programme, UNDP)	재난을 사회의 기본 조직 및 정상 기능을 와해시키는 갑작스러운 사건이나 큰 재난으로서 재난의 영향을 받는 사회가 외부의 도움 없이 극복할 수 없고, 정상적인 능력으로 처리할 수 있는 범위를 벗어나는 재난, 사회간접시설, 생활수단의 피해를 일으키는 단일 또는 일련의 사건
일본의 재해대책기본법	재난을 태풍, 호우, 폭설, 홍수, 해일, 지진, 쓰나미(지진해일), 화산폭발, 그 밖의 이상한 자연 현상 또는 대규모 화재, 폭발, 기타의 원인에 의해서 생기는 피해

우리나라의 경우에도 시대적 배경과 사회적 환경의 변화에 따라서 재난에 대한 개념이 변했고, 표 1-2와 같이 현재 법률상의 정의에도 재난에 대한 개념이 통일되지 않은 채 사용되고 있는 현실이다.

자연재해대책법에서는 자연재해가 대응단계에서의 불가항력적 결과물이라는 측면에서 '재해'라는 용어를, 기존 재난관리법에서는 인위재난 대응단계에서의 통제가능성에 초점을 맞추어 연속적 진행개념인 '재난'이라는 용어를 사용하고 있었지만 최근 재난 및 안전관리기본법으로 일부 개정이 되면서 자연재해와 인위재난 모두 재난의 정의에 포함시켰다.

재난에 관한 이상의 정의에서 그 의미는 약간씩 차이가 있으나 일반적인 공통점을 간추려 재난을 정의한다면, 재난이란 '자연적 혹은 인위적 원인으로 생활환경이 급격하게 변화하거나 그 영향으로 인하여 인간의 생명과 재산에 단기간 동안 많은 피해를 주는 현상'으로 정의할 수 있다. 즉, 인간의 생존과 재산의 보존이 불가능할 정도로 생활 질서를 위협받는 상태를 초래하는 사고 또는 상태를 말한다.

표 1-2 국내의 법률상 정의

구분	정 의
헌법 제34조 제6항	국가는 재해를 예방하고 그 위험으로부터 국민을 보호하기 위하여 노력하여야 한다.
민방위기본법 제2조 제1호	민방위란 적의 침공이나 전국 또는 일부 지방의 안녕 질서를 위태롭게 할 재난으로부터 주민의 생명과 재산을 보호하기 위하여 정부의 지도하에 주민이 수행하여야 할 방공, 응급적인 방재 · 구조 · 복구 및 군사작전상 필요한 노력 지원 등의 모든 자위적 활동을 말한다.

구분	정의
자연재해대책법 제2조 제1호	"재해"라 함은 재난 및 안전관리기본법 제3조 제1호의 규정에 의한 재난으로 인하여 발생하는 피해를 말하고, 제2호에서 "자연재해"라 함은 재난 및 안전관리기본법 제3조 제1호의 규정에 의한 재해 중 태풍, 홍수, 호우, 강풍, 풍랑, 해일, 조수, 대설, 가뭄, 지진(지진해일을 포함한다), 황사, 그밖에 이에 준하는 자연현상으로 인하여 발생하는 재해를 말하며, 제3호에서 "풍수해"라 함은 태풍, 홍수, 호우, 강풍, 풍랑, 해일, 조수, 대설 그 밖에 이에 준하는 자연현상으로 인하여 발생하는 재해를 말한다.
재난 및 안전관리기본법 제3조 제1호	"재난"이라 함은 국민의 생명 · 신체 및 재산과 국가에 피해를 주거나 줄 수 있는 것으로서 가목은 태풍, 홍수, 호우, 강풍, 풍랑, 해일, 대설, 가뭄, 지진, 황사, 적조, 그밖에 이에 준하는 자연현상으로 인하여 발생하는 재해, 나목은 화재, 붕괴, 폭발, 교통사고, 화생방사고, 환경오염사고, 그밖에 이와 유사한 사고로 대통령령이 정하는 규모 이상의 피해, 다목은 에너지, 통신, 교통, 금융, 의료, 수도 등 국가기반체계의 마비와 전염병 확산 등으로 인한 피해 등을 말하는데, 이는 자연재해를 포함한 대부분의 재해를 재난으로 포함하고 있다.
재해경감을 위한 기업의 자율활동 지원에 관한 법률	태풍 · 홍수 · 호우 · 강풍 · 풍랑 · 해일 · 대설 · 가뭄 · 지진 · 황사 · 적조, 그밖에 이에 준하는 자연현상으로 인하여 발생하는 재해인 자연재해만을 재난으로 한정하고 있다.

1.1.2 재난의 분류 및 특성

재난의 분류는 발생원인과 사회에 미치는 충격속도, 규모, 발생장소 등을 기준으로 하여 그 유형을 구분할 수 있다. 재난의 유형은 표 1-3과 같이 재난 발생원인, 발생장소, 재난의 대상, 재난의 직 · 간접의 영향, 재난 발생과정의 진행속도 등의 기준에 의하여 분류할 수 있다.

표 1-3 재난의 구분에 따른 분류

구분	분류
원인에 의한 분류	자연재난/인위재난(사회적 재난)
발생장소에 의한 분류	육상재해/해상재해, 광역재해/국가재해
피해속도에 의한 분류	만성재해/급성재해
재난의 규모에 의한 분류	개인 재해/사회적 재해

그러나 점차 이러한 유형 분류는 차츰 재난 발생에 대한 원인을 기준으로 두 가지 범주로 나누어지게 되었다. 재난의 고전적 의미는 사람으로서 어쩔 수 없는 통제범위를 넘어서는 자연으로부터 해로운 영향을 입는 피해를 의미하고, 재난의 현대적 의미는 자연재난과 함께 사람으로부터 입는 피해를 포함한 재난으로 간주하고 있는 것이다. 그리고 현대사회는 정보 및 교통과 산업의 발전으로 사회 모든 분야 간 교류가 활발하여 환경은 새로운 체계 속에서 무한히 복잡해지고 있다. 특히, 기술의 발전과 사회구조의 다양화 현상으로 재

난의 유형은 사회 전체 영역에서 새로운 변화와 규모가 가속 · 확대되어가고 있다.

현대사회의 초고속 산업화와 과학기술의 발전, 그리고 도시화 현상으로 건축물의 대형화, 고도화, 복잡화로 되어가는 추세로 인해서 자연재난의 피해보다 상대적으로 인적재난의 피해가 급속히 증가하고 있다. 즉, 자연재난과 기술적 재난 또는 인위재난으로 크게 대별된 것이다. 또한, 최근 물질문명의 발전과 함께 인적요인에 의한 대형사고가 중요시 되면서 테러 및 전쟁, 전염병으로 인한 사회적 재난까지도 포함되는 개념으로 정립되고 있다. 다시 말하면, 근대사회에서 현대사회로 발전하면서 재난의 개념은 지속적으로 변화하고 있다.

법적재난의 분류를 살펴보면 재난 및 안전관리기본법에서는 재난을 인적재난, 자연재난, 사회적 재난으로 분류하였다. 과거에는 재난을 발생 원인에 기초로 하여 자연현상에 의한 것은 자연재해, 인위적 속성에 의한 것은 인적재난으로 구분하였다(표 1.4).

표 1-4 자연재난, 인적 · 사회적 재난, 안전사고 유형 분류

대분류	유 형	대분류	유 형	대분류	유 형
자연 재난	태풍	인적 사회적 재난	감염병 유형	안전 사고	안전의식 · 문화
	홍수		가축전염병 유행		교통안전
	호우		폭발사고		가정안전
	강풍		가스사고		화재안전
	풍랑		화생방사고		놀이여가안전
	폭풍해일		교통사고		공공장소안전
	지진해일		건축물 붕괴		재난안전
	조수		에너지 기반시설 파괴		직업안전
	대설		정보통신 기반시설 파괴		폭력예방
	낙뢰		교통수송 기반시설 파괴		응급처치
	가뭄		보건의료시설 파괴		어린이안전
	지진		폐기물 처리시설 파괴		
	황사		용수 기반시설 파괴		
	적조		화재		
	우박		산불		
	폭염		환경오염 사고		
	한파		사이버 테러		
	산사태/급경사지 붕괴				
	화산폭발				
	우주재해				

출처 : 제2차 재난 및 안전관리기술개발 종합계획(2013)
제4회 재난 · 재해과학기술지원실무위원회(국가과학기술심의회(구: 국가과학기술위원회), 2012)

인적재난에는 화재 · 붕괴 · 폭발 · 교통사고 · 화생방사고, 환경오염 사고 등이 있고, 자연재해에는 태풍 · 홍수 · 호우 · 폭풍 · 해일 · 폭설 · 가뭄 · 지진 · 황사 · 적조 등이 있다. 수습체계는 중앙에는 중앙안전관리위원회(위원장 : 국무총리), 중앙재난안전대책본부(본부장 : 행정차지부 장관), 중앙긴급구조통제단(단장 : 소방방재청장)이 있고, 지역은 지역안전관리위원회(위원장 : 시 · 도지사, 시 · 군 · 구청장), 지역재난안전대책본부(본부장 : 시 · 도지사, 시 · 군 · 구청장), 지역긴급구조통제단(단장 : 소방본부장, 소방서장)이 있다.

표 1-5 재난의 법적 성격

<table>
<tr><th>구분</th><th colspan="2">재난</th></tr>
<tr><td>대 상</td><td colspan="2">■ 인적재난 : 화재, 붕괴, 폭발, 교통사고, 화생방사고, 환경오염 사고
■ 자연재해 : 태풍, 홍수, 호우, 해일, 폭풍, 폭설, 가뭄, 지진, 적조 등</td></tr>
<tr><td>근거법</td><td colspan="2">재난 및 안전관리 기본법</td></tr>
<tr><td>수습체제</td><td colspan="2">■ 중앙안전관리위원회(위원장 : 국무총리)
■ 중앙재난안전대책본부(본부장 : 행정안전부 장관)
– 중앙사고수습본부(본부장 : 해당부처 장관)
– 중앙긴급구조통제단(단장 : 소방방재청장)
■ 지역안전관리위원회(위원장 : 시 · 도지사, 시 · 군 · 구청장)
■ 지역재난안전대책본부(본부장 : 시 · 도지사, 시 · 군 · 구청장)
■ 지역긴급구조통제단(단장 : 소방본부장, 소방서장)</td></tr>
<tr><td rowspan="2">복구책임</td><td>인적재난</td><td>자연재해</td></tr>
<tr><td>피해 원인자
(보상 및 배상)</td><td>■ 방재책임자
– 국가시설 : 국가
– 개인시설 : 개인
– 지방시설 : 지방자치단체
※ "재해구호 및 재해복구 비용부담기준 등에 관한 규정"에 따라 국가 일부 보조 및 지원</td></tr>
<tr><td>대규모
재난
발생 시</td><td colspan="2">■ 재난사태 선포(재난 및 안전관리기본법 제36조)
– 대통령이 정하는 재난이 발생하거나 발생할 우려로 인하여 사람의 생명, 신체 및 재산에 미치는 중대한 영향 또는 피해를 경감하기 위하여 긴급한 조치가 필요하다고 인정되는 경우 선포
※ 선포대상지역 3개 시 · 도 이상 : 선포 → 국무총리
선포대상지역 2개 시 · 도 이상 : 선포 → 중앙재난안전대책본부장
■ 특별재난지역 선포(재난 및 안전관리기본법 제59조, 제60조)
– 대통령이 정하는 재난의 발생으로 인하여 국가의 안녕 및 사회질서의 유지에 중대한 영향을 미치거나 당해 재난으로 인한 피해의 효과적인 수습 및 복구를 위하여 특별한 조치가 필요하다고 인정되는 경우 선포
※ 선포 : 대통령</td></tr>
</table>

복구책임에 있어서 인적재난은 피해원인자(보상 및 배상)에 있고 자연재해의 경우 방재책임자(국가시설 : 국가, 지방시설 : 지방차지단체, 개인시설 : 개인)에게 그 책임이 있다. 단, '재해구호 및 재해복구비용 부담기준 등에 관한 규정'에 따라 국가 일부보조 및 지원한다.

대규모 재난 발생 시 재난사태 선포 및 특별재난지역을 선포할 수 있다. 재난의 법적 성격을 도시하면 표 1-5와 같다.

그러나 자연현상이든 인위적 속성이든 사회적 현상에 의한 것이든지 간에, 실체적 측면에 초점을 두는 경우에는 관리체계의 일원화가 가능하다는 의미에서 용어 통일의 필요성이 제기되었다. 이에 재난 및 안전관리기본법에서는 자연재난과 인적재난으로 구분하지 않고 재난으로 용어를 통일하고 있다. 이는 현재의 사회적 환경이나 과학기술 수준에서 예상하지 못했던 새로운 유형의 재난 발생 시에도 유연하게 대처할 수 있도록 확대 일원화한 것으로 이해할 수 있다.

재난의 특성은 다음의 세 가지로 나뉜다. 먼저, 가장 큰 특성은 불확실성으로 어떤 행동이 어떤 종류의 결과를 초래할 것인지는 알지만 실제로 그러한 상황이 일어날 확률은 알지 못하는 상태를 말하고, 위험이 재해로 연결될지, 또 언제, 어디서, 누구에게, 얼마나 큰 재해로 나타날지를 아무도 예측할 수 없는 것으로, 더욱이 복잡한 기술사회로 이행할수록 이러한 불확실성은 기하급수적으로 커진다. 특히 현대사회의 재난은 복합적인 원인으로 발생하는 자연재난과 인적재난의 복합된 재난의 증가로 위험에 대한 불확실성은 더욱 증대되고 있는 실정이다.

두 번째 특성은 복잡성으로써, 복잡성은 재난 자체의 복잡성과 재난발생 후에 관련된 기관들 간의 관계에서 야기되는 복잡성으로 나누어 살펴볼 수 있는데, 우선 재난 자체의 복잡성의 경우 재난의 강도, 규모, 그리고 최초 사건과 관련된 다른 재난의 발생으로 나누어 볼 수 있다. 또한 재난발생 이후에 관련 기관들 간의 관계에서 비롯되는 복잡성도 있다. 예방활동단계에서와는 달리 재난발생 이후 복수의 기관이 참여하게 되고, 그에 따라 관련 기관들 간의 권한 설정, 역할분담, 조정의 문제가 야기된다.

마지막으로 상호작용성은 재난의 발생원인은 단일한 원인에 기인하지 않으며, 재난의 결과 또한 단일한 피해를 입히지 않고 상호작용으로 피해를 입히는 것이다. 재난이 발생한 경우 재난 자체와 피해주민 및 피해지역의 기반시설이 서로 영향을 미치면서 여러 가지 사건이 전개될 수 있다. 재난이 일어나 기반시설의 마비가 오면서 피해주민이 대피하고, 대피지역에 연쇄적으로 경제적 · 정신적 피해가 발생하며, 복구에 필요한 경제적 손실과 인력 등 다양한 상호작용이 일어난다는 점이다.

1.1.3 재난관리체계

가. 재난관리체계의 개념

재난관리체계(Disaster Management System)는 재난을 예방하고 그 위험으로부터 국민의 생명과 재산을 보호하고 재난위험시설의 안전관리와 재난의 조기수습 대응체계를 구축해 재난 시 신속한 초동 대처로 각종 피해의 최소화를 목표로 하는 행정체계이다.

재난관리는 재난이 발생하지 않도록 사전에 예방하고, 재난이 발생한 경우 발생할 수 있는 위험으로부터 안전하고 보다 효율적으로 관리하는 행정으로 재난안전관리를 담당하는 조직으로 구성된 체계가 재난관리체계이며, 재난 발생에 대비하여 인간의 생명과 재산을 보호할 목적으로 관련 기관들과의 협조와 조정을 통해 문제해결을 하려는 체계라고 정의하였다.

재난관리체계는 자연재난, 인위재난, 사회재난에 대응하기 위해 존재하는 하나의 네트워크체계로 구성요소들 간의 연계관계를 통해 재난관리 기능을 수행한다. 이러한 네트워크체계는 정부 간 관계를 포함할 뿐만 아니라 일반주민들, 기업 자원봉사단체 등의 민간부문과의 연계를 포함한다. 재난발생 이전과 비교할 때, 발생 이후의 단계에서는 이러한 네트워크체계가 대폭 확장하게 된다. 그리하여, 재난관리체계의 구성원들은 단일의 상관이 아니라 다수의 상관 또는 기관을 갖는 조직구조를 가지게 된다. 재난 시 만들어진 네트워크 조직은 재난 복구완료 후 해체되거나 구성원들이 본래의 조직이나 집단으로 돌아가므로 존속기간이 잠정적인 프로텍트 조직의 성격도 가지고 있다.

나. 재난관리체계의 특성

재난관리는 재난이 발생하지 않도록 사전에 예방하고, 재난이 발생한 경우에 야기될 수 있는 제반위험을 효율적으로 관리하는 행정인데, 이러한 재난관리를 담당하는 조직으로 구성된 체계가 재난관리체계이며, 재난발생이라는 환경에 대비하여 사람들의 생명과 재산을 보호할 목적으로 상호 관련된 기관들끼리 협조와 조적을 통하여 문제를 해결하려는 체계이다.

이러한 재난관리체계는 재난관리를 담당하고 있는 인력, 예산, 장비, 시설, 조직, 개인 등으로 구성된 체계를 의미하고, 각종 재난으로부터 국민의 신체 및 생명, 재산을 보호하는데 주된 목적이 있어서 가장 기본적인 정부의 기능 중의 하나로서 다음과 같은 특성을 가지고 있다.

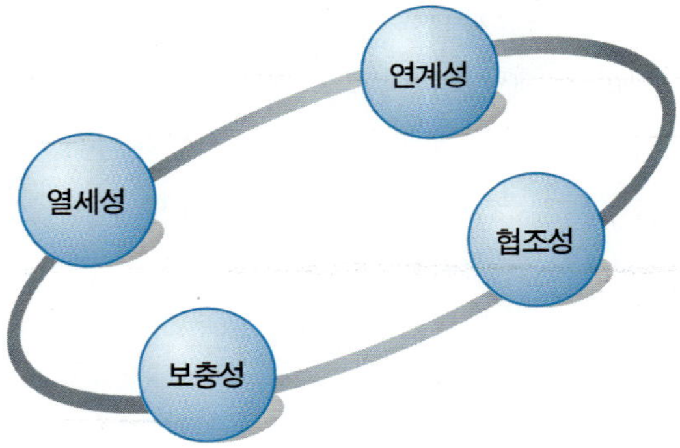

그림 1-1 재난관리체계의 특성

(1) 열세성

재난의 특성인 불확실성, 복잡성, 상호작용성으로 인해서 모든 재난에 대해서 그 피해 규모를 사전에 예측한다는 것은 어려운 일이다. 그리고 재난관리의 특성 중 하나인 최고의 인력과 장비를 항상 갖추고 있으면서도 재난이 발생하지 않는 것이 가장 성공적인 재난관리로 인정하는 경계성 및 가외성 원리에 의해서 재난관리체계가 운영되어야 하지만 아직까지도 우리나라는 그 논리가 현실적으로 맞지 않는 실정이다. 즉, 재난관리체계의 예산책정과정에서 우선순위를 차지하지 못하므로, 재난관리를 담당하고 있는 인력, 예산, 장비, 시설 등이 다른 조직에 비해서 열세한 것이다.

(2) 연계성

재난의 특성인 복잡성, 상호작용성에 대한 구체적인 관리를 하기 위해서 재난관리체계는 하나의 네트워크체계로서 구성요소들 간의 연계관계를 통하여 재난관리기능을 수행하여야 한다. 이러한 네트워크체계는 정부 간의 관계를 포함할 뿐 아니라 이질적 분야의 조직들이 관여되고 지방자치단체, 때로는 국제기구와 적십자사 등의 비정부조직(NGO)까지도 참여하는 정부 간의 관계와 각 수준의 정부 내에서는 재난대책기관과 함께 교통, 경찰, 토목 및 건설, 응급의료서비스 등 이질적 분야의 조직들이 관여한다. 특히 우리나라의 비상설 재난관리체계는 재난 및 안전관리기본법 제8조에 의하면 중앙안전관리위원회의 위원장은 국무총리가 되고, 위원은 대통령령이 정하는 중앙행정기관 또는 관계기관단체의 장이 되며, 중앙안전관리위원회에 부의될 의안의 검토, 재난의 대비 · 대응 · 복구를 위한 관계부처 간의 협상 조정사항은 행정안전부장관을 위원장으로 하는 조정위원회를 둔다.

대형 재난이 발생하면 안전관리위원회, 재난안전대책본부, 긴급구조통제단 등이 운영되는데, 정부 부처가 비상설 재난관리체계로 전환되어 대형 재난을 극복하기 위한 모든 방법이 동원되어 관계부처 간의 연계성은 당연히 이루어지기 마련이다. 뿐만 아니라 일반사람들, 기업, 자원봉사단체 등도 서로 연계해서 대형 재난을 극복해야 한다. 특히 현대사회의 재난관리는 재난을 조기에 막는, 즉 예방활동이 많은 비중을 차지하고 있어서 상설 재난관리체계의 중심으로 재난관리의 연계성이 이루어져야 한다.

(3) 협조성

재난발생 이전과 비교해보면 재난발생 이후의 활동영역이 확장된다. 재난이 발생하면 정책결정과 집행에 있어서 다수의 기관이 참여하고, 협조가 이루어지게 된다. 또한 재난의 복구활동단계에서 기업, 각종 자원봉사단체 등이 참여하므로 그 활동영역이 더욱 확장된다. 사후관리를 위해 경계가 크게 확장된 재난관리체계는 목적이 완료됨과 동시에 경계가 축소되어 팀(team)이 해체되거나 구성원들이 본래의 조직이나 집단으로 돌아가므로 그 존속기간이 잠정적인 프로젝트 조직의 성격도 가지고 있다. 즉, 이렇게 확장된 재난관리체계는 재난의 모든 과정이 수습되면 비상설 시 만들어진 안전관리위원회, 재난안전대책본부, 긴급구조통제단 등의 조직은 해체되고, 조직구성원들은 상설 시 업무로 복귀한다.

따라서 재난관리체계의 이러한 재난의 복잡성과 재난관리체계의 연계성 때문에 재난관리의 예방 · 대비 · 대응 · 복구 전 과정의 활동단계에서 여러 구성원들 간의 상호협조 및 조정, 정보교환 등은 매우 중요하다.

(4) 보충성

상설 재난관리체계는 대형재난 규모에 비해서 대처할 능력이 떨어지므로 재난이 발생하면 안전관리위원회, 재난안전대책본부, 긴급구조통제단 등 비상설 재난관리체계가 임시적으로 통합 운영되어 재난에 대응하는 보충적인 성격을 가진다. 이것은 재난의 특성인 불확실성으로 인하여 언제 발생할지 모르는 재난에 대해 완벽하게 대응할 수 있도록 상설 재난관리조직을 항상 유지한다는 것은 현실적으로 힘들기 때문이다. 따라서 재난시 대응을 위한 비상설 재난관리체계는 기동력 있고, 정확하고, 신속한 조직으로 운영되어야 하는데, 이를 위해서 보다 구체적인 훈련과 교육이 요구된다.

1.2 재난의 추이

1.2.1 재난 환경 및 여건변화

가. 국내 재난 · 안전 환경 및 여건변화

(1) 자연재난

우리나라에서는 매년 자연재난으로 인한 피해가 많이 발생하고 있으며, 최근 10년 평균(2003~2012) 인명피해는 43명, 재산피해는 1.16조 원에 달하고 있다. 그러나 이와 같은 10년 평균 수치는 과거 인명피해 68명, 재산피해는 1.7조 원에 비해 다소 감소하는 추세에 있는 것으로 나타났다.

최근 10년 간 자연재난 중 2002년, 2003년의 인명피해와 재산피해가 큰 이유는 246명의 사망과 총 5조 1,479억 원의 재산피해를 발생시킨 2002년의 태풍 루사와 131명의 사망과 총 4조 2,225억 원 재산피해를 발생시킨 2003년의 태풍 매미 때문이다. 2012년은 총 22회 재해가 발생하였고, 호우 11회, 대설 4회, 태풍 3회, 강풍 4회로 나타났으며, 이로 인해 인명피해 16명과 재산피해가 1.09조 원이 발생하였다(소방방재청, 2013).

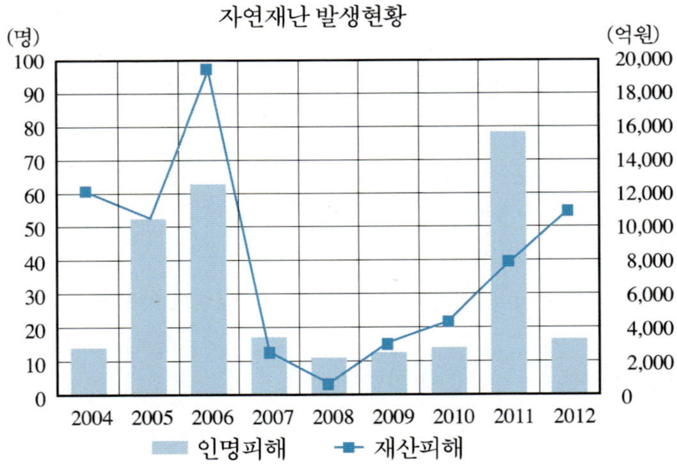

그림 1-2 최근 자연재난에 의한 인명피해 및 재산피해 발생현황

출처: e-나라지표, www.index.go.kr

기후 변화로 인하여 자연재난 예측에 한계가 발생하고 있으며 재해의 강도 및 피해규모가 증가되고 있다. 특히 2012년은 태풍 볼라벤(15호)과 덴빈(14호)의 역전현상, 우면산 산사태와 광화문 침수, 지진해일에 의한 2011년 후쿠시마 원전사태 등 재해의 일상화, 양극화 및 복합화 현상이 심화되는 현상을 보였다. 그리고 대설 및 한파(1월~2월), 가뭄(5월말~6월말), 폭염(7월말~8월초), 집중호우(7월~8월), 태풍(8월말~9월초), 한파(12월) 등이 연중 반복적으로 발생하였다. 이상과 같이 한파와 폭염, 가뭄과 홍수 등 상호 이질적인 재해가 지속적으로 발생하고 있다(소방방재청, 2013).

최근 대규모 자연재난 발생현황을 살펴보면, 2002년 태풍 루사, 2003년 태풍 매미와 같은 강력 태풍, 국지성 집중호우 등으로 인한 대규모 피해가 빈발하고 있으며, 대설에 의한 피해가 증가하고 있다(소방방재청, 2013).

최근 발생한 자연재난을 사망자, 피해액, 출현빈도 등의 기준으로 분석하였다. 사망자 기준으로 태풍, 호우, 산사태 등의 순으로 크게 발생하였으며, 피해액 기준은 태풍, 호우, 대설, 산사태 등의 순이다.

태풍 · 호우로 인한 피해가 많은 부분을 차지하며 상위 피해액 기준으로 상위 20대 재해는 대부분 1990년대 이후에 발생한 것으로 나타났다.

표 1-6 대규모 자연재난 발생현황 (단위: 명, 억원)

구분	주요 자연재난 발생 기간					
	'98.7.31 ~ 8.18	'02.8.31 ~ 9.1	'03.9.12 ~ 9.13	'04.3.4 ~ 3.5	'05.12.3 ~ 12.24	'06.7.9 ~ 7.29
재해유형	호우	태풍 루사	태풍 매미	대설	대설	호우
인명피해	324	246	131	–	14	62
재산피해	12,478	51,479	42,225	6,734	5,206	18,344

* 재산피해는 당해 연도 가격기준이며, 인명피해는 실종자 수를 포함한 자연재난 사망자 수를 의미

출처: e-나라지표, www.index.go.kr

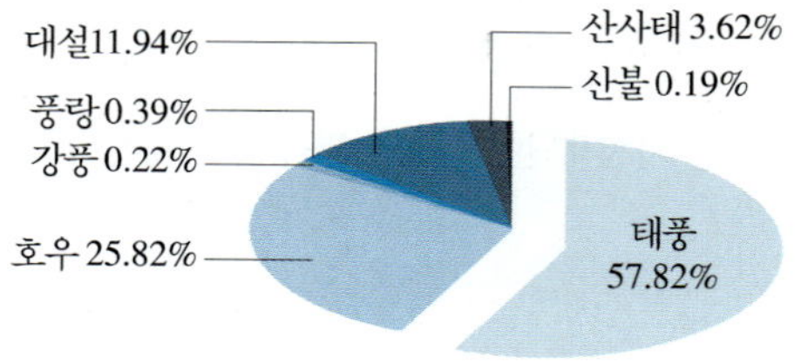

그림 1-3 최근 10년간 자연재난 피해액 발생 비율

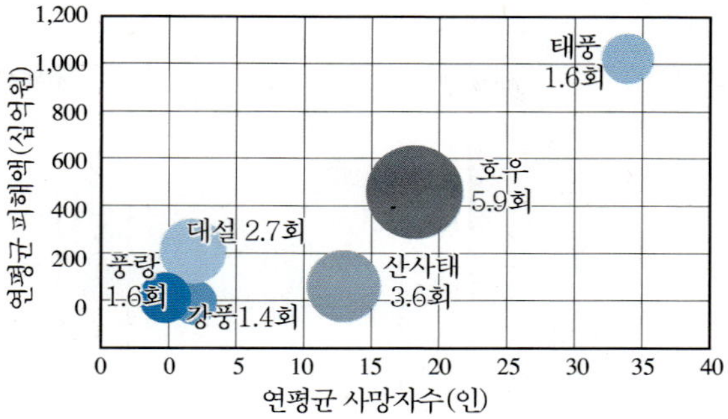

그림 1-4 자연재난 연평균 사망자수와 피해액 기준 출현빈도 현황

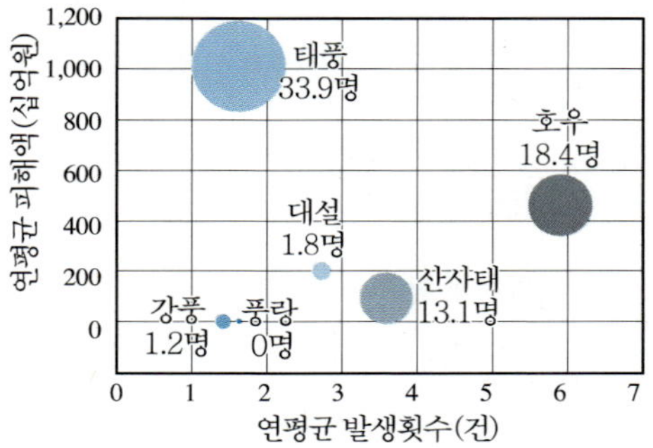

그림 1-5 자연재난 연평균 발생횟수와 피해액 기준 연평균 사망자수 현황

(2) 인적·사회적 재난

인적 · 사회적 재난은 국민의 안전의식 제고와 재난과 관련한 법령의 제 · 개정을 통한 각종 방재를 위한 기준 등의 강화로, 2003년 이후 발생률이 감소하다가 2006년을 기점으로 2009년까지 증가되는 경향이 나타나고 있으며, 2010년 이후는 다시 감소하는 경향이 나타나고 있다.

2011년도에 발생된 재난은 총 286,851건으로 365,947명의 인명피해(사망 6,709명, 부상 359,191명, 미분류 47명)와 3,924억 원의 재산피해가 발생하였고, 재난에 대한 지속적인 대국민 홍보 및 예방활동으로 화재, 물놀이, 폭발 등의 분야에서 인명피해가 감소하였다.

최근 10년간 발생한 사회재난 발생건수 및 인명 · 재산 피해 규모는 재난 유형별로는 사망자 기준으로 교통사고, 화재, 가스사고 등의 순이며, 피해액 기준은 사이버테러, 가축전염병 유행, 화재 순으로 나타났다(국가과학기술심의회(구: 국가과학기술위원회), 2013).

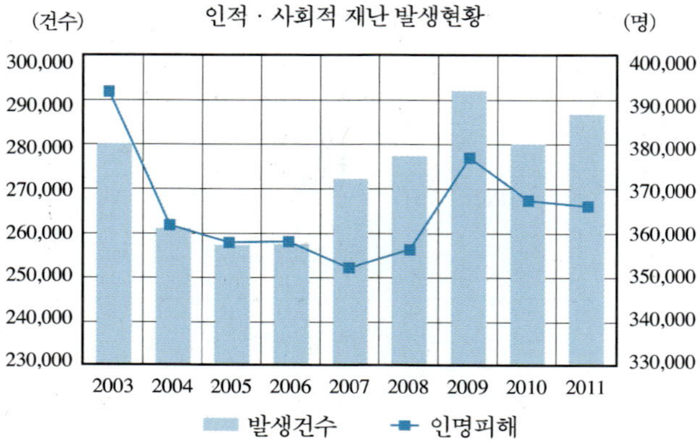

그림 1-6 인적 · 사회적 재난 발생현황

출처: e-나라지표, www.index.go.kr

연도별 사회재난 발생건수 및 인명피해 현황은 다음과 같다.

표 1-7 연도별 사회재난 발생건수 및 인명피해 현황 (단위: 건, 명)

구분		년도별							
		2004	2005	2006	2007	2008	2009	2010	2011
발생건수		260,659	257,278	256,992	272,090	277,303	292,287	280,607	286,851
인명피해	계	361,177	357,332	357,552	351,657	355,832	376,835	366,911	365,947
	사망자	8,352	8,294	8,008	7,849	7,414	7,257	6,758	6,709
	부상자	352,825	349,038	349,544	343,808	348,418	369,587	360,153	359,191

출처: e-나라지표, www.index.go.kr

가축전염병은 2011년 전국적으로 발생한 구제역으로 인한 직접피해 규모이다. 또한, 2013년 3.20 사이버테러 발생으로 주요 방송국 및 은행 전산망 서버, PC, ATM 등 48,000여대의 피해가 발생하여 사이버 보안의 취약성 노출 및 2차 피해가 발생한 사이버테러로 인한 잠정 피해 추정 액이다. 2012년의 경우 사회재난 중 특히 도로교통 사고는 전체 사회재난의 80.9%, 화재는 14.9%로 도로교통 및 화재사고가 전체 인적재난 발생건수의 95.8%의 비중을 차지하였다.

2003년부터 2010년까지 인적 · 사회적 재난 피해현황은 연평균 사망자수와 피해액 대비 발생횟수, 연평균 발생횟수와 피해액 대비 사망자수로 살펴보면 발생횟수, 사망자수 모두 교통사고가 가장 많으며, 다음으로 화재로 나타났다.

표 1-8 유형별 사회재난 발생건수 및 인명피해 현황 (단위: 건, 명, 백만원)

구분		인명피해				
		발생회수	계	사망	부상	피해액
감염병 유행		91,188	–	–	–	–
가축전염병 유행*		1	–	–	–	3,039,100
폭발물사고		559	1,038	75	963	93,008
가스사고		928	1,215	128	1,087	70,312
화생방사고		–	–	–	–	–
교통사고	도로	1,775,752	2,843,878	49,830	2,795,038	259,487
	열차	633	519	181	338	8,286
	지하철	452	490	217	273	1,053
	유도선, 해난사고	8	37	2	35	–
	항공기사고	62	89	50	39	96,707
	소계	1,776,907	2,845,013	50,280	2,795,723	365,533
건축물 붕괴		–	–	–	–	–
에너지 기반시설 파괴		–	–	–	–	–
정보통신 기반시설 파괴		–	–	–	–	–
교통수송 기반시설 파괴		–	–	–	–	–
보건의료 시설파괴		–	–	–	–	–
폐기물처리시설 파괴		–	–	–	–	–
용수 기반시설 파괴		–	–	–	–	–
화재		314,921	19,167	3,784	15,383	1,770,660
환경오염사고		511	–	–	–	43,805
사이버테러**		60,241	–	–	–	8,823,000
기타		–	–	–	–	–

*2011년 3.2 농협중앙회 국내 축산업 피해규모(직접피해 규모)

**KAIST 정보보호 대학원 보안연구센터 임채호

출처: e-나라지표, www.index.go.kr

나. 국외 재난 · 안전 환경 및 여건변화

(1) 자연재난

전 세계적으로 기상학적 재해 발생의 빈도가 급증하고 있으며, 이에 따른 피해금액과 인명피해 역시 증가하는 경향을 보이고 있다. 1980년대 전체적으로 한해 약 100건 정도의 기상학적 재해가 발생하던 것에 비해, 1990년대는 한해 약 150건, 2000년대 들어서는 최소 200건에서 250건으로 재해의 발생 빈도가 늘어나는 추세이다(소방방재청, 2011). 특히, 기상학적 재해의 급증 현상은 지구온난화로 인한 기상이변 현상과 상관관계가 있는 것으로 나타났다.

2010년 말 유럽의 겨울폭풍, 2011년 호주 홍수, 뉴질랜드 지진, 일본 지진해일, 미국 토네이도, 태국 홍수에 이어 2012년 미국 허리케인 샌디 등 전 세계적으로 예상하지 못한 기상 이변으로 천문학적인 경제 손실과 인명피해를 유발하였고, 2005년 미국의 허리케인 카트리나 등에서 보는 바와 같이 재해재난이 점차로 증가하면서, 초대형 재해로 이어지는 경우도 있다.

표 1-9 전 세계 주요 기상학적 자연재난 인명피해 추세분석(2002~2013)

연도	재해종류	국명(지역)	인명피해(명)
2002	홍수	중국	831
2003	홍수	스리랑카	800
2005	허리케인	미국	1,300
2007	사이클론	방글라데시	3,000
2008	사이클론	미얀마	138,373
2009	태풍	필리핀, 베트남, 캄보디아	521
2010	홍수	파키스탄	1,985
2011	지진, 쓰나미	일본	19,846
2012	태풍	필리핀	1,800
2013	태풍	필리핀	7,788

주) 금세기 일어난 주요자연재난 총괄에서 각 연도별 가장 큰 피해만 정리

출처: 2013 재해연보(소방방재청, 2014)

재해의 발생 빈도가 점차 증가 추세이기는 하나, 기상학적 재해만큼의 급속한 발생은 아니다. 그렇지만 지진과 같은 재해는 단일 재해라도 엄청난 피해를 줄 수 있으며, 만약 대비가 없는 지역에 지진이 발생하면 초대형 재해가 된다.

2008년 중국 쓰촨성, 2009년 인도네시아 수마트라, 2010년 아이티 섬, 2011년 일본 동부지역 지진까지 최근 들어 매년 대형 지진이 발생하고 지속적인 인명과 재산피해를 주고 있다.

표 1-10 지진에 의한 전 세계 인명피해 추세분석(2002~2013)

연도	재해종류	국명(지역)	인명피해(명)
2000	지진	인도네시아 수마트라	103
2001	지진	인도	16,927
2002	지진	아프가니스탄	1,800
2003	지진	이란	40,000
2004	지진	인도네시아 수마트라	283,106
2005	지진	파키스탄	88,400
2006	지진	인도네시아 자바 요갸카르타	5,749
2007	지진	페루 리마	514
2008	지진	중국	87,652
2009	지진	인도네시아 수마트라	1,195
2010	지진	아이티 포르토프랭크	222,570
2011	지진, 쓰나미	일본	19,846
2012	지진	이란	300
2013	지진	중국	231

주) 금세기 일어난 주요자연재난 총괄에서 각 연도별 가장 큰 피해만 정리

출처: 2013 재해연보(소방방재청, 2014)

기후변화로 인한 자연재난의 발생 빈도와 규모가 증가하는 경향으로 1990년대 하반기 이후 2000년까지 큰 폭으로 증가하여 최고점을 나타낸 이후 감소하는 추세를 보이나 그 폭이 크지 않는 것으로 나타났다(www.emdat.be).

대륙별 자연재난 유형별 발생현황을 살펴보면 2009년 아시아 지역에서 재해발생 건수 35.8%, 인명피해 및 이재민 78.3% 로 빈발하게 나타나고 있으며, 피해범위가 광역화되고 전체적인 피해 규모도 증가하였다. 2010년의 경우 자연재난 중 지진, 화산 등의 지질재해는 아시아, 태풍과 폭풍 등은 아메리카에서 발생 규모가 상대적으로 증가하였고, 2010년 발생한 자연재난 중 아시아에서 지질(지진, 화산 등)과 수문학적 재해(홍수 등)가 각각 65%, 38% 로 가장 높게 발생하였다.

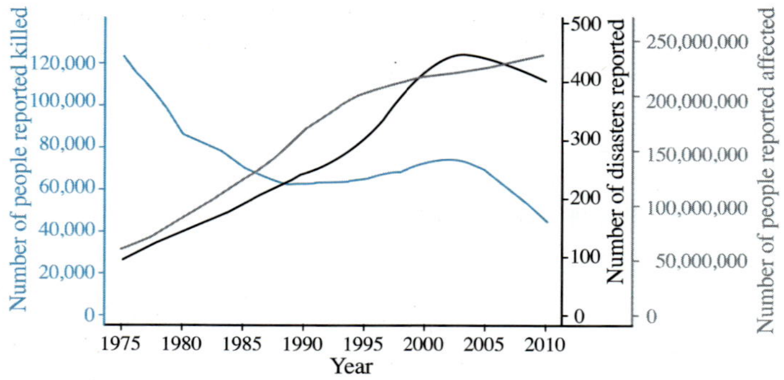

그림 1-7 1975-2010년 자연재난 발생 수 및 사망 · 사상자 수

출처: EM.DAT(The OFDA/CRED International Disaster Daabase, www.emdat.be)

태풍과 폭풍에 대한 피해에서 미국은 가장 높게 나타났으며, 아시아에서도 빈번히 발생한 것으로 나타났다. 유럽은 가뭄, 폭염과 같은 기후학적 재해가 가장 높게 나타났다. 특히, 가뭄은 동아시아, 서아시아, 중앙아시아에서 피해 비중이 다소 높게 나타났다.

세계적으로 재해 유형별로 발생 빈도나 피해 규모에서 많은 차이가 있었지만, 대체적으로 풍 · 수해로 인한 피해가 가장 큰 것으로 나타났다.

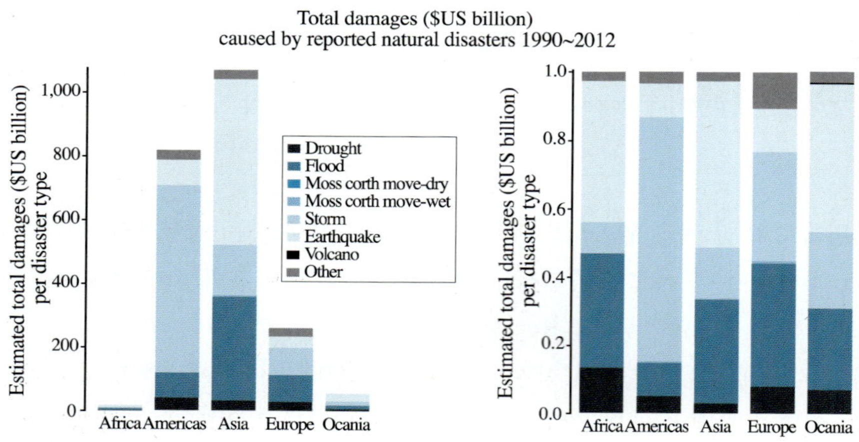

그림 1-8 대륙별 자연재난 유형별 피해액(10억불) (1990 ~ 2012)

출처: EM.DAT(The OFDA/CRED International Disaster Daabase, www.emdat.be)

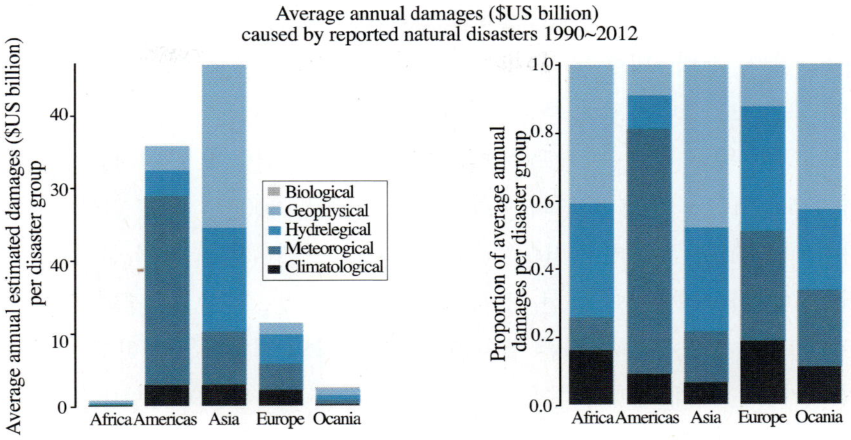

그림 1-9 자연재난 유형별 연평균 피해액(10억불) (1990 ~ 2012)

출처: EM.DAT(The OFDA/CRED International Disaster Daabase, www.emdat.be)

(2) 인적 · 사회적 재난

인적 · 사회적 재난은 발생원인과 피해범위가 해당 국가로 한정되어 대부분 국가별로 관리되어 전반적인 현황 파악이 어려운 상황이다. 급격하게 산업화가 진행되고 있는 국가와 일부 선진국에서도 후진적인 사회재난의 빈도가 증가하고 있다. 국외의 주요 사회재난은 주로 플랜트와 관련된 재난으로서 2010년 미국 멕시코만의 원유유출 사고, 2011년 일본의 후쿠시마 원전사고 등을 들 수 있다.

2010년 4월, 미국 루이지아나주 베니스시 연안으로부터 83km 떨어진 British Petroleum (BP)사 개발 유전에서 원유 분출에 의한 시추선 폭발이 일어남으로써 멕시코만 해역에 대규모 유류 유출 사고가 발생하였다.

2011년 3월 11일 동일본 대지진으로 인한 지진해일로 인하여 역사상 최악의 원전사고로 기록된 구소련의 체르노빌 원전사고, 미국의 TMI 사고에 이어 2011년 3월 12일 후쿠시마 1호기를 시작으로 동일지역 원전들이 연쇄적으로 재난이 발생하였다.

또한 전 세계적으로 광산을 포함한 구조물 붕괴 또는 매몰사고가 끊임없이 일어나고 있다. 2010년 8월 5일 칠레 북부 아타카마 사막의 산호세 광산 붕괴사고로 지하 700m 갱도에서 광부 33명이 69일이나 갇혀 있었으나 첨단 탐지장비 및 구조장비를 통해 전원을 구조하였다. 반면, 2011년 3월 12일 중국 구이저우(貴州)성 류판(六盤)시판(盤)현의 탄광에서 가스 폭발로 매몰된 사고에서는 34명의 광부 중 13명이 사망하고 6명이 실종되었다. 중국에서는 낡은 시설과 허술한 감독, 안전관리 의식 부재로 탄광 사고가 빈발하여 연간 2,600여명이 사망하는 것으로 알려져 있다.

지하철, 열차, 선박, 비행기 등 교통관련 재난도 전 세계적으로 매우 빈도가 높은 편이며 그 피해규모도 상대적으로 큰 것으로 나타났다.

2011년 1월, 독일 작센-안할트주(州) 오셰르스레벤 인근에서 여객열차와 화물열차가 충돌하여 사망 10명, 부상 33명의 피해가 발생하였고, 2005년 4월, 일본 효고현(兵庫縣) 아마가사키(尼崎)시 후쿠치야마(福知山)선 다카라 쓰카(寶塚)-도시샤(同志社) 구간에서 쾌속열차 7량 가운데 4량이 탈선, 전복되면서 사망 71명, 부상 441명의 피해가 발생하였다. 2011년 7월, 고속열차가 다른 열차를 추돌해 8량의 객차가 탈선하고 이중 4량이 15m 높이의 고가다리 아래로 추락하여 사망 40명, 부상자 200여명의 재난이 발생하였다.

그리고 대중교통수단이나 대중장소의 테러로, 1995년 3월, 동경 메트로 마루노우치선, 히비야선에서 각 2편성, 지요다선에서 1편성, 총 5편성의 지하철 차내에서 화학병기로 사용되는 신경 사린가스가 살포되어 사망 12명, 부상 5,510명의 피해가 발생한 바 있으며, 2005년 7월, 영국 런던 지하철 연쇄 폭탄 테러로 사망 56명이 발생한 이후 지하철과 버스에서 연쇄 폭발이 발생하였다.

이와 같은 다양한 사회재난으로 인한 피해는 1차적 피해에 따른 2차적 피해를 유발하게 된다. 특히, 유조선 침몰은 2차로 인근해역을 기름으로 뒤덮게 하여 환경오염을 일으킬 수 있다.

주요한 인적 · 사회적 재난의 연도별 변화 추이를 살펴보기 위하여 EM.DAT(The OFDA/CRED International Disaster Database, www.emdat.be) 자료를 참조하였다. 2000~2010년 전 세계적으로 사회재난의 발생 빈도와 규모를 검토한 결과 최근 1990년 이후를 기준으로 상대적으로 증가하는 경향이 있는 것으로 나타났다.

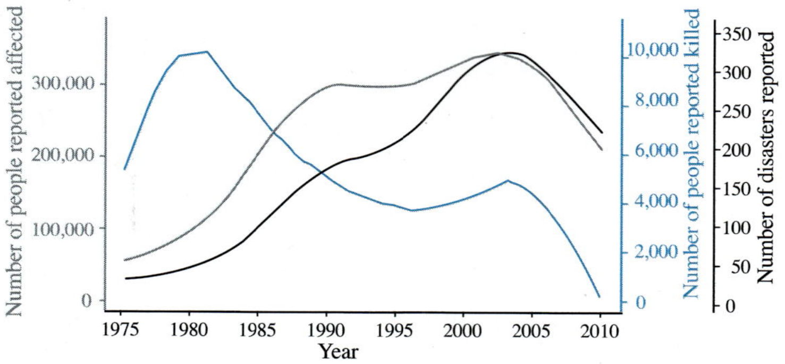

그림 1-10 1975-2010년 사회 재난 발생 수 및 사망 · 사상자 수

출처: EM.DAT(The OFDA/CRED International Disaster Daabase, www.emdat.be)

1990년대 하반기 이후 2000년까지 큰 폭으로 증가하여 최고점을 나타낸 이후 감소하는 추세를 보이나 그 폭이 크지 않다. 사회 재난을 크게 산업재난, 교통재난 그리고 기타재난 세 분야로 구분할 경우 2010년 이후 교통재난의 발생건수가 가장 많으며, 산업재난 및 기타재난의 규모는 다소 유사하다. 교통재난 중 도로교통사고의 규모가 월등히 크게 발생하였으며, 다음으로 수상교통사고, 항공 및 기차 순으로 나타났다.

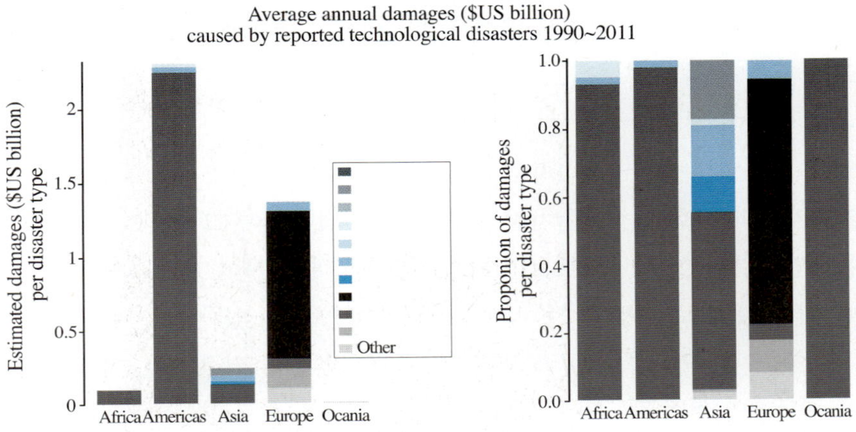

그림 1-11 1900년 이후 대륙별 사회재난 발생 유형별 연평균 피해액(10억 달러)

출처: EM.DAT(The OFDA/CRED International Disaster Daabase, www.emdat.be)

(3) 국내·외 재난 여건변화 시사점

가) 자연재난 및 규모의 대형화

지구적 차원에서 자연재난은 최근 지속적으로 증가하고 있으며 그 피해 규모가 초대형인 경향을 보이는 재해 예측을 위한 통계학 및 공간정보기술을 활용한 기술 개발이 필요하다. 특히, 우리나라에 그동안 영향력이 상대적으로 적지만 세계적으로 지속적으로 증가추세에 있는 지진, 해일, 화산 등에 대한 예측 기술 개발에 관심을 확대할 필요가 있을 것이다.

최근 기상이변에 따른 집중호우 등으로 인해 도심지역 산사태나 도시홍수와 같은 도심지역 자연재난의 증가 추세가 뚜렷하여, 법적 및 제도적 개선과 함께 현장 중심형 그리고 주민 참여형 재해 방지 전략의 도입으로 체계적이고 효과적인 재해 예방 및 대비가 가능할 수 있도록 준비가 필요할 것이다.

기후변화 대응 방재기준의 선진화 및 재해예측능력 제고가 필요하다. 또한 복합형 재해에 대응한 통합적 재해대응체계를 구축하고, 재해에 대한 예방 대응 및 복구의 효율적 추진을 위해 재해 예방과 재해관리 대응 조직의 일원화를 유도할 필요가 있다. 또한 재해 복구 사업의 조기 추진 및 체계적 관리, 미래 재해에 효율적으로 대비하기 위한 R&D 기능 강화가 요구된다.

나) 재해의 복합화

우리나라에서 발생 가능한 복합형 재해의 유형분류와 이에 대한 대비를 중심으로 한 기술개발이 필요하다. 대형 자연재난은 2차, 3차의 또 다른 재해를 불러일으킬 수 있는 복합 형태로 발전하기 때문에 해외에서 발생한 복합형 재난에 대한 사례연구를 통해 시나리오 기반으로 국내에서 발생 가능한 복합형 재난을 예측하고 이에 대한 예방이 시급히 마련될 필요가 있다.

2011년 동일본 대지진은 1차로 지진이, 2차로 해일이, 3차로 원전사고로 이어지며 자연재난과 사회재난이 합쳐진 복합 형태로 발전하여 그 피해를 극대화시켰다. 환경오염도 복합형 재난으로 발전하기 쉬운데, 예를 들어 유조선 침몰은 2차로 인근 해역을 기름으로 뒤덮게 하여 환경오염을 일으킬 수 있다. 이러한 복합화한 재난의 가능성은 기술이 발달하고 사회가 복잡해진 만큼 더 커졌으며, 어느 영역에서 어떻게 결합하여 어떤 재난이 발생할지 예측하고 대비하는 것은 매우 어려운 문제이다.

재난의 유형과 피해규모가 복합적이고 대형화되어 나타남에 따라 정부와 지방자치단체의 노력만으로는 대응하는데 한계가 있어 국민 스스로의 자발적인 노력이 요구되어진다. 이를 위해 국민의 방재역량을 키우기 위해 학교, 직장, 민방위 교육 등 다양한 기회를 통해 재난안전교육을 실시하고, 각종 재난안전 행사에 자발적 참여를 유도하여 안전의식을 제고할 필요가 있다.

다) 다양한 사회재난 위험성 증가

도시화, 산업화, 정보화, 세계화 등 사회의 구조적 변화와 복합화는 사회를 위협하는 위험요인이 지금과 같이 외부 환경으로부터 주어지는 것뿐만 아니라 우리 사회 내부에 태생적으로 담겨져 있는 내재적 사회시스템 그 자체에 의하여 위협 요인의 영향이 더 크고 강하게 나타날 것을 시사하고 있다. 건축물 등의 다양화, 지하심층화, 초고층화, 밀집화, 노후화 및 산업구조의 고도화에 의한 대형재난 발생 위험성 상존, 국제적 갈등 및 사회적 양극화 심화, 다양한 위험물질을 사용한 의도적 사고유발 또는 테러 위협의 확대, 각종 기능이 복합 융합된 U-City 등 최첨단 도시유형의 등장, 도시 기반시설의 붕괴로 인해 복합재난 발생 위험성 증가와 원자력, 수소, 자기장 등 첨단 기술의 상용화로 미지의 위험요인이 증가하고 있다.

현대 사회의 복잡한 사회구조는 이로 인한, 또는 이로 인해 더 확대될 수 있는 사회재난의 가능성을 내포하고 있다. 사회재난의 관심 유형은 과거에는 건축물 붕괴, 대형폭발사고, 대형교통수단사고 등 전통적인 재난들을 중심으로 불안감을 느꼈으나, 현재를 거쳐 미래로 갈수록 급격한 경기변동이나 불안정고용과 취업난, 빈부격차 등과 같은 사회구조 불안이나 사이버 범죄, 신종질병, 생명윤리, 사생활침해 등의 정보화관련 위험에 대한 불안에 대한 관심이 지속적으로 증가되는 추세이다. 최근 구제역 등 가축전염병의 발병이 신규 발생 내지 지속됨에 따라 이에 대한 예방을 위한 다학제적이고 융복합적인 연구 및 기술개발이 필요하다. 또한, 2012년 구미 불산 누출사고를 포함하여 산업단지 주변의 화학물질 누출로 인한 사고가 빈번하여 이에 대한 우려가 증폭되고 있다.

우리의 일상생활은 많은 부분 IT 기기에 의존하고 있는데, 정보사회가 진전될수록 그 정도는 점점 커질 것이다. 미래 정보사회에서의 위험 및 재난은 정보사회의 특징을 내포할 수 있다. 예를 들어 시 · 공간이 축소되는 것은 위험 및 재난이 확산되는 속도가 그만큼 빠르고 광범위해질 수 있다는 것을 의미한다. 또한, 정보사회의 복잡성은 위험 및 재난의 복잡성 증대도 같이 향상시킬 것이므로 이에 대한 준비가 선행되어야 할 것이다.

라) 아동 · 노인 관련 안전사고 증가

청소년 자살 및 맞벌이 부부 자녀들의 안전사고 등이 최근 사회적 이슈가 되고 있다. 따라서 청소년의 심리적 취약성 극복이나, 맞벌이 부부 자녀들의 안전대책 등 심리학 및 인구구조 기반의 연구와 기술 개발이 필요하다. 고령화에 따라 증가하는 노인들의 안전사고 예방과 관련된 기술 개발 역시 중요하며 노인들의 안전의식, 건강상태, 연령 등에 대한 종합적인 분석과 이를 기반으로 한 기술 개발은 그 필요가 시급하다.

그림 1-12 도시에서 발생할 수 있는 재해

1.3 도시복합재난의 정의

최근 우리 사회는 기후변화, 도시화, 산업화, 인구밀도 증가와 같은 사회적 변화와 환경적 변화로 인해 다양한 위험요인들이 상호 연계되어 나타나는 대형재난의 발생이 빈번해지고 있다. 특히 단일재난으로 인해 다양한 형태의 재난들이 연속적 또는 동시다발적으로 발생하는 복합재난의 발생이 증가하고 있다. 복합재난은 사회 전반적인 영향을 미치고 피해 규모가 천문학적이다. 또한, 단일 지역 또는 국가를 넘어 국제적인 영향을 미칠 수도 있다. 복합재난은 일반적으로 1차의 단일재난으로 인해 2차·3차의 재난이 동시다발적·연쇄적으로 발생해 인적·물적 피해를 발생시키는 재난을 의미한다. 지진, 해일, 태풍, 홍수 등을 단일 재난으로 판단하여 단기적으로 종결되는 것으로 분석해왔던 것과는 반대로 복합재난은 동시다발적·연쇄적인 발생에 따른 피해 규모의 '대형화'와 불확실성에 의해 피해 복구 및 대응의 '장기화' 경향을 보인다. 사회적·기술적 재난은 일반적으로 재난의 발생을 유발한 재난관리 담당자 등에게 책임이 있으나, 자연재난으로 유발된 사회적·기술적 재난은 피해 발생에 대한 책임 소재가 불분명하다는 것이 특징이 있다. 다시 말해 복합재난이란 자연재난과 사회재난이 동시다발적으로 발생하는 재난이다. 이는 급격한 기후변화와 도시 인프라의 초대형화로 인해 발생 빈도가 높아지고 있는 신종 재난 유형이다. 즉, 복합재난은 피해가 극심하여 범주처의 통합적 대응이 필요한 재난이다.

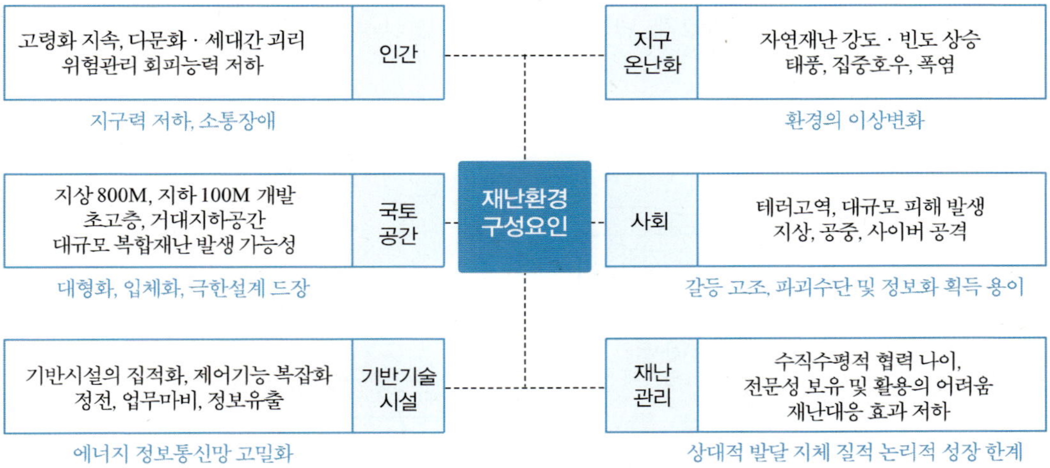

그림 1-13 다양한 환경변화로 인한 재난양상

복합재난의 대표적인 사례는 2005년 미국 뉴올리언스를 강타한 허리케인 '카트리나'와 2011년 일본에서 발생한 동일본 대지진이다. 허리케인 카트리나(5등급)는 홍수, 전염병, 폭동 등 다양한 재난을 발생시켜 1,000억 달러 이상의 재산피해와 2,500명의 인명피해를 초래했다. 카트리나의 경우 허리케인의 강도도 강했지만, 해수면보다 낮은 지역의 특성을 무시하고 '방재'보다는 '개발'에 중점을 둔 인재(人災)이기도 했다.

동일본 대지진(규모 9.0)은 건물붕괴, 지반침하, 대형화재 등을 발생시켰고, 대형 쓰나미로 인해 도시 침수와 원전폭발이라는 복합적인 재난이 동시에 발생했다. 그 결과 2만여 명의 사망·실종자, 20여만 명의 이재민, 350조 원 이상의 재산피해를 가져왔다. 특히 정전으로 인한 냉각시설의 고장으로 인해 원자로가 폭발하고 방사능이 유출돼 전 세계로 퍼져나가는 피해가 발생했다. 이상에서 알 수 있듯이 재난은 이론적으로나 경험적으로 복합적 성격 또는 복합성(complexity)을 지니고 있음에 틀림없다. 최근 몇 년 동안 우리 사회와 학계에서도 '복합재난'이란 용어가 흔히 사용되어 왔다. 특히 행정안전부, 국립재난안전연구원,

국립방재연구소 등 공공기관은 재난의 복합적 성격에 주목하며 대비하고 있다(An, Cheol-Hyun 2011; Park, Deok-Gun 2008).

재난의 복합성은 복합체계론의 관점을 원용한다면 그 이해가 쉬워질 것이다. 복합성의 우선적 특성은 용어 자체에서 감지할 수 있듯이 사건들 사이의 연계성이다. 재난을 구성하는 요소들 사이의 관계가 고립되어 있지 않고 연계성을 지니고 있어 한 요소의 요동이 다른 요소로 전달돼 재난에 대한 대비, 대응, 사후 복구 등을 매우 어렵게 한다. 복합재난의 특성인 복잡성과 연계성은 인과관계 네트워크(Causality-network)를 통해 표현될 수 있으며, 예를 들면 다음과 같다.

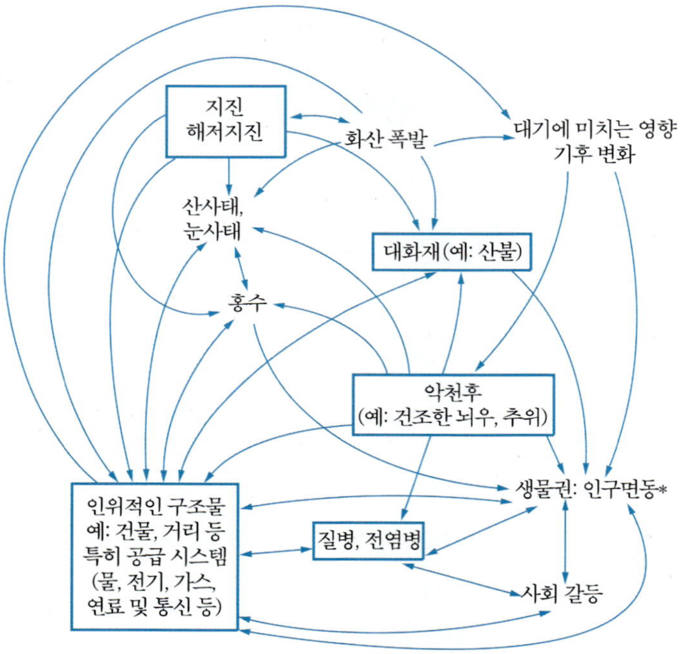

그림 1-14 재난이 다른 재난의 방아쇠가 되는 인과관계 네트워크(Causality-network) 개념

*참고: Dirk Helbing, Hendrik Ammoser and Christian KÄuhnert, (2016) Institute for Transport & Economics, Dresden University of Technology, Germany, Disasters as Extreme Events and the Importance of Net works for Disaster Response Management, No.2.8, pp. 14.

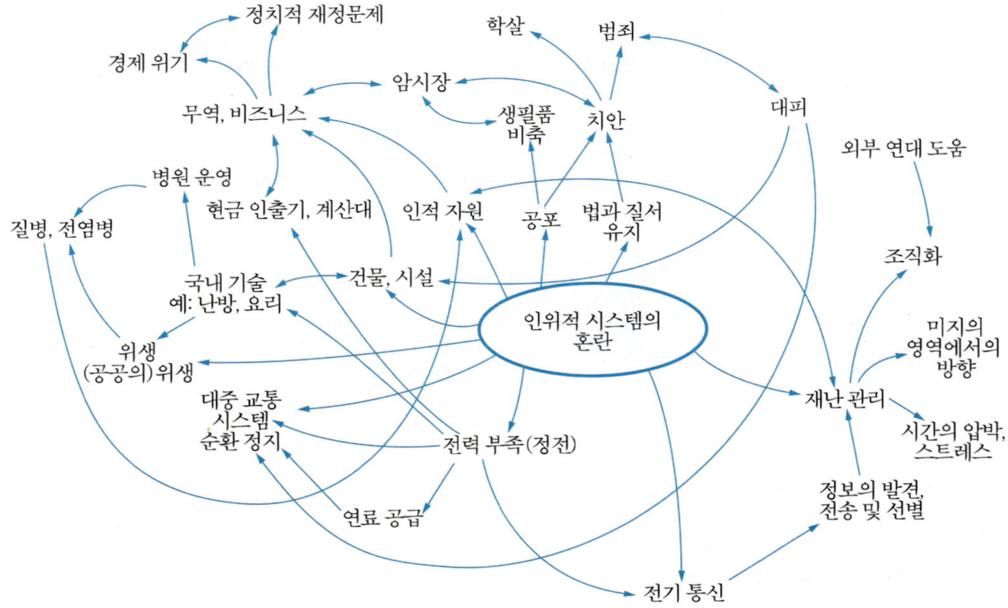

그림 1-15 재난의 인과관계 네트워크(Causality-network) 개념

*참고: Dirk Helbing, Hendrik Ammoser and Christian KÄuhnert. (2016) Institute for Transport & Economics, Dresden University of Technology, Germany, Disasters as Extreme Events and the Importance of Networks for Disaster Response Management, No.2.8, pp. 16.

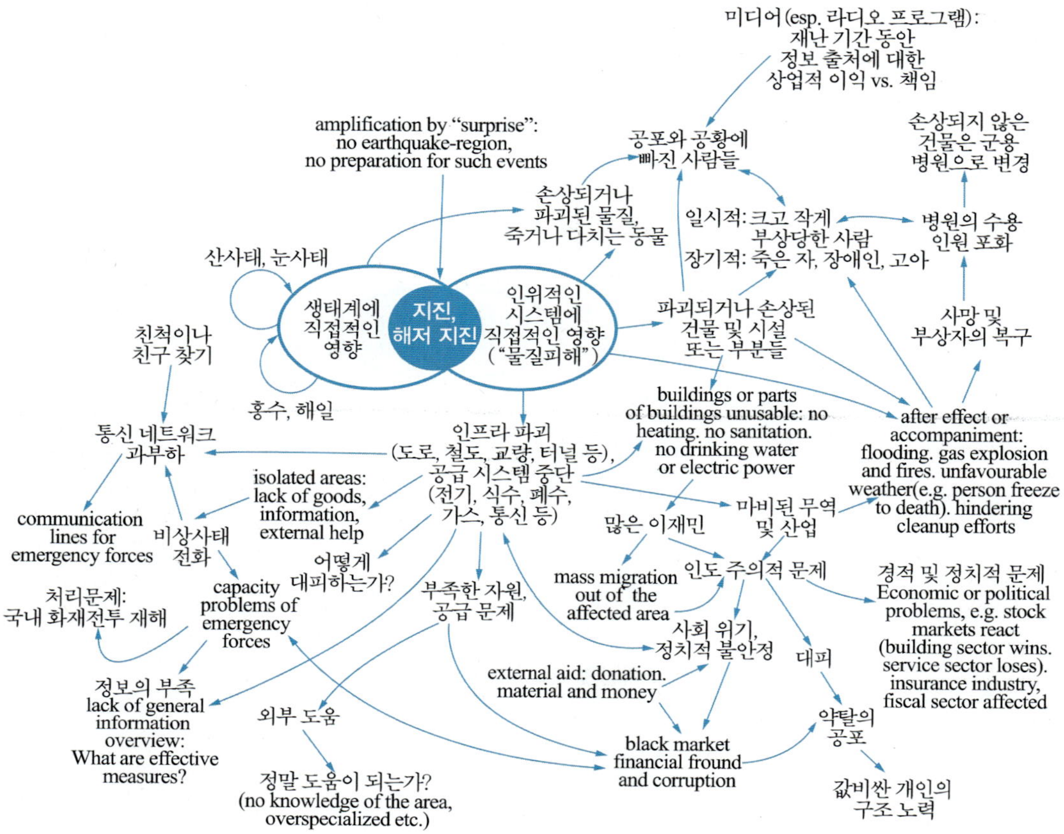

그림 1-16 지진 재난의 인과관계 네트워크(Causality-network)

*참고: Dirk Helbing, Hendrik Ammoser and Christian K uhnert. (2016) Institute for Transport & Economics, Dresden University of Technology, Germany, Disasters as Extreme Events and the Importance of Networks for Disaster Response Management, No.2.1, pp. 3.

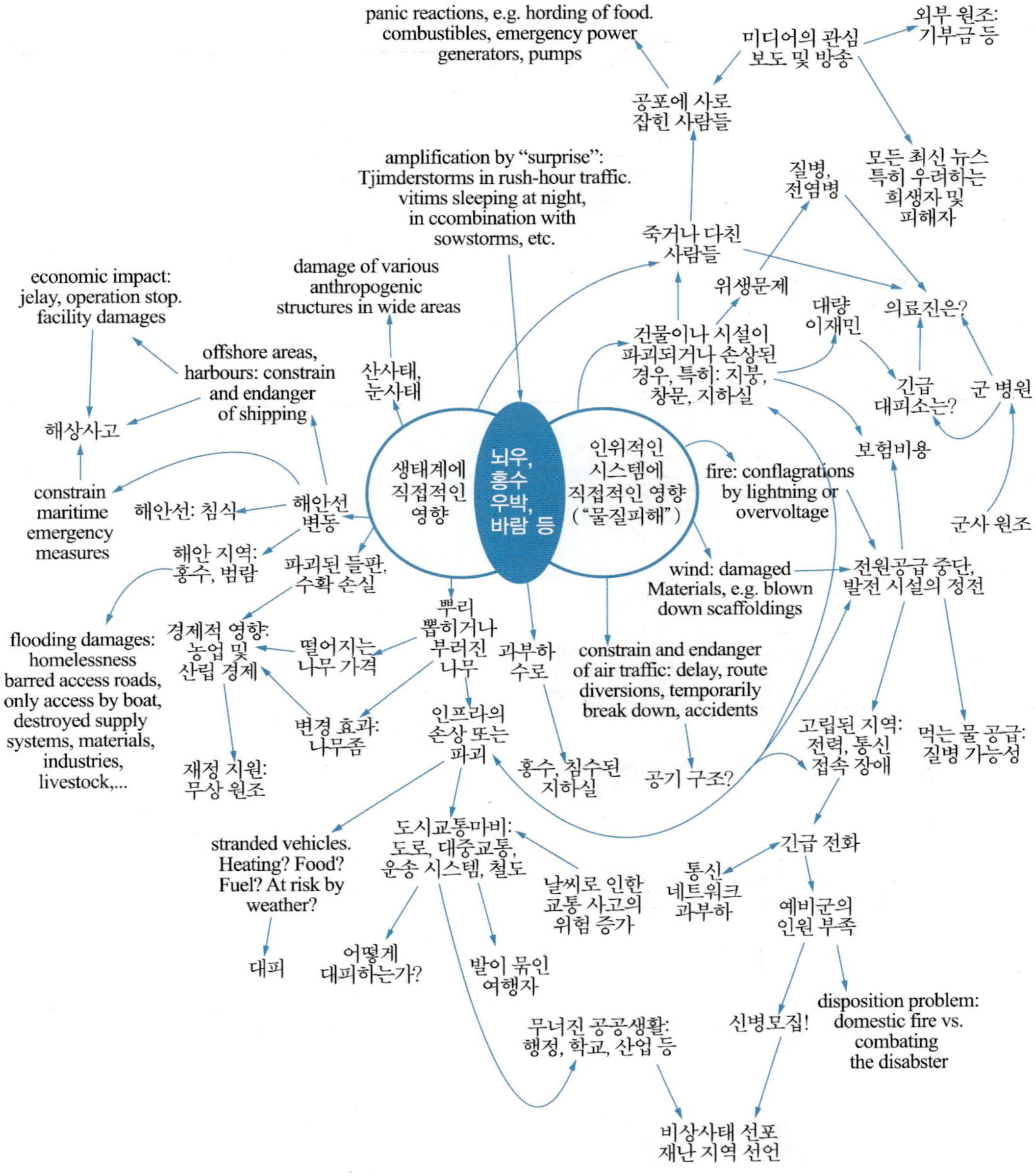

그림 1-17 폭우 재난의 인과관계 네트워크(Causality-network)

*참고: Dirk Helbing, Hendrik Ammoser and Christian K uhnert, (2016) Institute for transport & Economics, Dresden University of Technology, Germany, Disasters as Extreme Events and the Importance of Networks for Disaster Response Management, No.2.3, pp. 6.

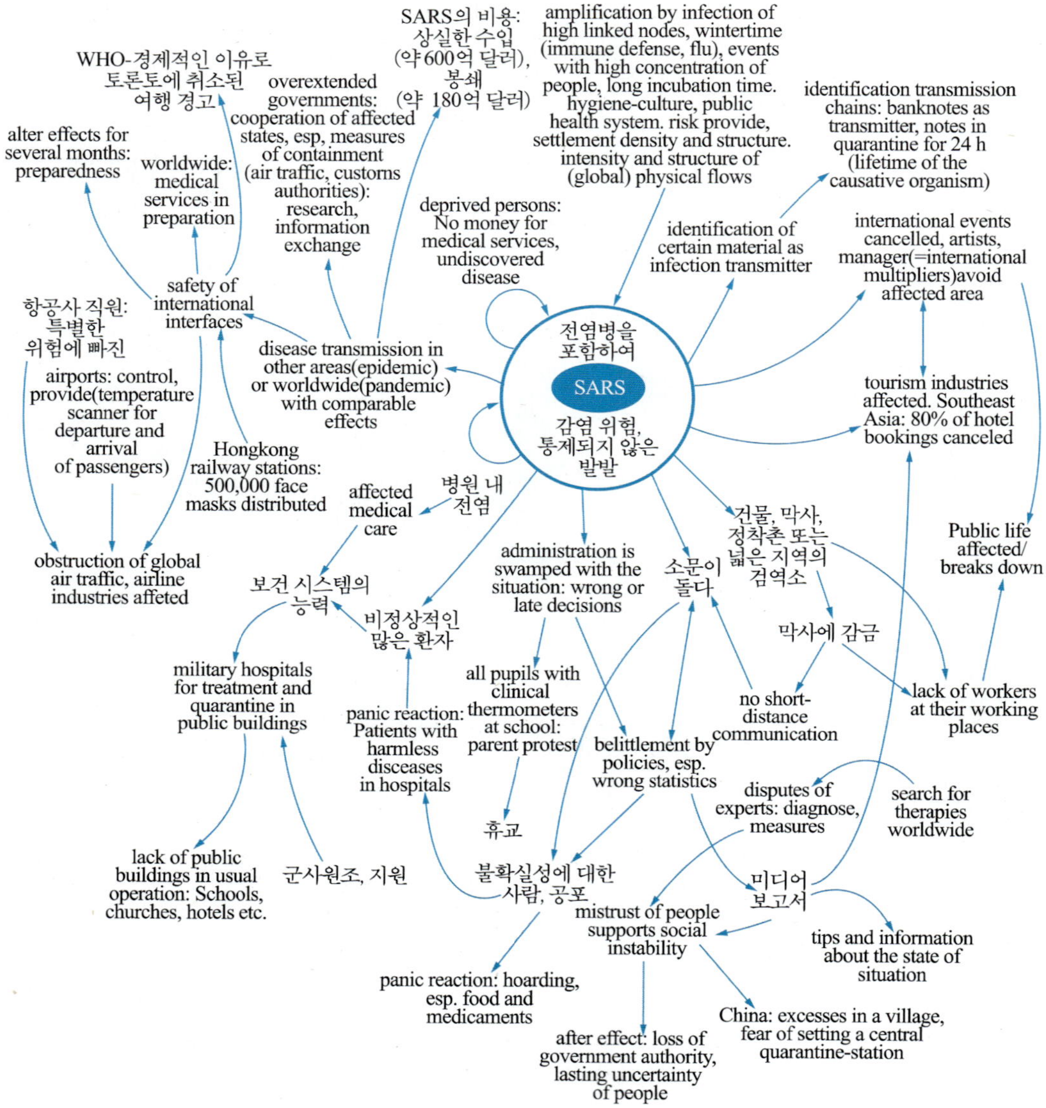

그림 1-18 SARS 전염병 재난의 인과관계 네트워크(Causality-network)

*참고: Dirk Helbing, Hendrik Ammoser and Christian K uhnert. (2016) Institute for Transport & Economics, Dresden University of Technology, Germany, Disasters as Extreme Events and the Importance of Networks for Disaster Response Management, No.2.5, pp. 11.

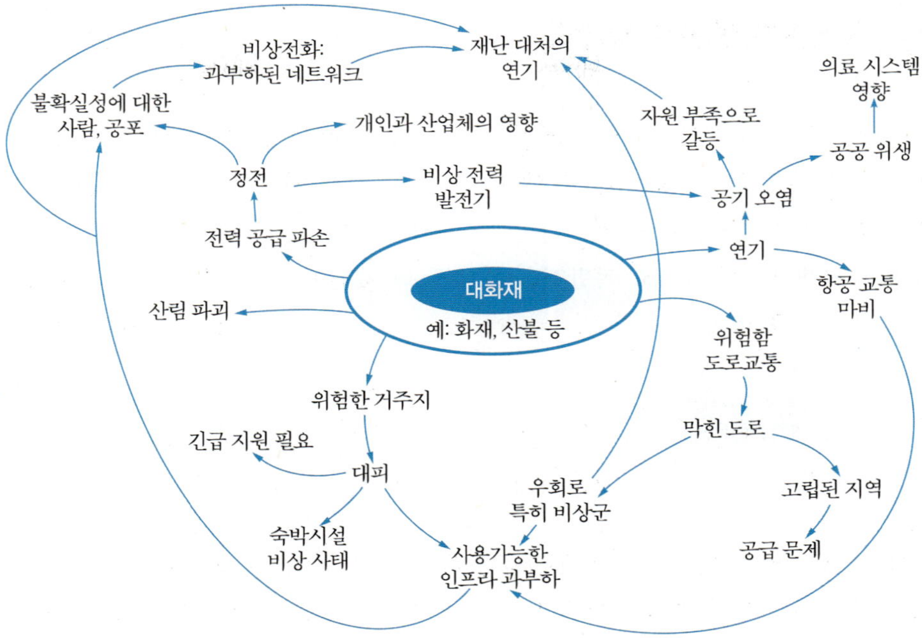

그림 1-19 대형 화재 재난의 인과관계 네트워크(Causality-network)

*참고: Dirk Helbing, Hendrik Ammoser and Christian K uhnert. (2016) Institute for Transport & Economics, Dresden University of Technology, Germany, Disasters as Extreme Events and the Importance of Networks for Disaster Response Management, No.2.7, pp. 13.

1.4 도시복합재난 발생유형

복합재난의 유형은 크게 3가지로 연속형, 다중형, 다발형 등이 있다. 이는 재난의 발생 시차에 따른 분류방법으로써 여러 가지의 재난이 동시에 발생하는 경우 또는 순차적으로 발생하는 경우 등으로 분류하는 것이다 (그림 1-20 참조).

연속형 복합재난은(순차구조 복합재난)은 하나의 재난에 대해 부 재난이 시계열적·연차적으로 유발되는 형이다.

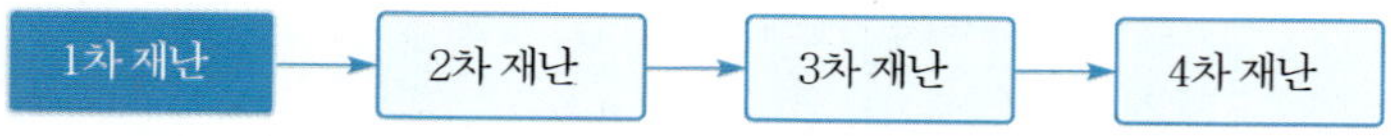

(a) 연속형(순차구조) 복합재난

다중형 복합재난(순차-병렬혼합 복합재난)은 다발형 복합재난과 연속형 복합재난의 혼합된 형태다. 1차적으로 재난이 발생하고, 이 1차 재난으로 인해 2차적 재난이 순차 또는 병렬구조로 재난이 발생하고, 이들이 다시 연계돼 다른 형태의 재난이 발행하는 형태이다.

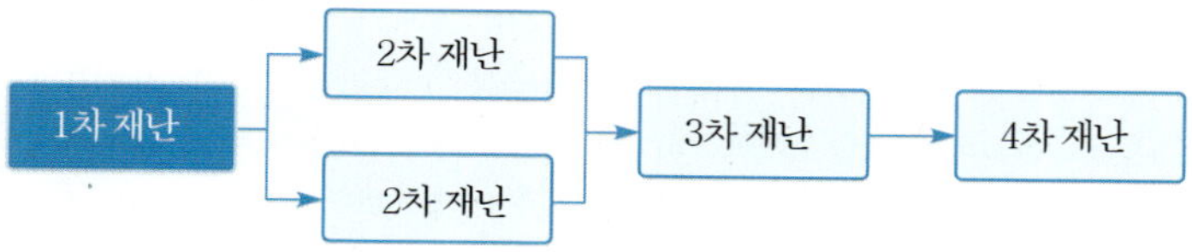

(b) 다중형(순차-병렬혼합) 복합재난

다발형 복합재난(병렬구조 복합재난)은 하나의 재난에 의해서 여러 유형의 재난이 동시 다발적으로 발생하는 복합재난의 형태이다.

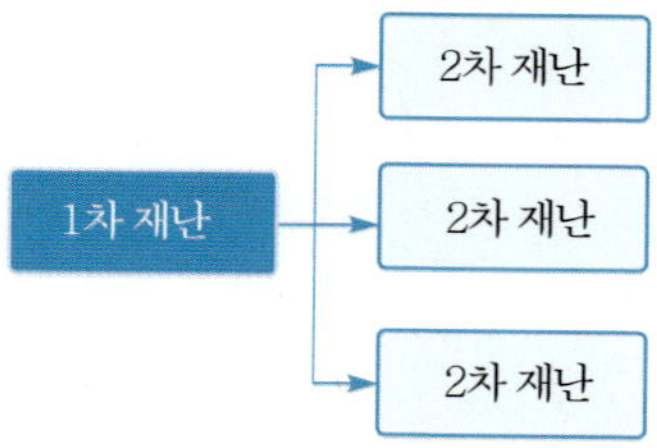

(c) 다발형(병렬구조) 복합재난

그림 1-20 복합재난 전개양상에 따른 유형분류

1.4.1 2011년 일본 동일본 대지진 및 방사능 유출 사고 (연속형)

2011년 3월 일본 도호쿠현 센다이 지역 동쪽 179km 해저에서 진도 9.0 규모의 대규모 지진이 발생하였다. 이 지진으로 인해 최대 8.5m 이상의 쓰나미가 발생했고, 이 쓰나미가 해안지역으로 침범해 주거지역 파괴, 도로 교통망 유실 등 직접적인 피해를 발생시켰고 이 지역에 위치한 동경전력 원자력발전소의 비상발전시설 침수를 발생시켰다. 그 결과 원자로 폭발로 주변 지역 및 해안지역에 방사능 오염이 발생했다. 이는 현재까지도 복구가 진행 중이다.

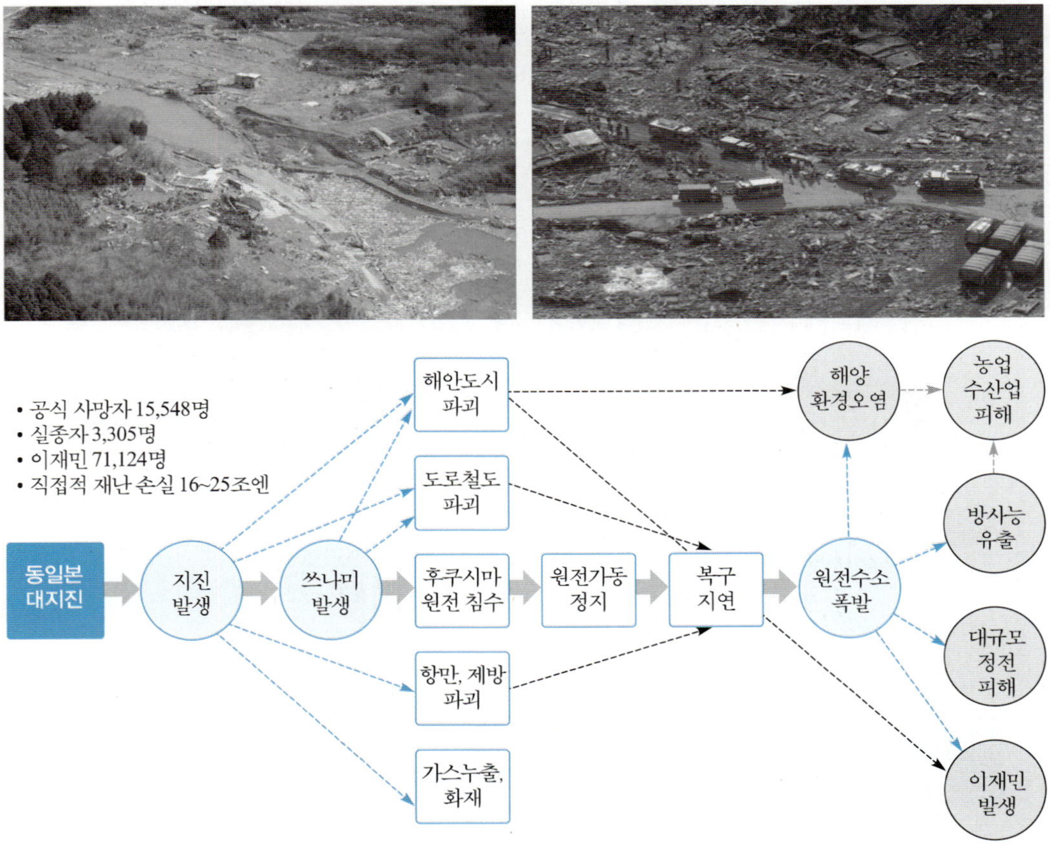

그림 1-21 2011년 동일본 대지진

*참고: 한국행정연구원, (2015.12.), 대형복합재난 법적기반 구축 연구, p16.

1.4.2 2005년 미국 허리케인 카트리나 (다중형)

2005년 8월 미국 동부 플로리다 남동해안 지역에서 발생한 허리케인 카트리나는 멕시코만을 거쳐 플로리다 해변으로 상륙하였다. 이 허리케인으로 인해 플로리다, 뉴올리언스, 루이지애나 등 3개 주에 걸친 지역에 막대한 피해가 발생하였다. 특히 해상 유전시설이 밀집된 멕시코만에서는 다수의 해상 유전시설이 파괴되면서 해양 오염 피해를 발생시켰다. 또한, 저지대 매립을 통해 개발한 도시지역에서 발생한 침수로 인해 막대한 이재민이 발생하였다. 그러나 임시 수용시설 부족으로 수용환경이 과밀해지고 상하수도 시설이 파괴면서 수인성 전염병 등이 창궐해 추가적인 피해가 발생하였다. 마지막으로 침수피해가 장기화되고 복구가 지연됨에 따라 피해지역 내에서 군중에 의한 약탈, 폭력, 방화 등 사회적 문제까지 발생한 바 있다.

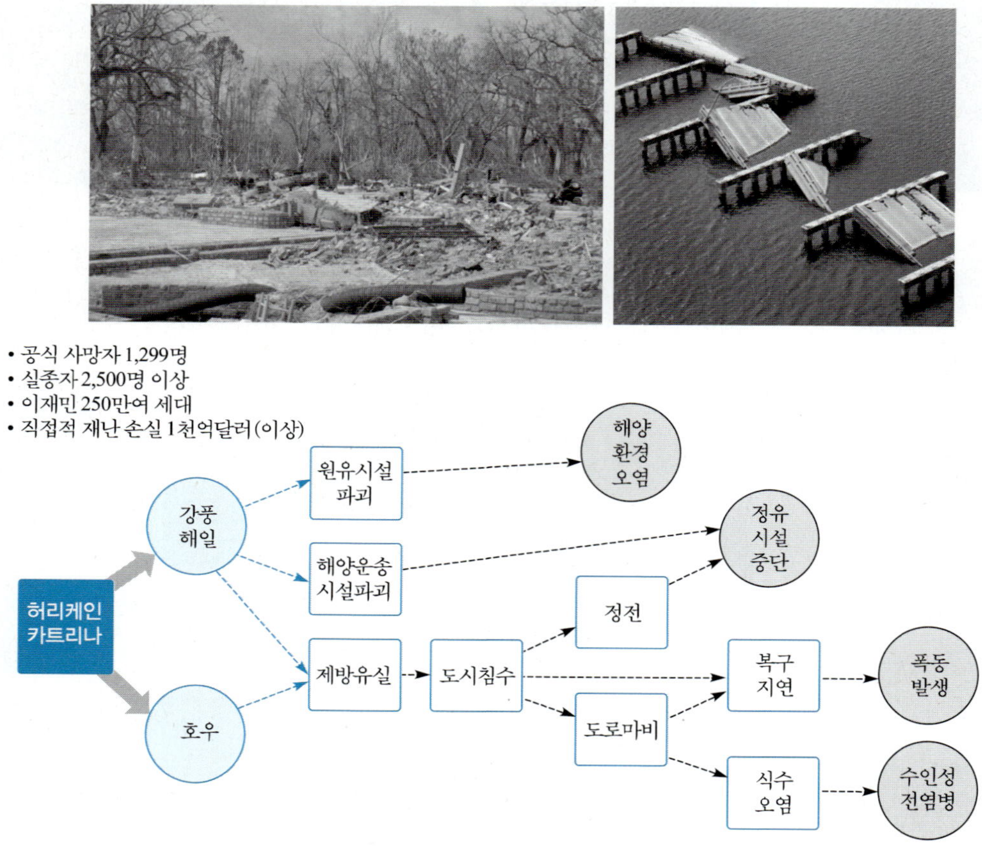

그림 1-22 미국 허리케인 카트리나 사례(2005, 다중형)

*참고: 한국행정연구원, (2015.12.), 대형복합재난 법적기반 구축 연구, p10.

1.4.3 2011년 중부지방 집중호우 및 산사태 (다발형)

2011년 7월 우리나라 중부지방에 내린 집중호우로 경기도와 강원도 지역에 산사태 및 침수, 교통망 마비 등의 피해가 발생하였다. 집중호우가 산사태를 발생시켰고 수십 명의 인명피해를 가져왔다. 나아가 20만 가구의 정전, 고속도로 및 철도 마비, 강남역 및 광화문 일대 도로 침수, 공장 및 마을 침수, 차량 8,000여 대 침수 등 도시기능이 마비되는 복합재난이 발생하였다.

그림 1-23 2011년 중부지방 집중호우 및 산사태

사진출처: 우면산 산사태 서울소방 복구 활동(2011.7) 서울소방재난본부

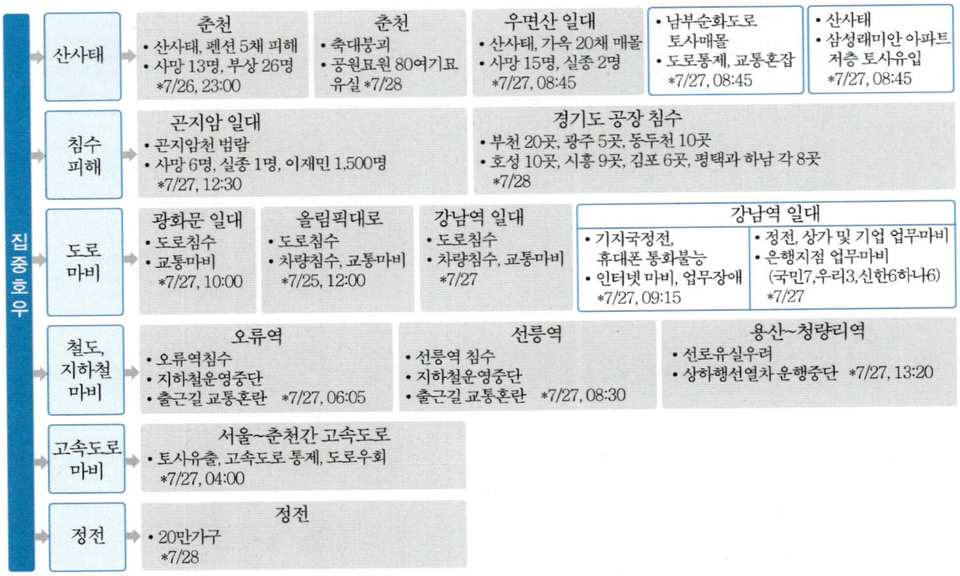

그림 1-24 한국 중부지방 집중호우 및 산사태 사례(다발형)

*참고: 박미리, 이영근(2015.05), 대형복합재난의 주요사례와 시사점, 방재저널 (Journal of Disaster Prevention)(한국방재협회), 제69호 Vol.19 No 3, p21.

1.4.4 2016년 경주 지진 및 태풍 차바 (단일재난이 연속적으로 발생한 사례)

2016년 9월 12일 경주지역 남남서쪽 8.3km 지점에서 발생한 진도 5.8 규모의 지진이 발생하였다. 그동안 지진 안전국이라는 인식을 단번에 무너뜨린 재난이었다. 국내에서 발생한 지진 가운데에서는 가장 강력한 지진이었으나, 앞서 살펴본 2011년 동일본 대지진과는 달리 심각한 사회 인프라 피해는 발생하지 않아 2차, 3차 피해로 확산되지는 않았다. 그러나 지진 피해 복구가 한창이던 10월 5일에 태풍 '차바'가 우리나라 남쪽 지역에 상륙하여 큰 피해를 발생시켰다. 특히 제주, 거제, 부산, 울산 지역의 피해가 많이 발생하였다. 지진 피해 지역인 경주 지역은 경미한 피해만을 입었다. 이 사례는 국내에서는 드물게 단일 자연재난 2건이 연속적으로 발생한 사례로서 복합재난 유형 가운데 '연속형 복합재난'으로 간주할 수 있다.

그림 1-25 2016년 경주 지진 및 태풍 차바 피해 모습

사진출처: 행정안전부/서울신문(2016.10.05) 온라인 뉴스부
http://www.seoul.co.kr/news/newsView.php?id=20161005500256

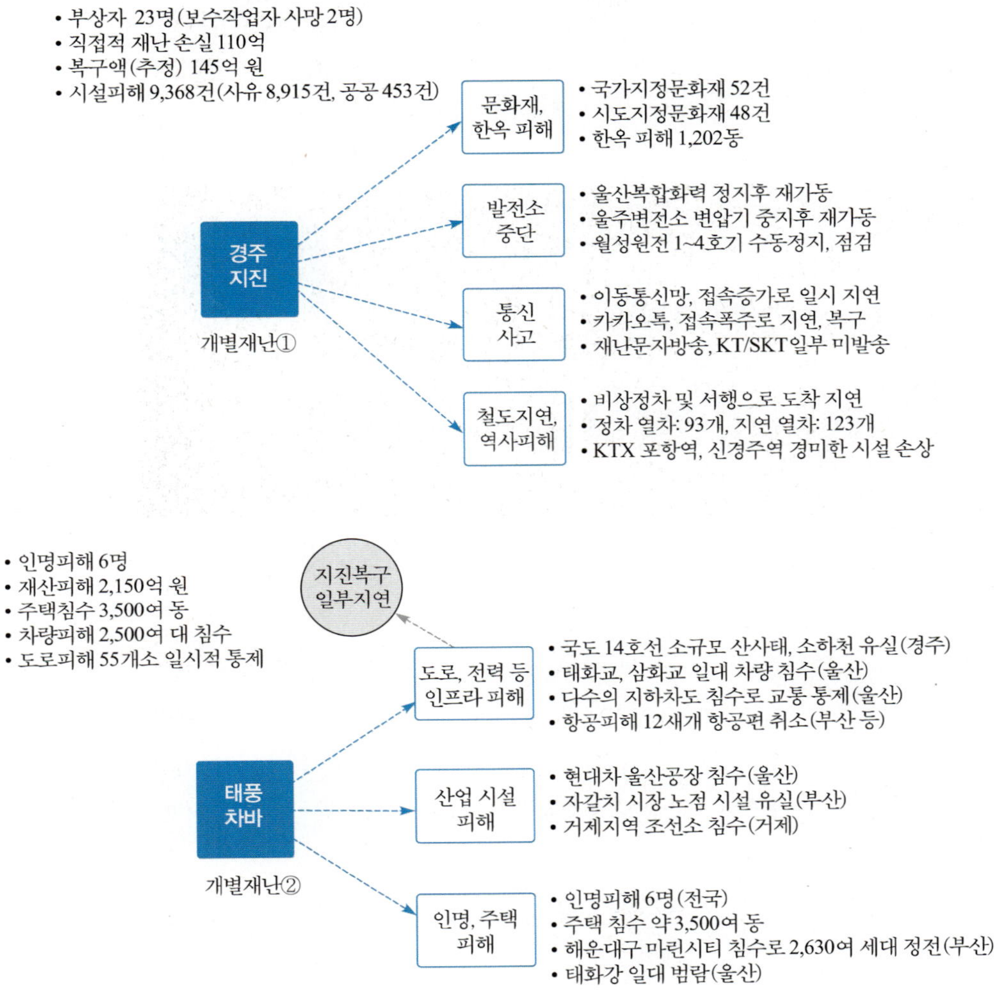

그림 1-26 한국 경주 지진 및 태풍 차바 연속 피해 사례

*참고: • 국민안전처(2017.05.), 9.12 지진백서 : 9.12지진과 그후 180일간의 기록, p150-157.
• 국민안전처 중앙재난안전대책본부, (2016. 10. 02), 9.12 지진발생 및 대처상황 보고자료.
• 관계부처 합동(2017.01), 2016년 이상 기후 보고서
• 장경국(2016.10.05) 경주시, '태풍 차바'지진 피해지구 큰 사로 없어. 아시아투데이, 2018.03.28. 검색, http://www.asiatoday.co.kr/view.php?key=20161005010002383

CHAPTER 02

도시와 홍수

2.1 홍수의 정의
2.2 도시 홍수 피해 사례
2.3 도시홍수 해석 모형
2.4 홍수방어 계획

CHAPTER 02

도시와 홍수

2.1 홍수의 정의

홍수는 큰 물 또는 하천의 물이 넘쳐흐르는 자연현상으로, 수해의 일종이다. 홍수의 원인에는 과도한 강수, 봄철의 눈의 녹음, 태풍 및 지진에 의한 해일, 화신에 의한 눈과 얼음의 녹음, 도시화 등 사회 구조적인 원인 등이 있다. 홍수의 원인은 주로 자연적인 현상으로 발생하나 피해를 받는 지역에서는 인명과 재산의 손실을 야기하게 된다. 또한 급격한 도시화로 인한 무분별한 개발, 노후화된 관로, 포장지역 증가는 불투수면적 증가 및 홍수저감 효과의 감소로 인해 더 큰 홍수 피해를 초래하고 있다.

우리나라의 홍수의 주요 원인은 크게 두 가지로 나눌 수 있는데, 하나는 주로 기압이 불안정한 여름철 장마기간에 생기는 집중호우이며, 다른 하나는 7~9월 한반도를 통과하는 태풍으로 인한 국지성호우 등으로 인해 발생한다.

2.1.1 도시홍수의 원인

홍수의 원인은 당연히 강우이다. 특히 극한강우의 발생과 지역내에서의 물의 흐름의 상태에 따라 발생한다. 이렇듯 홍수는 기상학적 요인과 수문학적 요인에 따라 발생하게 된다.

전술하였듯이 도시지역에서는 개발로 인한 토지이용의 변화로 인해 투수지역의 감소 및 자연 저류지역의 감소가 홍수의 원인이 되고 있으며, 비도시지역에서는 홍수방어시설이 부재가 홍수의 원인이 되고 있다.

홍수는 호우의 강도, 지속시간 및 지역적 특성에 따라 하천홍수(River Flood), 도시홍수(Urban Flood), 돌발홍수(Flash Flood), 해안홍수(Coastal Flood) 등의 4가지 유형으로 구분할 수 있다(표 2-1).

표 2-1 홍수의 원인과 특성

유형	원인	특성
하천홍수 (River Flood)	태풍 또는 집중 호우에 의한 하천의 범람	공간적으로 넓은 지역에 장기간(daily) 발생하여 그 피해가 광범위하며 제방의 월류 및 붕괴에 의한 피해가 지배적
도시홍수 (Urban Flood)	도시의 주차장, 건물, 도로 등의 불 투수 지역의 증가	불투수지역의 증가로 인한 첨두 홍수의 증가 및 도달 시간의 단축, 도시 내수배제의 불량으로 인한 주택지, 상가 공장지 등의 침수에 의한 피해가 지배적
돌발홍수 (Flash Flood)	지형적으로 급경사 소 유역(산악지역)에의 집중호우	공간적으로 좁은 지역에 짧은 기간(minutely) 동안 발생하며, 상류하전 유량의 급격한 증가, 유사 밀도류의 형성, 산사태, 상류 소형 댐의 붕괴에 의한 피해가 지배적
해안홍수 (Coastal Flood)	태풍 또는 호우 시 저기압 형성에 의한 해수면의 상승 및 높은 파랑의 형성	높아진 해수면 및 파랑에 의해 해안가 저지대에서 바닷물에 의한 침수 피해가 지배적이며, 하천 하류 지역에는 만조 시 해수 유입으로 인한 하천의 범람에 의한 피해가 지배적

위에 언급한 홍수의 원인은 복합적으로 발생하기 때문에 사실상 도시홍수는 위 표에 언급한 모든 원인이 포함된다고 할 수 있다. 특히 도시홍수는 도시화에 따른 불투수 지역의 증가로 첨두 홍수량의 증가 및 홍수 도달시간의 단축, 도시 내수배제 불량에 따른 홍수를 말한다. 그림 2-1에서와 같이 도시화로 인하여 수목은 줄어들고 건물이 들어서면서 불투수층이 증하하여 증발량과 빗물 침투비율이 현저하게 떨어지는 것을 알 수 있다. 이로 인하여 지표면의 유출량을 크게 증가하였으며 이는 도시홍수로 이어지는 결과를 도출하게 된다.

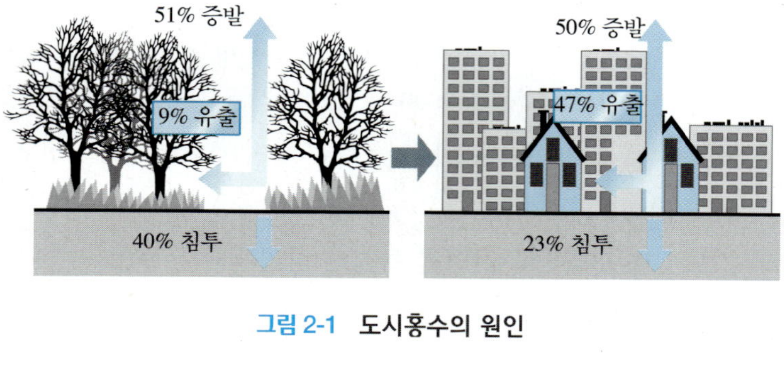

그림 2-1 도시홍수의 원인

도심지역의 침수피해 형태가 과거에는 제방의 물이 넘치는 등 도시 외부로부터 들어오는 물에 의한 홍수 피해가 주가 되었으나, 최근에는 도시지역 내부의 물이 원활하게 외부로 빠져나가지 못하여 침수가 발생하는 도시수해가 주된 양상을 보이고 있다. 이에 따라 저지대, 반지하주택, 지하공간 등에서의 내수침수피해가 주류를 이루고 있다. 이와 같은 도심홍수의 주요 원인을 살펴보면 다음과 같다.

(1) 설계빈도를 넘는 강우발생과 하수관거 통수능력 부족

최근 발생한 서울지역 침수피해의 주된 원인으로는 기습적인 집중호우의 발생과 하수관거의 통수능력 부족이라 할 수 있다. 시간당 약 100mm/hr이상의 국지성 집중호우가 곳곳에서 발생하였고, 하수관거 용량에 비해 유입되는 유량이 많아 관거 밖으로 물이 넘치는 현상을 발생시켰다. 이와 함께 하수관거의 관리문제와 간선 하수관거의 일부 병목현상도 빗물의 원활한 배수를 어렵게 하였다.

(2) 도시화로 인한 직접유출량의 증가

도심의 지표면은 콘크리트 재질의 아파트 · 도로 · 인도 등으로 덮여 있다. 이와 같은 도시화로 인하여 불투수면적이 증가(1962년 약 9% → 2006년 약 47%)함에 따라, 홍수 시 강우가 땅속으로 침투가 되지 않고 곧바로 저지대로 집중되었다.

(3) 지형적 · 구조적 특성(저지대)

사당, 서초 등 저지대에서는 주변 고지대에서 다량의 노면수가 유입됨으로써, 강수의 유출량이 집중되어 침수피해가 발생하였다. 반지하주택, 지하공간 등에서의 내수침수피해도 유사한 형태로 발생하게 된다. 위와 같은 원인들이 펌프용량 부족, 토사유출에 의한 배수불량, 하천수위상승으로 인한 배수효과 등과 함께 복합적으로 작용하여 피해를 가중시켰다.

또한 최근의 홍수형태는 도시하천홍수, 도시돌발홍수 등 여러 가지 원인이 복합적으로 나타나고 있다. 우리나라에서는 1990년대 후반부터 세계적인 기상이변(엘리뇨, 라니냐 현상 등)에 따라, 과거와는 다른 국지적 집중호우 현상이 빈번히 발생하였으며(파주, 문산, 중랑천, 지리산, 울산 등), 도시화 및 산업화로 동일 강우임에도 피해는 급격히 대형화 되는 추세이다. 특히 단시간 동안에 특정지역에 집중하는 국지적 호우로 인한 도시홍수는 인구밀도가 높은 우리나라의 경우 위험도가 매우 높다.

2.1.2 도시 홍수 피해 평가

홍수로 인해 재난이 발생하면, 재난이 발생한 후에 피해의 종류와 내용에 대하여 정성적 정량적 평가를 실시하여야 한다. 이 과정을 통해 획득된 정보는 결과적으로 주택 및 기업체의 재점유 계획을 도울 것이며, 기존 건물들의 특성 변경을 포함하여 새로운 건물 설계 계획에 대하여 유용한 정보를 제공한다. 피해의 유형 및 특성에 대한 기술적인 정보들은 보수 및 복원 방법을 제시할 수 있다. 홍수 피해를 평가하는 절차는 다음과 같다(Jha et al., 2010).

가. 1차 개략조사(reconnaissance survey)

개략 조사는 피해지역을 돌아다니면서 홍수 피해의 규모와 특성을 전반적으로 파악하는 과정이다. 조사가 안전하게 실시될 수 있도록 적절한 조치를 취해야 하며, 개인보호장비(안전모, 장갑 등)가 준비되어야 한다. 이 조사는 재난구호서비스 및 복구 과정에서 우선순위를 정하는데 이용될 수 있다.

나. 주거지 지도 제작

주거지 지도 제작은 피해를 입은 건물들과 공공 영역의 시각화를 위하여 현지의 정보를 토대로 홍수 피해 조감도를 만들기 위한 과정이다. 이 지도는 건물들의 피해규모 및 다른 건물, 공공 용지, 도로 등과의 근접성 등에 관한 정보를 제공한다. 지도제작은 손으로 직접 그리거나 GIS 데이터를 활용할 수 있다. 주거지 지도로부터 나온 정보는 공적인 기록물/데이터베이스와 상호 연결된 하나의 목록으로 만들어져야만 한다.

다. 마을 분할선

분할선은 호우 피해 조사가 실시되거나 관찰이 이루어지는 경로를 따라 그어진 선을 말하며, 한 장소에서 또 다른 장소까지의 특성의 변화를 분석하기 위해 사용된다. 한 마을의 분할선은 하나 또는 그 이상의 도로를 따라서 건물 및 사회기반시설의 피해에 있어서의 변화들을 보여준다. 이것은 건물 피해 유형의 새로운 양상을 찾아내는 것을 도와줄 것이며 이 피해를 거주지의 형태, 현지의 지리, 환경적 특색 및 토지이용 등의 특징들과 연계된다. 이러한 정보는 환경 관리, 거주지 이전, 새로운 거주지 개발, 그리고 복구 과정 계획 및 조직 등과 관련된 결정을 하는데 사용된다. 이 과정을 통하여 현지 환경 특성 및 토지이용에 따른 홍수관련 정보를 얻을 수 있다.

라. 개별 건축물 조사

개별 건축물 조사는 기록 및 행정목적(건물 소유권, 소유자) 그리고 기술적인 목적(건물 유형 및 재료, 피해 세부사항, 복원단계)을 위하여 세부적인 정보를 제공하기 위해 착수한다. 이 정보는 이러한 목적을 위해 개발된 표준 조사 양식에 기록되는 것이 가장 좋다. 점검표 및 중요 기록 사항이 그 조사 양식에 포함되도록 하여 수집되는 정보의 일관성 및 완벽성을 확보하여야 한다. 조사를 실시할 때는 홍수 수위를 반드시 확인하여야 한다. 수위로 인하여 건물은 구조적으로 손상을 받을 수 있기 때문이다. 또한, 홍수는 보통 토석류와 퇴적물을 남기기 때문에 보수작업에 대한 범위를 판단할 수 있다.

마. 사진 기록

개별적인 건축물 각각에 대한 사진 기록물은 유용한 용도르 쓰일 수 있으며 건물 조사의 일환으로 착수될 수 있다. 보험회사들은 이러한 사진들이 측히 건물 및 내용물의 피해에 대한 명백한 기록을 제공하는데 유용하다고 생각할 것이다. 이 기록물은 또 다른 입증목적을 위한 자료로도 쓰일 수 있으며 특히 재건 과정을 모니터링하기 위한 증거를 제공할 것이다.

바. 건물 분류(Classification of buildings)

정보 기록과 복구 및 보수 과정 관리를 돕기 위해 일시적인 일련번호 시스템을 만드는 것이 유용하다. 이 시스템은 논리적이며 단순한 형식을 따르는 것이 좋으며 현지 지역 공무원이 디자인하는 것이 적절하다. 이것과 병행하여 건물 피해 수준을 범주화하는 과정을 설계하는 것이 유용하다, 이것은 자격 있는 조사관 또는 기술자에 의해 디자인 될 필요가 있다.

2.2 도시 홍수 피해 사례

2.2.1 해외 도시 홍수 피해 사례

가. 허리케인 카트리나(미국)

미국 남동부를 강타한 대형 허리케인으로 2005년 8월 23일 바하마 인근에서 열대성저기압으로 발생하였다. 24일 1등급 규모로 플로리다주에 상륙하여 멕시코만 서쪽으로 진출하였고, 8월 28일에는 최대규모인 5등급에 도달하였다. 29일 오전 6시 10분경 4등급 규모로 루이지애나주 지역에 재상륙하여 8월 31일 23시경 캐나다 남동부 지역에서 소멸하였다.

그림 2-2 허리케인 카트리나 이동경로 및 발달 · 소멸과정

출처: National Geographic

- 피해현황

  뉴올리언스시의 경우 약 80%가 침수되었고 7~8m의 침수가 발생하여 주민들이 지방으로 대피하였다. 제방, 홍수벽의 65.5km가 유실, 펌프장 34개소가 피해를 입었다. 플로리다주 남부해안 상륙 때에 140만 가구의 전력이 끊기고, 12명의 사상자 발생하였다. 총 인명피해는 7개주에서 1,836명이고 이재민이 약 100만세대가 발생하였다.

  플로리다주의 피해액은 4억 달러 가량의 농작물 피해를 포함하여 약 20억 달러의 재산피해가 발생하였다. 보험금 지급 규모가 총 400~500억 달러이며 또한 멕시코만 석유생산이 95% 중단되었다. 피해액만 고려할 경우 미국 재난 역사상 가장 큰 규모로 1,000억 달러에 달한다.

그림 2-3 루이지애나주 도시침수상황

출처: 연합뉴스

표 2-2 허리케인에 따른 피해현황

구분	카밀 (1969)	앤드류 (1992)	아이반 (2004)	카트리나 (2005)
사망자수(명)	335	61	57	1,836
주택피해(세대)	22,008	79,663	27,772	1,000,000
피 해 액(억불)	60	330	145	960

출처: The Federal Response To Hurricane Katrina(White House, 2006)

표 2-3 카트리나로 인한 피해현황

회사명	피 해현 황
발레로 에너지	루이지애나주 노코의 세인트 찰스 정제시설 폐쇄
머 피 오 일	루이지애나주 메로의 정제시설 폐쇄
엑 손 모 빌	183,000배럴 규모 정제시설 폐쇄
코노코 필립스	255,000배럴 규모 정제시설 폐쇄
마라톤 오일	245,000배럴 규모 정제시설 폐쇄
셰 브 론	325,000배럴 규모 정제시설 폐쇄
US 미네랄 매니지먼트 서비스	멕시코만지역 원유 생산량의 95%, 천연가스생산량의 88% 중단
뉴필드 탐사	하루 1,500배럴 생산규모 개발지구 유실
루이지애나주 연안 원유 항구(LOOP)	전력부족으로 폐쇄 (미국 수입물량의 10%인 하루 100만 배럴 수송)

출처: 위험관리 2005 가을호(삼성방재연구소)

나. 슈퍼태풍 하이옌(필리핀)

2013년 북태평양에서 발생한 30번째 태풍이자 3번째 카테고리 5등급 슈퍼태풍이다. 11월 3일 미크로네시아 팔라키르 서쪽 인근 해상에서 열대저기압으로 발생하여 계속해서 발달하여 11월 6일 18시경 팔라우 섬 인근에서 1분 최대풍속 78m/s로 상승하였다. 11월 7일 필리핀 사마르 섬 상륙 전 87m/s까지 도달하였는데 이는 전 세계 열대성저기압을 통틀어서 가장 강력한 풍속이다. 이후 세력을 유지하며 필리핀 파나이 섬을 지나 태국과 중국까지 진입하였다.

슈퍼태풍 '하이옌' 이동 경로 (현지시간 기준)

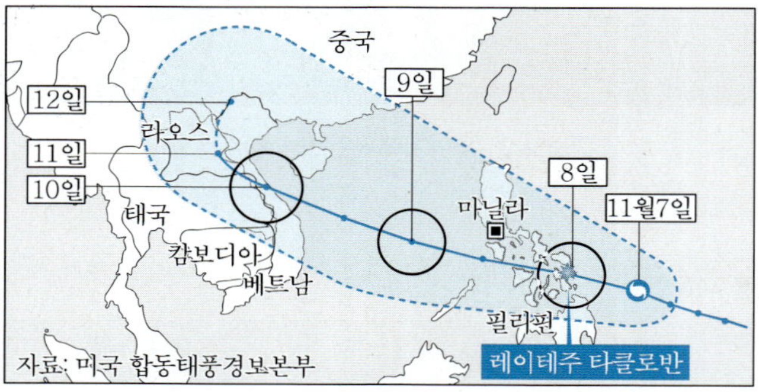

그림 2-4 슈퍼 태풍 하이옌 이동경로

출처: 세계일보

- 피해현황

2013년 12월 13일 기준으로 사망자 6,009명, 실종자 1,779명으로 집계되어 공식 발표되었다. 이후 더 늘어나 실질적으로 인명 피해 7,409명(6,329명 사망, 1,074명 실종)이고 4백만명 이상의 이재민이 발생하였다.

그림 2-5 필리핀 피해 상황

출처: 아주경제

그림 2-6 중국 피해 상황

출처: 네이버 블로그

약 120만 채의 가옥이 전파 또는 일부 파손되고 농경지가 쑥대밭이 되면서 주민들의 생계수단이던 3,300만 개의 코코넛 나무가 파손되어 약 130억 달러의 손실이 추정되었다.

다. 대홍수(태국)

태국 중·북부지방을 포함, 차오프라야강 유역에 장기간에 걸친 폭우로 인하여 발생한 대규모 홍수로 2011년 8월부터 12월까지 약 4개월간 지속되었다. 총 76개주 중 방콕시와 63개주에서 침수가 발생하였고 침수면적은 약 18,000km^{2}이다. 10월말을 기점으로 피해지역이 축소되었으며, 11월 말경 침수상태가 호전되어 복구 작업을 개시하였다.

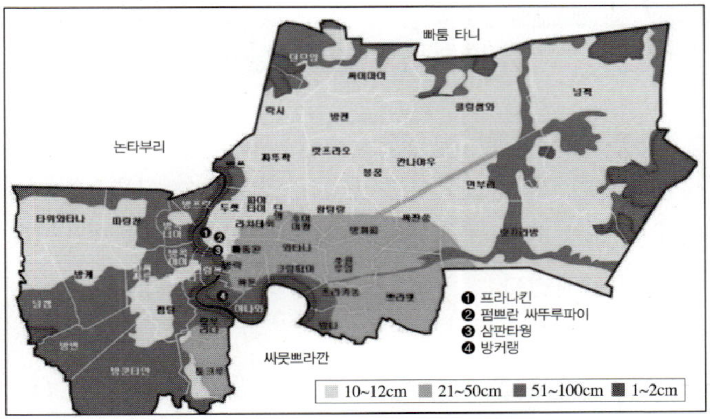

그림 2-7 태국 대홍수 침수도

출처: 네이버 블로그

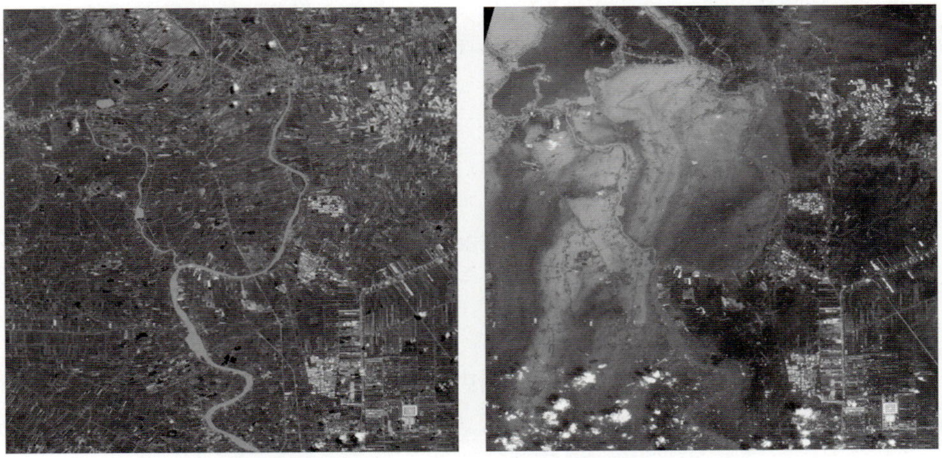

그림 2-8 차오프라야강 상류 홍수 전후 위성사진

출처: NASA

■ 피해현황

인명피해로 사망 813명과 실종3명 수재민 280여만 명이 발생하였다.

그림 2-9 태국 대홍수 피해상황

출처: 네이버 블로그

중부지역의 느린 유속으로 인해 침수상황이 장기화되면서 산업 전반으로 피해가 확산되었고 특히 공업단지의 침수가 가장 큰 영향을 미쳤다. 약 1조 2천억 바트(약 43조 원) 규모의 막대한 재산 피해를 유발시켰다.

표 2-4 대홍수로 인한 피해현황

구분	경제적 손실	비고
제조업	약 1조 바트 (약 36조 원)	대부분의 손실은 산업단지에서 발생
관광산업	약 950억 바트 (약 3조 4천억 원)	홍수가 발생한 6개월 간의 손실액
주택 및 개인재산	약 840억 바트 (약 3조 원)	실내 물품을 포함한 건축물 손실액
농업	약 400억 바트 (약 1조 4천억 원)	농산물 손실액

출처: Aon BENFIELD, 2011 Thailand Floods Event Recap Report(2012)

라. 허리케인 하비(미국)

2017년 8월 25일부터 4일 간 폭우를 뿌리며 미국의 휴스턴 시에 기록적인 홍수를 발생시켰다. 상륙 당시 4등급 허리케인으로 분류 되었으며, 기록된 강우량은 131.78cm였다. 6일 째에도 76cm의 폭우를 추가로 쏟아냈으며 약 1천500mm에 달하는 비를 뿌려 텍사스 휴스턴 지역에 500년 만에 처음 있는 홍수를 몰고 왔다.

그림 2-10 **허리케인 하비 이동경로**

출처: 연합뉴스

미국 남부 텍사스 지역에 상륙해 약 1900억 달러의 피해를 입혔고 약 10만 채의 집이 물에 잠기고 310,000가구가 정전이 되었으며 40만명의 이재민이 발생하였다.

그림 2-11 **하비 피해 상황**

출처: 아시아경제, 다음블로그

마. 집중호우(일본)

2018년 6월 28일부터 7월 9일까지 규슈에서 시코쿠지방, 주고쿠지방, 홋카이도까지 일본 거의 전역에 영향을 준 호우이다. 북태평양 기단의 영향으로 7월 2일부터 5일까지 홋카이도 인근에 장마전선이 정체되었는데, 이후 북태평양 기단이 동남쪽으로 내려가면서 홋카이도 부근의 장마전선도 같이 남하하였다. 여기에 7월 2일부터 태풍의 영향으로 규슈에 비가 오고 있었는데, 7월 5일부터 주부 지방까지 내려가 정체된 장마전선과 태풍 7호 쁘라삐룬이 가져온 습한 공기가 합쳐져 장마전선이 강해졌다. 이 장마전선은 7월 9일 북상하여 약화될 때까지 일본 상공에 정체하면서 서일본에서 동일본 사이 영역에 매우 많은 비를 뿌렸다. 기후현 구조 시는 3일간 1,214mm가 내렸고 교토, 고베 등에 각각 466mm, 430mm가 내려 한달 평년 강수량의 2배를 기록하였다. 이로 인해 일본전역의 472만명에게 피난 권고 지시가 내려졌다.

그림 2-12 일본 집중호우 피해 상황

출처: 조선일보

일본 농림수산성은 농수산업 피해가 2,455억 엔에 달한다고 발표하였고 홋카이도에선 가미카와 지청, 소라치 지청 지역을 중심으로 하천 범람으로 인한 농산물 피해가 일어나 특히 논, 비닐하우스, 메밀, 파 등의 경작지와 포장공장 침수, 산사태 피해가 일어났다. 또한, 아사히카와 시에선 2016년 태풍 피해 이후 최악의 농업 피해가 일어났다.

2.2.2 국내 도시 홍수 피해 사례

가. 태풍 차바

2016년 9월 28일 경, 관 동족 약 590km 해상에서 발생한 후 북태평양고기압 가장자리를 따라 한반도로 북상한 뒤, 10월 5일 새벽 4시 50분경, 제주도를 지나 부산에 상륙하여 동해 남부상으로 진출하여 10월 6일 소멸하였다. 한반도에 상륙할 당시 중심기압이 955hPa, 최대 풍속이 시속 144km에 이를 정도로 강력했다. 또한 많은 비를 동반하여, 울산 울주군에 319mm, 경남 양산에 277.5mm 등 폭우가 쏟아졌다.

태풍으로 인해 선박 및 차량이 파손되고 부산 해운대에는 파도가 방파제를 넘어 침수가 되었다. 이로 인해 7명이 사망하고 2,000억 원 정도의 재산 피해가 발생하였다.

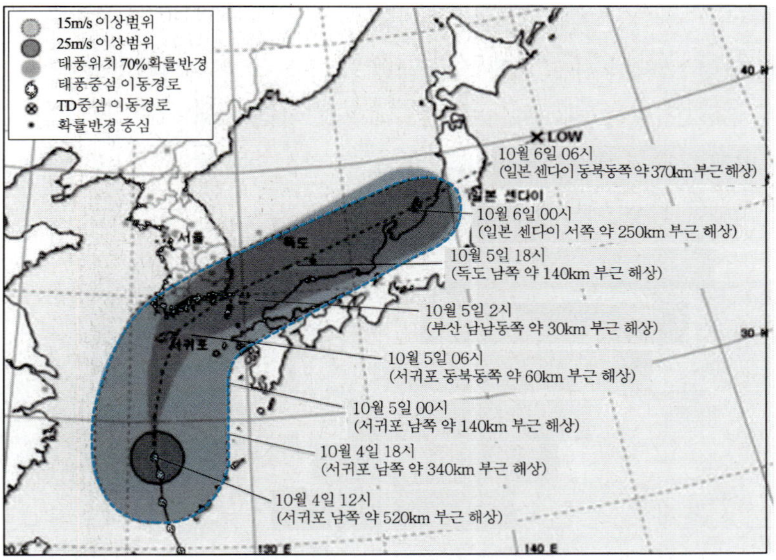

그림 2-13 태풍 치바 이동경로

출처: 강원신문

그림 2-14 태풍 차바 피해 상황

출처: 연합뉴스, 전북포스트

표 2-5 태풍 차바로 인한 피해현황

구분	자동차	재물*	농작물	풍수해	계
사고접수 건	8,337건	1,531건	22,451건	787건	33,106건
손해액(추정)	562억	495억	268억	108억	1,433억

* 화재, 재산종합, 패키지, 기술, 배상책임 보험 등

출처: 손해보험협회

나. 동남권 폭우

2017년 9월 11일 오전 부산을 비롯한 동남권 지역에 내린 기록적인 폭우가 내렸다. 부산 264mm, 통영 273.2mm, 거제 308mm 비가 내렸고 이로 인해 차량 침수 및 도로가 유실되고 부상자가 발생하였다. 특히 부산의 경우 모든 유치원과 학교가 휴업에 들어갔고 주택 145곳 포함 514곳이 침수·붕괴가 되었다.

그림 2-15 부산 피해 상황

출처: 부산일보사, 부산이야기

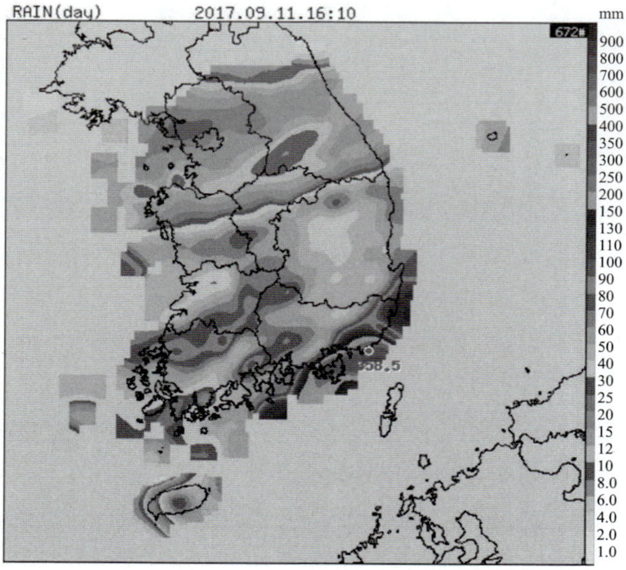

그림 2-16 전국 누적 강우량

출처: 나무위키

다. 집중호우

2011년 7월 25일부터 28일까지 한반도 전역에 집중호우가 내렸고 그로인한 피해가 전국 각지에서 속출했다. 관악구에는 시간당 110.5mm가 내려 하천 범람, 하수구 역류 등이 발생하여 침수가 되었고 일대에 많은 도로들의 통행이 불가해 지기도 했다.

북태평양고기압의 가장자리를 따라 강한 남서풍을 타고 유입된 따뜻하고 습한 공기가, 대기 중하층에 위치한 건조한 공기에 부딪치면서 대기불안정이 강화됐고, 우리나라 북동쪽 사할린 부근에 저지고기압으로 인해 기압계의 흐름이 정체돼 좁은 지역에 강수가 집중되어 피해가 발생하였다. 7월 27일부터 29일까지 사흘간 서울에 내린 강수량은 587.5mm로 1908년 기상관측 이래 역대 최대였다.

서울 서초구에서 우면산 산사태가 발생하여 인근 주민 16명이 사망하였고 춘천에서도 자원봉사를 나왔던 대학생 13명이 사망하였다.

그림 2-17 서울 호우 피해 상황

출처: 경인일보

라. 태풍 콩레이

2018년 제25호 태풍 콩레이는 9월 29일 오후 3시에 중심기압 1000hPa, 최대풍속 18m/s, 강풍 반경 170km, 크기 '소형'의 열대폭풍으로 미국 괌 서남서쪽 약 250km 부근 해상에서 발생하였다. 이후 서북서진하면서 발달하여 대만 부근에서 915hPa인 '중형' 태풍으로 발달하여 10월 6일 오전3시에 제주도에 근접했다. 이후 통영, 고성에 상륙하여 동해상으로 진출하였다. 태풍 콩레이의 영향으로 10월 5일 대한민국 제주도 제주시의 일강수량이 310.0mm를 기록하며 10월 역대 최다 일강수량 기록을 경신하였다.

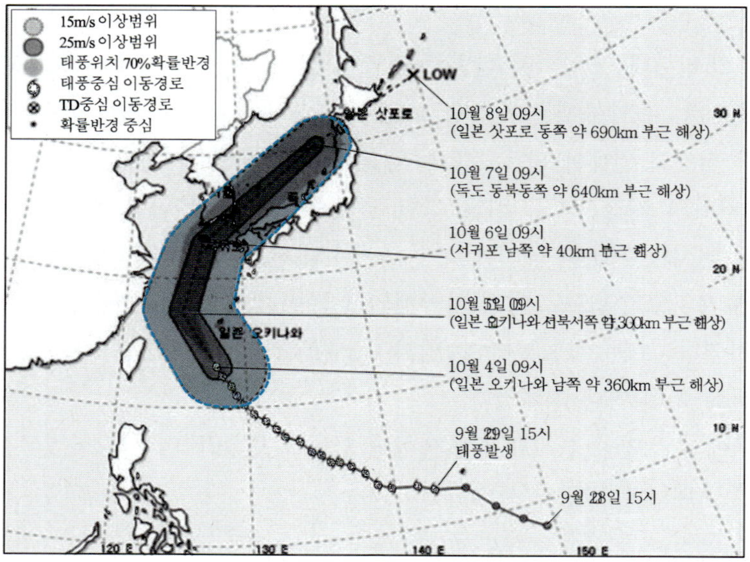

그림 2-18 태풍 콩레이 이동경로

출처: 중앙일보

태풍으로 인해 1명이 사망하고 2명이 실종 되었으며 이재민 470명이 발생하였다. 주택 31곳, 농경지 320ha 등이 침수되었고 제주, 부산 등을 포함하여 11만여 가구가 정전피해를 입었다. 전국으로 13개 도시 89개 시,군 총 549억 원으로 피해가 발생하였다.

그림 2-19 태풍 콩레이 피해 상황

출처: 헤드라인제주, 연합뉴스

2.3 도시홍수 해석 모형

현재 세계적으로 도시홍수를 해석하기 위한 다양한 모형이 개발되어 있다. 각 모형들은 홍수 발생 시 유역내 유출되는 홍수량을 산정하고, 제방월류, 도심지 건물과 도로 등의 시설물, 그리고 하수관망의 구성 등 다양한 도시의 여러 가지 상황을 모의하여 내수침수 외수범람 등의 다양한 침수피해를 모의할 수 있다. 따라서 본 절에서는 다양한 도시홍수를 해석하는 모형을 소개하고자 한다.

2.3.1 도시홍수 해석 모형

본 절에서는 도시홍수를 해석하기 위해서는 도시유역내에 발생하는 유출량을 분석하는 강우-유출 해석 모형과 하도내에 증가된 유출량이 범람하여 유역내로 유입되는 홍수량과 경로를 산정하는 홍수 범람 해석 모형으로 구분할 수 있다. 주요 모형은 다음과 같다.

가. 강우-유출 모형

(1) HEC-HMS

HEC-HMS(Hydrologic Engineering Center의 Hydrologic Modeling System)는 미국 공병단(U.S. Army Corp of Engineers)에서 개발한 것으로 강우유출모의를 하는데 있어 여러 가지의 기능을 제공한다. 또한, HMS에서는 HEC-1과 유사한 단위도 방법과 하도 추적법을 바탕으로 격자망으로 된(예를 들어, 레이더 자료) 강우량자료에 적용할 수 있는 선형 분포 형 모형 및 장기유출모의에 사용할 수 있는 간단한 토양수분모형이 제공된다. 강우-유출 모형과정은 그림 2-20과 같으며 자료 군의 형태는 Basin Model, Precipitation Model 및 Control Specifications이다. Run은 이러한 세 가지 형태의 특정 조합(각각 하나)으로 구성된다. 그림 2-21은 HEC-HMS의 실행화면이다.

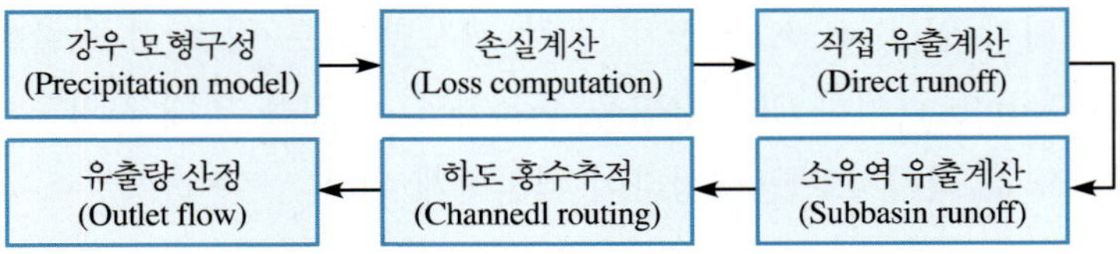

그림 2-20 강우-유출 모의과정

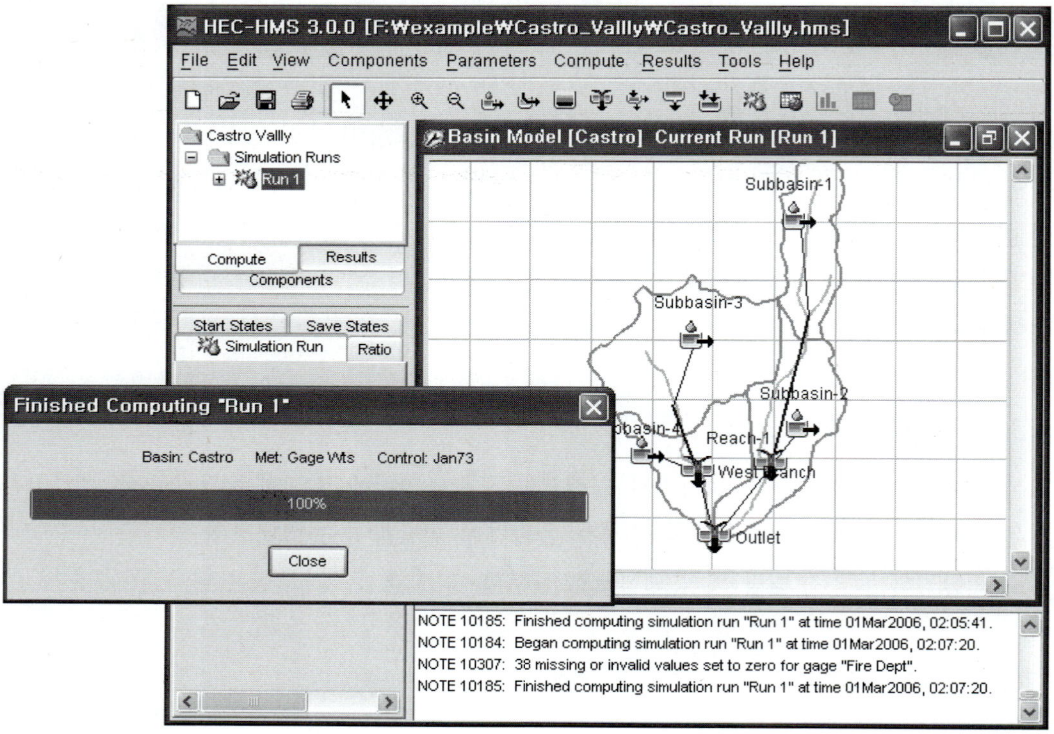

그림 2-21 HEC-HMS 실행화면

(2) S-RAT

S-RAT(Spatial Runoff Assessment Tool)모형은 강원대학교(Kim et. al, 2010)에서 개발한 분포형 강우-유출모형으로 GIS자료를 이용하여 대상유역을 일정한 크기의 격자로 구성하고 각각의 격자마다 시간간격별 개념적 물수지를 계산함으로서 유역의 시·공간적 유출량 변화를 모의하도록 설계되었다. 또한 대부분의 분포형 수문모형들은 모형에 입력될 지형학적 매개변수들을 추출하기 위해 Arc 관련 소프트웨어 또는 IDRISH 등과 같은 GIS 관련 상용패키지에 의존하나 S-RAT은 자체적으로 매개변수를 추출하여 입력자료가 간소화 되어 있다. S-RAT 모형은 각 격자별 침투 및 직접 유출을 산정하기 위해 SCS Curve Number(이하 CN) 방법을 사용하였다. 이를 위해 토양도 및 토지이용도를 입력 받아 CN 값 격자자료를 생성하여 계산하게 된다.

$$S(i,j) = 254\left(\frac{100}{CN(i,j)} - 1\right) \tag{2-1}$$

여기서, $S(i,j)$는 잠재보유수량 ; $CN(i,j)$는 격자별 CN 값

$$\frac{P_n[t,(i,j)]}{P[t,(i,j)]} = \frac{F[t,(i,j)]}{HS(i,j)} \tag{2-2}$$

여기서, $F[t,(i,j)]$는 침투저류조의 침투능(water content) (mm) ; $HS(i,j)$는 침투저류조의 용량

$$I[t,(i,j)] = P[t,(i,j)] - P_n[t,(i,j)] \tag{2-3}$$

$$W[t,(i,j)] = \frac{F[t,(i,j)]}{Hs} \tag{2-4}$$

$$I[t,(i,j)] - W[t,(i,j)] = \frac{dF[t,(i,j)]}{dt} \tag{2-5}$$

여기서, $W[t,(i,j)]$은 지표하 유출 ; $P_n[t,(i,j)]$(mm)는 직접유출 ; H_s는 무차원 상수로서 개념적 매개변수이다. 식 (3)-(6)을 이용하여 침투저류조의 질량보존 지배방정식을 산정하면 다음과 같다. 식(7)은 4차 Runge-Kutta 방법을 이용하여 해석 할 수 있다.

$$\frac{dF[t,(i,j)]}{dt} = -\frac{F[t,(i,j)]}{H_s} - E[t,(i,j)] + P[t,(i,j)]\left\{1 - \frac{F[t,(i,j)]}{HS(i,j)}\right\} \tag{2-6}$$

그림 2-22는 본 모형의 격자 물수지 계산 개념도를 나타낸 것이다.

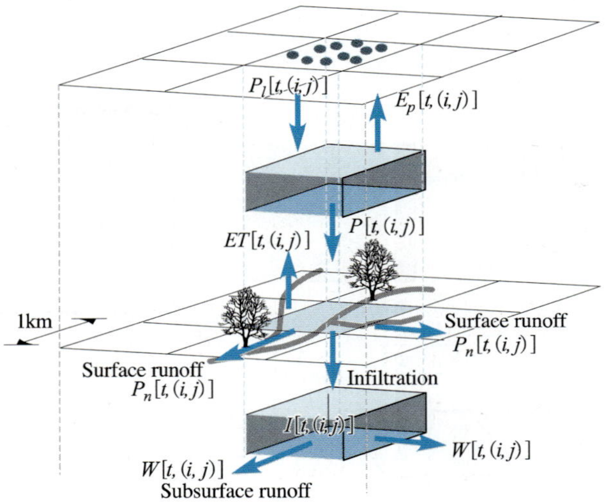

그림 2-22 Conceptual Diagram of Grid Water Balance (Kim et al., 2010)

(3) VfloTM

VfloTM 분포형모형은 2002년 레이더강우를 이용한 홍수예측분야의 세계적인 권위자인 미국 오클라호마 대학의 Vieux에 의해서 개발된 물리적 기반의 분포형모형으로 호우사상기반의 유출모의 및 연속유출모의가 모두 가능하며, 강력한 사용자 인터페이스와 레이더 지상관측 자료를 이용한 초단시간 강우예측 모듈 등의 전처리과정 등을 갖추고 있다. 현재 수치예보 및 현재 미국 여러 주와 대만 기상청 등에서 현업모형으로 실무에서 활용되고 있다(박진혁, 2007). VfloTM 분포형모형은 완경사에서 부정류의 흐름을 고려하기 위해 하도요소에서 고리형 수위-유량관계 곡선식을 이용한다. 특히 유속의 상승과 하강은 수문곡선에서의 상승부 또는 하강부에 의해 유도되기 때문에 Jones 공식(Henderson, 1996)의해 고려된다. 완경사에서의 수리적 조건, 고리형 수리-유량곡선은 최대 유출이 최대 수위에서 발생할 때 매우 중요한 영향을 미치는 요인이다.

VfloTM 분포형모형의 적용분야는 강우레이더 자료와 연계한 실시간 홍수예측 뿐만 아니라 설계홍수량 산정을 위한 강우-유출모의나 사전재해 영향성 평가, 하천정비기본계획수립, 유역종합치수계획 수립 등 다양한 분야에서 적용이 가능하다.

VfloTM 분포형모형은 분포형 매개변수를 이용하는 단기 유출 모형으로 공간적으로는 유한요소법, 시간적으로는 유한차분법을 이용하고 있다. 특히 VfloTM 분포형모형은 미리 결정 된 흐름방향도에 의해 1차원 흐름을 추적하며 지표면 흐름은 최급구배 1방향으로 전파되는 알고리즘을 택하고 있다. 그림 2-23은 VfloTM 분포형모형의 기본 개념도이다(Vieux, 2004).

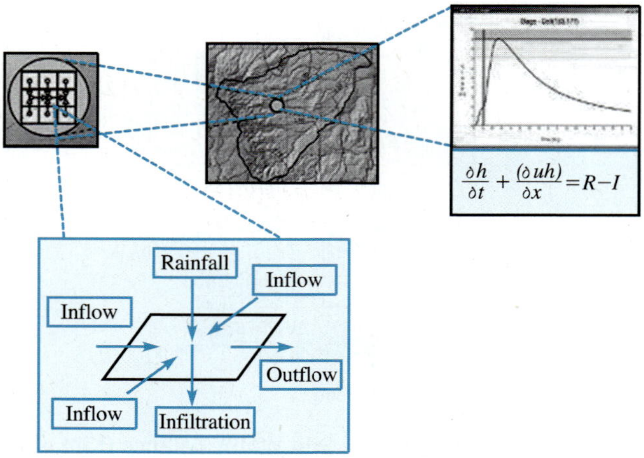

그림 2-23 VfloTM 분포형모형의 기본 개념도

나. 침수 해석 모형

(1) SWMM

SWMM은 강우주상도, 기상학적 입력자료, 소유역이나 관로와 같은 시스템의 특성을 고려하여 실제의 호우사상을 모의하는 유출모형이나 호우에 의한 유출 유량과 수질을 예측할 수 있고 최근에는 관망의 해석을 이용, 관망유출량을 이용하여 지상의 침수를 해석하는데 많이 이용되고 있다. SWMM 모형은 RUNOFF 블록을 이용하여 각 소유역의 강우-유출을 해석하고, EXTRAN 블록을 이용하여 배수시스템 에서의 흐름 및 월류되는 유량을 산정할 수 있다. RUNOFF블록에서의 유출은 전술한 연속방정식에 의해서 결정된다. 각 시간 간격에서의 유출량은 Manning 식을 이용하여 계산되며, EXTRAN블록에서 배수시스템에서의 절점과 연결관로에서의 입력자료로 사용된다. EXTRAN 블록은 개수로와 관망에 대해 유량추적을 수리학적으로 수행하는 모형이다. 연결관로에서 우수관로의 흐름문제를 해석하기 위한 기본미분방정식은 점변부정류인 천수방정식으로부터 운동량방정식과 연속방정식을 이용한다.

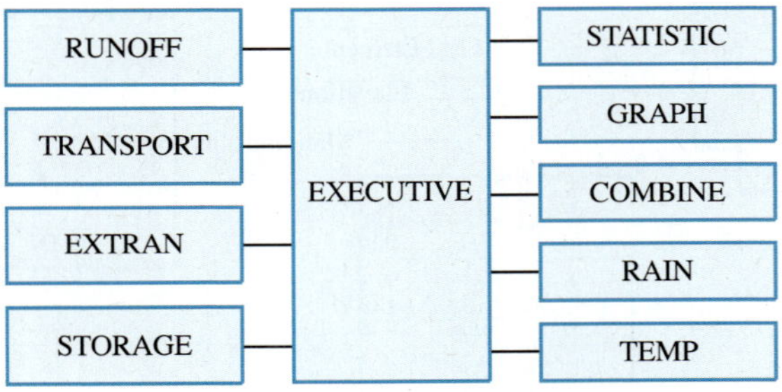

그림 2-24 SWMM의 구성

(2) FLO-2D

FLO-2D 모형은 1988년에 미국 콜로라도 주의 보험용 도시침수 가능지역을 파악하기 위하여 처음 개발되었다. FLO-2D 모형은 체적을 보존시키면서 홍수의 추적을 재현해 내는 모형이다. 기본적으로 지표면 홍수 모의를 시작으로 다양한 지형적 요건, 도시지역의 건물, 교량, 제방등의 유동 장애물, 유동경로에서 손실 등에 대한 구성 요소를 시뮬레이션에 추가할 수 있다. FLO-2D모형은 미국 연방재난관리청(Federal Emergency Management Agency, FEMA) 공인된 모형이므로 신뢰성이 높으며, GDS, MAPPER++ 등이 있어 자동적으로 침수 구간을 구별해낼 수 있다. 또한 그 결과를 그래프로 처리하여 보여주기 때문에 시·공간적인 확인이 용이하다. FLO-2D의 흐름방정식은 전술한 연속방적식과, 운동량방정식을 기본으로 한다.

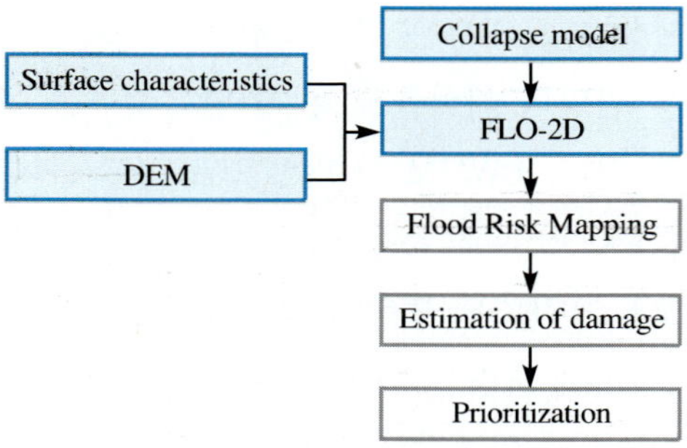

그림 2-25 침수 모의 흐름도

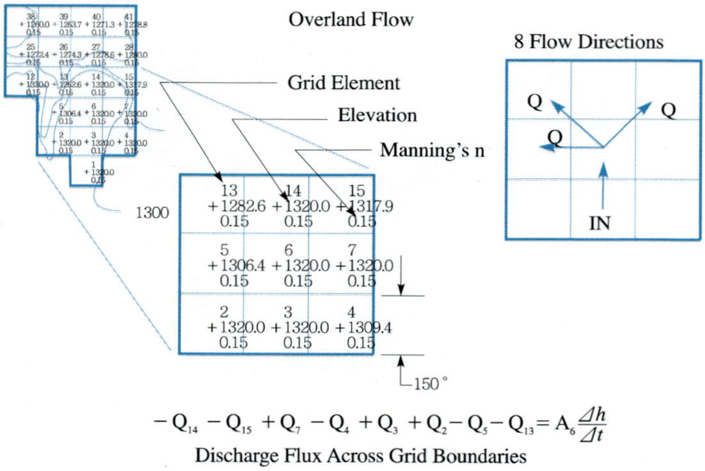

그림 2-26 유출량 배분에 대한 그리드 요소 경계 (FLO-2D Manual, 2009)

(3) SIMOD

SIMOD(Simplified Inundation MODel)는 강원대학교에서 개발한 침수해석 모형으로 자료 처리 및 모형의 흐름도는 그림 2-27과 같다. 시나리오를 기반으로 발생된 홍수범람유량은 시간에 따라 임의의 격자(cell)에서 발생시킬 수 있다. 발생된 흐름은 그림 2-28과 같이 흐름방향 경사일 때와 역방향 경사일 때의 흐름 경로가 달라지게 된다. 이 루트 시작 격자(cell)에서부터 특정 시간 간격의 유출총량은 다중흐름방향법(Multi Direction Method, 이하 MDM)과 평수가정법(Flat-Water Assumption, 이하 FWA)의 두 가지 메커니즘에 의하여 인접한 격자로 전이된다.

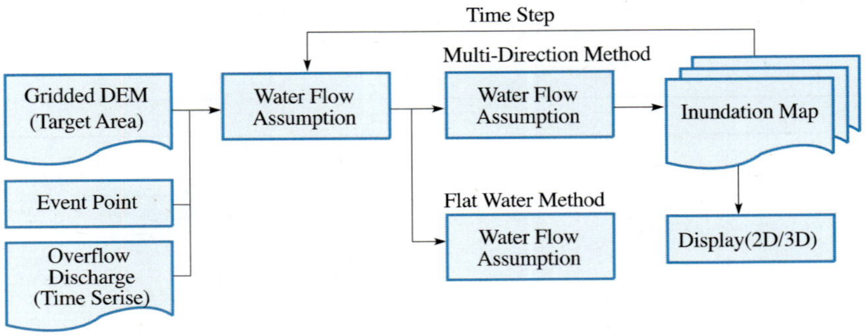

그림 2-27 SIMOD의 분석흐름도

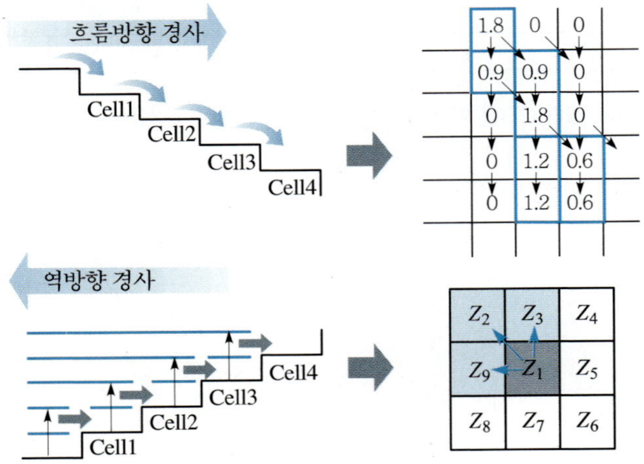

그림 2-28 SIMOD의 흐름 경로 분석 방법 (김병식, 2017)

그림 2-29는 대구 금호강 하류 성서제의 파제시나리오를 이용한 침수해석으로 성서제 파제시 금호강으로부터 유입되는 홍수량으로 인한 제내지의 시간에 따른 침수상태 변화를 시간에 따라 표출한 결과이다.

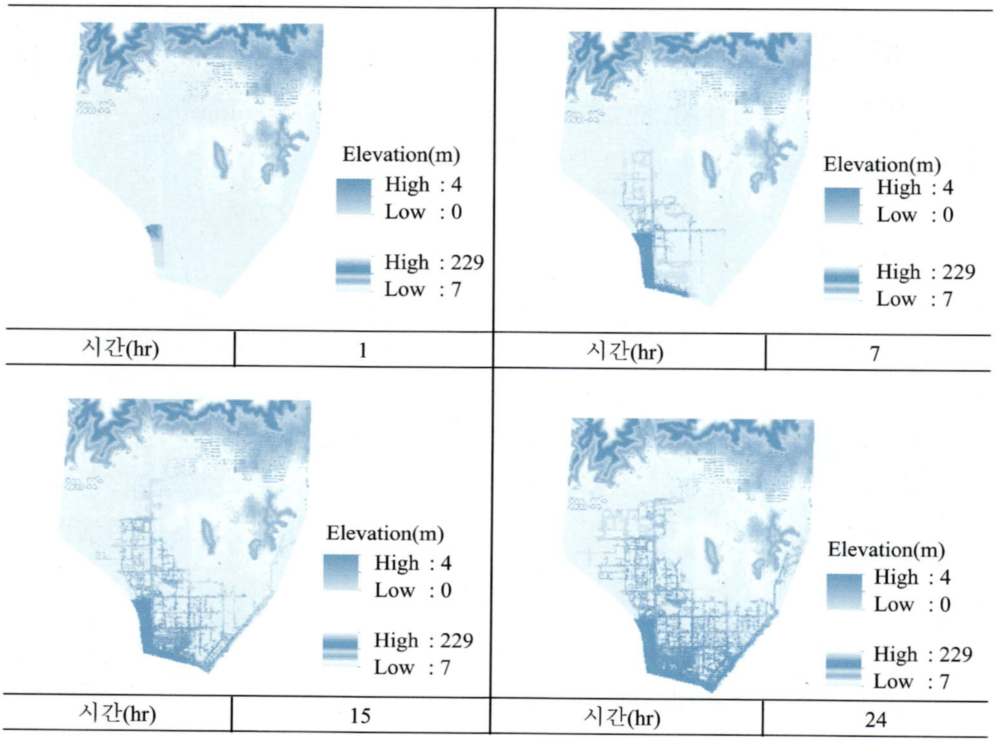

그림 2-29 SIMOD를 이용한 시간에 따른 홍수범람 해석(대구 성서제 예시)

2.4 홍수방어 계획

홍수방어란 홍수로 인한 인면 및 재산 등 각종 피해를 줄이거나 방지하기 위하여 구조물적 또는 비구조물적 치수대책을 수립하는 것이다. 홍수방어계획이란 하천에서 발생하는 홍수재해로부터 인명과 재산 등이 피해를 입지 않도록 방어하기 위한 조사, 계획, 그리고 대책 수립에 대한 사항을 파악하고 결정하기 위하여 책정하는 치수대책으로 제방, 방수로 등에 의한 하천정비 및 개수, 홍수조절지 및 유수지, 그리고 홍수조절용 댐과 같은 구조물적 치수대책과 유역관리, 홍수예경보, 홍수터관리, 홍수보험, 그리고 홍수방지 대책등과 같은 비구조물적인 치수대책이 있다.

2.4.1 구조적 대책

가. 댐, 홍수조절지 건설

댐 상류 유역의 강우 유출을 담수 또는 지체시켜 홍수량을 저감하거나, 홍수조절지를 건설하여 홍수 발생시 일시적으로 유출량을 저류하여 홍수량을 저감시키는 방법으로 설치지점의 하류 홍수량 및 홍수위 저감효과가 확실하며, 용량을 결정할 수 있어 홍수방어량의 조절이 가능하다. 또한 저류된 용수를 활용할 수 있고 수변공간을 친수공간으로 활용 관광자원으로 활용할 수 있다.

나. 방수로 건설

저지대 등 빈번한 홍수 피해가 발생하는 지역의 강우 유출수를 신속히 배제, 홍수량의 일부를 타 유역이나 바다로 직접 배제하는 수로를 건설하는 것으로 확실한 홍수조절 효과를 기대할 수 있고 지하방수로의 경우 도심지에서 활용가치가 있다. 그러나 방수로 지역의 홍수 위험 증가 및 토지보상 문제, 공사비와 유지관리비 등의 문제가 있다.

다. 하천정비 및 개수

하천정비계획은 유역의 지형, 토질, 기상, 수리 · 수문, 하상, 유로, 하도의 역사적 변천 등 특성을 고려하여 과거 피해현황, 통수능, 하도 법선 상황, 현 하천구조물의 기능 · 효과 등을 검토하여 제방 정비 실시하는 것으로 제방을 이용한 제내지의 안전성 확보와 하천 개수를 통한 통수능 증대가 가능하다. 하지만, 하천개수로 인한 홍수터 및 수변공간이 감소하고, 하천환경 및 생태계 교란과 배수장 등의 부대시설이 필요하다.

라. 우수 유출 저감시설

우수 유출 저감시설은 우수의 일부를 저류하여 유역의 첨두홍수량 및 첨두홍수위를 저감하는 것으로 다음과 같은 시설이 있다.

- 배수펌프장 : '우수관거 → 유수지 → 펌프'의 순서로 하천의 수위가 높을 때 제내지의 호우를 배수펌프를 통해서 하천으로 방류하는 시설
- 침투형 저감시설 : 침투통, 침투트렌치, 침투성 포장 등
- 저류형 저감시설 : 저류지, 도시 지하저류시설 등

마. 천변 저류지

하천 주변에 저류지를 건설하여 제내지의 홍수 일부를 부담하여 하천의 급격한 수위 상승을 억제하는 시설로 해당 유역 지형, 하천 특성에 따라 그 규모가 결정되며 주로 다목적으로 활용된다. 홍수취약지점의 조절효과가 크며 구하도 복원, 그리고 농경지와 습지 등 저류지를 다기능으로 활용 가능하다. 그러나 용지확보 및 인명안전을 고려한 저류수심과 저류량을 늘리는 데 한계가 있다.

2.4.2 비구조적 대책

가. 최적 저수지 운영

저수지 해석 기법의 개선으로 저수지 운영 방안 마련, 홍수조절 효과를 증대시키거나, 북한강과 같이 여러 댐이 하나의 시스템으로 구성되어 있는 수계는 각 댐 간의 운영 최적화를 통해 홍수를 저감시키는 방법이다.

나. 홍수 예 · 경보 시스템

홍수주의보 및 경보에 따라 위험 지역에 있는 주민과 재산을 사전에 대피 시켜 피해를 경감시키는 방법이다. 예상되는 강우의 시공간 분포를 예상(기상학적 과정)하고, 적절한 유출모형을 홍해 홍수량, 특히, 첨두홍수량과 예보지점의 수위 등을 예측(수리 · 수문학적 과정)을 통해 제방월류가능성을 판단하며, 저수지 운영방식 및 홍수량을 고려한 하류 홍수 도달시간 및 홍수위에 따른 경보를 실시(예 · 경보 과정)한다. 홍수예보는 인명피해 및 위험을 최소화 할수 있으며, 비요이 저렴하고 다른 대안과의 연계가 용이하다. 그러나 4대강 등 충분한 대응시간을 가진 유역에 적용이 가능하며, 정확도가 떨어질 경우, 지역 주민의 신뢰도 상실로 실효성이 저하될 수 있다.

다. 도시홍수 대응 대책

도시홍수 대응 대책은 사전교육, 위험지역 내 시설 이전 및 시설 보강 등 다음과 같다.

- 홍수적응 : 침수지역 내 지역주민의 사전인지 및 대처(홍수보험, 대피지역 인지 등)
  ※ 홍수보험 : 홍수발생 시 피해보상을 위한 재정적 대책
- 택지의 이전 : 침수위험이 적고 안정성이 높은 장소로 택지(주거지)를 이전
- 건축물의 내수성 강화 : 택지의 지반고 상승 및 필로티화, 또는 수방판의 설치

라. 재해정보 지도

재해정보 지도는 과거의 기록 등을 이용하여 침수흔적도, 침수예상도 등을 작성하고 종합적인 대응계획까지 포함한 재해정보지도를 제작하는 것이며, 제작된 정보는 지역 주민에게 공지하여 홍수 시 활용할 수 있도록 한다.

마. 유역관리

지역단위의 종합적인 홍수방어로써 유역의 보수, 유수 및 저수기능 증대, 홍수 및 토사 유출 저감을 위한 토지이용 규제와 저류기능을 하는 논의 본전, 산림 육성, 식생을 통한 지표 피복, 도심의 경우 저영향 개발(Low Impact Development)을 적극 도입하여 침투량을 도달시간을 증대시키고, 직접 유출량은 감소시키는 유역단위의 종합적인 관리 방법이다.

바. 홍수 피해 영향 및 분류

홍수 피해 산정 시 일관되게 적용할 수 있는 프레임워크를 구축하는 것은 홍수 예방을 위한 정책결정에 있어서 매우 중요하다. 피해 추정 프레임워크 구축에 있어서 가장 선행되어야 할 점은 피해 산정의 규모(scale)를 정하는 것이며, 이는 홍수로 인하여 발생하는 피해를 유형에 따라서 분류하는 것에서 시작한다(Messner et al.,2007). 기존의 문헌에서는 다양한 홍수 피해의 분류 방법을 제시하고 있으며, 이는 연구자의 기준, 국가나 시점에 따라 조금씩 차이를 보인다(Jonkman et al., 2008; Parker, 2000; Mensser et al., 2007; Kierce, 2001; Smith and Ward, 1998).

표 2-6은 최근 문헌에서 가장 일반적으로 사용되는 4가지 유형으로 분류된 홍수의 피해를 간략히 정리한 것이다. 첫 번째 기준은 홍수의 피해를 유·무형으로 분류하는 것이다. 유형과 무형의 피해의 분류에서 중요한 기준은 시장에서 거래되는 가격이 존재하는지의 여부이다. 표에 나타나 있는 것처럼 유형의 피해는 가격이 책정될 수 있는(priced) 피해라고 표현하며, 무형의 피해는 가격이 책정되지 않은(unpriced) 피해로 분류된다. 다시 말하면 유형의 피해는 상대적으로 경제적 손실을 쉽게 산정할 수 있는 경우이며, 무형의 피해는 손실을 화폐가치화하는 데 어려움이 있음을 의미한다. 이와 더불어 홍수로 인하여 직접적으로 피해를 입은 경우(direct)와 그 이외의 경우(indirect)로 분류한다. 하지만 이런 영향들은 경제적, 정치적, 사회·심리적, 생태적, 환경적으로 서로 연관되어 있어 언급한 유·무형 및 직·간접 두 가지의 기준으로만 분류하기 어려운 점이 있다.

표 2-6 홍수로 인한 피해의 분류

분류	유형 피해 (tangible, priced)	무형 피해 (intangible, unpriced)
직접 (Direct)	▪ 집, 기반시설 등 건축물에 대한 직접 손실 ▪ 도로, 통신시설 등에 대한 손실 ▪ 자본자산 및 재고 등에 대한 손실 ▪ 영업 손실, 차량 손실 ▪ 농경지 침수 및 가축 피해 ▪ 대피 및 구조 활동에 따른 경제적 손실 ▪ 홍수방지 시설 재건축에 따른 경제적 손실 ▪ 기타 피해 청소 및 복구에 따른 경제적 손실	▪ 인명/부상/질병에 따른 비용 ▪ 홍수로 인해 발생하는 불편함 및 정신적 피해 ▪ 전력 등을 비롯한 에너지 및 통신시설 피해 ▪ 역사 문화재 손실 ▪ 환경손실
간접 (Indirect)	▪ 홍수로 인해 발생하는 유통 등 간접적인 요인으로 인한 홍수 이외 지역 회사의 경제적 손실 ▪ 홍수 이외 지역의 생산 및 소비 패턴의 조정에 따른 손실 ▪ 수재민의 임시 거처(temporary housing) 비용 ▪ 교통시설(대중교통 및 도로 등) 손실에 따른 추가적 비용(임시버스 비용, 우회도로 건설 등)	▪ 사회의 붕괴(societal disruption) ▪ 심리적 트라우마 ▪ 공공서비스, 즉 자연재해에 대한 정부 및 공공단체(public authorities)에 대한 불신

출처: Jonkman et al.(2008), Hammond et al.(2004); 저자 재구성.

각 분류별 홍수의 피해는 순차성에 따라서 1차, 2차 및 3차 피해로 나눌 수 있고, 각각의 피해는 서로 연관되어 있으며 인과적인 관계에 있다. 다시 말하면 최종적으로 나타나는 홍수 피해의 대부분은 1차적인 원인뿐만 아니라 융 · 복합적인 원인으로 발생한다는 점이다.

예를 들어 홍수로 전력생산과 관련된 건물 및 사회기반시설의 붕괴(1차, 유형·직접)는 전력공급의 문제(1차, 유형 · 간접)를 일으키며, 다른 한편으로는 전력공급에 민감한 기기의 손상(2차, 유형 · 직접)을 불러온다. 전력공급에 문제가 생기면 전력을 이용하는 다양한 산업에 영향을 미치는데, 예를 들어 정수시설에서 전력공급에 문제가 생겼다면 제대로 정수되지 않은 오염된 물이 공급(2차, 유형 · 간접)될 수 있다. 이는 물과 관련된 질환 및 오염된 물로 인한 심리적 트라우마 등(2차, 무형)이 유발할 가능성이 있다. 또한 전력공급에 민감한 기기의 손상은 관련 산업의 구조를 약화(3차, 유형 · 직접)시킬 수 있으며, 이러한 복합적인 영향은 GDP 감소(3차, 유형 · 간접)로 이어지고, 이는 결국 소득 감소 등으로 인한 가정 및 지역 경제의 붕괴(3차, 무형)로 이어질 수도 있다. 더 나아가 홍수로 인하여 한 지역의 시스템이 붕괴되는 것은 다른 사회 혹은 국가의 시스템에도 영향을 미친다.

표 2-7 홍수 피해 분류 간의 인과관계

	유형, 직접	무형	유형, 간접
1차	직접적 피해 · 건물 및 기반시설 등 붕괴 · 가축 및 농작물 등 피해	손실 및 혼란 등 · 농작물 밀 산업생산 손실 · 통신 두절 · 건강 및 교육 서비스 · 에너지공급 중단	· 생명 손실 및 물리적 피해 · 유적지 손실
2차	· 건물 붕괴로 인한 화재 · 경작지 감소로 인한 수확 감소 · 정전으로 인한 기기 및 서버 등 손실	· 교통 혼잡비용 증가 · 식수 오염 · 식량 감소 · 수입 감소 등	· 심리적 트라우마 증가 · 각종 수인성 질병 증가 · 우울증 증가 등
3차	· 부동산 가치 하락 · 산업구조 건전성 약화	· 기업체 파산 · 수출 감소 · GDP 감소	· 홈리스 증가 · 가족 및 공동체 붕괴 · 생계 수단 손실

출처: WMO(2008)

사. 홍수의 피해 산정

홍수 피해의 산정은 표 2-7의 분류 기준에 따라서 각기 다른 방법론이 적용된다. 첫 번째로 유형의 직접피해(direct tangible damage)는 피해 산정의 목적 및 데이터의 확보 등의 상황에 따라서 적용될 방법을 설정하고, 그에 따라 세부적인 데이터를 수집하며, 이를 피해함수에 적용하여 피해를 추정한다.

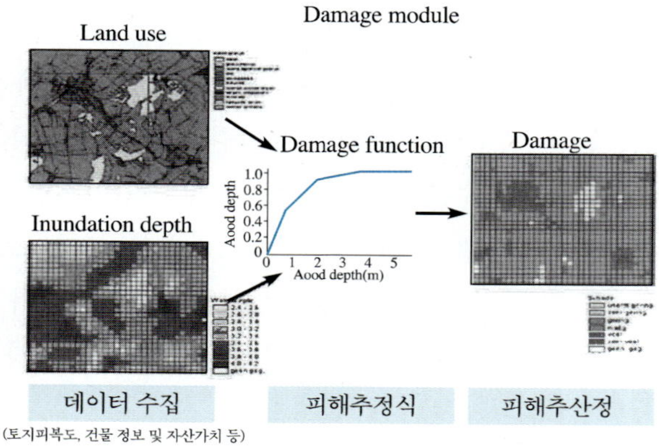

그림 2-29 유형의 직접피해 산정의 예

출처: Rijkswatersstaat(2005) – Netherland Case.

유형의 직접피해의 추정에서 가장 중요한 요소는 적절한 데이터의 수집이다. 토지 피복도, 건물 정보, 자산 가치를 비롯하여 피해함수(damage function)의 추정에 사용되는 범람의 정도, 유속, 범람이 일어난 시각 및 지속 시간, 범람지역 등이 필요하다.[1)]

유형의 직접피해는 상대적으로 추정하기 용이하다. 하지만 유형의 간접피해는 그 범위(scope) 및 규모를 추정하기 복잡하다. 각 국가 및 사회에 따라 경제의 유기적 연관관계가 다르며, 또한 한 국가 내에는 물론 각 국가 간의 경제체제가 상호의존적이므로 그 범위 설정이 상당히 어렵다. 예를 들어 어떤 지역에 있는 생산공장이 홍수로 인하여 가동이 중단이 된다면 해당 공장에서 생산되는 제품을 이용하여 2차 및 3차 제품을 생산하는 다른 경제 주체 혹은 다른 국가의 기업에까지 영향을 미치며 이러한 피해 역시 상당한 것으로 연구되고 있다(Haraguchi and Lall, 2015).

1) 유형의 직접 피해에 대해서는 상대적으로 많은 연구가 이루어져 있으며, 특히 피해함수(damage function)에 대한 다양한 연구가 진행되었다. 세부적인 사항은 피해함수에 관한 최근의 연구 내용을 정리한 Chang, Lin and SU(2008)을 참고한다.

간접피해를 산정하는 방법으로는 크게 6가지가 문헌에 보고되고 있다.

(1) 직접피해에 일정 비율을 곱하여 구하는 방법(Vojinovic, Ediriweera and Fikri, 2008)

단순하여 적용하기 용이하나 비율을 기존의 사례에서 추정하여야 하고 문헌마다 비율이 다르며, 해당 홍수 피해에 근접한 사례가 없을 경우 적용하기 어렵다는 문제가 있다. 또한 선형성(linearity)을 가정하고 있으나, 자연재해로 인한 간접피해의 경우 대부분 비선형성을 나타낸다.

(2) 설문조사를 통한 방법(Molinari et al., 2014; Pfurtscheller, 2014)

설문 문항의 구성이 어려우며, 문항의 구성에 따라 주관적인 피해 추정이 될 수 있다.

(3) 계량경제학 모형을 이용하는 방법(Noy and Nualsri, 2007; Strobl, 2011)

지역 수준의 경제적 피해 및 경제성장의 피해를 추정할 수 있으나, 피해의 구체적인 경로 파악은 어렵다.

(4) 투입-산출 모형(Input-Output)**을 이용하는 방법**(Okuyama, 2014)

피해의 경로 및 파급효과를 파악할 수 있으며 추정하기 쉽다는 장점은 있으나, 공급측면을 고려하지 못하며, 고정 기술계수 등의 기본적인 가정으로 인하여 과대 혹은 과소 추정의 우려가 있다.

(5) 연산가능 일반균형 모형(Computational General Equalibrium)**을 이용하는 방법** (Carrera et al., 2015; **정기호, 황성윤**, 2014)

공급 및 수요 부문을 총괄하는 방정식 체계(equation system)로 전체 및 지역 경제에 미치는 영향을 종합적으로 분석할 수 있다. 하지만 기본적인 가정으로 경제는 항상 균형 상태에 있다는 점과 캘리브레이션(calibration)에 사용되는 계수 값 설정이 임의적이어서 피해 규모 추정치가 설정에 따라 크게 달라지는 단점이 존재한다.

(6) 하이브리드 모형을 이용하는 방법

홍수로 인한 무형 피해(intangible)로는 각종 전염병을 비롯한 질병이 가장 대표적이다. 표 2-8은 홍수 시 주로 발생하는 질병을 종류별로 분류한 것이다. 이러한 질병과 더불어 사회시스템 붕괴로 인하여 나타나는 다양한 직 · 간접적인 무형의 피해가 존재한다. 무형의 피해는 계량화 및 정량화, 특히 경제적 손실의 평가는 데이터 부족, 방법론 등의 복잡성으로 인하여 추정이 매우 어렵다. Hammond et al.(2015)에 따르면 건강에 대한 홍수의 영향

(the health impact of flooding) 평가에는 크게 3가지 정도의 방법론이 있다.

① 직접적 평가로 사망/부상/각 질병의 감염자 수 등을 집계하는 방법

② 간접적인 평가방법으로는 Quality Adjusted Life Year(QALY) 및 Disability Adjusted Life Year(DALY) 등이 있으며, 이는 홍수로 인한 건강 수준 등이 일생(life time) 동안 미치는 영향을 계산하는 방법이다.

- 경제학의 효용함수 이론에 기반하고 있으나, 개인의 선호(individual preference)에 대한 비현실적 가정으로 인하여 비용–편익 분석이나 후생 평가(welfare assessment)에 적합하지 않다.

③ 경제적 비용(monetary value)으로 측정하는 방법

- 홍수로 인해 건강 및 생명에 지장을 받은 경우 남은 생애주기 동안의 예상가능한 소득(income) 등으로 경제적 가치를 평가하는 인적 자본 접근법(human capital)이 있으나, 이 방법은 인간의 가치에 대한 초점을 생산성에만 두는 것으로 여러 가지 개념상 문제점이 있는 방법이어서 현재는 거의 사용하지 않고 있다.
- 지불 의사(villingness to pay) 및 통계적 생명가치(the Value of Statistical Life, or the value of a statistical death avoided) 방법은 개인의 위험(여기서는 홍수의 피해) 확률을 줄이기 위한 선택에 관한 데이터를 이용하여 추정한다(Viscusi and Aldy, 2003; EPA, 2010; 이수영, 신호성, 김대은, 2016; 안소은 외, 2015).

표 2-8 홍수로 인해 발생하는 질병의 종류

질병의 분류		원인
수인성 전염병	■ non–epidemic–prone infection 창상 감염(wound infections), 피부염(dermatitis), 결막염(conjunctivitis), 기타 눈, 코 , 후두염 등 (non–epidemic–prone infection), 설사병(diarrheal diseases), 화학적 위험(chemical hazards) ■ epidmnic–prone infection 렙토스피라증(Ieptosporosis), 동물 매개성 세균질환(zoonotic bacterial disease)	■ 오염된 물에 직접 접촉으로 인한 감염
기생충성 전염병	■ 말라리아 등	■ 매개체(모기나 다른 해충 등) 수 및 서식 증가로 인하여 간접적으로 전염병이 증가하는 증상
기타 질병	■ 익사(drowning), 물리적 부상(injuries), 트라우마, 파상풍(Tetanus), 저체온증(Hypothermia)	

출처: Center for Disease Control(CDC)[2], World Health Organizaion(WHO)[3]

아. 홍수 취약성 평가

홍수에 취약한 지표를 선정하여 홍수위험도를 평가하는 방법으로 다음과 같은 지수 및 모형을 사용한다.

(1) PSR(Pressure-State-Response) 모형

PSR 모형은 압력지수(Pressure), 현상지수(State), 대책지수(Response)를 이용하여 홍수 위험도 평가하는 방법으로 경제 협력 개발기구(Organization for Economic Co-operation and Development, OECD) (1991)에서 개발하여 국제기구나 각국의 지표설정에 주로 활용하고 있다. PSR 모형은 홍수 피해 특성을 분석하여 사회, 경제 및 여타 사항간의 상호 연관된 관계를 인과 관계로 파악하여 평가가 가능하다.

표 2-9 PSR 모형에 따른 홍수위험도 평가 방법(OECD, 1991)

평가지표	평가기준	대체변수 예
압력지수 (Pressure)	▪ 유역의 홍수 피해에 대한 물리 · 환경적 압력을 평가하기 위한 수단 ▪ 지표값이 클수록 해당 지역의 홍수 피해 대상이 재해에 취약	▪ 수문특성 ▪ 유역특성 ▪ 인문 · 산업 · 경제 ▪ 홍수 피해 위험지역
현상지수 (State)	▪ 유역의 홍수에 노출되어 있는 수준 판단 및 홍수 피해 현황을 파악	▪ 홍수 피해 밀도 ▪ 사망지수 ▪ 피해지수 ▪ 침수면적 밀도
대책지수 (Response)	▪ 홍수 재해 발생 시 이에 대응할 수 있는 능력을 판단하기 위한 기준 ▪ 지역 간의 비교를 바탕으로 지역별 대응능력의 분포를 파악하고 상대적으로 대응 능력이 미흡한 지역 파악 가능 ▪ 해당 지역에 대한 대책 수립 기초자료로 이용 가능	▪ 재정자립도 ▪ 차수시설 현황 ▪ 홍수대책현황

2) Center for Disease Control, http://www.cdc.gov, 검색일: 2016.10.10.

3) World Health Organization, http://www.who.int, 검색일: 2016.10.10

(2) DPSIR(Driving force-Pressure-State-Impact-Response) 모형

DPSIR 모형은 추진력(Driving force), 압력(Pressure), 상태(State), 영향(Impact), 반응(Response)지표를 이용한 홍수위험 평가방법으로 OECD에서 개발한 PSR 모형을 개선하여 1999년 EEA(European Environmental Agency)가 제안한 모형이다. 기존의 PSR 모형에서는 복잡한 생태학적 과정과 인간 환경의 상호 인과관계를 포함하지 못 하는 점을 인간의 행복은 환경의 질과 관계가 있고 사회의 활동과 경제적 압력은 환경과 인간의 행복에 영향을 친다는 개념을 추가하여 추진력과 영향지표를 추가하였다(표 2-10). DPSIR 모형은 지표화의 지속가능성을 위하여 개발되었으며, 추진력-압력-상태-영향-반응으로 구분, 실제 침수면적 DB를 이용하여 하여 GIS로 표출한다(그림 2-30).

표 2-10 DPSIR 모형에 따른 홍수위험도 평가 방법(EEA, 1999)

평가지표	평가기준	대체변수 예
추진력 (Driving force)	■ 환경에 영향을 미치는 사회-경제적 요소 ■ 홍수와 직접적인 관계가 없더라도 잠정적인 영향을 주는 인자	■ 인구 ■ 자원 사용량 ■ 교육수준 ■ 거주자 수
압력 (Pressure)	■ 환경의 상태에 직접적으로 영향을 미치는 자연적인 요소 ■ 사회, 경제, 환경 분야별로 치수·방재의 필요성을 요구하는 인자	■ 주요사회기반시설 ■ 지역개발 계획
상태 (State)	■ 환경의 질과 자연자원의 양을 정량적으로 측정 ■ 압력으로 인해 변화하거나 영향을 받을 것으로 예상되는 인자 ■ 홍수·재해에 의해 예상되는 상태 또는 상태의 변화가 예상되는 인자	■ 도시지역비율 ■ 범람 위험지역 ■ 빈도별 홍수위
영향 (Impact)	■ 환경의 상태가 인간, 동물, 생화학적 과정에 미치는 영향임 ■ 상태에 발생하는 홍수·재해로 인하여 야기되는 영향을 나타내는 인자	■ 인명피해 ■ 홍수 피해액 ■ 홍수발생빈도
반응 (Response)	■ 환경의 변화에 대한 사회의 반응으로 환경개선을 위한 다양한 활동 ■ 홍수 등의 재해에 대한 분야별 차수·방재 대응 인자	■ 저수지 건설 ■ 제방 증고

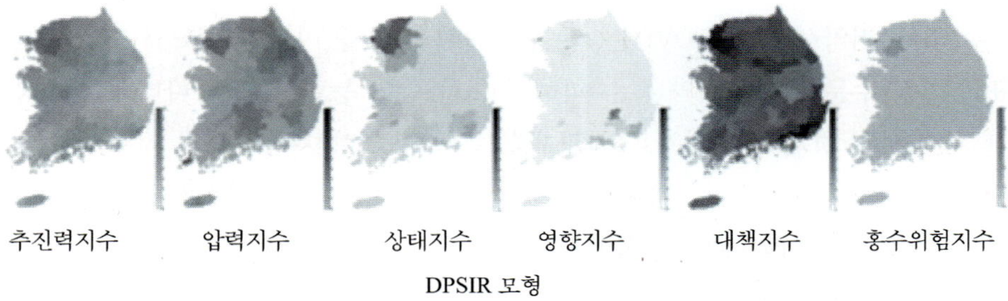

그림 2-30 DPSIR 모형에 따른 홍수위험도 평가 표출

(3) PFD(Potential Flood Damage)

홍수 피해 잠재능(PFD)은 특정 치수단위구역의 홍수에 대한 잠재적인 홍수 피해의 취약정도를 나타내는 지수로 홍수에 의한 잠재적인 피해 정도를 나타내는 잠재성 요소(인구, 재산, 도시화율, 사회기반시설)와 홍수 피해가 발생할 가능성 및 이에 대한 방어능력 정도를 나타내는 위험성 요소(홍수 피해액, 확률강우량, 하천개수율, 홍수조절용량)로 구성된다. 대상유역의 빈도별 홍수위 자료를 이용하여 빈도별 침수면적을 산정하고 침수면적비를 이용하여 잠재위험도 산정한다.

표 2-11 PFD 산정을 위한 구성요소

<table>
<tr><th>요 소</th><th colspan="2">세부항목</th></tr>
<tr><td>잠재성, F_{PO}</td><td colspan="2">■ 인구, F_{PD}
■ 자산, F_{PF}
■ 도시화율, F_{RUB}
■ 사회기반시설(도로, 철도, 교량), F_{SOC}</td></tr>
<tr><td rowspan="2">위험성, F_{RI}</td><td>가능성</td><td>■ 홍수 피해액, F_{FD}
■ 확률강우량, F_{PR}</td></tr>
<tr><td>방어능력</td><td>■ 외수방어능력(제방 개수율), F_{CI}
■ 댐 및 저수지, F_{DAM}
■ 내수방어능력(배수펌프장), F_{PUMP}</td></tr>
</table>

CHAPTER 03

도시와 화재

3.1 도시화재의 개념

도시화재란 도시지역에서 발생하는 화재로, 강풍, 지진, 등의 자연재난에 의한 화재와 도시의 고층(초고층) 도시공간, 도시 지하공간, 도시 복합지역(시장 · 백화점 및 밀집상가), 도시 기반시설, 목조가옥 등의 밀집지역과 도시 경계 산림지역의 소방대책 및 소방수리의 부족 등 사회적 조건에 의해 발생한 화재라고 할 수 있다. 도시화재는 인명 및 재산손실, 산업에 미치는 악영향이 매우 크게 나타나는 것이 특징이다(소방방재청, 2010).

도시화재에 사례를 살펴보면 2009년 2월 호주는 빅토리아대화재로 173명의 사망자와 7,500여명의 이재민이 발생하였고 총 43만ha가 소실되었으며, 가옥 2,029채가 전소 1,400여채가 파괴되는 손실을 입었다. 우리나라에서도 1996년 고성산불, 2000년 동해안 산불, 2002년 청양 · 예산 산불과 2005년 천년고찰 낙산사를 전소시킨 양양산불 등은 인명 및 많은 재산피해는 물론 특히 송이 및 문화재 등의 소실과 더불어 많은 사회경제적 피해를 가져왔고, 산림인접지 주변의 농작물, 농업시설물, 축사, 가축, 축산기자재, 사료, 송이, 군사시설, 도로, 송전시설, 통신시설, 전력, 상수도가 피해를 본 사례가 있다. 이처럼 도시화재는 한 번의 발생으로 막대한 피해를 가져오며, 점차 우리나라도 간과해서는 안되는 분야로 판단된다(국립산림과학원, 2011).

3.2 도시화재의 이론

화재는 물질의 종류와 성상에 따라 화재의 종류별 급수를 정하고 있다. 화재의 급수는 나라별로 구분하는 방법에 차이가 있으나 우리나라에서는 미국, 독일, 일본 등과 같이 B급(유류)을 E급(가스)급과 같이 취급하고 있어 A, B, C, D 4개의 급으로 분류하며, 그 외의 나라에서는 E급을 넣어 5개로 구분하기도 한다(전국대학소방학과교수회, 2012).

화재발생 메카니즘을 보면(전국대학소방학과교수협의회, 2008), 연소 메카니즘과 같이 가연물이 열을 받아 열 분해되거나 가연성 증기 등을 생성시키고 연소범위에 들게 되면 착화하게 되는데 이 과정에서 공기가 부족한 경우는 훈소의 과정을 거쳐 유염연소에 이르는 과정으로 성장하게 되며 착화과정을 거쳐 화재로 성장하게 되는데 일반적으로 많이 발생되는 일반 가연물 화재와 유류화재 및 전기화재의 경우 다음과 같은 화재의 원인들이 있다. 예를 들어, 아파트(공동주택, 연립주택, 다세대주택), 공장, 사업장, 음식점, 여관, 호텔, 시장, 백화점 등의 장소에 설치된 연소기기류(열시스템)에 사용하는 유류, 전기 등의 다량 취급 및 사용자의 부주의로 주변에 있는 일반가연물에 점화되어 화재로 성장하는 경우가 대부분이다.

또한, 한국방재학회(2012)에 기술된 대상 물체에 따른 화재 분류를 살펴보면, 건물, 구조물 또는 그 수용물이 소손된 건물 · 구조물화재, 자동차, 철도차량 및 피견인 차량 또는 그 적재물이 소손된 자동차 · 철도차량화재, 선박, 항공기 또는 그 적재물이 소손된 선박 · 항공기화재, 위험물제조소 등 가스제조 · 저장 · 취급시설 등이 소손된 위험물 · 가스제조소 등 화재 그리고 산림, 야산, 들판의 수목, 잡초, 경작물 등이 소손된 임야화재 등으로 구분하였으며, 유형별 화재대책을 다음과 같다.

표 3-1 화재의 분류

급수	종류	내용
A급	일반화재	목재, 섬유, 합성수지 등
B급	유류과해	인화성 액체 등 기름성분
C급	전기화재	통전 중인 전기설비 및 전기기기의 화재
D급	금속화재	마그네슘, 칼슘, 금속분, 박 등의 화재
E급	가스화재	LNG, LPG 도시가스 등의 화재

3.2.1 일반화재(보통화재, A급 화재)

다량의 물이나 수용액으로 화재를 소화할 때 냉각효과가 가장 큰 소화역할을 할 수 있으며 연소 후 재를 남기는 화재를 말한다. 일반 가연물 화재를 백색화재라고 하며 면화류, 나무 및 대팻밥, 넝마 및 종이, 볏짚, 고무, 석탄, 목탄, 목재 가공품 등의 가연물과 폴리에스테르, 폴리아크릴, 폴리아미드계의 합성섬유, 페놀, 멜라민, 규소, 폴리에틸렌, 폴리프로필렌, 폴리우레탄 등의 합성수지에 의한 화재이다. 발생하는 모든 종류의 화재 가운데 발생빈도나 피해액이 가장 많은 화재이다.

일반화재의 발생원인은 주택, 아파트, 공장, 작업장, 음식점, 여관, 호텔, 시장, 백화점 등에서 많이 발생한다. 연료용이나 난방 · 공업용으로 사용하는 유류 · 전기 등의 취급 및 사용 시의 부주의에 기인하며 발생한 화재는 서서히 일반화재로 성장한다.

3.2.2 유류화재(B급 화재)

가연성 액체를 포함한 유류 및 가스화재를 황색화재 또는 B급 화재라고 한다. 유류화재의 발생원인으로서 유류화재를 일으키는 액체 가연물은 대부분 상온 이하의 인화점을 갖기 때문에 가연성 증기를 발생시키고, 이 가연성 증기가 공기와 혼합하여 연소범위에 포함되고 열이나 화기에 접촉하면 쉽게 인화되어 화재를 발생시킨다. 유류 표면으로부터 발생된 증기가 공기와 혼합되어 연소범위 내에 있는 상태에서 열이나 화기와 접촉하였을 때 발생한다. 석유난로나 보일러 등의 유류기기 · 기구를 장시간 과열시켜 놓고 자리를 비우거나 관리가 소홀하여 부근의 가연물에 인화하였을 때 발생한다. 유류를 취급 · 사용하는 기기 · 기구 등에 주유하는 과정에서 부주의로 인하여 흘러나온 유류나 난방기기 · 기구로부터 새어나온 유류에 화기나 열이 접촉되었을 때 발생한다. 연소기구 · 난방기구의 전도나 가연물의 낙하 등에 의해 발화될 때 발생한다.

3.2.3 전기화재(C급 화재)

전류가 흐를 때 전류는 발열, 방전 등의 현상을 수반하기 때문에 전기회로 중에 발열, 방전을 수반하는 장소에 가연물이나 가연성 가스가 존재하면 화재가 발생한다. 전기화재는 전기가 유인되어 발화한다는 의미가 아니고 전기기기가 설치되어 있는 장소에서의 화재를 의미한다(전국대학 소방학과 교수회, 2012). 전기화재는 전기에 의한 발열체가 발화원이 되는 화재의 총칭이다. 전기화재의 발생원인은 단락(합선), 과전류, 지락, 누전, 절연불량, 전기스파크, 접속부 과열, 낙뢰, 열적 경과, 정전기 스파크 의한 화재 등이 있다.

3.2.4 금속화재(D급 화재)

철분 · 마그네슘 · 금속 분류 등의 가연성 고체, 칼륨 · 나트륨 · 알킬알루미늄 · 알킬리튬 · 알칼리금속(칼륨 및 나트륨 제외)류, 알칼리 토금속류, 알킬알루미늄 및 알킬리튬을 제외한 유기금속화합물류, 금속수소화합물류, 금속인화합물류, 칼슘 또는 알루미늄의 탄화물류 등의 금속(자연발화성 물질 및 금수성 물질)에 의해서 발생한다.

대부분의 금속은 연소 시 열을 발생하며, 나트륨, 칼륨, 알루미늄 등은 발화점이 낮기 때문에 화재를 일으킬 위험성이 다른 금속보다 높으므로 이들을 이용한 가공 · 연마 · 세공 작업 시 열의 축적 및 분진의 발생 방지에 유의해야만 한다.

3.3 주요 피해현황

3.3.1 건축물 화재

가. 특성

(1) 초고층 화재

국내 건축물의 초고층화 추세에 맞추어 안전한 주고 및 경제활동 공간으로서의 성능을 확보하기 위한 대책을 마련하기 위해서는 가장 중요한 것이 초고층 건축물의 화재특성을 분석하고 그것에 적합한 대책을 수립하여야 한다. 초고층 건축물은 수직화 자체가 중요한 역할을 가지고 있기 때문에 기술적인 표현뿐만 아니라 국가와 그 도시의 상징성을 반영하여야 한다. 또한 외부의 다양한 환경조건(강풍, 지진, 진동 등)에 저항 할 수 있는 구조의 안전성과 화재안전성 등에 대한 성능확보가 더욱 중요하다, 초고층 건축물의 화재특성은 특유의 수직구조로 인한 피난의 난이성과 외부 소방력에 의한 소화가 거의 불가능하다는 절대적으로 부정적인 요소를 가지고 있다(소방방재청, 2010).

(2) 도시복합지역 화재

시장 · 백화점 및 밀집상가는 다른 소방대상물과 여러 면에서 다른 특징을 지니고 있다. 시장의 경우 건축구조물이 화재에 취약한 건물에서부터 현대화된 내화 조건물까지 다양하고 백화점 건물의 경우에는 대부분 현대식 내화조건물로서 층고가 높은 고층(높이로 산정시)건물이 대부분이다. 밀집상가는 목조 또는 방화조와 현대화된 경우 내화조

건물로 단일점포 별로 구획되어 있으나 내화조의 경우를 제외하고는 화재시 연소 확대 될 수 있는 위험성을 내재하고 있다(소방방재청, 2010).

표 3-2 시장화재의 특성

위험성분류	시장지역에서의 화재로 인한 위험성
환경요소(바람)	좁은 이격거리로 인한 불꽃의 비산으로 화재확대
화재연소성상	많은 가연물, 급격한 연소확대, 연소시 높은 온도상승 · 독성 농연 다량 분출
시장구역구조	20년이상 된 노후된 건축물로 쉽게 붕괴, 층간방화구획 저해 미로통로구조, 무질서한 통로상 피난구 제한, 피난 시 이동로 중복으로 대혼란
화재진압	주차공간 협소 소방차 진입어려움, 소방시설불량, 통로 · 복도내 상품 적재

출처: 소방방재청, 2010

나. 소화작업

주요 소화설비로서 물과 소화약제를 사용하여 진화하는 기구 및 기구로서는 소화기구, 옥내소화전 설비, 스프링클러 설비, 물 분무소화 설비, 옥외소화전 설비, 동력 소방펌프 등이 있다. 소화 기구에는 소화기와 간이 소화용구가 있으며, 간이소화용구에는 소화약제에 의한 간이 소화용구, 팽창질석이나 팽창진주암 및 건조사 등이 있다. 물분무소화설비에는 물분무소화설비, 포소화설비, 이산화탄소 소화설비, 할로겐화합물 소화설비, 분말 소화설비 등이 있다(박외철 등, 2011).

화재를 자동 또는 수동으로 건물 내에 있는 인원이나 소방관서에 통보하는 경보시설로서는 비상경보설비, 비상방송설비, 누전경보기, 자동화재 탐지설비, 자동화재 속보설비, 가스누설 경보기 등이 있다. 비상경보설비는 비상벨설비, 자동식 사이렌설비 및 단독형 화재경보기를 포함한다. 자동화재 속보설비는 화재사실을 자동으로 인근 소방관서에 통지하는 통신 시스템이다(박외철 등, 2011).

화재 시 수용인원이 안전한 다른 장소로 피난하는데 이용되는 기구 및 시설로는 미끄럼대, 피난사다리, 구조대, 완강기, 피난교, 피난밧줄, 공기 안전매트와 그 밖의 피난기구 등과 방열복, 공기호흡기, 인공소생기 등 인명구조기구와 유도등 및 유도표지, 비상조명등이 있다(박외철 등, 2011).

소화용수 설비의 종류에는 상수도 소화설비, 소화수조, 저수조, 그 밖의 소화용수설비 등이 있다(박외철 등, 2011).

소화활동상 필요한 설비로는 제연설비, 연결송수관설비, 연결살수설비, 비상콘센트설비, 무선통신 보조설비 등이 있다(박외철 등, 2011).

다. 화재사례

다음 그림은 2016년 11월 30일 발생한 대구 서문시장의 화재사례를 나타낸 것이다. 서문시장은 1922년 9월 문을 연 이래 1975년, 1996년, 1997년, 2005년에 지속적으로 화재가 발생한 바 있다.

이번 서문시장 화재는 섬유원단, 침구류, 의류상가가 밀집되어 있어 그 쪽으로 화재확산이 빠르게 진행되었고, 화재의 규모가 커서 인근 계성초등학교 등의 건물 등에 연기, 가스 피해 영향을 입은 바 있다.

또한, 전통시장 대부분이 그렇듯이 노후화 된 건축물에 다량의 가연물이 존재하며, 방화구획이 정확하게 구축되어 있지 않아 화재확산이 빠르게 진행되었으며, 소방설비가 설치되어 있음에도 불구하고 작동되지 않아 피해를 가중시키며, 위험도가 높은 시장에서의 화재는 초기진화를 하지 못할 경우 큰 피해가 발생한다는 특징이 있다.

그동안 우리나라에서의 시장화재는 꾸준히 발생하여 왔으며 또한 화재로 인한 경제적 손실이 점점 증가하고 있는 추세이다. 시장지역 내 화재발생 원인으로서는 노후화된 건물의 결함으로 인한 전기적 화재요인이 가장 많았으며, 시장지역의 비교적 연령이 높은 영세인들의 부주의에 화재 또한 주된 원인인 것으로 나타나고 있어 정부의 기본적인 소방시스템의 구축이 필요하다.

그림 3-1 대구 서문시장의 화재사례

출처: https://news.v.daum.net/v/20161130092401084

3.3.2 공장 화재

가. 특성

도시공간에는 다양한 공장들이 분포하는데 공장화재는 그 작업공정이 다양하므로 원인도 다채롭고 또 건물이 평면적이며 대규모이고 단위면적당의 금액이 커서 화재에 따른 재산상의 손실은 물론이며 이에 간접피해가 막대하다. 즉, 공장과 작업장에서의 화재는 주택, 아파트 및 차량에 이어 3번째로 많이 발생하고 있으며, 국내화재 발생건수의 10% 정도를 차지하고 있다.

최근 30년간 10대형 재산피해사고 역시 모두 공장에서 발생하여 화재예방과 더불어 재산피해를 최소화하는 것이 중요한 과제이다. 원인별로 보면 전기와 불티로 인한 화재가 절반정도를 차지하고 있으며, 담뱃불과 방화로 인한 화재가 10% 정도를 나타나고 있다.

화재가 발생하면 불은 가연물의 양이 많거나 가연내장재(지붕, 천정, 벽, 바닥)의 가연물 및 구조자체가 가연재인 경우 급속히 확대되고 이를 저지하기 위한 방화구획, 경보소화설비의 미비는 최악의 상태를 가져오게 되므로 작업별 예방 및 소화 그리고 안전대책을 강구하여야 한다.

나. 소화작업

공장화재 진화는 첫째, 화점을 알아내고, 둘째, 불길을 진압하고, 셋째, 소화하는 것이다. 이러한 것은 간단하지만 실제 화재현장에서 무시되어지기도 하고, 혼동되어지기도 한다.

화재 진압에서 우선적으로 선착대는 정보수집과 인명구조, 연소저지에 주력해야 하며, 후착대의 차량부서에 정보를 제공하는 역할을 해야 할 것이다. 즉, 어떤 화재에서도 인명피해를 줄이는 것이 최우선적이고 연기나, 열, 독성가스로부터 어떻게 자신을 보호하고 인명구조, 화재 진압을 하느냐 하는 것은 항상 어려운 문제임에 틀림없다.

즉, 그 현장에 맞는 차량부서 요령이나 신속한 상황 판단이 중요시되는데 이러한 것이 결정되면 우선 연소확대 방지에 주력하고 화재로 인한 영향이 어떻게 확산, 폭발 등으로 이어질지 장시간 소방활동을 요구하는지 등의 판단 상황을 지휘본부에 알려야 하고 현장활동대와 지휘본부는 항상 통신 연락을 통해서 전체적인 상황의 내용 등을 전 직원에게 전파해야 하며, 소방장비는 반드시 그 현장에 맞게 확보되어야 하고 효과적으로 활용되어져야 한다.

다. 화재사례

이천 냉동창고 화재는 2008. 12. 5(금) 12:09경 경기도 이천시 마장면 장암리 463번지에 소재한 로지스올 인터내셔널 물류창고(육류, 냉동식품, 과일 등)에서 지하 창고내 용접작업 중 화재발생 추정으로 화재가 발생하여 사망 6명, 부상 2명(중상, 경상), 실종 1명의 사상자와 부동산 A동 35,757m^2 전소 등 많은 재산피해를 주었다.

주요 문제점으로는 내부 마감재를 가연성 우레탄폼, 샌드위치판넬 사용 허용, 사업주 및 근로자 모두 산업안전보건관리규정 미 준수, 화재위험이 있는 용접작업을 하면서 안전관리자 미배치 상태로 작업 진행, 사업주 등의 작업 전 근로자에 대한 안전교육 소홀, 관리 · 감독 시스템의 미비, 용접작업, 시너 등 화재위험공사 지도관리 규정 미비, 재임대에 따른 안전관리 감독 부재, 작업장 용접작업 및 화기취급 안전기준 미흡, 작업장 안전관리자 선임 규정 불합리 등이 지적되었다.

주요대책으로는 건축물 내부마감재, 피난계단기준 등 개선, 사업장 안전관리 및 교육 강화 및 방화관리제도 개선, 공사장 안전관리기준 강화 등이 요구되었다.

그림 3-2 이천 냉동창고의 화재사례

출처: https://ko.wikipedia.org/wiki

3.3.3 대량가스 취급시설 화재

가. 특성

1990년 이후 우리 생활을 편리하게 만들면서 우리생활 곳곳에서 밀접하게 자리 잡은 가스는 화재와 폭발 등 여러 가지 원인으로 거의 매년 사고가 발생하고 있다. 또한 이러한 사고들은 가정, 업소, 공장 등 때와 장소를 가리지 않고 발생하며, 사고가 발생할 때마다 그 대책을 강구하고 사고예방에 노력을 기울이나 끊임없이 사고는 발생하고 있다.

이러한 사고들이 반복되는 가운데 대연각 호텔, (주)해양도시가스 제1공장, 아현동 도시가스 폭발, 대성에너지 충전소, 옥천 LPG충전소 폭발 등에서 화재로 인한 대규모 폭발사고가 발생함으로써 사고예방을 위한 안전관리 의식을 다시 한 번 뒤돌아보게 하였다(이시영, 2014).

나. 소화작업

대량가스 취급시설들의 일련의 사고들을 예방하기 위해서는 여러 가지 대책이 있겠으나 사업주의 확고한 안전관리 의식을 바탕으로 한 충분한 시설투자, 시설물의 검사 등에서 사용량 및 작업수요 등을 감안한 안전관리 필요인력의 확보, 효율적인 사고예방 활동을 위하여 현행 법규는 물론 검사에 대해서도 관계기관의 현실성 있는 철저한 검토가 필요하다. 이와 함께 시설물에 대한 안전도 평가나 종사원에 대한 주기적인 교육과 훈련으로 안전관리자의 기술적 능력 향상, 모의훈련에 의한 사고 대처능력 향상도 이루어져야 한다.

뿐만 아니라 가스시설에 대한 위험성 평가 프로그램을 개발과 진압장비 확보, 전문인력의 양성, 유관기관 공조체제로 유기적인 현장 활동과 주민대피에 대한 효율적인 방안을 강구하여야 한다. 다음은 주요소방시설을 나타낸 것이다.

표 3-3 주요 소방시설

종류	주요 소방시설
소 화 설 비	소화기
소화용수설비	소화용수설비 [지상에 노출된 탱크의 용량이 100톤 이상]
소화활동설비	연결살수설비 [지상에 노출된 탱크의 용량이 30톤 이상]
소방용수시설	소방용수시설 [상업지역 소방대상물과의 수평거리 100M 이하]

다. 화재사례

부천 대성가스 충전소 폭발사고는 부천시 오정구 내동 70번지에 소재한 대성가스 충전소에서 1998년 9월 11(금) 14시 12경 가스취급 부주의로 발생하여 인명피해 부상 84명 (소방관 24, 주민 60)과, 차량 129대 전소 또는 부분소실, 공장의 기계 · 집기류 등 소실, 건축물 8동 전소, 4개동 부분소실 등 6,489,433천원의 재산피해를 가져왔다.

이 사고의 교훈으로서는 현실적인 허가규정, 현장정보의 부족, 전문인력 부족 및 교육훈련 미흡, 신속한 언론대응과 및 유관기관간 공조체제 미흡 등의 교훈을 남겼으며, 제도적 개선방안과 효율적 진압체제 방안을 추가하면 다음과 같다. 즉, 안전관리체제의 효율적 개선, 가스시설 검사제도 개선, 자율 안전관리체제 정착, 가스관련 종사자에 대한 교육 강화, 가스에 대한 전문인력 양성 및 교육훈련 강화, 소방활동상 안전장구 구비 및 안전대책 강구, 주민통제의 철저, 가스취급업소 현황파악 및 진압대책 수립 등이다.

3.3.4 대량위험물 취급시설 화재

가. 특성

대량위험물이라 함은 지정수량 3,000배 이상을 취급하는 시설을 말하는 것이며, 위험물이라 함은 위험물안전관리법령에 규정된 위험물만이 아닌 화재 발생시 그 피해범위가 넓고 확산 속도가 빠르며, 진압대원들의 안전을 위해할 수 있는 물질을 포괄하는 것을 말한다. 따라서 대량위험물 취급시설 화재란 이러한 기준은 대량위험물을 취급하는 시설에서 발생하는 화재를 말한다.

대량위험물에서의 화재, 폭발 또는 독성물질의 누출사고는 다른 산업에서의 사고와는 달리 많은 인력과 막대한 재산을 동시에 앗아가는 경우가 대부분이다. 또한, 사고의 영향이 인근 주민, 공공의 안녕과 사회문제로 대두되는 경우가 많기 때문에 사업장에만 국한된 문제가 아니라 국가적 차원의 관심과 관리가 필요하다.

특히, 대량위험물 취급공장의 특징은 규모가 크며 따라서 사고 발생시 그 영향이 광범위하게 파급되고, 보유에너지가 타 산업에 비해 크기 때문에 중대재해 위험이 크며, 복잡하고 자동제어 시스템으로 구성되어 설계 및 관리 기술의 전문화가 필요하며, 시스템 구성요소가 다양하여 각 요소마다 신뢰성 확보가 어렵다는 특징이 있다.

표 3-4 화재위험 요소

구분	위험요소
1차 위험요소	열, 압력, 산소, 화학에너지, 각종 에너지원 및 착화원 시설물의 고장 및 기계적 손상, 배관의 노후화 인간의 동적행위, 기기장비의 이동
2차 위험요소	1. 불길의 확산, 폭발(부차적 폭발위험) 2. 가연성 및 인화성(또는 폭발성) 위험물의 방출 3. 유독성 위험물의 방출, 시설물의 붕괴 및 전도, 낙하 등

표 3-5 사고의 형태

사고의 형태	발생가능성	치명의 가능성	경제적 손실 가능성
화재	높음	낮음	중간
폭발	중간	중간	높음
독성물질 누출	낮음	높음	낮음

나. 소화작업

대량가스 취급시설 화재 소화작업의 첫 번째인 출동 전 준비사항으로는 대원들의 안전보장 및 효율적인 소방 활동을 위해 평상시 유해화학물질의 성상 및 유해성 그리고 각 공장의 경방계획을 숙지하고, 그에 따른 진압훈련을 실시한다. 즉, 초동조치 미흡시 연소 확대에 따라 폭발 또는 대량가스누출 등으로 번질 우려가 많으므로 소방차량의 상시 가동 상태유지는 물론 유해화학물질의 처리에 필요한 각종 장비 및 제독약품, 개인 안전 활동 장구를 정상적으로 유지 관리하고, 유해화학물질 주요성상 숙지, 공단 내에 있는 각 공장의 위험물질 탱크 지역 및 플랜트 설비지역, 도로망 등을 평면 도면화하여 유사시 대처능력을 높이고, 공장의 위치와 최단 출동 등의 숙지 효과를 높인다.

또한, 예상 상황 부여 훈련 및 전국 사고사례 교육훈련을 실시하고, 이론교육을 바탕으로 자체 훈련장에 빈 드럼 등을 이용 유류화재 발생 또는 누출상황을 전개해 놓고 방수포, 관창 등을 이용 진압기법 연마와 누출방지조치 또는 제독 중화처리 요령을 숙달한다. 그리고 유해화학물질 성상 편람 출동차량 및 사무실 비치 활용과 개인 안전활동 수칙 및 지휘보고체제 및 비상소집 체계 그리고 사고유형에 적응하는 출동체계를 확립한다.

두 번째인 출동 중 조치사항으로는 사고 상황과 유해화학물질품명, 수량 등 정보를 무선으로 출동중인 대원들에게 알리고 신체 보호장구 및 진압활동에 필요 조치사항을 대원들에게 전파한다. 즉, 사고유해물질 성상 무선전파, 유해물질 종류 및 수량에 따른 안전거리 기준, 풍향과 누출방향, 도로 경사도에 따른 차량 운영방법을 무선으로 전파하며, 지령실과 무선교신을 통해 유해물질 사고 개요를 재확인하면서 대원들에게 사고개요를 전파하고, 출동과 동시에 별도 지시유무와 관계없이 공기호흡기, 안전모는 필수적으로 착용하며 사고에 적응되는 방열복, 화학복, 방화복, 내전복 등을 착용한다.

세 번째인 현장 도착 시 초동조치로는 관계자 및 현장 확인을 통해 사고개요, 요구조자 파악, 유해위험물 단순누출, 화재발생, 폭발진행 우려 등 확인, 유독가스 발생, 오염범위 파악 및 밸브차단, 운전중지, 전원차단 등을 확인하며, 사고현장 주위에 거주하는 주민을 사고규모 등 상황을 고려 대피유도를 하고, 경계지역 및 통제선 설치, 현장지휘소 설치와 수리 등을 확보한다.

그림 3-3 고양 대한송유관공사 저유소 화재사례

출처: http://news.zum.com/articles/48027256

3.3.5 터널 화재

가. 특성

한국은 지리적으로 65%가 산악지형으로 이루어져 있어 도로의 확장 및 신설시 장대터널 및 교량의 가설이 필연적이다. 터널화재는 일단 발생하면 대형 인명피해를 초래할 수 있어 그 사고의 위험도는 여러 선진 국가에서 중요한 주제로 다루어져 왔다. 터널 화재는 도로터널 화재와 철도터널 화재로 나눌 수 있다.

도로터널은 외기의 풍향에 의하여 터널내의 풍향이 변화하는 곳이 있고 진입구가 한정되는 것이 많고, LPG, 위험물 탱크로리 등의 화재시 2차폭발의 위험이 있다. 또한, 길이가 긴 터널에서 교통사고 등으로 차량화재가 발생하여 도로가 막히면 진행하던 차량이 긴급대피하지 못하여 다수의 인명피해의 위험이 있다. 터널 내 화재는 차량의 유류로 인한 위험물화재로서의 특징이 있고 화학차에 의한 소화대응이 필요하다. 또한, 소방 수리가 설치되지 않은 곳이 많아 화재의 확대위험이 있다.

또한, 철도터널은 지상풍의 영향 등으로 화점의 위치 등 화재상황 파악이 곤란하며, 지상풍의 영향으로 구내의 기류가 일방향으로 흐르기 때문에 풍하측에서 진입한 부대는 농연때문에 활동이 곤란하다. 그리고 진입구로부터 화재발생 지점까지의 거리가 먼 곳은 소방활동이 현저하게 제약을 받는다. 소방활동 범위가 인접 역 또는 터널 출입구의 양 방향으로 진입하기 때문에 전 출동대의 현황파악 및 행동통제 등이 곤란하다.

나. 소화작업

도로에서 터널내에서 교통사고나 화재가 발생하게 되면 무엇보다 추가적인 피해를 방지하기 위해 다른 차량의 진입을 저지하여야 한다. 터널화재의 경우 터널내에서 작업 중이었으면서도 불구하고 터널입구에 진입금지 표시만을 한 채, 작업을 계속 실시하면 터널내에서 차선을 변경 못한 트럭이 타 차량을 충격하여 대형사고로 발전할 수 있다. 따라서 교통을 통제하고자 하면, 적어도 터널입구 500m 이상에서 안전요원이나 표시등에 의해 교통을 통제하여야만 한다.

철도에서는 화재가 시설물에서든 전동차에서든 소속차량이 터널내를 신속히 탈출하여야 할 지 정차 후 인명을 대피시켜야 할 지 신속히 결정하여야 하며, 다른 운행 중인 전동차의 정차를 지시하여야 만 한다.

기존터널의 경우 진입로가 양쪽으로 한정되어 있어 바람의 방향 따라 진입로를 설정해야 하며, 터널의 방재기준에 의해 만들어지는 중장기 터널의 경우는 비상용 터널 및 탈출구가 설계되어 있으므로 진입로가 다양하여 상황에 따라 최선의 진입로를 결정한다. 터널의 구조 및 비상탈출로의 구조를 모르면 터널관리 직원과 함께 진입하는 것을 원칙으로 하고, 진입시는 연소방지 설비를 이용한 연소확대 방지조치도 동시에 이루어져야 한다.

표 3-6 터널화재 대응단계별 출동편성 판단기준

<table>
<tr><th>대응단계</th><th>출동규모</th><th>판 단 기 준</th><th>출동소방력</th></tr>
<tr><td>대비 단계</td><td>긴급구조
지휘대</td><td>교통사고 등 일반사고</td><td>5대 이하</td></tr>
<tr><td>대응1단계</td><td>1호출동</td><td>터널 내 초기화재발생 신고</td><td>5-10대 미만
권역 내 근접관서의 소방력 지원이 필요한 경우</td></tr>
<tr><td rowspan="2">대응2단계</td><td>2호출동</td><td rowspan="2">터널 내 연소확산
사망 5명, 부상 10명 이상의 피해 우려상황 전개
1개 소방서로 대응불가로 광역출동 필요시
➡ 지역긴급구조통제단의 가동
➡ 운영책임 : 소방본부장
※ 긴급구조통제단의 대응체제(붙임 #1)</td><td>10-15대 미만
동일 및 인근 권역의 소방력 집중이 필요한 경우</td></tr>
<tr><td>3호출동
이상</td><td>15-20대 미만
2개 권역 이상의 소방력 동원이 필요한 경우</td></tr>
<tr><td>대응3단계</td><td>4호출동</td><td>터널 내 화재 급격히 연소확산
터널 내부에 다수인이 피난하지 못하여, 100여명 이상의
대규모 인명피해 우려
➡ 중앙긴급구조통제단의 가동
➡ 운영책임 : 소방청장</td><td>20대 이상
시도관할 내 동원 가능한 전 소방력이 필요한 경우</td></tr>
</table>

- 광역 소방작전 관할구역은 4개권역 체제 이상으로 운영(광역시도별로 탄력 운영)
- 터널화재시 통합지휘권은 1호출동 : 관할서장, 2-3호출동 : 본부장, 4호출동 : 소방청장
- 단계별 광역출동지령 및 긴급구조대응활동 & 현장지휘와의 연계도(붙임 #2)

터널 내에서 화재가 발생하게 될 경우, 철도라면 정전에 의해서 정차를 하게 되고, 디젤 차량이라면 기관고장 등으로 정차하게 된다. 도로터널도 당연히 진입한 차량들은 정차하게 되어 있다. 따라서 터널 내 방치되는 인명들을 대피하기 위한 프로토콜의 개발이 절대적으로 필요하게 되는 것이다. 그러기 위해선 터널내 설치된 방송설비를 이용할 것인지 인원이 투입되어 그들을 유도할 것인지를 결정해야 하며 피난설비에 대한 위치와 사용법이 숙지되어 있어야 할 것이다.

소화시설 및 장비로는 환기설비, 스프링클러 설비, 물분무 및 가스소화설비가 필요하다. 특히, 물분무 소화설비는 특히 가연물의 종류, 형상, 배치, 열의 방출, 물분무 노즐의 종류와 분무 패턴, 유수량, 물분무 헤드와 가연물과의 상대적 위치 및 환기에 따라 설계된 밀폐 공간에 있어서만 유효하고, 급수와 포 보급 설비도 필요하다.

다. 화재사례

2003년 6월 6일 09시 10분경 서울 서대문구 홍지문터널(길이 1890m) 중간 800m 지점에서 성산대교 방향으로 가던 25인승 교회 버스가 앞서가던 테라칸 승용차와 추돌한 후 전복되면서 터널 벽을 들이받아 화재가 발생하여 중상 3명 경상 46명의 인명피해를 입히고 40여분 만에 진화되었다.

표 3-7 터널화재

장 소	발생년도	화재원인 및 상황
창원 창원터널	2013	차량추돌 화재
창원 창원터널	2005	승용차 엔진과열
창원 창원1터널	2003	트레일러 정비불량
서울 홍지문터널	2003	버스 · 승용차 출돌
서울 정릉터널	2003	승용차 엔진과열
서울 남산1호터널	2002	버스정비불량
부산 백양산터널	2001	승용차량 화재
강원 원주 싸리재터널	2001	공사장공기 압축기과열
서울 정릉터널	2000	승용차량 화재
수리터널(판교일산선)	2000	소형화물(터널충격후전소)
영동터널	2000	대형화물(엔진과열)
부산 제2만덕터널	1998	승용차량 화재
	1998	오토바이 화재
	2000	승용차량 화재
	2001	승용차량 화재
마성터널(영동선)	1999	대형화물(타이어과열)
부산 문현터널	1999	화물차량 화재
부산 오륜터널	1998	굴삭기 화재
부산 광안터널	1998	화물차량 화재
강원 원주 치악4터널	1998	승용차량 화재
경남 진주 독산터널	1997	차량화재
부산 부산터널	1997	승용차량 화재
부산 구덕터널	1997	승용차량 화재
부산 송정터널	1997	승용차량 화재

이 화재가 일어난 뒤인 오전 9시 17분께 홍지문터널 안에 원인을 알 수 없는 정전이 일어나 전력 공급이 차단되고 이 때문에 터널 안 연기와 유독가스 등을 외부로 빼내는 환기설비의 가동이 20분쯤 중단되었던 사례이다.

또한, 2005년 11월 1일 14시 18분경 대구 달성군 현풍면 논공읍 본리 구마고속도로 달성2터널에서 대한통운 소속 15t 화물차량이 전남순천 벌교 공군부대에서 출발, 대구 11전투비행단으로 군용 미사일 추진체를 이송하던 중으로 사고터널을 3분 2정도 지난 지점에서 차량 우측뒤 타이어가 펑크나면서 불이 났고, 불은 적재함에 있던 미사일 추진체로 옮겨붙어 화재가 발생했다.

이 화재로 화물트럭 2대가 전소되고 터널내 100여대의 차량의 탑승자가 대피했던 사례이다.

그림 3-4 창원터널 차량추돌 화재사례

출처: 중앙일보, 2013.09.24.

3.3.6 지하철 화재

가. 특성

지하철 화재는 열차 내장재가 고분자 화학물질로서 화재발생시 다량의 유독성 가스가 발생하고, 지하 폐쇄공간으로 열방출량이 타화재보다 낮아 일시에 폭발적 연소로 순식간에 플래시오버(Flash Over)에 도달하며, 열에 의해 모든 가연물의 폭발적 분해에 따라 불완전

연소로 미립자(Soot)가 다량 생성되고, 개구부에 농연 및 열기가 순식간에 충만하여 시야 확보가 곤란하다.

또한, 열차 구조가 철재로서 열전도성이 높아 객차 간에 연소확대가 용이하고, 일단 화재가 최성기에 도달하면 다량의 열이 방출되어 소화가 곤란하다.

특히, 지하철 화재는 다양한 연령층인 불특정 다수의 지하철 승객 약 1,600명 (10량 기준)이 한정된 출입구(농연과 열기 확산방향)때문에 대피가 곤란하고, 패닉현상으로 무질서하게 탈출 시 노약자가 넘어질 경우 도미노처럼 쓰러져 압사사고 발생가능성 높으며, 피난시 유독성 가스 및 열기의 흡입으로 초조감 등 심리적 동요가 발생하기 쉽고, 화재발생시 정전, 농연 및 열기로 상황파악 곤란하여 방향감각 상실 등 피난시간이 지연되는 특징이 있다.

나. 소화작업

지하철 화재의 경우 소방활동상 다음과 같은 문제점이 있다. 즉, 열차 기관사가 객차 내부를 볼 수 없고 승객들의 음성을 통해 정보파악이 이루어지므로 정확한 상황파악이 곤란하고 기관사와 사령실 간에 음성인 무선으로 통신하여 잡음 발생으로 상호간의 정보전달이 어려우며 객차에서 발생한 상황을 역무실에서는 사령실을 통해서 정보전달이 이루어짐에 따라 정보파악이 지연되며, 기관사 및 역무실의 한정된 인원으로 초기 대응에 한계가 있다고, 정보파악 지연과 대응인력 부족으로 화재초기 진화에 어려움이 있고 개방된 승강장 구조로 인하여 출입구를 통해 다량의 유독성가스 및 열기가 방출되므로 접근이 곤란하며 열차 구조가 외부와 완전 폐쇄되어 소화수 등을 내부에 침투시키기 곤란하다.

또한, 기관사↔사령실, 사령실↔역무실 상호간에 무선통신이 가능하지만 직접적인 대응이 가능한 열차(기관사)와 역무실 간에는 중계 및 음성으로 인해 정확한 정보 전달체계가 미흡하고, 제한된 출입구로 소방력 진입시 농연 및 열기가 분출되는 지역으로 진입하여야 하며 대합실을 경유하여 승강장(지하 2~3층)에 도착하기 위해서는 지그재그로 계단을 이용하는 등 신속한 진입이 곤란하고, 인접역사에서 선로로 진입 시 평균 1.1km로 거리가 멀고 침목(枕木) 등으로 진입 장애 발생하며 장거리 진입으로 많은 체력 소모가 크다. 그리고 전 개구부로 연기 및 열기가 분출되어 시야확보가 어려워 정확한 화점의 위치 등 의 파악이 곤란하고, 지하 현장대응대원 상호간, 지휘자와 대원, 지휘자와 지상 현장지휘본부 간에 무선통신이 어려워 정보공유 미흡하며, 비좁은 지하철 승강장 및 터널로 현장 활동이 제한되며, 소화 활동시 고압전류에 의한 감전 가능성이 상존한다.

그리고 열악한 진입로와 장거리로 인하여 다수의 수관을 연장하여야 하는 경우 대원의 체력소모 및 방수압력 저하로 적정 방수가 곤란하며 신속히 진입하여 옥내소화전, 연결송수관 설비 등 소화설비를 활용하여야 하지만 대응이 늦을 경우 연기 및 열기로 자체 소화설비 활용이 극히 어렵다.

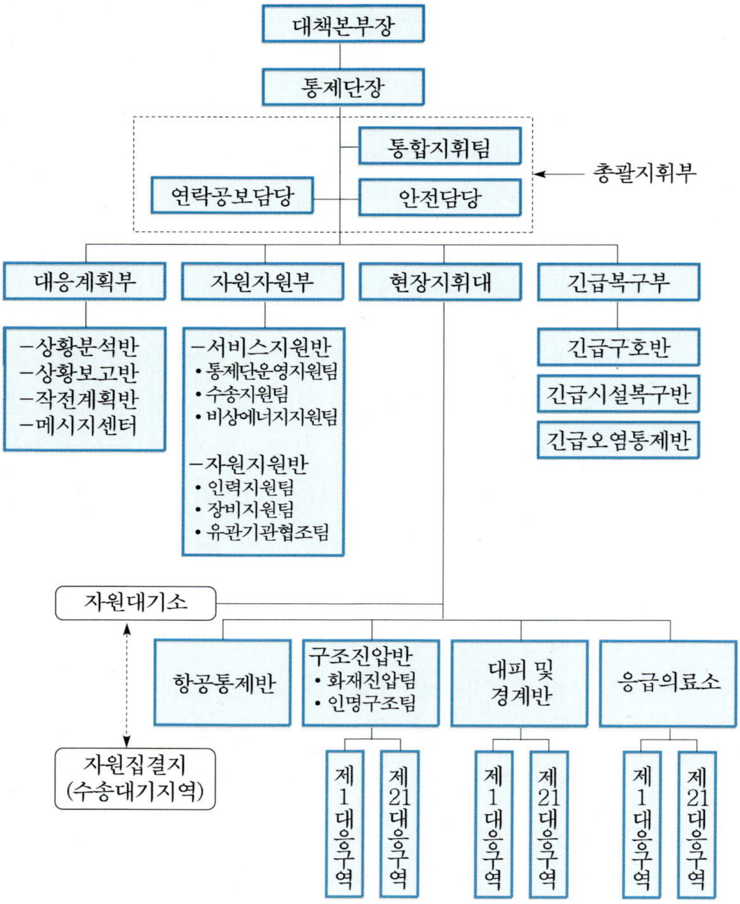

그림 3-5 대규모화재 재난상황시 긴급구조통제단 운영

표 3-8 화재규모별 조치내용

규모	담 당	조치내용
소규모 (비둘기출동)	접수자	▪ 구체적인 발화지점, 연소물질, 요구조자 유무 및 연소확대위험 파악 ▪ 출동대 편성 및 지령, 직근 상급자에게 상황 보고
	관제자	▪ 출동대 편성 내용 및 출동사항 확인 ▪ 필수 유관기관 통보 및 정보수집
	상황 주임	▪ 지하철사령실 Hot Line 및 TRS 무선망 연결 정보교환 ▪ 화재발생 역사 역무실 연결 추가정보 파악 및 초동조치 지시
	상황 팀장	▪ 소방력 편성 등 대응상황 검토 및 상황보고
중규모 (제비출동)	접수자	▪ 지원 소방력 추가 편성 · 지령 ▪ 외부 방송장치에 연출하여 현장 상황 공유시스템 가동
	관제자	▪ 추가 소방력 편성 내용 및 출동사항 확인 ▪ 전 유관기관 상황전파
	상황 주임	▪ 본부 현장지휘차량 출동 지령 및 전담 대응작전팀 편성 · 가동 (지휘통제반, 정보수집반, 정보분석반, 영상정보반) ▪ 유관기관 통합운영시스템 가동 및 작전계획 수립에 필요한 정보 수집
	상황 팀장	▪ 소방력 편성 등 대응상황 재검토 ▪ 대응작전팀 지휘 및 작전계획 수립
	소장	▪ 대응상황 총괄 지휘 · 조정 · 통제 및 상황보고
대규모 (독수리출동)	–	▪ 재난상황으로 긴급구조대응계획 시행

표 3-9 화재규모별 조치내용

부서별		주요임무
통제단장		▪ 긴급구조활동의 총괄 지휘 · 조정 · 통제 ▪ 긴급구조대응계획의 가동 책임
총괄지휘부	통합지휘팀	▪ 전반적인 대응목표 및 전략 설정 ▪ 대응활동계획의 공동이행(소속기관별 임무분담 및 이행) ▪ 동원자원 활용의 조정 · 통제 ▪ 기타 통제단장 보좌
	연락공보담당	▪ 대중정보에 관한 사항 ▪ 대중매체 홍보에 관한 사항 ▪ 상황실과 공동으로 비상경고계획 이행 ▪ 대책본부장 및 의회 연락 · 보고에 관한 사항
	안전담당	▪ 재난현장의 안전진단 및 안전조치 ▪ 현장활동 요원의 안전수칙 수립 및 교육

대응계획부	상황분석반	▪ 재난상황정보의 수집 · 분석 및 대응목표 우선순위 설정 ▪ 재난상황의 예측 ▪ 작전계획반과 공동으로 대응활동계획 수립
	상황보고반	▪ 대책본부장 및 중앙통제단 등에 대한 보고서 작성
	작전계획반	▪ 현장 대응활동계획 수립 및 배포 ▪ 작전계획에 따른 자원 배분
자원지원부	서비스지원반	▪ 운영지원팀 : 통제단 운영지원 및 현장지휘소 설치 ▪ 수송지원팀 : 긴급구조자원의 수송 지원 ▪ 통신지원팀 : 현장지휘 및 자원관리에 필요한 통신지원 ▪ 비상에너지지원팀 : 전기, 연료 등 지원
	자원지원반	▪ 인력지원팀 : 현장인력지원 및 자원집결지 운영 ▪ 장비지원팀 : 필요장비 동원 및 지원 ▪ 시설지원팀 : 필요시설 동원 및 지원
현장지휘대	구조진압반	▪ 소방서 통제단 인명구조 및 화재진압 등 대응활동 지원 ▪ 각 소방서 구조진압반 지휘 · 조정 · 통제 ▪ 자원대기소 운영
	현장통제반	▪ 서울시 대피계획 지원 ▪ 대응구역별 현장활동 자원의 지휘 · 조정 · 통제
	응급의료반	▪ 서울시 차원의 응급의료 및 자원지원활동 ▪ 대응구역별 응급의료 자원의 지휘 · 조정 · 통제 ▪ 사상자 분산이송통제 ▪ 사상자 현황파악 및 상황보고반에 대한 보고자료 제공
	항공통제반	▪ 항공대 운항통제 및 이착륙장 관리 ▪ 응급환자 원거리 항공이송 통제
긴급복구부	긴급구호반	▪ 서울시 차원의 긴급구호 및 자원지원활동 ▪ 긴급구조요원 및 자원봉사자에 대한 의식주 지원
	긴급시설 복구반	▪ 서울시 차원의 긴급시설복구 및 자원지원활동 ▪ 소방서 통제단 긴급시설복구자원의 지휘 · 조정 · 통제
	긴급오염 통제반	▪ 서울시 차원의 긴급오염통제 및 자원지원활동 ▪ 소방서 통제단 긴급오염통제자원의 지휘 · 조정 · 통제

다. 화재사례

대구 중앙로역 지하철 방화사고는 2003년 2월 18(화) 09시 55경 대구 중구 지하철 중앙로 역사 객차 내에서 방화로 화재가 발생하여 사망 192명, 부상 147명과 객차 12량이 소실 등 530억 원의 피해를 준 사고이다.

대구 지하철화재는 다음과 같은 몇 가지 문제점을 야기했다. 즉, 이용 승객에 대한 비상시 행동요령 홍보가 미흡하여 객차 내에 소화기가 비치되어 있었음에도 사용하지 못하였고, 비상시에는 누구나 객차 출입문을 수동으로 열고 나갈 수 있었으나 대다수 이용자가 알지 못하여 초기에 대피하지 못했고, 기관사와 종합사령실의 판단미숙으로 객차를 폐쇄하고 종합사령실의 지시를 기다린 기관사의 늑장 대응으로 화재 초기 피난시간을 확보하지 못했다.

또한, 평상시 역무원, 승무원에 대한 위기관리 학습이 적극적으로 이루어지지 않아 비상사태시 사령실의 지시에만 의존함으로써 현장 상황의 변화에 신속하게 대응하지 못했고, 화재 등 재난에 대비한 훈련을 실시하지 않아 옥내소화전 등 자체 소방시설을 사용하지 못하여 초기대응에 실패하였다.

그림 3-6 대구 지하철 화재사례

출처: https://ko.wikipedia.org/wiki

그리고 기관사와 사령실 사이의 통신이 음성으로 이루어져 소음 등으로 현장 정보가 원활하게 전달되지 않아 사령실에서 지하철 역사 내 위기상황의 정확한 판단이 곤란하였다. 승객의 피난로와 소방대의 진입로가 같아 흥분한 요구조자들 사이를 뚫고 화재현장인 승강장까지 진입이 극히 어려운 상황이었고, 화재로 인한 열기와 연기의 방출로가 역사 출입구로서 고열, 독성가스 방출 및 농연으로 암흑공간에서 원활한 진압활동을 수행하기 곤란하였다.

주요 개선사항으로는 전동차 객실내 비상기구함(소화기, 파괴기구, 렌턴, 로프등 비치) 설치 등 궤도용 차량에 대한 화재안전기준의 강화, 터널 내(승강장 포함) 직통 특별피난계단의 설치 등 궤도 터널 안전시설 설치기준 강화, 유도등설비는 화재 감지시 점등되는 3선식이 아닌 상시 점등된 상태로 유지되는 2선식으로의 개선 등 지하철 역사에 대한 안전기준 강화 등이 요구되었다.

3.3.7 도시형 임야 화재

가. 특성

산불(山火, 山林火災, 林野火災, forest fire, wildland fire)이란 산림내의 낙엽, 낙지, 초류, 임목 등의 가연물질이 산소와 열과 화합하여 열과 빛을 발생하게 하는 산화반응의 작용에 의한 현상이다. 즉, 불에 탈 수 있는 물질이 산소와 화합하여 열과 빛을 수반하는 화학변화의 현상이 진행하는 것이며, 이와 같이 산불은 연료, 공기, 열이 있어야 발생하며 이를 산불의 3요소라고 한다.

산불의 특징은 화학적, 물리적, 생물적 분해과정이 대부분의 화염발생 사실로부터 얻는다. 연소는 일반적인 열분해 과정으로 넓고 다양한 조건에서 발생한다. 연소는 다른 종류의 연료를 소비하고 여러 종류의 생산물을 만들어 낸다.

산불은 연소 환경 내에서 발생하여 열, 산소, 연료를 함유하여 상호작용하며, 산불의 행태 결정은 바람, 연료, 지형 등의 매개변수에 의해 영향을 받는다. 또한, 대형 산불에서의 기상인자는 연료와 산소의 결합을 유도하고 열 보다는 전체적인 불의 행동을 결정하는 주요인자로 변한다.

최근 환경의 중요성이 높아지면서 산림과 녹지를 보존하며 개발하고 있다. 이러한 녹지대는 거주민의 건강, 경관을 위해 쾌적한 환경을 제공하게 되지만, 도시에서 발생한 화재가 산불로 전이되거나, 산불이 도시의 건물로 쉽게 옮기게 하는 매개체가 되고 있다. 우리나라에서 최근 발생한 포항산불(2013), 울주산불(2013), 삼척산불(2017), 강릉산불(2017),

고성산불(2018) 산림인접시설물들 중 주택이 가장 피해를 많이 입었다. 그 밖에도 창고, 축사, 공공시설(추모의집), 가스저장소, 궁도장 등이 피해를 입었다.

나. 소화작업

화재의 소화는 연소의 3요소, 즉 연료, 산소 및 열 중에 어느 것 하나 이상을 제거한다면 연소반응을 중지 시킬 수가 있는데, 이에는 열원으로 부터 열을 흡수(吸收)해서 온도를 착화점이하로 내리게 하거나 공기를 차단하는 직접소화법(direct attack)과 가연물을 제거하거나 미리 타지 않게 하는 간접소화법(indirect attack)이 있다.

첫째로 직접소화 방법은 초기 산불이나 측면소화를 할 경우에 사용하며, 물을 사용하는 것이 가장 효과적이지만 산지에서 물을 얻는 것이 매우 어렵기 때문에 등짐펌프, 불갈퀴 등 지상진화도구를 이용하여 소화하며, 불길이 셀 때에는 삽 등으로 토사를 끼얹어 질식시키는 방법을 사용하기도 하며 주로 헬기로 진화한다. 또한, 소화효과를 증진시키기 위해서는 Fireform 등 소화약제를 사용하기도 한다.

둘째로 간접소화법은 초기화재로 부터 연소확대 되어 화세가 강하게 되면 화점에 접근해서 직접소화 하는 것은 매우 곤란하다. 특히, 바람이 불어가는 방향인 화두 부분의 진화작업은 더욱 위험하므로 간접소화법을 실시하게 된다. 간접소화법은 연소전방에 방화선(fire line) 등의 연소저지선을 설정해 놓는 것이다. 그러나 산불이 확대되어 소화하기 어려울 정도로 불길이 셀 때에는 산불을 끄기 위한 최후의 수단으로서 맞불(back firing)놓게 되는데 이것은 무경험자는 도리어 산불을 크게 만드는 때가 있으므로 상당히 숙련된 경험자가 바람 등 기상상황 등을 충분히 고려해서 실시하여야 한다.

또한, 재난관리단계를 산불재난에 접목시켜 산불을 효율적으로 관리하기 위한 단계별 주요활동 사항은 다음과 같다. 즉, 아래 표에서와 같이 재난단계별 위기관리활동을 보면, 예방단계에서는 산불에 대한 국민적 경각심 고취를 위한 다양한 홍보활동, 산불원인별 합리적인 예방활동으로 산불요인 제거, 지상과 공중의 입체적 산불감시 · 계도활동 전개가 수행되며, 대비단계에서는 산불방지대책본부 구성 · 운영 및 범정부적 공조체제 구축, 산불방지 대응역량을 강화하기 위한 협정제도 활성화, 지상진화 역량강화를 위한 교육훈련 실시, 긴급 지원체계의 점검 및 확인이 이루어지며, 대응단계에서는 조기발견 및 신고체계 확립, 신속한 피해상황 파악 및 보고, 긴급대응 조치 시행 및 현장지휘소 설치 운용 및 필요시 “특별재난지역” 선포가 이루어진다. 또한, 복구단계에서는 신속한 피해조사 및 복구 지원과 피해 기록 및 평가가 이루어진다.

표 3-10 산불재난 단계별 위기관리활동

단계	위기관리활동
예 방	▪산불에 대한 국민적 경각심 고취를 위한 다양한 홍보활동 ▪산불원인별 합리적인 예방활동으로 산불요인 제거 ▪지상과 공중의 입체적 산불감시 · 계도활동 전개
대 비	▪산불방지대책본부 구성 · 운영 및 범정부적 공조체제 구축 ▪산불방지 대응역량을 강화하기 위한 협정제도 활성화 ▪지상진화 역량강화를 위한 교육훈련 실시 ▪긴급 지원체계의 점검 및 확인
대 응	▪조기발견 및 신고체계 확립 ▪신속한 피해상황 파악 및 보고 ▪긴급대응 조치 시행 및 현장지휘소 설치 운용 ▪필요시 "특별재난지역" 선포
복 구	▪신속한 피해조사 및 복구 지원 ▪피해 기록 및 평가

다. 화재사례

우리나라의 최근의 산불은 피해규모가 점차 대형화되고 있으며, 어느 한 지역에 국한되지 않고 전국화되는 특징이 있다. 예를들어 '96년 4월 23일 고성산불(3,762ha), '00년 4월 7일 동해안 산불(23,794ha), '02년 청양 · 예산산불(3,095ha) 등은 역사 이래 최대의 산불피해를 기록한 바 있고, '05년 973ha를 태운 양양산불은 천년사찰을 태운바 있다.

그리고 건조기간이 지속될 경우 대형화 위험성이 매우 높고, 대형산불 지역의 경우 대부분이 임상 및 지형여건을 보면 불에 약한 소나무, 리기다소나무가 주로 분포하였으며, 특히 2002년 청양 · 예산 산불의 경우 수고가 평균 6~8m로 수관화 형태로 불타기 쉬운 조건을 가지고 있었으며, 산맥방향은 풍향과 일치하고, 더욱이 연료배열과 일치하면서 산불연소는 급속도로 대형화되었다. 다음 표는 최근 대형산불의 연소속도를 나타낸 것이다.

표 3-11 주요 대형산불의 연소속도

구분	발화일	피해면적 (ha)	순간최대풍속 (m/s)	최대연소속도 (km/h)
고성산불	1996. 04. 23	3,762	27	1.0
동해안산불 (삼척산불)	2000. 04. 07	23,794	23.7	1.6
청양 · 예산산불	2002. 04. 14	3,095	15.1	8.8
속초산불	2004. 03. 10	180	23.6	2.0
양양산불	2005. 04. 04	973	22.5	1.8

그동안 대형산불은 해풍이 강하고 침엽수림이 많이 분포한 동해안 지역에서 자주 발생하여 주로 산림지대에 피해를 주었다. 그러나 최근 산불피해는 고산지대가 아닌 야산지대에 발생하다 보니 산림자원뿐만 아니라 인 · 축 · 재산피해까지 속출하는 경향이다. 예를 들어 청양 · 예산산불 피해의 경우 가옥 44동, 축사 19동, 가축 970두가 소실되었고, 익산산불 피해의 경우 가건물 1동, 양봉 360장, 흑염소 40마리가 소실된 바 있다.

또한, 2000년 삼척에서 발생한 초대형 산불은 삼척–울진간 다리인 월천교(500m)를 넘어 1.5km의 비산화를 유발하면서 울진 원자력발전소까지 위협한 바 있고, 각종 전기시설과 민가, 전기시설, 유류탱크, 공장시설, 가축피해를 주었다. 다음 그림은 2005년 양양산불 당시 피해를 본 낙산사 인근 피해콘도를 나타낸 것이다.

그림 3-7 양양산불 콘도피해사례(2005년)

그림 3-8 강릉산불시 주택피해사례(2017년)

3.3.8 문화재 화재

가. 특성

문화재는 한 나라의 역사를 고이 간직하고 있으며 국민들의 생활상, 의식 등이 응집된 결정체이다. 그러나 가연성이 높은 목조 문화재의 경우 단시간에 연소되며, 한번 훼손되거나 손상되면 영원히 그 가치를 회복할 수 없다. 문화재는 특성상 일반에 공개되어 있어 관광객들에 의한 훼손 및 화재 등 자연재난에 의해 손상 우려가 매우 높다.

특히, 목조 문화재는 대부분 육송 등으로 연소성이 강하고, 건조된 상태에 있어 어떤 화인에 의해서든 착화가 쉽고 빠른 속도로 화염이 전파될 수 있다.

나. 소화작업

목조 문화재는 일단 문화재적 보존 가치가 상실되므로 화재예방이 최우선이며 화재가 발생할 경우, 천장으로 불길이 이르기 전 초기에 진화하지 않으면 결국 문화재를 파괴하여 진화해야만 하는 특성이 있다.

특히 방화의 경우, 초기에 급속한 열방출로 소방시설이 아무리 잘 구비되어도 소방대가 도착하기 전에 이미 최성기에 도달하게 되어 화재를 진압한 후에도 문화재 원형을 훼손하기 때문에 새로이 복원이 필요하게 된다.

그러므로 방화화재를 예방하기 위해서는 사회적 불만 해소를 위한 근본적 정책이 선행되어야 하겠다.

또한 목조 문화재 화재의 경우, 진화를 위한 매뉴얼을 작성하여 숙지하고 진압에 필요한 장비 및 훈련을 필요로 하며, 외국의 문화재 보호를 위한 소방시설 등을 벤치마킹하여 도입하고 관련 법령을 개정하는 등 문화재에 적합한 시설과 제도를 만들어야한다.

숭례문 방화사건으로 본 개선대책은 다음과 같다. 즉, 적심층 연소 확대 전, 신속한 초동대응으로 화재피해의 최소화, 목조문화재 구조 및 특성에 맞는 화재진압기법 강구, 중요문화재에 대한 취약시간 대 기동순찰 등 경계활동 강화, 소방차량 진입로 확보 등 기반조성, 자체 소방력 확보 등 상시 관리체계 구축, 유관기관 합동점검 실시, 유관기관 협의체 구성운영 강화,자위소방대 편성운영 등 방화관리체제 강화 지도, 소방시설 보강 협의 및 관련 법령 개선 건의, 선진외국 문화재 관리시스템 벤치마킹 등이다.

다. 화재사례

2008년 2월 10일 20시 48분경 중구 남대문로 4가 숭례문에서 방화로 인한 화재가 발생하여 1~2층에 피해를 내고 익일 02:05분경 진화되었다. 이 불은방화용의자(채종기, 남자 '38년생)가 토지 보상에 불만을 품고 계획적으로 숭례문에 침입, 서협문쪽 2층 남측 기둥 부근 바닥에 미리 준비한 신나가 든 페트병 1.5ℓ 3병중 2병을 세워놓고 1병을 바닥에 흐를 수 있도록 옆으로 뉘이고 라이터로 방화하였다.

화재확산 경로로는 2층 바닥에 흐른 신나가 연소 촉진제로 작용하여 세워진 PET 2병을 녹여 다량의 신나를 유출시키고 연소면이 넓게 확산, 폭연되어 초기 높은 열방출율로 상층부까지 '고온의 열기둥(Plume)'을 형성하였다.

또한, 천장에 뜨거운 열기가 지속적으로 작용함으로써 열기둥의 대류 및 복사열에 의해 180℃를 전후해서 목재가 열분해 되기 시작하여 H_2, O_2, CH_4, CO, 기타 탄화수소 및 그 유도체 등의 가스가 방출되고 목재의 인화점(253℃) 및 발화점(450℃)에 도달, 가연성 가스에 착화되면서 지속적인 가연물 공급조건이 형성되었다. 그리고 천장이 연소되면서 기둥과 공포 사이, 개판의 작은 틈 등으로 지붕 내부 적심층 잔목(대팻밥, 나뭇조각 등) 및 먼지에 인화되어 훈소(불꽃 없이 연기만 발생하는 연소)되다가 천장 내부에 열이 축적되고 불꽃연소로 진행되면서 천장내부에 급격히 불길이 확산되었다.

그림 3-9 숭례문 화재사례

출처: https://ko.wikipedia.org/wiki

화재 활동상 주요 장애요인으로는 적심층은 서까래와 개판 위쪽에 위치한 두께 30cm 이상의 목재더미층으로 적심밑에 개판과 서까래가 막고 있어 고압 집중방수로도 소화수가 침투하지 못하는 구조가 되어 진압에 어려움 있었고, 기와 제거 후에도 밑에는 단단한 강회(생석회)가 12~15cm 두께로 적심 (통나무) 위에 콘크리트처럼 도포되어 있어 해머로도 파괴가 안 되었다. 또한, 건물주변 담장의 장애로 고가차, 굴절차의 특성상 일정한 각도를 유지할 수 없어 지붕 접근이 곤란하였다.

또한, 다음 그림은 2005년 4월 양양산불 당시 낙산사 화재를 나타낸 것이다.

그림 3-10 낙산사 화재사례

CHAPTER 04

도시와 환경

4.1 대기오염

4.2 수질오염

4.3 폐기물

CHAPTER 04

도시와 환경

4.1 대기오염

4.1.1 대기오염 물질

가. 입자상 물질

입자상의 물질은 일명 분진 또는 에어로졸이라 불리며, 크기는 대부분 0.1~10㎛이다. 입자상 물질은 크게 강하분진과 부유분진으로 구별된다.

① 강하분진(dust fall) : 먼지의 입경이 크기 때문에 공기 중에 떠 있지 못하고 가라앉는 분진이다. (단위:ton/km^2/month)

② 부유분진(suspended particulate) : 먼지의 입경이 작아 공기 중에 떠다니는 분진, 일명 미세먼지로도 불리고 사람의 폐포까지 침투되어 호흡기 질환을 일으키기도 한다. (단위:mg/m^3, ㎍/m^3)

나. 가스상 물질

1) 아황산가스(SO_2)

아황산가스는 황을 함유하고 있는 연료의 연소시 발생하며 물에 잘 녹으며 무색의 자극적인 냄새가 나는 불연성 가스다. 천연으로는 화산, 온천 등에 주로 존재한다. 인공적으로는 황을 함유하는 석탄, 석유 등의 화석연료가 연소할 때 배출되며, 주요 배출원은 발전소, 난방장치, 금속 제련공장, 정유공장 및 기타 산업공정 등이다.

고농도에 노출될 시 호흡기 질환을 가져올 수 있다. 고농도의 아황산가스는 옥외 활동이 많고 천식에 걸린 어른과 어린이에게 일시적으로 호흡장애를 일으킬 수 있으며, 고농도에 폭로될 경우 호흡기계 질환을 일으키고 심장혈관 질환을 악화시킨다.

또한 산성비, 건물부식, 시정감소와 같은 악영향을 줄 수 있다. 질소산화물과 함께 산성비의 주요원인 물질로 토양 등의 산성화에 영향을 미치고 바람에 의해 장거리 수송되어 다른 지역에 영향을 주며 식물의 잎맥손상 등을 일으키고 시정장애를 일으키며 각종 구조물의 부식을 촉진시킨다.

2) 일산화탄소(CO)

일산화탄소는 무색, 무취의 유독성 가스로서 연료속의 탄소성분이 불완전 연소되었을 때 발생한다. 배출원은 주로 자동차 배기가스가 차지하며, 산업공정과 비수송부문의 연료연소 그리고 산불과 같은 자연발생원 및 일반 가정에서 연탄과 화석연료의 불완전연소가 주된 오염원이다.

혈액순환 중에서 산소운반 역할을 하는 헤모글로빈을 카르복실헤모그로빈으로 변성시켜 산소의 운반기능을 저하시키며, 고농도의 일산화탄소는 유독성이 있어 치명적인 해를 입힌다.

3) 이산화질소(NO_2)

이산화질소는 적갈색의 반응성이 큰 기체로서 대기 중에서 일산화질소의 산화에 의해서 발생하며, 자동차, 산업시설 등에 사용되는 연료의 고온연소시 발생한다. 자연적으로는 토양 중의 세균에 의해 생성되기도 한다.

일산화질소(NO) 보다는 이산화질소가 인체에 더욱 큰 피해를 주는 것으로 알려져 있다. 고농도의 이산화질소에 노출되면 눈, 코 등의 점막에서 만성 기관지염, 폐렴, 폐출혈, 폐수종 등 호흡기 질환을 일으킨다. 또한 대기 중에서 휘발성유기화합물과 반응하여 오존을 생성하는 전구물질(precursor)의 역할을 하여, 오존이나 스모그 생성에 중요한 역할을 한다.

4) 미세먼지(PM-10)

미세먼지는 공기 중의 고체상태의 입자와 액적상태의 입자의 혼합물을 말한다. 미세먼지는 자동차, 산업시설 등에서 직접 발생하거나 아황산가스(SO_2)나 질소산화물(NOx)과 같은 가스 형태의 물질에 의해 대기중에서 반응하여 2차적으로 생성되기도 한다. 대도시의 스모그를 유발하는 주 원인물질이다.

미세먼지는 폐의 기관지 또는 폐포 부위에 침착되기 쉬운 크기의 입자상 물질이므로 인체에 미치는 영향이 더욱 심각한 것으로 알려져 있어 천식과 같은 호흡기계 질병을 악화시키고, 폐 기능의 저하를 초래한다. 또한 미세먼지는 시정을 악화시키고, 식물의 잎

표면에 침적되어 신진대사를 방해하며, 건축물에 퇴적되어 조각된 유적물이나 동상 등에 부식을 일으킨다.

5) 오존(O_3)

오존은 주로 자동차에서 배출되는 탄화수소와 주유소나 페인트 공장들에서 증발하는 휘발성 유기화합물(VOC)이 대기 중에서 광화학 반응을 통해 생성된다. 따라서 여름철에 가장 농도가 높고, 일최대치와 최저치의 비가 10배가 넘는 큰 일변화를 보여 오후 3~4시경에 일반적으로 농도가 가장 높아진다. 오존의 전구물질인 휘발성 유기화합물은 자동차, 화학공장, 정유공장과 같은 산업시설과 자연적 생성 등 다양한 배출원에서 발생한다.

오존은 가슴의 통증, 기침, 메스꺼움, 목 자극, 소화 등에 영향을 미치며, 기관지염, 심장질환, 폐기종 및 천식을 일으킬 수 있다. 특히 기관지 천식환자나 호흡기 질환자, 어린이, 노약자 등에게는 많은 영향을 미치므로 주의해야 할 필요가 있다.

6) 납(Pb)

납은 두통, 복통, 구토, 빈혈, 경련, 혼수, 만성 신장염, 중추신경계 장애 등을 일으킬 수 있으며, 높은 농도의 납에 중독되면 성인이나 어린이 모두 뇌와 신장이 손상되어 사망할 수도 있다. 특히 임산부는 유산을 할 수 있으며, 남성의 생식 기능도 저하된다.

7) 벤젠(C_6H_6)

벤젠은 무색 투명하며 방향성이 있는 물질로 휘발성이 강한 물질이다. 인체에 급성중독시 마취증상이 강하고 두통, 운동실조 등을 일으킨다.

4.1.2 황사와 미세먼지

가. 황사

중국과 몽골의 황사발원지에서 발생한 모래먼지의 유입으로 인한 국민건강 및 재산피해를 유발하는 재해를 말한다. 황사로 인해 1시간 평균 미세먼지(PM10) 농도 $400\mu g/m^3$ 이상이 2시간 이상 지속될 것으로 예상될 때 주의보를 발령하고, 1시간 평균 미세먼지(PM10) 농도 $800\mu g/m^3$ 이상이 2시간 이상 지속될 것으로 예상될 때 경보를 발령한다.

나. 미세먼지

미세먼지는 질산염(NO_3^-), 암모늄 이온(NH_4^+), 황산염(SO_4^{2-}) 등의 이온 성분과 탄소화합물(carbon compounds), 금속(elements) 화합물 등으로 이루어져 있다. 세계보건기구(WHO)는 미세먼지 중 디젤에서 배출되는 BC(black carbon)을 1급 발암물질로 지정한 바 있다.

미세먼지 분류

PM10

지름 10μm 이하인 먼지를 뜻한다. 거대분진이라고도 부른다. 1987년 미국에서 처음으로 환경 기준이 설정되었고, 이후 세계 여러 나라에서 대기오염의 지표로 삼고 있다.

PM2.5

지름 2.5μm 이하인 먼지를 뜻하는데 초미세먼지라고 부르며 미세분진이라고도 한다. 학문적으로 100나노미터 이하의 미세먼지를 초미세먼지(UFP, Ultrafine Particle)로 정해놓았지만, 통상적으로 2.5마이크로미터 이하의 먼지도 초미세먼지로 부르고 있다. 초미세먼지는 몸에 해로운 미세먼지라고 알려져 있는데 이유는 크기가 작아 호흡기에서 걸러지지 않고 폐포까지 도달하기 때문이다. 입자의 크기가 작을수록 건강에 미치는 영향이 크다는 연구결과에 의해 1997년 미국에서 처음으로 환경 기준이 설정되었고, 이후 여러 국가에서 PM10과 함께 대기오염의 지표가 되고 있다.

직경이 작으면 작을수록 같은 양의 분진의 표면적이 더욱 커지기 때문에 더욱 위험하다. 이를 통해 환경호르몬과 중금속이 표면에 흡착되기도 하는데 이것이 폐 속으로 직접 들어온다. 날씨가 박무(일반 안개)가 아닌 연무(스모그) 상태인데 가시거리가 짧아져 있으면 이 0.1~1μm 의 초미세먼지 때문이기도 하다.

한국은 2014년 5월부터 PM2.5에 대한 예보를 수도권에서 시범 실시하고 2015년부터 전국으로 초미세먼지 예보를 확대하였다.

다. 인체에 미치는 영향

장기간 미세먼지에 노출될 경우 면역력이 급격히 저하되어 감기, 천식, 기관지염 등의 호흡기 질환은 물론 심혈관 질환, 피부질환, 안구질환 등 각종질병에 노출될 수 있다. 특히 직경 2.5㎛ 이하의 초미세먼지는 인체 내 기관지 및 폐 깊숙한 곳까지 침투하기 쉬워 기관지, 폐 등에 붙어 각종 질환을 유발한다. (PM 2.5 환경기준 설정연구, 국립환경과학원, 2006)

폐에 흡착하는 10㎛의 미세먼지보다 지름이 4배 더 작은 것이 초미세먼지다. 지름 2.5㎛ 이하의 초미세먼지는 우리 몸 아주 깊은 곳까지 침투한다. 이들은 기관벽을 통과하여 혈관으로 흡수되며, 뇌졸중, 뇌경색이나 심장질환을 일으키는 것으로 알려져 있다. 쉽게 말해, 중금속과 화학물질 섞인 미세한 돌멩이가 뇌나 심장에 들어가 혈관을 막아 버리는 개념과 비슷하다. 이들이 혈전을 형성할 경우 부정맥과 협심증, 심근경색의 원인이 되며, 심할 경우 동맥경화, 심부전과 심장마비로 이어질 수도 있다.

세계보건기구(WHO)는 미세먼지를 폐암과 방광암의 원인으로 지목, 1군 발암물질로 지정하였다. 1군이란 연관성 의심 정도가 아니라 암을 일으키는 것이 확실한 물질로서, 철저한 연구 검증 끝에 그 위험성이 현저하다고 밝혀진 것에 붙는다.

그 이외의 인체에 미치는 영향은 아래와 같다.

- 두통과 현기증

  미세먼지로 인한 호흡 곤란으로, 또는 먼지가 체내에 유입되었을 때 두통과 현기증이 발생할 수 있다. 두통의 정도는 혈관에 잘 녹는 초미세먼지의 농도에 좌우된다.

- 피부병

  피부에 일어나는 증상으로는 여드름, 발진, 각종 먼지 알러지 등이 있다. 옷을 입어도 먼지의 입자가 매우 작아 확실히 차단되지 않으므로 민감한 피부를 가졌다면 귀가 후 샤워를 하는 것이 권장된다.

- 눈병

  아폴로 눈병 등 유행성 결막염은 미세먼지 농도가 높을 때 걸리기 쉬워진다고 알려져 있다. 그 외에도 안구건조증이 심해지는 것은 물론이고 눈물이나 눈곱이 많이 나오거나 따갑거나 자극이 느껴지기도 한다. 인공눈물을 챙겨서 틈틈이 안구세척을 하면 좀 나아진다. 렌즈 사용자라면 이 날만큼은 렌즈를 안 끼는 것도 좋다.

4.1.3 대기오염 기준

가. 환경기준

환경기준은 환경행정이 목표가 되는 기준으로 모든 제도와 조치는 모두 이 기준의 유지와 달성을 목표로 추진되고 있다. 환경기준은 환경목표로서 행정상 중요한 의미를 갖지만 배출허용기준과는 달리 그 자체가 행정상 규제대상이 되거나 법적 구속력을 갖지 않기 때문에 환경기준을 초과하더라도 국민이나 사업자가 책임을 직접 갖는 것은 아니다.

- 「환경정책기본법」에서는 생태계 또는 인간의 건강에 미치는 영향 등을 고려하여 환경기준을 별도로 설정하고 있다. 대기 환경 기준은 다음과 같다.(「환경정책기본법」 제12조, 「환경정책기본법 시행령」 제2조 및 별표).

표 4-1 대기오염물질에 대한 대기환경기준

항목	기준	측정방법
이황산가스 (SO_2)	연간평균치 0.02ppm 이하 24시간평균치 0.05ppm 이하 1시간평균치 0.15ppm 이하	자외선형광법 (Pulse U.V. Fluorescence Method)
일산화탄소 (CO)	8시간평균치 9ppm 이하 1시간평균치 25ppm 이하	비분산적외선분석법 (NonDispersive Infrared Method)
이산화질소 (NO_2)	연간평균치 0.03ppm 이하 24시간평균치 0.06ppm 이하 1시간평균치 0.10ppm 이하	화학발광법 (Chemiluminescent Method)
미세먼지 (PM−10)	연간평균치 50$\mu g/m^3$ 이하 24시간평균치 100$\mu g/m^3$ 이하	베타선흡수법 (βRay Absorption Method)
미세먼지 (PM−2.5)	연간평균치 15$\mu g/m^3$ 이하 24시간평균치 35$\mu g/m^3$ 이하	중량농도법 또는 이에 준하는 자동 측정법
오존 (O_3)	8시간평균치 0.06ppm 이하 1시간평균치 0.1ppm 이하	자외선광도법 (U.V. Photometric Method)
납 (Pb)	연간평균치 0.5$\mu g/m^3$ 이하	원자흡광광도법 (Atomic Absorption Spectrophotometry)
벤젠	연간평균치 5$\mu g/m^3$ 이하	가스크로마토그래프법 (Gas Chromatography)

※ 1시간 평균치는 999천분위수(千分位數)의 값이 그 기준을 초과해서는 안 되고, 8시간 및 24시간 평균치는 99백분위수의 값이 그 기준을 초과해서는 안 된다.

나. 대기오염물질 표준지수(PSI:Pollutants Standards Index)

다양한 오염물에 대한 총괄적인 평가를 기준으로 미국 EPA가 만들었으며, 대기질을 표현하는 사용하는 등급표시이다.

표 4-2 PSI값과 대기질 표현

PSI값	대기질 상태
0~50	양호
51~100	보통
101~199	나쁨
200~299	매우 나쁨
300이상	위험

4.2 수질오염

4.2.1 오염총관리제도

그동안 생활하수, 산업폐수 등의 배출허용기준(농도)을 정하여 관리하였으나, 도시화, 산업화 등으로 오·폐수 배출량이 많아져 개별 오염원에서 배출허용기준을 준수하더라도 하천에 유입되는 오염물질의 양이 늘어나 수질환경기준을 초과하는 등 제도적 한계에 도달하였다.

따라서, 배출농도 규제방식의 수질관리로는 4대강의 상수원 수질개선이 어려워 영산강·섬진강 수계 물관리 및 주민지원 등에 관한 법률 등 4대강 특별법 제정과 함께 오염총량관리제도를 도입하였다.

오염총량관리제도는 관리하고자 하는 하천의 목표수질을 정하고, 목표수질을 달성·유지하기 위한 수질오염물질의 허용부하량(허용총량)을 산정하여 해당유역에서 배출되는 오염물질의 부하량(배출총량)을 허용총량이하로 규제 또는 관리하는 제도이다.

오염총량관리제는 농도(C)가 아닌 부하량(L)을 지표로 관리하는 제도로 개별 오염원보다는 지역·유역을 관리하는 제도로 볼 수 있다.

그림 4-1 오염총관리제 지역

> L0(기준배출부하량) = C0(목표수질) × Q0(기준유량)
> L1 = 유역에서 배출되는 총량(배출총량)
> L2 = C0를 만족하기 위해 유역에서 배출할 수 있는 총량(허용총량)
> L3 = L1 − L2(삭감총량)
> L1(배출총량) < L2(허용총량)되게 관리

관리하고자 하는 하천 하단부에 목표수질(C0)과 기준유량(Q0)를 정하고, 유역의 환경관리상태, 개발계획 등을 고려하여 목표년도 유역에서 배출되는 오염부하량 (배출총량 L1)을 과학적 기법을 이용하여 추정하고, 목표수질을 만족하기 위해 유역에서 배출할 수 있는 오염부하량(허용총량 L2)을 수질모델링 기법을 이용하여 전문가들이 산정한다. 이 경우 L1 − L2는 목표수질을 달성하기 위해 줄여야 될 오염부하량(삭감총량 L3)이 되며, 오염총량관리제는 배출총량(L1)이 허용총량(L2)이하가 되도록 오염물질 삭감계획과 지역 개발계획을 함께 수립하는 제도이다.

표 4-3 총량관리와 농도관리의 비교

구 분	총량관리제	농도관리제
규제방식	■ 폐수중 오염물질의 총량을 규제 (오염부하량=농도×폐수량)	■ 폐수중 오염물질의 농도를 규제 (농도=오염부하량/폐수량)
환경 기준과 관계	■ 직접적 환경기준을 달성할 수 있는 허용부하량 이내로 배출오염물질의 총량을 할당 · 규제	■ 간접적 폐수배출시설에만 환경기준에 따라 3단계의 차등기준 적용
장점	■ 규제의 효과가 높음 배출되는 오염물질의 총량이 환경용량 이하로 항시 유지되므로 환경기준 준수가 보장 ■ 오염자간 형평성 유지 오염물질 다량배출량에게는 많은 부담을 소량배출자에게는 적은 부담을 줌	■ 기준설정 용이 지역별 기준농도와 업소별 동일한 기준을 적용하므로 기준설정이 용이 ■ 집행용이 및 저비용 배출량에 상관없이 농도검사만으로 기준준수 여부확인이 가능하므로 단속용이
단점	■ 허용오염총량의 설정에 어려움 오염원 및 하천현황, 환경기준(목표 수질) 등 유역정보를 바탕으로 과학적 기법을 통한 허용부하량과 오염원 허용총량을 정하여야 하나 입력정보, 모델링 기법, 허용 총량의 배분방법 등 불확실성 상존 ■ 집행의 어려움 및 고비용 허용총량 준수여부와 관리 · 감독의 어려움	■ 규제효과 미흡 오염원 밀집지대 또는 폐수 다량배출업소가 있을 경우 농도기준을 준수하더라도 오염물질의 배출총량 규제가 어려워 환경기준 준수가 곤란 ■ 오염자간 형평성 논란 배출량에 관계없이 동일 농도 기준이 적용되므로 소량의 배출사업장에게 불리

4.2.2 상수처리

가. 정수 처리공정

① 취수 : 물은 수원에서 얻어진다. 이때 나무조각, 쓰레기 등이 정수장에 유입되지 않도록 걸러진 다음 정수장으로 들어온다. 만약 수원이 지하수일 경우에는 지표면을 통해 여과되며 양질의 원수를 확보할 수 있다.

② 약품투입 : 물에 황산알루미늄 등의 응집제, 염소같은 약품이 투입된다. 이것들은 균을 죽이고 맛을 좋게 하며, 냄새를 없애고, 또한 물속의 고체들을 가라앉혀 준다. 그런 다음 물과 화학약품들이 잘 섞이게 한다.

③ 응집 : 투여된 황산알루미늄과 같은 약품이 물속의 불순물과 반응한다. 응고된 알갱이들은 또 서로 달라붙어 커다란 알갱이를 형성하게 되는데 이를 응집이라 한다.

④ 침전 : 응집된 알갱이와 물은 침전지로 흘러가서 응집된 알갱이들이 가라앉게 되고 물에서 분리된다.

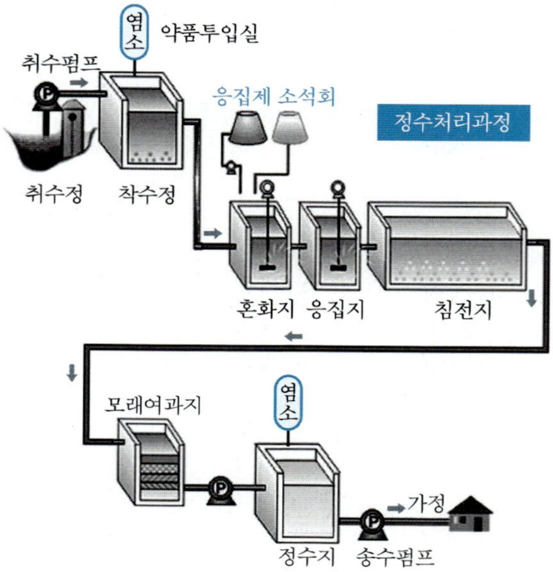

그림 4-2 **정수처리과정**

⑤ 여과 : 침전지로부터 깨끗한 물은 여과지로 흘러간다. 여과장치는 모래와 자갈층으로 구성되어 있다.

⑥ 소독 : 염소나 다른 약품들이 투여된다. 이것은 남아있는 세균을 죽이고, 사람들에게 공급되기까지 미생물 성장을 막기 위해서다. 지하수를 수원으로 하는 경우에는 소독처리만 하는 경우도 있다.

나. 혼화공정

수중에 있는 불순물중 주요 처리대상물질인 입자의 크기가 1μm에서 1nm정도의 콜로이드성분은 입자의 성상을 변화시키지 않고 직접 처리하기에는 매우 곤란하다. 왜냐하면 일반적인 하 · 폐수의 콜로이드 입자는 음의 표면전하를 가지고, 입자 간의 전기적인 반발력이 인력(반델왈스 힘)보다 훨씬 크다. 입자 크기도 매우 작으며, 브라운 운동으로 미세한 입자들은 부유상태를 유지한다.

또한 비슷한 범위 내에 있는 부유물질(1μm 전후), 천연의 색도성분(1μm 미만), 바이러스(수십nm), 세균류(1~10μm), 조류(1μm ~ 수십μm)등은 대부분 콜로이드의 영역에 분포하고 있다. 이들을 효과적으로 침전, 여과에 의해 제거하기 위해서는 침전, 여과지 유입 전에 인위적으로 입자의 크기를 성장시키는 과정이 필요하다.

혼화공정이란 수중에서 음의 전하를 띄고 안정된 부유상태를 유지하고 있는 콜로이드 등의 미세한 입자를 제거하기 위해 양의 전하를 띈 응집제와 접촉시켜 입자간의 결합을 가능하게 하는 과정이다.

다. 응집공정

응집공정은 혼화공정에서 급속교반을 통해 불안정화된 미세floc들을 완속교반(gentle mixing)을 통해 입자 간에 접촉을 통해 floc을 크게 성장시키는 공정이다. 응집은 입자끼리 전기적 반발력을 이기고 서로 충돌하여 하나로 됨으로써 입자가 성장하여 안정된 콜로이드 계가 불안정(응집, 침전된다는 뜻)화 되는 것을 말한다.

라. 무기 응집제

- Alum

Alumsulfate이나 흔히 'alum'이라 부른다. '황산반토'로 쓰기도 한다. 물속에서 수산화 알루미늄 침전물이 형성되는데 그 반응식은 다음과 같다. 이때 침전물의 분자식은 $2Al(OH)_3$가 된다.

$$Al_2(SO_4)_3 18H_2O \Rightarrow 2Al(OH)_3 + 18H_2O$$

Alum은 산으로 먼저 알칼리도(Alkalinity)를 소모한다. 알칼리도는 산에 저항하는 정도로 탄산칼슘($CaCO_3$) 농도 환산값으로 표시된다. 알칼리도는 보통 pH에서는 중탄산(HCO_3^-)농도에 따른 값이다. 중탄산(HCO_3^-)은 $OH^- + CO_2$로 생각할 수 있다.
알칼리도의 소모를 고려하면 반응식은 아래와 같다.

$$Al_2(SO_4)_3 18H_2O + 6HCO_3^- \Rightarrow 2Al(OH)_3 + 3CO_2 + 3SO_4^{-2} + 18H_2O$$

Alum내의 물분자는 생략해 나타낼 수 있지만 분자량 계산에서는 물분자를 포함하여 666.5로 계산하여야 한다. 수중의 수소 양이온과 황산기의 반응을 고려하면

$$Al_2(SO_4)_3 + 3HCO_3^- + 3H+ \Rightarrow 2Al(OH)_3 + 3CO_2 + 3H_2SO_4$$

따라서 Alum 1 mg/L 당 필요한 알칼리도는 아래와 같다.

$$\frac{3CaCO_3}{Al_2(SO_4)3 \cdot 18H_2O} = \frac{3 \times 100}{666.5} = 0.45(mg/\ell) \qquad (4\text{-}1)$$

(알칼리도는 $CaCO_3$ 환산값이므로 분자를 $CaCO_3$로 쓴 것이다.)
여기서 알칼리도가 부족하면 탄산칼슘($Ca(OH)_2$) 등으로 알칼리도를 보충해야 한다.

이 경우 반응은 아래와 같다.

$$Al_2(SO_4)_3 18H_2O + 3Ca(OH)_2 \Rightarrow 2Al(OH)_3 + 3CaSO_4 + 18H_2O$$

하 · 폐수에서는 알칼리도가 충분하나 정수처리에서는 부족할 수가 있다.

- 황산제1철

녹반(Copperas)으로 불리는 황산제1철은 대부분의 경우에 석회($Ca(OH)_2$)와 같이 사용된다. 알루미늄 응집제는 정수처리에 주로 사용되나 철염 응집제는 주로 하 · 폐수처리에 많이 이용된다.

$$FeSO_4 7H_2O + Ca(HCO_3)_2 \Rightarrow CaSO_4 + Fe(HCO_3)_2 + 7H_2O$$

$(HCO_3^-)_2$ 는 (OH−) 2개와 CO_2 2개이다.

$$Fe(HCO_3^-)_2 + 2Ca(OH)_2 \Rightarrow Fe(OH)_2 + 2CaCO_3 + 2H_2O$$

수산화제1철은 pH 7 이상이면 용존산소에 의해 쉽게 산화되어 불용성 수산화제2철($Fe(OH)_3$)로 되어 침전된다.

$$4Fe(OH)_2 + O_2 + 2H_2O \Rightarrow 4Fe(OH)_3$$

용존산소가 부족하거나 pH 9.5 이상이면 Fe_2^+(제1철)가 물에 다량으로 잔류 된다. 또한 과잉의 석회를 사용하므로 관로 등에 침전하여 문제가 될 수 있다.

- 황산제2철

액체는 부식성이 크며 건조상태에서는 부식성이 없다. 물속의 알칼리도와 반응하여 불용성의 수산화제2철을 만든다.

$$Fe_2(SO_4)3 + 3Ca(HCO3-)_2 \Rightarrow 2Fe(OH)3 + 3CaSO_4 + 6CO_2$$

석회를 주입하여 반응하면 다음과 같다.

$$Fe_2(SO_4)_3 + 3Ca(OH)_2 \Rightarrow 2Fe(OH)_3 + 3CaSO_4$$

floc 생성과 침전 시간이 Alum에 비해 빠르다. 적적 pH는 5~11 로 'Alum'에 비해 넓다.

마. 침전공정

침전(sedimentation)공정은 정수처리에 있어 처리수내 탁질제거를 위한 단위공정중 부상(floatation)공정에 대응하는 방법으로서 혼화/응집공정을 통해 양호하게 생성된 floc을 중력에 의해 고액분리시키는 단위 조작이다. 침전공정은 정수약품을 첨가하지 않은 탁질제

입자의 침강속도 (Settling Velocity, vs)

$v_s = [g \times (\rho_s - \rho_w) \times ds^2]/18 \times \mu$

v_s : 침강속도, g : 중력가속도, ρ_s, ρ_w : 수중입자 및 물의 밀도,

ds : 입자의 직경, μ : 물의 점성계수)

표면부하율 (vo, Surface Loading Rate, Overflow Rate)

$v_o = Q/(B \times L)$

Q : 처리수량, B×L : 지의표면적

※ 표면부하율의 물리적 의미 : 침전지내 유입된 입자의 한계침강속도(critical settling velocity)를 나타내는 것으로서 침전지의 규모를 결정하는 주요설계인자임

- 침강속도 > 표면부하율(한계침강속도) : 지내 완전히 제거
- 침강속도 < 표면부하율(한계침강속도) : 부분적으로 제거

침전효율(E) = v_s/v_o(입자의 침강속도 / 표면부하율) = $v_s \times (B \times L)/Q$

※ 침전효율상승법 : 입자의 침강속도를 크게, 표면부하율을 작게

거를 위한 보통침전(침사지)방법과 정수약품을 주입하여 인위적으로 입자의 크기를 크고 무겁게 하여 고액분리시키는 약품친전으로 분류되며 이를 분류하기 위한 기준은 부유물질의 입경 및 비중등에 따라 분류된다. 정수처리에 있어 혼화/응집공정의 최적화를 통한 침전효율향상을 위한 각별한 노력이 필요하다.

바. 여과공정

정수처리공정 중 여과공정은 수중의 현탁물질, 세균 및 유·무기물질등을 입자상의 재료를 이용하여 물을 통과시켜 여재표면에 부착시키거나 여층의 체거름작용 등에 의하여 수중의 탁질의 제거를 기대하는 공정이다. 그리고 정수처리 전체공정 중 탁질제거를 위해 도입되는 마지막 공정으로서 양질의 정수생산을 위한 여과공정 자체의 역할 및 중요성은 지대하다 하겠다. 여과공정에서 도입되는 여과지 형식은 원수수질은 물론 전처리방식 그리고 유지관리능력 및 경제성 등을 종합적으로 검토하여 최적방식이 도입되어야 하며, 그 도입되는 형식 또한 다양한 분류방법에 따라 여러 가지 이름으로 불리어 지며 내부 탁질제거 매커니즘은 물론 각종 설계 및 운영인자 또한 정수처리 전체시설중 상대적으로 매우 복잡한 공정이라 하겠다.

여과속도에 의한 분류

① 완속여과 : 여과속도가 4~5m/일(상수도시설기준)인 여과방식으로, 유효경은 0.3~0.45mm의 가는 모래를 여재로 사용하며 깊이는 70~90cm를 사용하는 여과방식

② 급속여과 : 낮은 여과속도를 가진 완속여과방식의 단점을 극복하는 수단으로 도입된 방식으로, 여과속도가 120m/일 이상인 경우를 말하며, 완속여과방식의 여과사보다 굵은 여재를 사용하며, 여과에 의해 탁 질이 쌓여서 여과속도가 떨어지면 여과흐름의 역방향으로 물(공 와 조합)로서 여과지를 세척하는 구조를 가진 여과방식

사. 소독공정

수돗물은 병원생물에 오염되지 않고 위생적으로 안전하여야 한다. 일반적인 정수처리방법인 침전, 여과방법으로는 수중의 세균을 완전히 제거하기가 불가능하고 또한 배수계통에서 위생상의 안전을 유지하기 위하여 수돗물은 항상 확실하게 소독되어야 한다.

따라서 정수시설에서는 정수방법의 종류나 시설규모의 대소에 불구하고 소독설비를 설치하여야 하며, 소독방법으로는 염소, 클로라민, 이산화염소, 오존등에 의한 것이 있으나 수도법에 규정하는 급수전수에서의 잔류염소조건을 만족시키기 위해 통상적으로 염소를 사용하고 있다.

수중의 염소반응 (HOCl ➡ OCl)

$$Cl_2 + H_2O \Rightarrow HOCl + H^+ + Cl^-$$

$$HOCl \Rightarrow OCl^- + H^+$$

현재 우리나라의 정수처리기준은 “정수처리를 통해 바이러스 99.99% 이상, 지아디아 포낭 99.9% 이상 및 크립토스포리디움 난포낭 99% 이상 제거”를 목표로 하고 있다.

먹는물 수질기준은 수돗물에 함유되어서는 안 되는 여러 가지 물질들(병원성 미생물, 건강유해 무기물질 및 유기물질, 심미적 영향물질 등 - 수도법 제26조)에 대해, 사람의 건강보호 측면에서 허용할 수 있는 최대농도를 정한 것이다(먹는물 수질기준 및 검사등에 관한 규칙 제2조 별표1). 즉 “일반세균은 1mL 중 100CFU(Colony Forming Unit)를 넘지 아니할 것”이나 “총대장균군은 100mL에서 검출되지 아니할 것”과 같이 표현된다.

그러나 정수처리기준은 “수돗물 1리터에 바이러스 몇 개 이하”의 방식으로 규제하는 대신 “취수지점에서 정수지 유출부까지 바이러스를 99.99% 이상 제거하거나 불활성화할 것”과 같이 정수장수질관리의 목표를 설정한 뒤, 그 달성을 위해 여과 및 소독시설 운영에서

반드시 준수해야 하는 기준을 제시한다. 따라서 수도사업자는 수돗물 중의 바이러스를 검사하지 않아도 정수처리기준을 준수한 경우 해당 수돗물이 바이러스로부터 안전하다는 법적인 보증을 받게 되는 것이다.

■ 염소공정의 적용

· 전염소 및 후염소처리공정

정수장에서 염소는 정수처리공정의 여러 단계에서 주입되는데, 주입지점에 따라 전염소처리와 후염소처리로 나눌 수 있다. 전염소처리는 혼화지나 원수가 유입되는 구조물에서 주입한다. 전염소처리의 목적은 원수중의 염소요구량 만족, 조류의 사멸, 암모니아성 질소의 제거, 철 및 망간의 산화, 맛 및 냄새물질의 제거 등으로 응집, 침전공정 전에 주입한다. 전염소처리는 염소가 유기물질과 접촉시간이 연장되므로 트리할로메탄과 같은 소독부산물 생성에 주의하여야 한다.

후염소처리는 수인성미생물의 살균을 목적으로 급수전단계인 정수지에 투입한다. 후염소처리는 정수처리공정의 마지막 단계로서 일정농도의 잔류염소를 유지하도록 하여야 한다. 소독력은 유리염소가 더 강하지만 잔류성에 있어서는 결합염소가 우수하다.

아래 그림 4-3은 일반적인 정수처리공정에서 전염소 및 후염소처리시의 주입지점을 나타내었다.

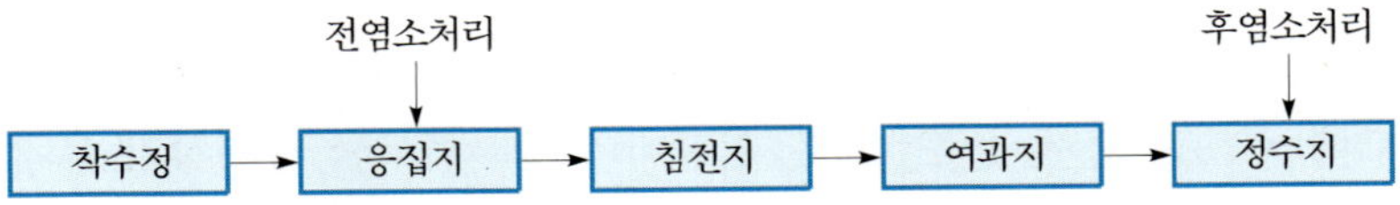

그림 4-3 **전염소와 후염소처리의 염소주입지점**

수중에 암모니아, 아민류, 아민산류의 화합물이 존재하면 유리염소는 이들과 반응하여 다음과 같이 3가지 형태의 클로라민(Chloramine)을 생성한다.

이러한 반응은 단계적으로 진행되며 수온, pH, 접촉시간, 초기 암모니아와 염소의 비율에 따라 다르다.

$$HOCl + NH_3 \Rightarrow NH_2Cl\text{(monochloramine)} + H_2O$$

$$NH_2Cl + HOCl \Rightarrow NHCl_2\text{(dichloramine)} + H_2O$$

$$NHCl_2 + HOCl \Rightarrow NCl_3\text{(trichloramine)} + H_2O$$

일반적으로 과염소처리는 10~50 mg/L의 염소를 투입하는 것으로 높은 농도의 암모니아를 포함하는 물을 처리할 목적으로 적용을 하고 있으나, 소독부산물의 생성을 신중히 고려하여야 한다. NH_2Cl은 염소투입량이 수중의 암모니아량의 5배까지 일 때 주로 생성되는 물질이고 염소투입량이 5~9배일 때에는 $NHCl_2$이 생성된다.

4.2.3 하수처리

가. 하수처리의 기초

하수의 주된 발생지는 주거지, 기관, 상업시설, 산업시설 등이다. 발생된 하수는 발생현장과 근접한 곳에서 처리되거나, 하수관망 등을 거쳐 하수처리시설에서 일괄 처리된다. 반면 산업계 폐수는 특수처리공정을 실시해야 한다.

일반적으로 하수처리는 1차, 2차, 3차 처리공정을 거친다. 1차 처리에서는 모래 등을 비롯하여 기타 침전이 가능한 고형물을 제거한다. 1차 처리는 주로 여과와 침전이라는 물리적 방법으로 이루어진다. 2차 처리는 하수 내 유기성분(BOD)을 처리한다. 이 단계에서는 미생물을 적극적으로 활용한다. 미생물을 이용한 생물처리공정은 유기오염물질을 제거하거나 감소시키는 데 효율적인 방법이다. 이 같은 정화 과정에서는 토착세균(Indigenous bacteria) 및 수인성 세균을 사용함으로써 용존유기물질(DOC)이 점차 고형물로 변환된다. 2차처리를 위해 다양한 방법이 활용되고 있지만 표준활성슬러지(Conventional activated sludge, CAS)를 이용한 방법이 가장 일반적으로 적용된다. 표준활성슬러지 시설에서는 다양한 메커니즘과 공정을 통해 용존산소를 활용하여 생물플록을 증가시켜 유기물질을 현저히 제거하며 입자상 물질도 포획한다.

생활하수처리시설 처리공정은 흡착성분의 제거, 유기성분의 호기분리, 하 · 폐수에서 탈질 · 탈인 등에 특히 초점을 맞추고 있다. 일단 슬러지가 형성되면 점차 농축되고 이는 다시 소화조로 옮겨져 혐기성 분해 과정을 거쳐 바이오가스를 생산하게 된다. 이렇게 생산된 바이오가스는 하 · 폐수처리시설의 정화공정을 거쳐 에너지원으로 재사용하는데, 하 · 폐수처리시설에 필요한 총 에너지의 약 25~35%를 공급할 수 있게 된다.

물의 오염을 나타내는 지표로는 생물학적 산소요구량이 널리 알려져 있지만 그밖에도 여러 가지가 있다. 그 중 용존산소(DO), 생물화학적 산소요구량(BOD), 화학적 산소요구량(COD)의 특징과 상호연관성에 대해 설명한다.

- DO : 용존산소, 수질평가 지표의 하나로 수중 유리산소의 양
- BOD : 생물화학적 산소 요구량(Biochemical Oxygen Demand)
  미생물은 산소를 이용해 유기물을 산화해 발생하는 에너지를 생존 에너지로 사용
- COD : 화학적 산소요구량 (Chemical Oxygen Demand)
  물속에 존재하는 유기물을 화학적으로 산화시키는데 필요한 산소의 양

나. 용존산소

물 속에 녹아 있는 분자 상태의 산소농도를 용존산소 (DO:Dissolved Oxygen)라 한다. 용존산소의 양은 수온, 기압, 기타 조건에 따라 달라지며 수온이 높아지면 그 양이 적어지고 공기 중에 산소가 많아지면 증가한다. 하천 상류의 깨끗한 물에서는 거의 포화에 가까운 정도의 용존산소가 들어 있으나 유기 오염물이 유입되면 호기성 미생물의 산소 소모로 수중의 산소농도가 감소하면서 극단적으로 용존산소가 고갈되면 물은 썩게 된다. 용존산소가 2ppm 이상이면 냄새가 나지 않으며 물고기가 살 수 있는 수준은 4ppm 이상이다. 용존산소 값이 높은 물이 양호한 상태의 물이라 할 수 있다.

다. 생물화학적 산소요구량

수중에서 미생물에 의해 유기물질이 호기성 분해가 되면 용존산소가 소모된다. 일반적으로 폐수 내에 존재하는 유기물의 종류는 대단히 많고 각 유기물의 농도를 일일이 구하기가 대단히 어려워 폐수 내유기물질의 종류를 분석하지 않고 호기성 미생물로 합성 또는 산화시키는 데 필요한 산소량을 측정하여 유기물의 양을 간접적으로 측정할 수 있다. 유기물질이 유입되면 물속에 서식하는 미생물은 용존산소를 소모하므로 유입된 유기물의 양이나 종류를 측정하는 것보다 용존산소소비량을 측정하는 것이 훨씬 용이하다.

이런 특성을 이용한 것이 생물화학적 산소요구량(BOD: Biochemical Oxygen Demand)으로, 수중의 용존 유기물이 미생물에 의하여 호기성상태에서 분해하여 안정화시키는 데 요구되는 산소량을 말한다. 생물화학적 산소요구량이 높으면 유기물의 오염도가 높음을 의미한다. 생물화학적 산소요구량은 유기물의 양을 간접적으로 나타내는 기준이 되고, 하천이나 하수, 공장 폐수 등의 오염 농도를 나타내는 데 쓰인다. 만일 산소 소모 속도가 물속으로 녹아 들어가는 속도보다 빠르면 물은 산소농도가 낮은 혐기성 상태가 된다. 혐기성 상태에서는 물고기의 개체수가 감소하고 부패하여 휘발성 물질이 생성된다. 유기 물질의분해속도와 산소의 소모속도는 생물화학적 산소 요구량 측정으로 나타낼 수 있다. BOD가

5ppm 이상이면 하천은 자기정화 능력을 잃으며, 10ppm을 넘으면 나쁜 냄새를 풍기며 시궁창 하천이 된다.

생물화학적 산소요구량은 20℃에서 5일간 배양했을 때 배양기간 동안 소모된 산소의 양을 측정하며 그 값을 통상 BOD 또는 BOD_5라고 한다. BOD 측정 결과를 보면 유기물 이미 생물에 의해서 분해 섭취되므로 산소소비량은 시간에 따라 증가하며 7~10일 후에는 탄소화합물에 의한 NOD 이외에 질소화합물의 산화 즉, 질산화가 발생하는데 이를 질소 BOD 또는 NOD(Nitrogenous Oxygen Demand)라고 부르며, BOD5 시험에서 BOD 병 내에 질산화를 일으키는 미생물이 존재하면 탄소화합물에 의한 BOD보다 높게 나타나고 도시 하수의 경우에는 질산화가 잘 일어나지 않으나 처리된 폐수에서는 질산화가 일어나는 경우가 있다.

■ BOD의 구분

① C-BOD(Carbonaceous BOD, 1단계 BOD) : 탄소화합물을 호기성 조건에서 미생물에 의해 분해시키는데 필요한 산소량

- 반응식 · 탄수화물 + O_2 ➡ CO_2 + H_2O
  · 단백질 + O_2 ➡ CO_2 + H_2O + NH_4^+

② N-BOD(Nitrogeneous BOD) : 질소화합물을 호기성 조건에서 미생물에 의해 분해시키는데 필요한 산소량

- 반응식 · $2NH_4^+ + 3O_2$ ➡ $2NO_2^- + 2H_2O + 4H^+$
  · $2NO_2^- + O_2$ ➡ $2NO_3^-$

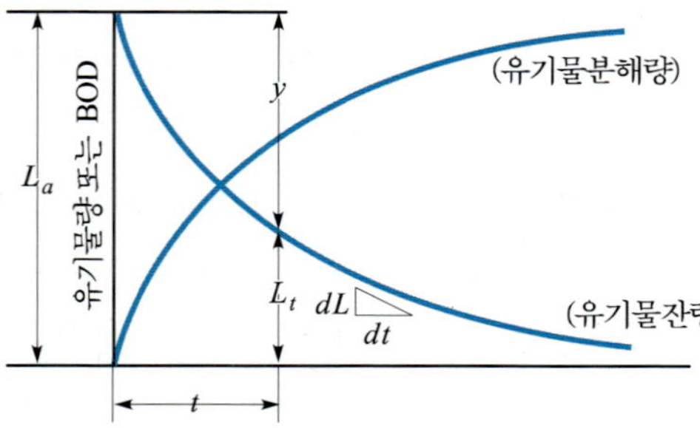

그림 4-4 호기성 조건하에서 유기물의 분해

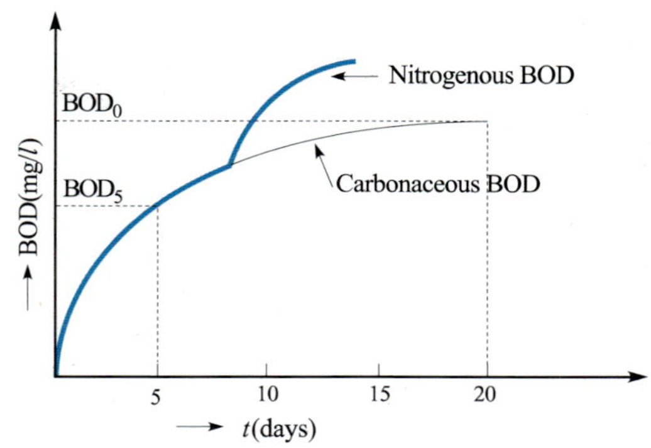

그림 4-5 BOD곡선

■ BOD 감소

BOD 반응은 일차반응이며 반응속도는 최소한의 미생물이 존재한다면 남아 있는 유기물의 양에 비례한다. 따라서 반응속도는 미생물에 유용한 유기물의 양에 따라 조절되는데 일반적으로 유기물의 제2단계 산화가 일어나기 전에 하수가 바다에 유입해 버리므로 제1단계 BOD값이 일차반응으로 표시된다.

$$-\frac{dC}{dt} \propto C \text{ 또는 } -\frac{dC}{dt} = KC \qquad (4\text{-}1)$$

여기서, $C = t$시간 후의 유기물질농도

$K =$ 반응속도 상수

위 식에서 보면 먹이농도 C(유기물)가 감소함에 따라 반응속도가 점차적으로 감소한다는 것을 알 수 있다. BOD에 있어서는 C대신 L을 사용하여 나타내면

$$-\frac{dL}{dt} = KL \rightarrow \frac{dL}{dt} = -KL \rightarrow \frac{dL}{L} = -Kdt \qquad (4\text{-}2)$$

위 식을 적분하면

$$\int_{L_0}^{L} \frac{dL}{L} = -K\int_0^t dt$$

$$[\ln L]_{L_0}^{L} = -K[t]_0^t$$

$$\ln L - \ln L_0 = -K(t-0)$$

$$\ln \frac{L}{L_0} = -Kt$$

$$L = L_0 e^{-Kt} \qquad (4\text{-}3)$$

여기서, L : t일 후 잔존BOD(remaining BOD)

L_0 : 최초의 전 BOD

최종 BOD(ultimate BOD : BOD)

최종 산소요구량(UOD : ultimate oxygendemand)

K : 탈산소계수(BOD감소속도정수)(day^{-1})

t : 분해기간(day)

BOD일차반응을 도시하면

그림 4-6에서 보면

$E = L_0 - L$ 관계가 성립되고

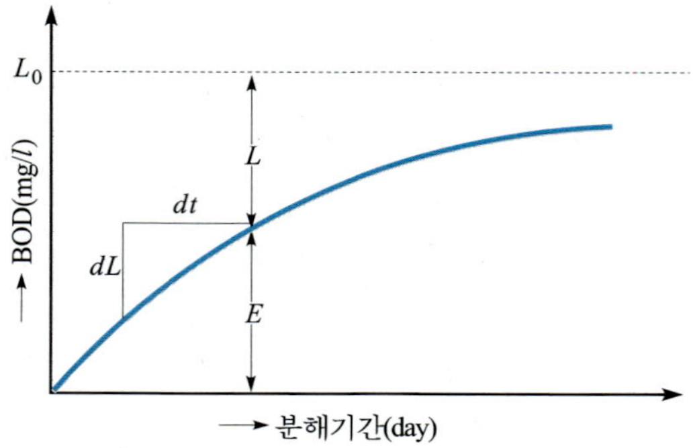

그림 4-6 BOD 1차 반응 곡선

식 (4-3)을 대입하면

$$E = L_0 - L_0 e^{-K_t}$$

$$E = L_0(1 - e^{-K_t}) \quad (4\text{-}4)$$

식 (4-3), (4-4)에서 L을 L_t로 표시하고 L_0를 L_a로 표현하는 경우

식 (4-3) $\rightarrow L_t = L_a e^{-K_t}$ (4-5)

식 (4-4) $\rightarrow E = L_a(1 - e^{-k_t})$ (4-6)

식 (4-5), (4-6)을 상용대수로 표현하면

식 (4-5) $\rightarrow L_t = L_a 10^{-K_1 t}$ (4-7)

식 (4-6) $\rightarrow y = L_a(1 - 10^{-k_1 t})$ (4-8)

여기서 y는 t일 동안(분해)된 BOD이다.

- BOD와 DO의 관계
  ① DO 측정을 통해 BOD 값을 계산
  ② 하천에서의 DO와 BOD 관계는 streeter-phelps 공식에 의한 DO sag curve로 구함
    · 하천에서 BOD 물질이 유입되고 재포기가 일어나면 물의 흐름에 따라 DO 부족량의 단면도는 스푼 모양을 이루는데 이 곡선을 DO 부족곡선(DO sag curve) 또는 산소수하곡선이라 함.
    산소부족량(oxygen deficit)이란 주어진 수온에서 포화산소량과 실제 용존산소량간의 차이를 말한다.

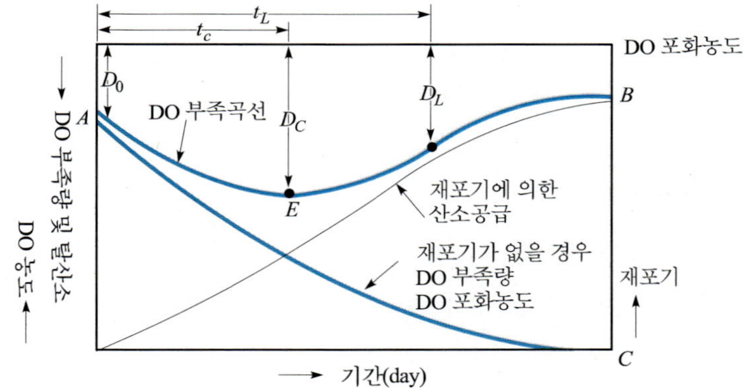

그림 4-7 DO 부족곡선

E : 임계점(critical point)

F : 변곡점(point of inflection)

D_0 : 초기($t=0$일 때) DO 부족량(Inicial deficit)

D_c : 임계부족량(critical deficit)

D_L : 변곡점에서의 DO 부족량(Inflection deficit)

t_c : 임계시간(critical time)

t_L : 변곡점까지의 시간(Inflection time)

$A-C$: 탈산소곡선

$D-B$: 재포기곡선

시간 t에서 대기로부터 수중으로의 산소용해율은 수온, 산소부족량, 수면교란상태, 불순물의 농도에 따라 변하므로 다음과 같이 미분방정식으로 쓸 수 있다.

$$\frac{dD}{dt} = -K_2{}'D_t \tag{4-9}$$

여기서는 D_t는 시간 t에서의 산소부족량, $K_2{}'$는 재포기계수이다.

위 식을 $t=0$일 때, $D_t = D_0$라 하여 적분하면

$$\ln\frac{D_t}{D_0} = -K_2{}'D_t$$

$$D_t = D_0 \cdot e^{-K_2{}' \cdot t} \tag{4-10}$$

다시 자연대수를 상용대수로 표현하고 $K_2 = 0.434K_2{}'$를 사용하면

$$D_t = D_0 \cdot 10^{-K_2' \cdot t} \qquad (4\text{-}11)$$

여기서, D_t = 시간 t일 때 산소부족량(mg/l)

t = 시간(일)

K_2 = 재포기계수

D_0 = 초기 DO 부족량(mg/l)

K는 주로 수심의 함수이고 수온, 유속, 하천의 교란상태 등에 의해 영향을 받으며 20℃에서 유속이 빠른 하천의 경우 0.5까지, 유속이 낮은 큰 하천의 경우에는 0.15~0.20, 흐름이 없는 호수에서는 0.05에 이르는 것을 볼 수 있다. 한편 최종 BOD는 온도에 따라 다음과 같이 보정한다.

$$L_T = L_{20}(0.02T + 0.6) \qquad (4\text{-}12)$$

여기서, L_T = T℃ 때 최종 BOD

L_{20} = 20 ℃ 때 최종 BOD

어떤 하천중의 BOD량을 L, 탈산소(deoxygenation)계수를 K_1, 재포기(reaeration)계수를 K_2라 하여 산소부족량을 써보면

$$\frac{dD_t}{dt} = K_1'L = K_2'D_t \qquad (4\text{-}13)$$

위 식을 적분하면

$$D_t = \frac{k_1'L_0}{K_2' - K_1'}(e^{-K_1' \cdot t} - e^{K_2' \cdot t}) + D_0 e^{K_2' \cdot t} \qquad (4\text{-}14)$$

$K_1 = 0.434K_1'$, $K_2 = 0.434K_2'$ 를 사용하고 상용대수로 고치면

$$D_t = \frac{K_1L_0}{K_2 - K_1}(10^{-K_1t} - 10^{-K_2t}) + D_0 10$$

위의 공식을 사용하면 하천에 오염물이 유입시 하류 여러 지점에서 다음 사항을 알 때 t일 후의 DO부족량 또는 DO량을 계산상으로 증명할 수 있다.

1. 수온
2. 상류에서의 DO량 및 BOD(D_0 및 L_0)
3. 하천의 탈산소계수(K_1)
4. 하천의 재포기계수(K_1)

여기서 1, 2의 측정은 쉽고 K_1 값은 하루에 따라 여러지점의 BOD를 측정하여 $L_t = L_0, 10^{-k_1 t}$ 식에 의해 구할 수 있다.

K_1과 K_2의 온도보정은

$$K_1(t) = K_1(20) \times 1.047^{t-20} \quad (4\text{-}15)$$

$$K_2(t) = K_2(20) \times 1.018^{t-20} \quad (4\text{-}16)$$

여기서는 t는 ℃로 표시한 수온이다.

용존산소곡선(oxygen sag curve)에서 DO가 가장 낮은 점인 임계점의 좌표계산은 대단히 중요하다. 임계시간 t_c는 DO 곡선식 D_t를 미분한 값 $\frac{dD_t}{dt}$를 0으로 놓아서 계산할 수 있다.

$$\frac{dD_t}{dt} = 0 \text{ 에서 } t_c = 1\frac{1}{K_2 - K_1} log \frac{K_2}{K_1}[1 - \frac{D_0(K_2 - K_1)}{L_0 K_1}] \quad (4\text{-}17)$$

라. 화학적 산소요구량

화학적 산소요구량(COD: Chemical Oxygen Demand)은 물 속의 피산화성 물질을 산화제인 중크롬산칼륨 또는 과망간산칼륨을 이용하여 화학적으로 산화시킬 때 소비되는 산소량을 나타낸다.

COD는 BOD와 더불어 폐수의 유기물 함유도를 간접적으로 나타내는 중요한 지표로 COD는 유기물을 화학적으로 산화시킬 때 얼마만큼의 산소가 소모되는가를 측정한다. 공정시험법에 의하면 산화제를 일정 과잉량 가하여 일정 시간 동안 방치하여 두었다가 소비된 산화제의 양을 산소로 환산하여 COD를 측정한다.

폐수의 COD가 BOD보다 크면 폐수 내에 생물화학적으로 분해가 안되는 물질을 함유하고 있거나 미생물에 독성을 끼치는 물질을 함유하고 있다는 것을 의미하며, BOD가 COD보다 크면 BOD 측정 중에 질산화가 발생하였거나 폐수 내에 COD 측정 방해물질이 함유되어 있음을 의미한다. 산화제 중 중크롬산칼륨은 유기물의 약 80%를 분해하고 과망간산칼륨은 약 60%를 분해하여 COD를 표시한다. 일반적으로 하천이나 도시 하천은 BOD 값이 사용되며, 공장폐수나 해수 등의 오염지표로는 COD 값이 많이 사용된다. 호소에서 BOD 대신 COD를 측정하는 이유는 호소에서는 조류에 의해 BOD측정에 오차가 발생하기 쉬우며, 조류자체도 생체량으로서 유기물량에 포함시키기 위해서다. 또한 해역에서도 COD를 측정하는데 BOD로 측정시 적조에 의해 영향을 받으며, 염도 또한 BOD측정에 영향을 주기 때문이다.

마. 하수처리 공법

(1) 표준활성슬러지공법(Activated Sludge Process)

하수처리장에서 가장 많이 채택되고 있는 처리공법이며, 처리장 건설비, 운전방법, 처리수질 등을 고려할 때 중규모 이상의 하수처리장에 적합하다. 처리계통은 1차침전지, 포기조, 2차침전지, 슬러지 반송시설로 구성된다. 하수는 1차침전지에서 고형물이 제거된 후 반송슬러지와 함께 포기조로 투입한다. 포기조에서 용해성 유기물질이 활성슬러지에 의하여 분해 제거되며, 2차침전지에서 고액분리되어 침전된 슬러지는 반송슬러지로서 다시 반응조에 이송되어 미생물처리에 사용되며 일부는 잉여슬러지로 배출된다.

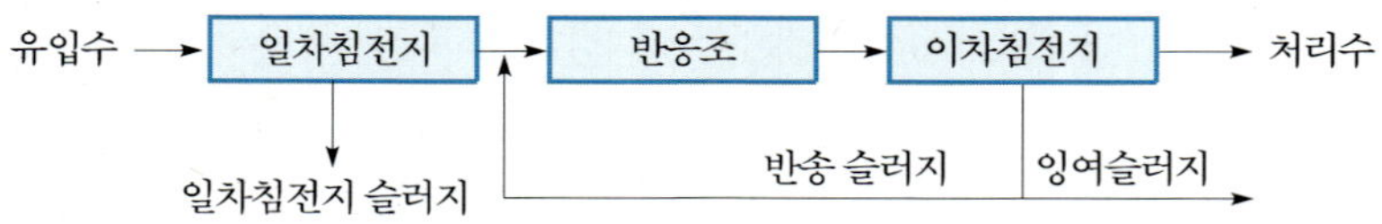

그림 4-8 **표준활성슬러지공법의 처리계통도**

4.3 폐기물

"폐기물"이란 쓰레기, 연소재, 오니, 폐유, 폐산, 폐알칼리 및 동물의 사체 등으로서 사람의 생활이나 사업 활동에 필요하지 아니하게 된 물질을 말한다.

4.3.1 폐기물

가. 생활폐기물

일상생활 중 그 사용 용도를 다하여 더 이상 역할을 하지 못하는 물질을 배출하게 되는데 이를 생활폐기물이라고 한다. 생활폐기물은 종량제 수거용 봉투를 이용하여 배출하게 되며, 이중 음식물쓰레기는 직매립이 금지되어 별도 배출하게 되어 있으며, 대형폐기물도 생활계 폐기물에 속한다.

나. 사업장폐기물

건축 폐기물 또는 산업폐기물으로도 불리는 사람의 경제활동 중 발생 되는 폐기물을 통상적으로 사업장폐기물이라고 한다. 사업장폐기물은 재활용이 가능한 품목을 제외하고 매립, 소각, 중간처리 등과 같은 처리를 하게 된다. 이중 큰 비중을 차지하고 있는 부분이 건설폐기물인데 이 건설폐기물은 신축건설공사, 재개 발등의 해체 공사, 도로확장 및 포장 등의 관급공사로 크게 나뉜다.

다. 지정폐기물

사업장폐기물 중 폐유, 폐산 등 주변 환경을 오염시킬 수 있거나 의료폐기물 등이 해당된다. 지정폐기물은 「폐기물관리법 시행령」 제3조에 따라 지정하고 있다. 부식성 폐기물, 유해물질함유 폐기물, 폐 유기용제, 폐유, 폐석면, 폐 유독물질, 의료폐기물이 이에 해당한다.

라. 의료폐기물

의료폐기물은 보건 · 의료기관, 동물병원, 시험 · 검사기관 등에서 배출되는 폐기물 중 사람에게 감염이나 위해를 줄 우려가 있는 해로운 물질이 해당된다. 의료폐기물은 격리 의료폐기물, 위해 의료폐기물, 일반 의료폐기물로 나뉜다.

마. 방사성폐기물

핵에너지를 사용하는 과정에서 발생하는 불필요한 방사성물질로서, 원자력시설이나 방사성물질을 다루는 작업장 또는 실험실에서 나오는 폐기물, 핵분열생성물, 냉각수, 냉각가스 등의 누출물뿐 아니라 실험이나 작업에 사용된 공구, 헝겊, 종이, 세척수 등이 방사성폐기물로 간주된다. 방사성 폐기물은 방사능 준위에 따라 고준위 방사성폐기물과 저준위 방사성폐기물로 구분할 수 있다. 고준위 방사성폐기물은 핵연료로 사용하고 난 후의 핵연료와 이것의 재처리과정에서 나오는 폐기물로 95% 이상을 재활용할 수 있기 때문에 폐기물로 간주하지는 않는다. 현행 폐기물관리법에서는 원자력발전소에서 발생되는 고준위, 저준위 폐기물은 해당되지 않으며, 병원 등에서 사용하는 방사성폐기물에 관하여 규정하고 있다. 중저준위 방사성폐기물의 경우에는 완전 밀봉 후, 경주에 위치한 중저준위 방사성폐기물 처분장으로 수송하여 안전하게 관리 · 처리되고 있다.

바. 폐기물 관련 처리 방법

(1) 고체폐기물

고체폐기물은 대기나 수질 오염물과 다르게 처리하도록 결정하기 전까지는 발생 장소에 방치된다. 금속이나 플라스틱 같이 잔존가치가 남아있는 것들의 경우 수작업이나 전자기적 방법, 부유 등에 의한 방법으로 회수를 할 수 있다. 이러한 자원의 회수는 폐기물 처리에서 중요한 요소이다. 고체폐기물의 화학적처리법은 폐기물의 질소(N) 또는 인(P) 부영양화를 통한 비료의 생산, 유기물의 수소화를 통한 연료의 생산 등이 해당된다.

(2) 액체폐기물

폐수에 용해되어 있지 않은 물과 분리하는 데 그 목적을 둔다. 이 방법으로 폐수의 성상변화가 나타나지 않지만, 현잡물 처리, 여과, 중력침강 등을 종하여 2차 처리에 대한 부하를 감소시키며, 고형물질을 제거한다. 주로 침전지, 침사지, 스크린, 침전, 부상, 여과, 흡착 등 기계적인 장치를 이용하여 수중의 부유물이나 고형물질을 제거한다.

(3) 소각처리법

폐기물 관리체계 중 중간처리 과정의 하나이여 화학적 방법에 속한다. 폐기물을 땅에 묻는 것보다 부피는 95~99%, 무게는 80~85% 줄일 수 있고 아울러 매립공간을 절약할 수 있으므로 효과적이고 지속적인 폐기물 처리방법이라고 할 수 있다. 부수적으로 열에너지가 회수되는 경제성도 지니고 있으므로 점차 폐기물처리 분담비율이 늘고 있는 실정이다. 그러나 황(S)이나 질소를 함유한 폐기물의 소각은 황산화물이나 질소 산화물 같은 대기오염의 원인물질이 생기므로 철저한 오염방지 시설을 갖추어야 하는 어려움이 따른다.

(4) 열분해

향후 받아들일 수 있는 효과적인 폐기물 처리법인 열분해는 소각보다 장점이 많은 것으로 알려져있다. 열분해는 폐기물을 공기가 없는 챔버에서 화씨 3,000도 이상의 고온으로 가열하여 분해하는 방법이다. 소각보다 대기오염 문제가 적으며 적은 자본의 투자로 많은 양을 처리할 수 있으며 새로운 화학물질이나 합성 가스로의 회수를 기대할 수 있다.

(5) 매립

폐기물의 매립은 폐기물 처리의 가장 오래된, 일반적인 방법으로 단순하게 고체폐기물을 흙으로 덮는 방법이다. 폐기물이 매립되기 전에 폐기물이 생물학적으로 무해한 화합물로 분해될 수 있는지 조사하여야 한다. 매립으로 인해 생기는 주요한 문제점은 인근의 지하수를 오염시킬 수 있는 침출물 형성으로 인한 수질 오염과 메탄가스와 같은 가연성 기체와 이산화탄소의 생성이 있다. 매립으로 인하여 발생된 메탄가스는 바이오가스라고도 불리며 이들을 포집하여 전기생산을 하거나 외국에서는 불순물을 제거하고 정제하여 시내버스의 연료로 쓰인다.

(6) 고형화

폐기물과 시멘트를 섞고 물을 부은 뒤 일정 시간이 지나면 수화작용에 의하여 단단하게 굳어진 덩어리가 된다. 폐기물이 견고한 시멘트 속에 갇힘에 따라 중금속 등의 유해성분이 주변으로 이동, 침투 하는 속도가 최대한 지연되는 효과를 얻게 된다. 시멘트고화는 시멘트 중 규산칼슘 등의 조성광물이 물과 결합하고 수화물결정을 형성하여 단단해지는 과정에서 유해물질을 빨아들이거나 굳히고 시멘트의 강한 알카리성에 의하여 수용성중금속을 수산화물로 불용화시킨다. 처리된 유해폐기물은 일폐기물 수준으로 안전도가 높아져 일반 매립도 가능하다.

4.3.2 미세플라스틱

미세플라스틱은 생물물리학적 용어로 지구상에 존재하며 환경을 오염시키는 미세한 플라스틱을 의미한다. 특히 커다란 플라스틱이 미세플라스틱으로 분해되면서 바닷속과 해수면을 떠다니며 해양환경에서 큰 문제를 일으키고 있다. 일반적으로 바닷물 속에 무슨 상관이냐 할 수도 있지만, 미세플라스틱 문제는 생각보다 큰 문제로 대두되고 있다.

가. 미세플라스틱의 분류

다른 학자는 미세플라스틱의 모양과 형태는 다양하다. 하지만 일반적으로 길이나 지름이 5mm 이하인 플라스틱 조각을 통칭하며, 1차 미세플라스틱(마이크로비즈)과 2차 미세플라스틱으로 구분했다.

(1) 1차 미세플라스틱

생활용품(치약, 세제, 화장품 등)의 원료로 사용되거나 타이어 마모, 합성섬유 세탁 등에서 배출되는 플라스틱 미립자.

(2) 2차 미세플라스틱

큰 플라스틱(PT 병, 비닐봉지, 어망 등)이 해양환경으로 인해 작게 조각난 것.

표 4-4 2차 미세플라스틱

구분	크기(지름)	예시
메가플라스틱 (MegaPlastic)	1m 초과	어구, 통발, 그물, 밧줄, 선체 등
메크로플라스틱 (MacroPlastic)	25mm 초과, 1m 이하	비닐봉지, 포장지, 낚시찌, 부표, 풍선 등
메조플라스틱 (Mesoplastic)	5mm 초과, 25mm 이하	병마개, 조각 등
미세플라스틱 (Microplastic)	5mm 이하	1차 미세플라스틱 : 생활용품 원료, 타이어 마모, 합성섬유 세탁 등 2차 미세플라스틱 : 해양환경에 의해 조각난 플라스틱
나노플라스틱 (Nanoplastic)	1μg 미만	미세플라스틱의 한 종류

나. 미세플라스틱의 피해과정

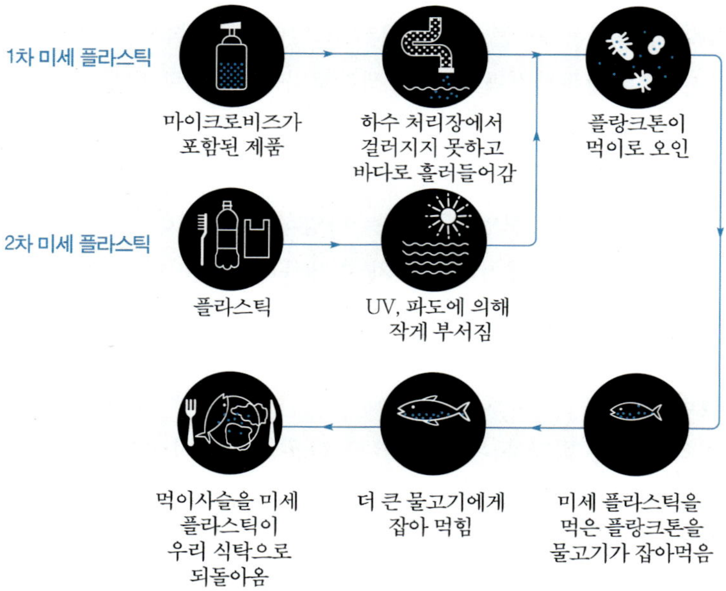

그림 4-9 미세플라스틱의 피해과정

출처: 그린피스 보고서, 우리가 먹는 해산물 속 플라스틱(2016.7.6)

미세플라스틱은 하수처리과정에서 걸러지지 않아, 바다로 유입되고 바다로 유입된 미세플라스틱을 물고기 등이 섭취하여 결국 먹이사슬의 최고점에 있는 인간에게도 해가 될 수 있는 가능성이 제기되었다. 실제로 오스트리아 환경청(FEA, Fedral Environment Agency)과 빈 의과대학(Medical University of Vienna)연구팀이 유럽, 러시아, 일본 등 총 8개국 지원자 8명의 대변을 채취하여 미세플라스틱을 조사한 결과, 8명 전원의 대변에서 미세플라스틱을 발견한 사례도 있다. 이러한 연구결과는 사람의 대변에서 미세 플라스틱이 처음으로 발견되었다는 점에서 인체유입의 공포가 확산되었고, 먹거리에 대한 안전 불감증을 더욱 커지게 만들었다.

한국리서치가 그린피스의 의뢰로 수행한 전국 성인남녀 1000명을 대상으로 설문조사(2016.6월)한 결과, 응답자의 86%가 기업주도의 자율적 규제가 부족하다고 답변한 것을 보면 정부의 강제성 있는 규제와 미세플라스틱에 대한 환경위해성 연구 확대가 필요하며 유해 물질이 포함되지 않은 대체제품 사용을 의무화하는 등 추진 기업들의 지속가능한 친환경적인 제품생산과 자원 재활용의 선순환구조를 수립하는 것이 필요하다.

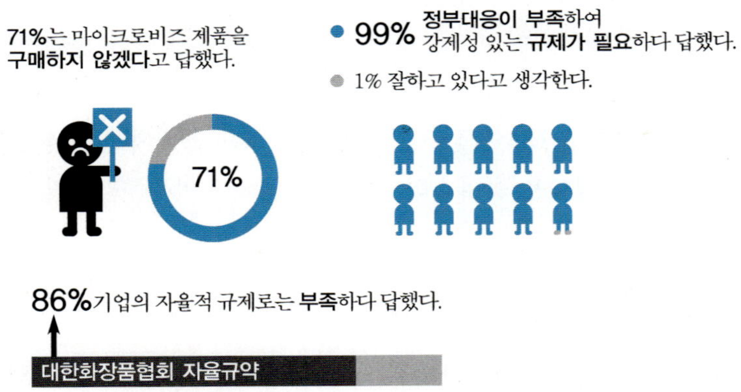

그림 4-10 미세플라스틱 규제 설문조사

출처: 그린피스 동아시아 서울사무소 홈페이지(greenpeace.org/korea)

4.3.3 주요국 플라스틱 관리 현황

가. 유럽 연합(EU)

유럽연합은 플라스틱 오염으로 인한 환경문제를 인식하고 해양 쓰레기 관리, 일회용품 사용 규제 등 폐기물 및 발생원에 관한 정책을 중심으로 추진하고 있다. 마이크로비즈가 환경 및 생태계에 미치는 부정적인 영향이 대두됨에 따라 일부 회원국은 각종 생활화학제품에 대한 마이크로비즈 사용을 금지하고 있으며, 유럽집행위원회, 유럽화학물질청 등은 EU 차원의 규제 마련 계획을 검토 중에 있다. 또한 식품 중 미세플라스틱과 관련한 특정 규정은 확인되지 않으나, 최근 유럽식품안전청은 수산물 중 미세플라스틱 오염 현황에 대해 지적하고 시험법 확립, 위해평가, 정책 마련 등을 권고한다.

(1) 정책

- 유럽 집행위원회, 순환경제를 위한 플라스틱 전략 발표

주관기관 유럽집행위원회

배경 플라스틱의 생산, 사용, 폐기가 순환경제에 부정적인 영향을 야기한다는 인식이 대두됨에 따라, 플라스틱과 관련해 직면한 환경적 문제를 해결하기 위한 EU 차원의 조치를 마련함

주요내용 2030년까지 EU 시장 내 모든 플라스틱 포장재를 재활용이 가능하도록 바꾸고, 일회용 플라스틱 사용을 줄이고, 미세플라스틱의 의도적 사용을 제한하는 내용 등 포함

표 4-5 순환경제를 위한 플라스틱 전략(2018년)

플라스틱 재활용	시장에서 사용되는 플라스틱의 재활용성을 높이고 재활용 플라스틱 수요를 증가시키기 위한 새로운 규칙이 개발될 것임
플라스틱 폐기물 억제	일회용 플라스틱, 낚시용품 등의 사용을 줄이고 대중의 인식 개선 캠페인을 지원함. 또한, 집행위는 제품 중 미세플라스틱 · 사용을 제한하는 조치를 취할 것임
해양 쓰레기 폐기 중단	해상에서 발생하거나 바다에서 모인 폐기물을 육지로 옮겨 적절하게 관리될 수 있도록 하는 조치를 마련할 예정
투자 및 혁신	집행위는 국가 당국 및 EU 기업이 플라스틱 폐기물을 최소화하는 방법에 대한 지침을 제공할 것
전 세계 행동의 참여	전 세계 파트너와 협력하여 글로벌 솔루션 및 국제 표준을 개발할 것임

- 유럽 집행위원회, 환경 중 특정 플라스틱 제품 영향 저감을 위한 유럽 의회 및 이사회 지침 제안

주관기관 유럽집행위원회

주요내용 유럽 해양 쓰레기의 주요 공급원인 일회용 플라스틱에 직접 적용되는 계획으로, 다음과 같은 주요 조치를 통해 이러한 제품들이 어떻게 생산, 분배, 사용되고 폐기되는지에 대한 근본적인 문제를 해결하고자 함

표 4-6 유럽 집행위원회, 환경 중 특정 플라스틱 제품 영향 저감을 위한 유럽 의회 및 이사회 지침 제안(2018년)

특정 플라스틱 제품 금지	대체 제품이 존재하는 경우, 해당 일회용 플라스틱 제품은 시장에서 금지될 것임(예: 플라스틱 면봉, 접시, 빨대 등)
소비 저감 목표 설정	국가별 저감 목표 설정, 대체 제품 제공, 일회용 플라스틱 제품 무료 제공 지양 등을 통해 회원국은 식품 용기, 음료컵 등 사용을 줄여야 함
생산자 책임	생산자는 식품 용기, 포장, 물티슈 등에 대한 폐기 비용을 일부 부담해야하며, 대체 물질을 개발한 경우 인센티브 제공
수거 목표	2025년까지 회원국은 90%의 일회용 플라스틱 음료수병을 수거해야 함
표시 요건	특정 제품에는 폐기 방법, 제품의 환경오염 영향, 제품 내 플라스틱 유무를 나타내는 명확하고 표준화된 표시가 요구됨

나. 미국

미국은 환경, 해양 쓰레기 문제를 중심으로 플라스틱 관리 및 규제 정책을 마련하고 있으며, 최근 해양 생물체와 인체 건강을 위협하는 미세플라스틱 문제가 부상하기 시작하면서 미세플라스틱 저감 대책을 구체화하고 있다.

- 해양 쓰레기 규제 : 2006년, 「해양 쓰레기 관리법(Marine Debris Act)」11)을 제정하고 이에 근거하여 '해양 쓰레기 관리 프로그램'과 그 전담조직을 마련해 플라스틱 등 환경 차원의 해양 쓰레기를 관리
- 일회용 플라스틱 제품 사용 규제 : 미세플라스틱 발생 요인 중 하나인 일회용 플라스틱을 업계가 자발적으로 사용 중단을 선언하는 등 저감화 노력이 추진되고 있었지만, 최근 들어 캘리포니아주 등 여러 지역에서 플라스틱 사용금지법을 자체적으로 제정하는 추세 미세플라스틱의 한 유형인 마이크로비즈 사용 문제를 인지하고 씻어내는 형태의 화장품에 마이크로비즈를 사용하지 못하도록 단계적으로 금지하는 연방법을 제정하였다.

- 마이크로비즈 함유 제품의 규제 : 2015년 12월 제정된 「마이크로비즈 없는 물 법(Microbeads-Free Waters Act)」에 따라 화장품과 비처방 의약품에 마이크로비즈 사용을 금지한다.

(1) 정책

- 해양 쓰레기 관리 프로그램 (MDP, Marine Debris Program) 2016-2020

주관기관 미국 해양대기관리처(NOAA)

목적 연안 환경, 항해, 인체 건강, 안전 및 경제에 미치는 해양 쓰레기의 영향을 관리하여 그에 따른 파급을 연구, 예방, 저감하기 위한 국제적 및 범국가적 차원의 프로그램 운영

주요내용 해양 쓰레기 관리 프로그램(MDP)은 전 세계 해양과 그 연안에 해양 쓰레기가 미치는 영향이 없도록 하는 비전과 해양 쓰레기로 인한 부정적 영향을 조사하고 예방하겠다는 미션을 토대로 운영되며, 그 전략계획(2016-2020)에 5가지 목표를 수립하고 있음

표 4-7 해양 쓰레기 관리 프로그램

구분	내용
협동	지방, 지역, 국가 및 국제적 차원의 소통, 계획, 정보공유를 통한 해양 쓰레기 조치 협동
긴급대응 &준비	극심한 주요 해양 쓰레기 사건이 미치는 영향에 대한 계획을 세우고 대응하기 위한 협동 및 과학적 지원
수거	천연 자원과 항해 안전 및 경제에 미치는 영향을 줄이기 위한 해양 쓰레기 수거 지원
예방	인식 제고와 행동 변화를 통해 해양 쓰레기의 유입을 방지
연구&평가	탐지, 모니터링, 원인 규명 및 혁신적 해결책을 통해 해양 쓰레기의 영향을 규명, 평가 및 저감

- 마이크로비즈 함유 화장품의 퇴출 (Microbeads-Free Waters Act)

주관기관 미국 식품의약품청(FDA)

배경 미국은 화장품이나 치약에 사용되는 마이크로비즈가 정수 여과시스템에서 걸러지지 않고 호수와 바다로 유입되어 결국 작은 어류와 야생동물 등이 먹을 것으로 잘못 받아들일 수 있고, 여러 주정부가 각기 다른 법에 근거하여 마이크로비즈 함유 제품을 금지하고 있어 통일된 연방법 제정이 필요하다는 점을 들어 「마이크로비즈 없는 물 법(Microbeads-Free Waters Act)」을 성문화함 (2015년)

주요내용 미국에서 씻어내는 형태의 마이크로비즈13) 함유 화장품과 비처방의약품을 제조, 포장 및 유통하는 것을 금지하는 내용으로, 최종 2019년까지 단계적으로 시행 적용

표 4-8 마이크로비즈 함유 화장품의 퇴출 (Microbeads-Free Waters Act) (2015년)

제품유형 구분	적용 시기
씻어내는 형태의 화장품	■2017년 7월 1일 부로 제조 금지 ■2018년 7월 1일부로 주간 상거래 유입 또는 유통 금지
비처방 의약품이면서 동시에 씻어내는 형태의 화장품	■2018년 7월 1일부로 제조 금지 ■2019년 7월 1일부로 주간 상거래 유입 또는 유통 금지

다. 대만

대만 환경보호서는 플라스틱으로 인한 환경오염과 생태계에 대한 영향을 인지하고 미세플라스틱을 직접 사용하는 제품에 대한 규제와 해양 쓰레기로 인한 미세플라스틱의 폐해를 줄이고자 관련 정책을 펼치고 있다.

(1) 정책

- 「해양폐기물 처리 행동방안」 발표(2018년)

참여기관 환경보호서, 환경단체(NGO), 국립해양과학기술박물관, 학술계 대표

배경 해양 쓰레기 중 플라스틱 관련 폐기물이 대부분인 것을 감안해 환경보호단체와 민간단체는 플라스틱의 위해성을 우려해왔으며, 이에 2017년 환경보호서와 8개 환경보호단체는 해양폐기물 플랫폼을 마련하고 반년여 동안 6차례의 협상과 논의를 진행함

의의 플라스틱 사용 전면 금지 행보는 아시아에서 최초이며, 국가 차원에서 빨대 사용을 금지하는 것은 전 세계 최초임

목표 2030년까지 쇼핑용 비닐백, 일회용 식기, 테이크아웃 음료컵, 플라스틱 빨대 등 일회용 합성수지제 제품 전면 사용 금지

주요내용 '발원지의 사용량 저감', '예방 및 제거', '연구조사', '협력 참여 확대', 4대 방면의 '미래 행동' 총 34개의 내용*이 담겨 있음.

* 일회용 합성수지제 제품 사용 제한 및 금지 일정, 해변 모래사장 청소관리 업무의 다양한 협력 강화, 환경보호단체와 함께 대만 해안 쓰레기 구성 및 분포 조사, 5년간 5천척의 환경보호함대 동원해 어선 폐기물 및 해상 표류물 회수, 육지 출처 쓰레기 및 하천 쓰레기 제거 관련 범부처 협력 강화 등 중요 행동 내용이 담김

■ 「일회용 플라스틱 빨대 사용제한」 초안 발표

주관기관 환경보호서

배경 해양 플라스틱 오염으로 인한 미세플라스틱의 푸드 체인 유입과 생태계에 대한 영향을 줄이기 위해 플라스틱 빨대에 대한 사용을 제한하고자 함

주요내용 일회용 플라스틱 빨대, 내부 식당 제고 음료 용어 정의, 사용제한 대상과 시행 방식, 시행 일자 규정

- 대상 : 공공부문, 사립학교, 백화점 및 쇼핑몰, 프랜차이즈 패스트푸드점
- 방식 : 사용제한 대상 내부 식당에서 제공하는 음료에 대해 일회용 플라스틱 빨대 제공 불가*

* (사용제한 제외 대상) ① 환경보호서에서 공고한 환경보호마크 규격 표준항목의 '생분해 플라스틱'에 적합하고 환경보호 마크 사용증서를 취득한 경우, ② 종이류 또는 목재, 사탕수수 등 식물섬유를 주원료로 하고 플라스틱 도포, 플라스틱 박막 접합 또는 기타 생리적인 방식으로 플라스틱 성분 분리가 가능한 빨대로, 플라스틱 성분 함량의 무게가 10%보다 적은 경우, ③ 공장 출하와 동시에 빨대가 이미 부착되어 있는 상품으로 공개 진열 판매하는 경우

표 4-9 일회용 합성수지제 제품 사용량 저감 또는 사용 제한 계획

2018		2020	2025	2030
『대만 해양 폐기물처리 행동방안』(제1버전)	쇼핑용 비닐백	사용제한 조치 범위 확대, 영수증을 발행 하는 모든 상점	전면 사용 제한, 가격으로 사용량 규제 강화	쇼핑용 비닐백 전면 사용 금지
	일회용 식기	현행 사용제한 업체는 소비자가 내부에서 식사를 할 경우 각종 일회 식기 제공 불가	합성수지제 일회용 식기 전면 사용 제한, 가격으로 사용량 규제	각종 일회용 식기 제공 불가, 전면 사용 금지
	일회용 테이크 아웃 음료컵	가격으로 사용량 규제, 일회용 테이크아웃용 음료컵 관련 자가 휴대 우대 조치 강화	전면 사용 제한, 가격으로 사용량 규제 강화	일회용 테이크아웃용 합성수지제 음료컵 전면 사용금지
	합성수지제 제품	외식업체의 내부용 음료제품에 일회용 플라스틱 빨대 제공 불가	일회용 플라스틱 빨대 전면 사용 제한, 가격으로 사용량 규제	일회용 플라스틱 빨대 제공 불가, 전면 사용 금지

*계획을 앞당겨 2019년부터 대형 프랜차이즈업체의 식당 내 식사 시 플라스틱 빨대 제공 금지 예정

출처: 「해양폐기물 처리 행동방안」, 환경보호서, '18.2.13

CHAPTER 05

도시와 지진

5.1 지진의 정의

5.2 발생원인

5.3 지진 메커니즘

5.4 지진정책 및 대응시스템

5.5 국내외 지진 현황

CHAPTER 05

도시와 지진

5.1 지진의 정의

“지진의 충격으로 넘어졌고 이리저리 나뒹굴었죠. 땅바닥에 앉아 있을 수도 없었어요. 호텔은 마치 젤리처럼 흔들리더니 먼지를 뿜어내면서 무너졌어요(싱가포르인, 연합뉴스, 2018)”, “서 있을 수 없었습니다. 선생님도 친구도 옆에 있지만 무서웠습니다(경주학생, SBS뉴스, 2016)”.

지진을 경험한 사람의 인터뷰와 같이 생활 속에서 느끼는 지진은 땅이 흔들려 건물이 흔들리고 서있기 힘든 상황을 의미하고 있다.

표 5-1 지진의 정의

정의	출처
지진은 한자어로 땅 지(地)와 흔들릴 진(震)이 합쳐진 말로서 지구 내부의 에너지가 한 곳에 집중되어 있다가 한순간 밖으로 나오면서 땅이 흔들리는 자연현상	기상청
지구적인 힘에 의하여 땅속의 거대한 암반이 갑자기 갈라지면서 그 충격으로 땅이 흔들리는 현상	행정안전부
지구적인 힘에 의하여 땅속의 거대한 암반(巖盤)이 갑자기 갈라지면서 그 충격으로 땅이 흔들리는 현상	지진공학회
지진재해는 「재난 및 안전관리 기본법」 제3조 제1호 가목에 따른 지진 또는 지진해일로 인하여 발생하는 피해로서 지진동(지진으로 일어나는 지면의 진동)에 의한 직접 피해 및 화재, 폭발, 그 밖의 현상에 따라 발생되는 재해	지진, 화산재해대책법
지구 내부에 급격한 변화가 일어나거나, 발파나 핵실험과 같은 인공적인 폭발에 의해 발생한 지진파가 사방으로 전달되어 지반이 흔들리는 현상	한국민족문화대백과사전
A sudden violent shaking of the ground, typically causing great destruction, as a result of movements within the earth's crust or volcanic action.	Oxford Dictionaries
An earthquake is an intense shaking of Earth's surface. The shaking is caused by movements in Earth's outermost layer.	NASA

정의	출처
Earthquake, any sudden shaking of the ground caused by the passage of seismic waves through Earth's rocks. Seismic waves are produced when some form of energy stored in Earth's crust is suddenly released, usually when masses of rock straining against one another suddenly fracture and slip.	Earthquake geology, 2018, Bruce A. Bolt

표 5-1과 같이 다양한 기관과 연구자 등에 의해 지진이 정의되고 있으나, 일반적으로 지구 내부의 급격한 변동에 의해 생긴 에너지가 밖으로 나오면서 땅이 흔들리는 현상을 의미한다.

5.2 발생원인

지진의 직접적인 원인은 암석권에 있는 판(plate)의 움직임이다. 이러한 움직임이 직접 지진을 일으키기도 하고 다른 형태의 지진 에너지원을 제공하기도 한다. 판을 움직이는 힘은 다양한 형태로 나타나는데, 침강 지역에서 판이 암석권 밑의 상부 맨틀에 비해 차고 무겁기 때문에 이를 뚫고 들어가려는 힘, 상부 맨틀 밑에서 판이 상승하여 분리되거나 좌우로 넓어지려는 힘, 지구 내부의 열대류에 의해 상부 맨틀이 판의 밑부분을 끌고 이동하는 힘 등이라고 생각할 수 있으나, 이것들이 어느 정도의 비율로 작용하는지는 정확히 알 수는 없다.

암석권(lithosphere)은 지표에서 100km 정도 두께의 딱딱한 층이며 그 밑에는 암석권에 비해 덜 딱딱하고 온도도 높아 쉽게 변형될 수 있는 층이 존재하는데(상부맨틀) 지진이 일어날 수 있는 깊이의 한계는 여기까지로 지표로부터 약 700km의 깊이이다(그림 5-1). 지진발생의 원인에 대한 학설은 여러 가지가 있으나 대표적 학설은 다음과 같다.

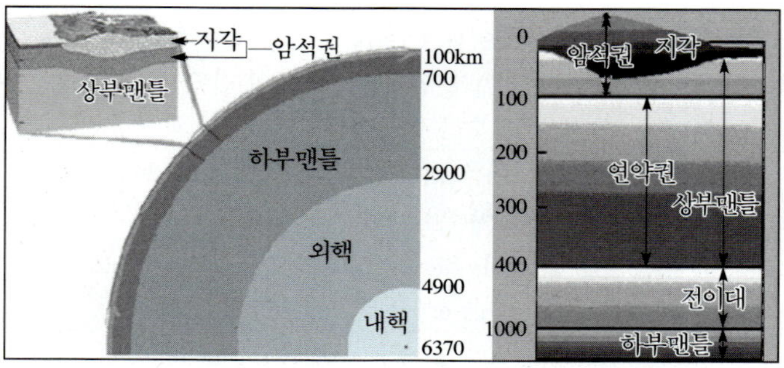

그림 5-1 지구의 내부 구조 모식도

5.2.1 탄성반발설(Elastic rebound theory)

이 이론은 1906년 캘리포니아 대지진이 발생했을 때, H. F. Reid가 산안드레아스 단층을 조사하여 San Francisco 지진의 원인을 규명한 것이다. 이것은 지면에 기존의 단층이 존재한다고 가정하고 이 단층에 가해지고 있는 힘(탄성력)에 어느 부분이 견딜 수 없게 되는 순간 급격한 파괴를 일으켜 지진이 발생한다는 것이다.

5.2.2 판구조론(Plate tectonics)

남미의 동부 해안선과 아프리카의 서부 해안선이 잘 들어맞는 현상은 과거부터 하나의 수수께끼로 제시되어 왔다. 1912년 독일의 지질학자인 알프레드 베게너는 이에 대한 설명으로서 현재 지구의 지각은 약 2억년 전에 팡게아라는 하나의 초대륙으로부터 갈라져 나왔다는 가설을 제시하였다. 이러한 대륙이동설이 원동력이 되어 1960년대 후반에 등장한 판구조이론은 현재까지 가장 성공적인 지구물리학 이론 가운데 하나로 인정받고 있다.

판구조론에 따르면 지구의 표층이라고도 하는 수 십km 혹은 그 이상의 두께를 가진 암석권은 유라시아판, 태평양판, 북미판 등 10여개의 판으로 나뉘어져 있다. 이들은 각각 서로 부딪치거나 밀고 때로는 서로 포개지면서 각각 매년 수 cm 정도의 속도로 점성이 있는 맨틀 위를 제각기 이동하고 있다.

그러나 지구적인 힘이 판의 마찰저항을 초과할 수 있는 단계에 도달하면 갑작스러운 미끄러짐이 일어나며 이것이 바로 지진이다. 따라서 지진이 발생하기 쉬운 지역은 보통 판경계(interplate) 부근이지만 판내부(intraplate)에서도 종종 지진이 발생하고 있다. 그림 5-2와 같이 판과 판의 경계에서는 마그마가 분출하기도 쉽기 때문에 지진 발생 빈번 지역과 화산이 주로 발생하는 지역은 서로 유사하기 마련이다.

그림 5-2 지구를 둘러싼 주요 판구조도

5.3 지진 메커니즘

5.3.1 지진의 이해

지진학은 다른 기초 자연과학 분야에 비하여 비교적 늦게 시작되었으며 정량적인 연구는 1880년에 지진계가 발명된 이후부터라고 할 수 있다. 지진계 발명 이전에도 초기의 지진학이 존재하였으나 자료의 비과학성, 불완전성, 부정확성 때문에 학문으로서의 체계를 갖추지 못했다. 1958년 Richter에 의하면 실제로 지진에 관한 학문적으로 유용한 분석들은 18세기 이후부터 시작되었다.

초기의 지진학에서는 지진현상의 분석 및 이해가 주요 과제가 되었으나 지진계의 발명 이후 여러 종류의 지진파들의 정확한 주시곡선(travel time-distance curve)이 얻어짐에 따라 지진학자들은 이들을 분석함으로써 지구 내부구조를 해명하려는 데에 많은 노력을 하였다. 이 결과로 지구 내부 구조가 비교적 상세히 밝혀졌으며 특히 1960년대 이후 전자계산기가 복잡한 지구물리학적 계산에 이용됨에 따라 실체파에 추가하여 표면파 및 자유진동의 분석이 가능하게 되었다.

특히 1960년대에 지구과학계에 일대 혁명을 일으킨 판구조론의 정립은 해저산맥, 해구 등지의 지진활동을 규명하는데 큰 기여를 했으며 역으로 판구조론은 전 지구의 지진활동을 새로운 시각으로 이해할 수 있는 기초를 제공하였다. 최근 지진활동에 관한 연구는 핵발전소를 비롯한 주요 산업시설에 대한 지진위험도의 평가가 주요한 문제로 부각됨에 따라 새로운 추진력을 얻게 되었으며 특히 비교적 지진활동이 낮아 등한시 되어 오던 판 내부의 지진활동에 대해서도 비상한 관심이 집중되기 시작했다.

한반도는 판구조론적인 견지에서 볼 때 유라시아판의 내부에 위치하며, 한반도의 지진활동은 캘리포니아나 일본 등지의 판경계 지진활동(interplate seismicity)이 아니라 중국 내부의 경우와 같이 판내부 지진활동의 범주에 속한다. 판내부 지진활동은 판경계 지진활동에 비하여 시공간적으로 매우 불규칙한 특성을 가지며 엄밀한 의미로서 판구조론적인 설명이 불가능하다.

현재까지도 판내부 지진활동에 관하여 전 세계적으로 만족할 만한 통일된 이론은 정립되어있지 않다. 바로 이 점에 한반도의 지진활동을 이해하려는 노력이 당면하는 가장 큰 어려움이 있다.

지진이 발생했을 때 '언제, 어디서, 얼마나 큰 지진인가'를 규명해야 하는데 이들은 각각 진원시, 진원, 규모에 해당하는 것으로 이를 지진요소라 한다. 지진요소는 지진계(Seismograph)에 의한 지진파 기록의 분석결과로 구할 수 있다.

가. 진원시(Origin time)

어떤 지점에서 지진동을 느꼈다면 이 지진동이 전파하기 시작한 시각이 있다. 즉, 지진파가 처음 발생한 시각이 바로 진원시 이다. 이것은 어떤 지점에서 진동이 감지되거나 지진계에 기록된 시각보다 지진파가 전파해온 시간인 주행시간(travel time) 만큼 빠르다. 지진파는 일정한 속도를 가지고 있기 때문에 거리에 비례하여 도착하게 된다. 즉 우리가 진동을 느끼거나 지진계에 기록되는 시각은 지진의 발생지점으로부터 거리에 따라 각각 차이를 두고 나타난다. 따라서 여러 곳에서 시간차를 두고 기록되었다 해도 결국 진원시를 계산해 보면 모두 같은 시각 값을 갖게 된다.

나. 진원(Hypocenter)과 진앙(Epicenter)

진원이란 암석의 파괴가 일어난 지점으로 깊이의 개념이 포함되어 있다. 실제로 암석의 파괴가 일어난 범위는 수 십km 또는 수 백km에 달하므로 지진파의 전부가 한 점에서 발생한 것이라고 할 수 없다. 지진은 일정한 넓이를 가진 영역에서 일어난 것이라고 생각할 수 있는 것으로 그 영역을 진원역 이라고 한다.

진원은 진원역 중에서 최초로 지진파가 발생된 점, 즉 지진이 시작된 점으로 반드시 진원역의 중심에 해당하는 것은 아니다. 한편, 진앙은 진원의 바로 위 지표면의 지점이다. 진원지라고 하는 것은 진앙의 지명이다. 진원은 진앙의 위도, 경도와 진원 깊이로 나타낸다. 그림 5-3과 같이 이밖에 공간적 요소로서 진원 거리와 진앙거리가 있는데 이들은 각각 임의의 관측소에서 진원과 진앙까지의 거리를 말한다.

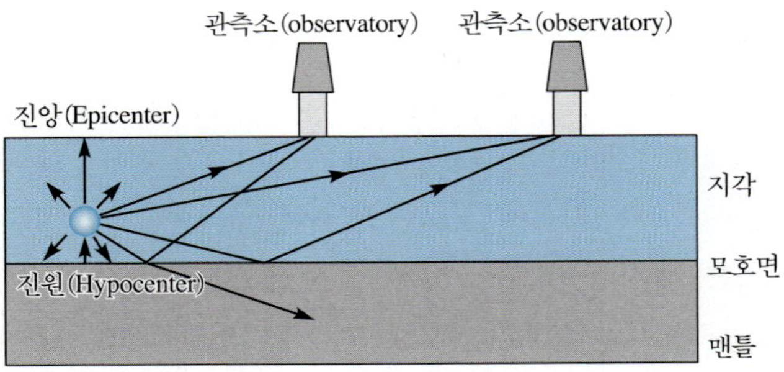

그림 5-3 진앙 및 진원 모식도

다. 규모(Magnitude)

규모란 지진발생시 그 자체의 크기를 정량적으로 나타내는 양으로서 진동에너지에 해당한다. 이는 계측 관측에 의하여 계산된 객관적 지수이며 지진계에 기록된 지진파의 진폭과 발생지점까지의 진앙거리를 이용하여 계산한다. 예를 들어 M5.0 이라고 표현할 경우, M은 Magnitude를 의미하고 수치는 보통 소수 1자리까지 나타낸다. 지진파 에너지 Es와 규모 M과의 관계는 다음과 같이 나타내는 것이 보통이다.

$$\log Es = 11.8 + 1.5M \tag{5.1}$$

여기서, M은 단위가 없으며, Es는 erg 단위를 갖는다. 이 식에 의하면 규모가 1만큼 증가하면 에너지는 30배로 커지게 된다. 지진규모의 개념을 처음으로 도입한 사람은 미국의 지진학자 C. F. Richter인데 그는 미국 남부 캘리포니아지역에서 발생한 국지지진(local earthquake)의 크기를 정량화하면서 규모의 개념을 도입하였다.

그 후로 그의 이름을 따라 국지규모를 Richter scale이라고도 한다. 그는 국지규모(ML)를 다음과 같이 정의하였다.

$$ML = \log A - \log Ao(\Delta) \tag{5.2}$$

여기서, A는 Wood-Anderson 지진계에 기록된 최대변위(mm), Δ는 진앙거리(km), Ao(Δ)는 진앙거리 Δ에서 나타나는 기준지진(standard earthquake)의 최대변위를 각각 나타낸다. 위 식에서 logAo(Δ)항은 진앙거리에 따라 지진파의 진폭(amplitude)이 감쇠하는 것을 고려하는 항으로써, 지진파가 전파되는 매질의 특성을 나타내며 지진이 발생한 지역에 따라 그 값이 달라진다.

Bullen and Bolt(1985)는 Wood-Anderson 지진계에 기록된 지진자료를 이용하여 지진의 규모를 다음 식으로부터 결정하였다.

$$M = \log AH + 2.56\log\Delta - 1.67 \tag{5.3}$$

여기서, M은 지진의 규모, AH는 수평성분의 최대변위(μm), Δ는 진앙으로부터 관측점까지의 거리(km)를 나타낸다. 이 식에서 사용된 감쇠항, 2.56logΔ는 미국 남부 캘리포니아지역에서 지진파가 전파할 때 진앙거리에 따라 진폭이 감쇠되는 정도를 설명하는 값으로 생각할 수 있다. 따라서, 특정 지역에 적절한 지진의 규모식을 개발하기 위해서 감쇠항을 정확하게 추정하는 것은 매우 중요하다.

최근에는 표면파 규모(Ms)와 실체파 규모(mb)가 더 보편적으로 사용되고 있다. 이들을 구분하는 이유는 에너지의 총 방출량이 유사한 경우라도 천발지진과 심발지진의 지진기록이 매우 상이한 모양을 나타내기 때문에 천발지진은 표면파를 이용하고 심발지진은 실체파를 이용하여 규모를 산정하기 위함이다. Gutenberg와 Richter(1936)는 ML의 개념을 진앙거리가 먼 천발지진에 적용하여 20초 주기의 레일리파의 최대진폭으로부터 규모를 결정하였고 다음과 같은 일반형으로 표시된다.

$$Ms = \log(A/T) + af(\Delta, h) + b \tag{5.4}$$

여기서, A는 최대진폭, T는 주기, Δ는 진앙거리, h는 진원의 깊이이고, a와 b는 실험적으로 구해지는 상수이다. 천발지진에 대한 Bath의 관계식을 예로 들면,

$$Ms = \log(A/T) + 1.66f(\Delta, h) + 3.3 \tag{5.5}$$

으로 주어진다. 심발지진의 경우 표면파를 발생시키는데 비효과적이므로 Gutenberg(1945)는 실체파의 최대 진폭으로부터 규모를 결정하는 방법을 제안하였다. 실체파 규모를 나타내는 실험식도 위와 동일한 형태로서,

$$mb = \log(A/T) + af(\Delta, h) + b \tag{5.6}$$

이다. 여기에서 f는 앞에서와 같이 지진 에너지의 구형발산 효과와 감쇠를 고려한 진앙거리 및 진원의 깊이에 대한 함수이다. 천발지진의 경우 Ms과 mb사이에는 다음과 같은 실험적 관계가 성립한다.

$$mb = 0.56Ms + 2.9 \tag{5.7}$$

한반도에서 발생한 지진의 규모를 결정할 때에는 지진기록의 지속시간(signal duration)을 이용하거나 최대 수평 성분을 이용한다. 현재 기상청(Korea Meteorological Administration: KMA)에서는 최대 수평성분을 이용하여 규모를 결정하는 방법으로 다음 식을 사용한다.

$$M = 1.73\log\Delta + \log A - 0.83 \tag{5.8}$$

여기서, Δ는 진앙거리(km)이며, A는 지진계에 기록된 진폭(μm)으로서 NS와 EW를 각각 동서방향 및 남북방향의 최대 속도 성분이라고 할 때, 그 두 성분의 벡터합이다. 이는 다음과 같이 나타낼 수 있다. 이는 일본의 Tsuboi가 제안한 규모식으로서 일본 기상청에서 사용하고 있는 대표적인 규모 결정식 중의 하나이다.

라. 진도(Seismic intensity)

진도는 어떤 장소에 나타난 지진동의 세기를 사람의 느낌이나 주변의 물체 또는 구조물의 흔들림 정도를 수치로 표현한 것으로 정해진 설문을 기준으로 계급화한 척도이다. 그렇지만 지금은 계측기에 의해서 직접 관측한 값을 진도 값으로 채용하는 경우도 많다. 진도는 지진의 규모와 진앙거리, 진원 깊이에 따라 크게 좌우될 뿐만 아니라 그 지역의 지질구조와 구조물의 형태 및 인원현황에 따라 달리 평가될 수 있다. 따라서 규모와 진도는 1대 1 대응이 성립하지 않으며 하나의 지진에 대하여 여러 지역에서의 규모는 동일수치이나 진도 계급은 달라질 수 있다. 진도와 규모에 대해서는 표 5-2를 확인하면 쉽게 이해할 수 있다.

- MM 진도 : 사람의 느낌이나 주변의 물체 또는 구조물의 흔들림 정도를 수치로 표현
- Richter 규모 : 지진발생시 그 자체의 크기를 정량적으로 나타내는 양

표 5-2 지진의 크기

스케일(진도계급)		설 명
MM진도	Richter 규모	
I	0 ~ 4.3	기계에 의해 진동이 기록
II		위층에서 휴식을 취하고 있는 사람이 느낄 정도
III		실내에서 흔들림이 느껴지며, 걸려있는 물건이 움직임
IV	4.3 ~ 4.8	접시가 덜컥덜컥 흔들림. 나무가 흔들림
V		문이 움직이고, 잔에서 물이 넘침. 잠자던 사람이 깨어남
VI	4.8 ~ 6.2	걸음걸이가 안정되지 못함. 창문이 흔들림. 벽 그림이 떨어짐
VII		사람이 서있기 힘듬. 벽돌 타일이 떨어짐
VIII	6.2 ~ 7.3	자동차 운행이 힘듬. 굴뚝이 무너지고, 젖은 땅에 균열이 생김
IX		공포감이 생김. 건축물들이 손상을 입음
X		대부분의 건물이 파괴되고, 산사태와 해일이 발생
XI	7.3 ~8.9	철로가 구부러지고, 도로가 무너짐. 땅에 큰 균열이 생김
XII		모든 것이 파괴됨. 지표면이 요동침

마. 지진파

지진파란 암석의 파괴가 일어난 진원역으로부터 탄성체인 지구의 내부 또는 표면을 따라 전파되는 탄성파(elastic wave)를 지진파라 한다. 그림 5-4에서 보여주는 지진계에 기록되는 파형은 지진파가 통과하면서 일으키는 매질의 변형에 의한 것이다.

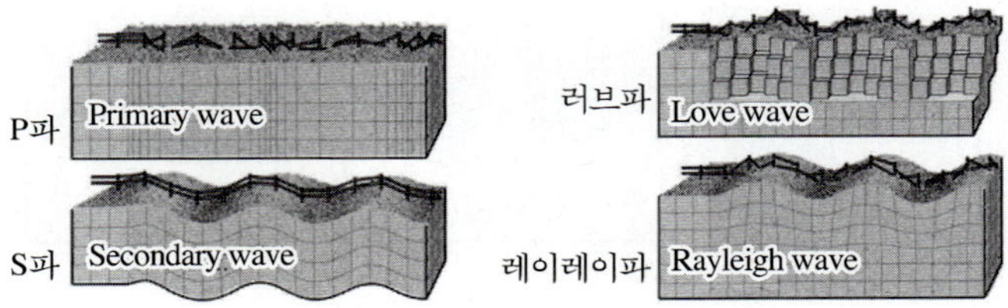

그림 5-4 P파, S파, Love파, Rayleigh파 모형

출처: google 사이트

5.3.2 지진의 분류

지진은 크게 인공지진(artificial earthquake)과 자연지진(natural earthquake)으로 나뉜다. 인공지진이란 땅속에서 화약을 폭발시키거나 지하핵실험 등으로 지진과 유사한 현상이 일어나는 현상을 말한다. 이와 관계있는 용어로 유발지진(induced earthquake)이 있는데 이는 인공지진은 아니지만, 인간의 행위가 원인이 되는 지진으로서, 깊은 우물에 대량의 물을 주입하거나 높은 댐을 만들어 저수할 경우 그 부분에서 지진이 일어나는 경우를 일컫는다. 자연지진은 사람의 행위가 원인이 되지 않는 지진을 말한다. 이는 또한 발생원인이나 형태를 기준으로 다음과 같이 3가지 지진으로 분류한다.

가. 구조지진(단층지진)

실제로 일어나는 대부분의 지진은 구조지진으로서 지구 내부에서 대규모의 변형을 일으키는 힘의 원동력인 구조력(tectonic force)에 의하여 축적된 탄성에너지가 일시에 방출되는 현상에 기인하는 것이다. 암석이나 지층이 변형할 때 그 연속성이 파괴되어 지괴가 분리되고, 그들 지괴가 서로 수평 또는 수직 방향으로 어긋나있는 구조를 말한다(그림 5-5).

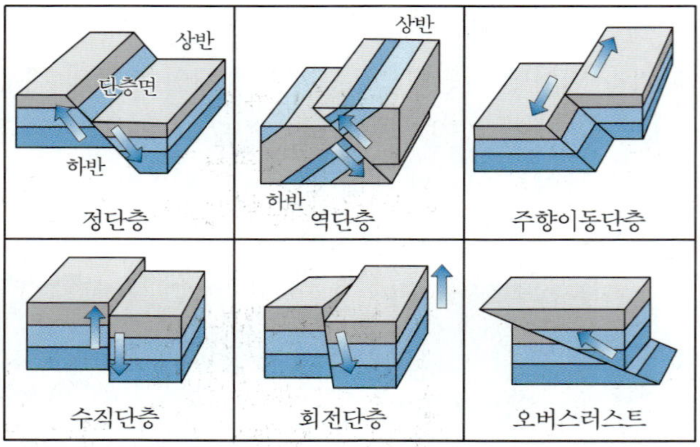

그림 5-5 힘의 방향과 단층의 종류

출처: google 사이트

나. 화산지진

화산지진은 화산에서 화산폭발이 원인이 되어 발생하는 지진이다.

다. 함몰지진

함몰지진은 지각 내부 어디에서 연약한 지반이나 공동이 내려앉으면서 발생하는 지진이다. 한편, 진앙거리 600km를 기준으로 그보다 가까운 것은 근거리 지진으로 먼 것은 원거리 지진으로 구분한다. 또한, 진원의 깊이에 의해 70km 미만은 천발지진(shallow earthquake), 70km~300km 사이는 중발지진(, intermediate earthquake), 300km이상은 심발지진(deep earthquake)이라 부른다.

제한된 공간과 시간 내에서 상대적으로 규모가 가장 큰 지진을 본진(main shock)이라 하고 그 앞에 나타난 지진은 전진(foreshock), 그 뒤에 발생한 지진은 여진(aftershock)이라 한다. 본진이라 할 만한 지진이 없을 경우에는 이들을 통틀어 무리지진(swarm) 혹은 지진군이라 한다. 또한, 사람의 몸으로 느낄 수 없고 지진계에만 기록되는 지진을 무감지진, 사람이 느꼈으면 유감지진이라 한다.

5.4 지진정책 및 대응시스템

5.4.1 지진방재종합대책

지진방재종합대책은 '지진재해대책법'에 따라 수립되며, 기본방향은 그림 5-6과 같다.

- 국가차원의 내진성능 목표설정 및 법 제정 등 제도의 정비
- 지진 · 지진해일 관측 및 예보 경보시스템 개선을 통한 초기대응태세 구축
- 내진설계 기준강화 및 지진위험도 작성 등 지진재해 경감기반 구축
- 지진재해대응시스템 구축 및 교육, 훈련 강화

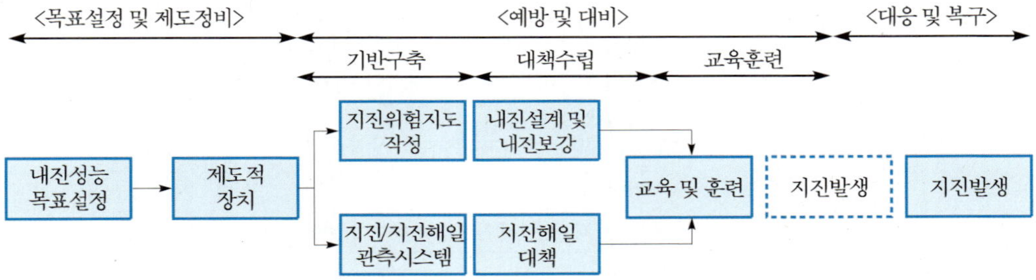

그림 5-6 지진방재종합대책 추진체계

지진방재종합대책은 크게 목표설정 및 제도정비, 예방 및 대비, 대응 및 복구 세 단계에 걸쳐 수립한다(표 5-3, 그림 5-7).

- 목표설정 및 제도정비 단계에서는 국가차원의 내진성능 목표를 설정하고 법 제정 등 제도적 장치 정비
- 예방 및 대비 단계에서는 지진에 대비할 수 있는 기반 및 대책을 수립하고 지진에 대한 교육, 훈련 강화
- 대응 및 복구 단계에서는 지진발생 후 신속하게 대응하고 복구할 수 있는 체계 구축

표 5-3 지진방재종합대책의 추진경위

구분	추진경위
제1차 지진방재종합대책 수립 · 보완 추진 (1996~2004년)	▪일본 고베 규모 7.2 지진 발생으로 인해 지진 이슈화 ▪자연재해대책법에 지진방지대책 등 법제화 ▪자연대해대책법 시행령 개정 ▪'제1차 지진방재종합대책'수립, 지속적 수정 및 보완
제2차 지진방재종합대책 수립 · 추진 (2005~2008년)	▪일본 후쿠오카 연안 지진에 의한 지진해일 주의보 발령 ▪지진 및 지진해일 관련 종합개선대책 회의 ▪지진대해대책법 제정 추진
제3차 지진방재종합대책 수립 · 추진 (2009~2014년)	▪지진대해대책법 마련 ▪중국 쓰촨성지진으로 관계부처 지진방재종합대책 추진상황 점검 ▪소방방재청 방재관리국에 지진방재과 신설 ▪지진재해대책법 일부 개정
제1차 지진방재종합계획 (2015~2019년)	▪법적근거 : '지진재해대책법'제9조의2 ▪지진재해대책법 일부개정(지진재해대책법을 지진 · 화산재재해대책법으로 함) ▪'지진방재 개선대책'마련 ▪일본 구마모토 지진 계기
지진방재종합대책 (2016. 12. 16)	▪9.12 지진을 계기로 '지진방재종합계획'을 원점에서 재검토

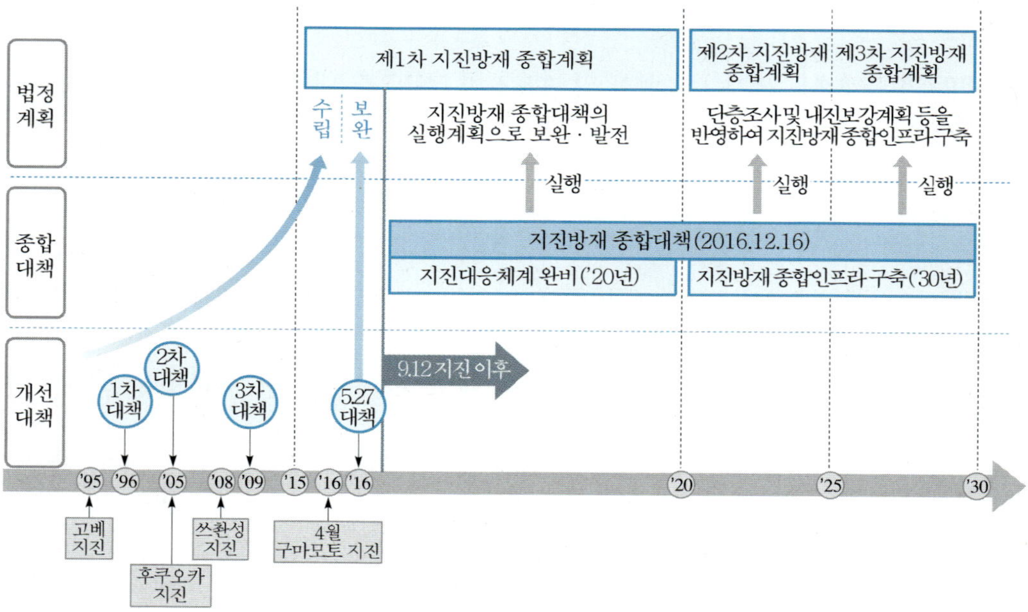

그림 5-7 지진방재종합계획 및 대책 연혁

5.4.2 국가지진대응시스템

기상청은 2009년 국가지진 대응체계 고도화 계획에 의거, 지진정보의 획기적인 시간 단축을 위한 지진조기경보체제 구축을 추진해 왔다. 2011년부터 2015년까지 지진관측 후 50초 이내 지진조기경보를 발령하기 위한 분석 알고리즘 개발과 전용 통보시스템을 구축하고, 실시간 시험운영을 통해 운영상의 안정성을 확보하였다.

또한, 지진 · 지진해일 · 화산의 관측 및 경보에 관한 법률(이하 지진관측법)이 2015년 1월 22일부터 시행됨에 따라 동법 제14조(지진조기경보체제 구축 · 운영)에 의해 기상청은 지진조기경보 서비스를 본격적으로 시행하였다.

2015년 1월 22일 00시부터 본격 시행된 지진조기경보 서비스는 지진관측 후 50초 이내 경보 발령을 목표로 하고 있으며, 지진관측법 시행령 제7조(지진조기경보 발령 기준) 1항(국내에서 발생하거나 국내에 상당한 영향을 미치는 지진)과 2항(규모 5.0 이상으로 예상되는 지진)의 기준에 해당하는 지진을 대상으로 하고 있다(표 5-4). 지진조기경보 서비스가 시행됨으로써 기상청은 기존에 제공하던 지진속보와 지진통보를 포함, 지진의 규모에 따라 구분되는 3가지 종류의 서비스를 제공하게 되었다.

표 5-4 규모별 지진통보서비스 현황

대상 규모	서비스 종류	대상	최초 발표시간
규모 5.0 이상	지진조기경보 / 지진통보	대국민, 관계부처, 언론, 유관기관 등	50초 이내
규모 3.5~5.0	지진속보 / 지진통보		120초 이내
규모 2.0~3.5	지진통보		300초 이내

또한, 재난 및 안전관리 기본법의 재난관리책임기관과 일부 지자체의 지진재난 긴급대응을 지원하기 위해서 규모 3.5 이상의 지진발생 시 별도로 지진조기정보를 시험적으로 제공하고 있다. 이에 따라 지난 2015년 12월 22일 전북 익산 인근에서 발생한 규모 3.9(기상청 지진통보)지진의 경우, 지진발생 후 약 29초 만에 지진조기정보를 전파할 수 있었다.

지진조기경보 서비스는 그림 5-8과 같이 기존의 지진속보, 통보와 유사하게 대상 기관에게 팩스, 컴퓨터 통보, 이메일, 문자 등을 통해서 전파하고 있으며, TV 자막방송(유선, DMB 포함)과 재난 경보에 의해 국민에게 전달되고 있다.

KBS MBC SBS

JTBC YTN TV조선

그림 5-8 지진조기경보의 TV자막 송출시험 화면

기상청이 2015년부터 시행한 지진조기경보 서비스의 분석과 통보 성능은 매우 양호한 수준으로 평가할 수 있다. 기상청은 규모 5.0 이상의 지진이 자주 발생하지 않는 한반도의 지진학적 환경을 고려하여, 정상적인 서비스 운영 여부에 대한 모니터링을 위해 규모와 상관없이 모든 지진을 대상으로 상시 감시 및 분석을 수행하고 있다.

예를 들어 2005년도에 규모 2.0 이상의 지진은 총 44회 발생(기상청 발표)하였으며, 이 중 지진조기경보시스템은 40회의 지진을 분석하였다. 지진조기경보시스템이 분석에 성공한 40회의 지진은 기상청의 지진통보와 차이를 비교했을 때, 지진발생 위치는 약 7.9km, 규모는 0.46 정도의 차이를 보였다. 특히, 지진발생 위치는 지진관측망 내부 지역에서 발생할 경우 약 3.5km 정도로 정확한 분석이 가능함을 알 수 있으며, 지진관측망 외부인 해역지진의 경우 약 10.8km 정도로 다소 차이가 있었다.

기상청의 지진조기경보시스템 구축은 2011년부터 본격적으로 시작된 바 있다(그림 5-9). 미국 버클리 대학에서 개발된 지진조기경보용 분석 알고리즘인 ElarmS 도입을 시작으로, 한반도의 지진 발생 특성을 고려한 한국형 시스템으로 최적화하기 위한 다양한 성능 개선이 지속적으로 이루어져 왔다. 2015년에는 지진조기경보시스템의 분석영역을 확대하고, 국외 지진에 의한 오분석 가능성을 최소화하기 위한 성능개선이 중점적으로 이루어졌다.

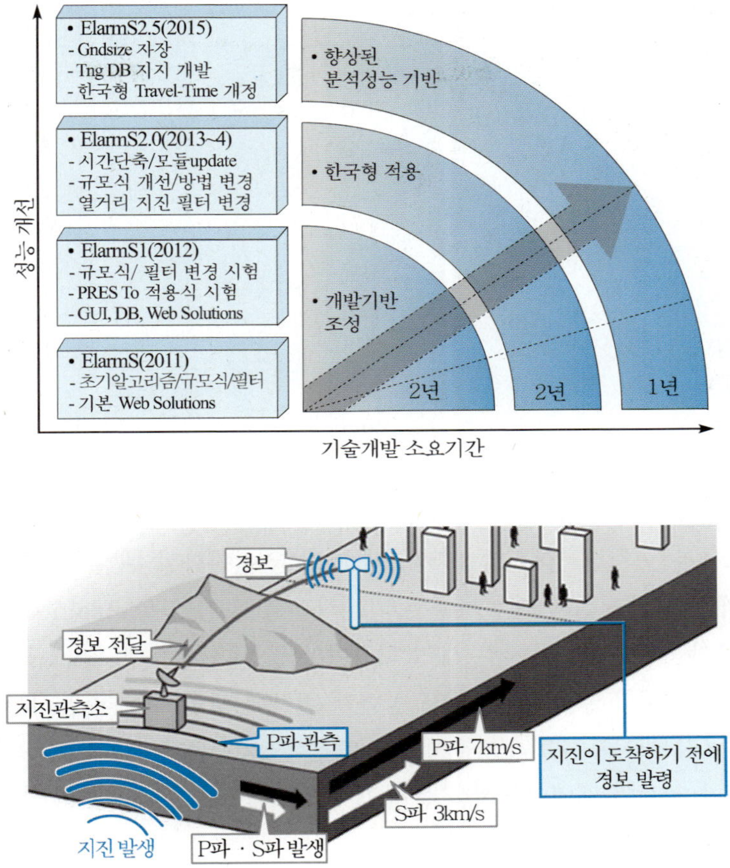

그림 5-9 지진조기경보시스템의 개발

출처: google 사이트

5.4.3 건축물 내진설계 기준

1988년부터 건축물에 대한 내진설계를 시행하고 있으며, 표 5-5와 같이 현행 내진설계 구조는 Richter 규모 6~7(MM진도 Ⅶ~Ⅷ)을 기준으로 내진설계를 적용하고 있다.

우리나라 도로교의 내진설계는 1992년, AASHTO의 내진규정을 기본으로 하는 내진설계 개념이 도로교 시방서에 도입되면서 실시되었고, 기타 주요시설물에 대한 내진설계도 오래 전부터 수행하고 있다. 그러나 이들 대부분의 내진설계기준은 강진지역에서 사용하는 내진 기준을 원용하고 있는 수준으로 기준들 간의 통합되고 일관성 있는 내진설계 개념이 결여되어 있다는 지적이 있어 온 것이 현실이었다.

표 5-5 내진설계 기준

시설물	제정년도	기준
댐	79년	5.4~6.2
건축물	05년	6.0~7.0
고속철도	91년	5.5~7.0
수문	00년	5.7~6.1
공항	04년	5.5~6.0
터널	85년	5.7~6.3
철도	91년	5.7~6.4
교량	92년	5.7~6.3
지중구조물	00년	5.5~6.0
지하철	05년	5.7~6.3

이에 국토교통부는 지진공학회가 1997년에 제안한 이원화된 내진설계기준 체계를 채택하였다. 상위개념의 내진설계 성능기준은 기본적으로 NEHRP Guideline의 일반설계기준과 매우 유사하며 각 구조물이 지진 시 발휘하여야 할 내진성능 목표를 규정하고 있다. 이 내진성능 목표를 달성할 수 있는 기술적 방법과 절차에 관한 구체적인 사항은 하위개념인 기술기준에서 규정하도록 하고 있다. 이렇게 내진설계기준을 "성능기준"과 "기술기준"으로 이원화하여 사회 전체의 내진안정성을 균형있게 확보할 수 있고 그 안전의 수준이 정량적으로 표현될 수 있다.

가. 상위개념 기준의 내진설계 기준체계

사회 전체의 체계적인 내진안전성을 확보하고 성능에 대한 요구사항을 기술적인 사항과 분리하기 위해서는 내진설계기준을 성능기준과 기술기준으로 구분하여 성능기준은 시설물 소관 부처의 규칙 등으로 제정하고 기술기준은 선택사항으로 규정함으로써 내진성능 목표도 달성함과 아울러 기술의 개방 및 발전의 길을 열어두었다.

내진성능기준에서는 시설물을 그 중요도에 따라서 내진설계수준에 있어서 차등을 두고 있다. 내진성능목표는 분류된 시설물의 등급별로 지진시 발휘해야 하는 성능의 수준을 규정하는 것으로 정의할 수 있다. 시설물을 내진Ⅱ등급, 내진Ⅰ등급, 내진 특등급의 3가지 범주로 분류되며, 여기서 내진Ⅱ등급은 일반 시설을 의미하고 내진Ⅰ등급은 중요시설, 내진 특등급은 파괴시 큰 재난이 초래되거나 기능이 마비된다면 사회적으로 큰 영향을 줄 수 있는 시설이 이에 속한다.

각 시설물은 내진등급별로 차등을 둔 재현주기를 갖는 설계지진에 대하여 기능수행과 붕괴방지라는 두 가지 성능수준을 만족하도록 설계되어야 한다. 기능수행 수준은 구조물에 심각한 구조적 손상이 발생하지 않고 지진 시나 지진경과 후에도 시설과 구조물의 기능은 정상적으로 유지할 수 있는 성능수준을 의미한다. 붕괴방지 수준은 구조물에 상당한 정도의 손상이 발생하는 것은 허용하나 구조물이 붕괴되어 대규모 인명손실이나 재산피해가 초래되는 것은 방지할 수 있는 성능수준을 의미한다.

내진Ⅱ등급의 경우에는 평균재현주기 50년 지진에 의해서 발생할 수 있는 지반운동에 대해서는 구조물이 기능수행수준을 유지할 수 있도록 설계하고 평균재현주기가 500년인 지반운동에 대해서는 구조물이 붕괴방지수준의 성능을 유지할 수 있어야 한다.

내진Ⅰ등급의 경우에는 평균재현주기 100년 지진에 의해서 발생할 수 있는 지반운동에 대해서는 구조물이 기능수행수준을 유지할 수 있도록 설계하고 평균재현주기 1000년의 높은 크기의 지반운동에 대해서는 구조물이 붕괴방지수준의 성능을 유지할 수 있도록 설계하게 된다.

내진 특등급 시설의 경우에는 평균재현주기 200년 지진에 대하여 구조물이 기능수행수준을 유지할 것을 요구하고 평균재현주기 2400년의 높은 크기의 지반운동에 대해서 구조물이 붕괴방지수준을 유지할 수 있도록 설계되어야 한다.

나. 하위개념 기준의 내진설계 기준체계

상위개념의 내진성능기준에서는 각 구조물이 지진 시 발휘하여야 할 내진성능 목표가 명확히 규정되고, 지진하중의 크기와 특성이 정의된다. 내진설계 방법과 품질관리에 대한 기본적인 요구사항은 규정되었지만 내진성능 목표를 달성할 수 있는 구체적인 기술적인 방법과 절차는 제시되지 않았다.

따라서 일반 설계자들이 내진설계를 어려움 없이 수행하기 위해서는 이러한 기술적 사항에 대한 표준 또는 기준이 제공되어야 한다. 현행 내진설계기준 체계에서는 이러한 기술적인 사항을 하위개념 내진설계기준인 기술기준에서 규정하도록 하였다. 시설물별로 그 특성에 따라서 해당 기술기준은 다르나 포함하여야 할 항목과 형식에 있어서는 통일을 가지는 것이 바람직하다. 이에 기술기준에 포함되어야 할 것으로 판단되는 사항들을 다음과 같이 제시하기로 한다.

- 설계지진 하중의 구체화
  - 구조물 특성을 고려하여 성능기준에서 제시된 표준설계응답스펙트럼 수정
  - 부지특성 고려 방법의 구체화
  - 인공가속도 시간이력 작성의 구체적 요건 규정

- 설계절차 제시
  - 기능수행수준과 붕괴방지수준을 동시에 만족하는 간소화된 설계 절차 제시

- 지진응답해석방법 상세 규정
  - 지진응답평가의 기준이 되는 해석방법에 관한 상세 규정
  - 시설물 내진등급별 지진응답해석방법의 최저 수준 규정
  - 기능수행수준에서의 지진응답 해석
  - 붕괴방지수준에서의 지진응답 해석
  - 지반-구조물 상호작용 해석
  - 유체-구조물 상호작용 해석
  - 감쇠정수 규정
  - 응답수정계수 규정

- 성능만족평가
  - 역학적 모델링 방법 제시
  - 평가항목 제시
  - 하중조합 방법
  - 성능수준별로 응력과 변위의 한계 규정

5.4.4 지진대응매뉴얼

현재 국내의 위기관리 매뉴얼의 체계는 중앙 및 지방 정부에서 사용하는 위기관리 표준매뉴얼(32개), 위기대응 실무매뉴얼(329개), 현장기관에서 사용하는 현장조치 행동매뉴얼(6,884개)로 구성되어 있으며, 기타 기관에서 사용하는 매뉴얼을 합산하면 그 수가 약 10,000개 이상이다. 지진과 관련한 매뉴얼도 기관별, 지역별로 매우 다양하며, 각 도시별 대응매뉴얼의 표준이 되는 '지진재난 위기관리 표준매뉴얼'의 내용은 다음과 같다.

- 위기관리 기본 방향
  - 지속적인 지진 대비 활동 및 지진 발생시 신속한 전파체계의 구축 · 운용
  - 지진발생시 신속한 피해상황 파악과 그에 따른 초동대응 조치로 발생 초기의 혼란 방지
  - 지진 또는 지진해일에 의한 직접피해 뿐만 아니라 이로 인한 연계피해 발생시 신속한 대응

- 지진 대응 위기관리 체계

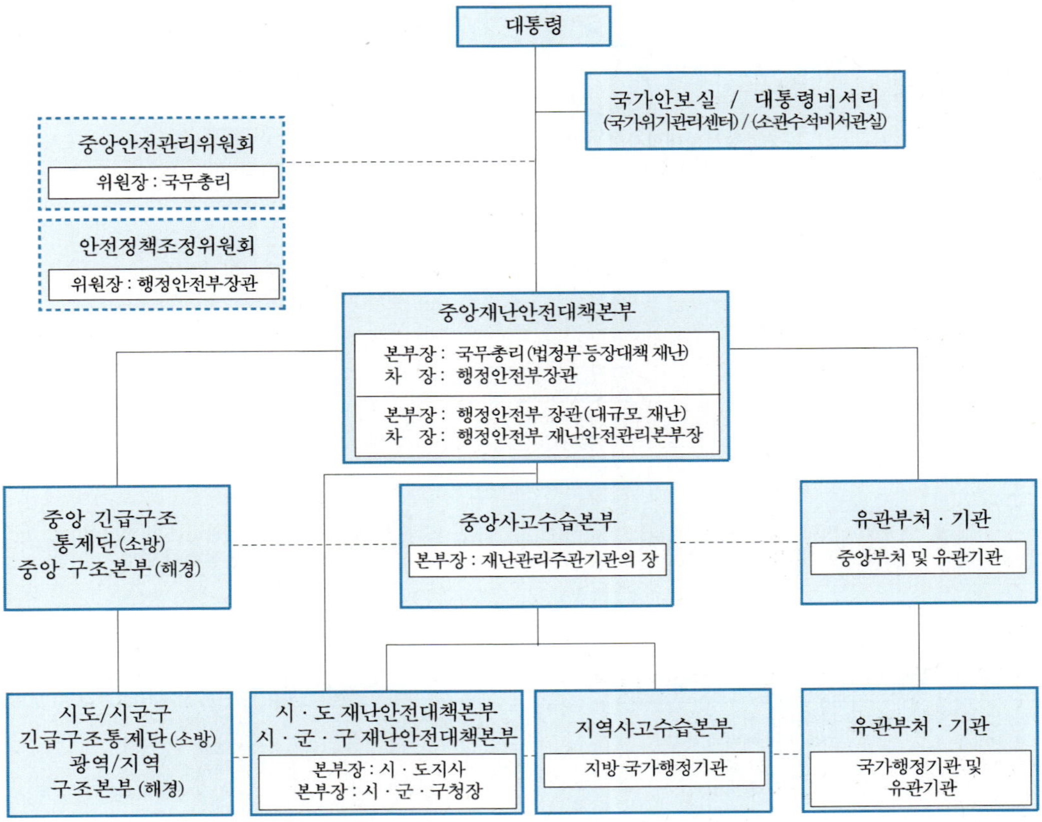

그림 5-10 지진 대응 위기관리 체계

종합적인 위기관리는 본 매뉴얼을 기반으로 연계피해에 대해서는 해당재난과 관련된 매뉴얼을 적용하여 중앙재난안전대책본부 통제 하에 해당 중앙사고수습본부에서 대응한다(그림 5-11, 그림 5-12).

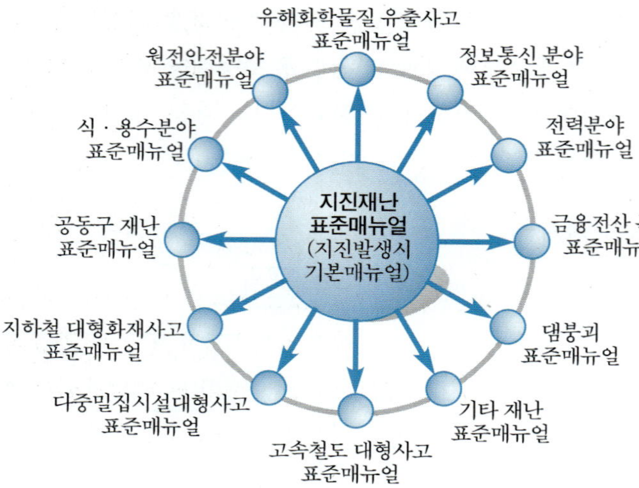

그림 5-11 연계피해 대처를 위한 매뉴얼 체계

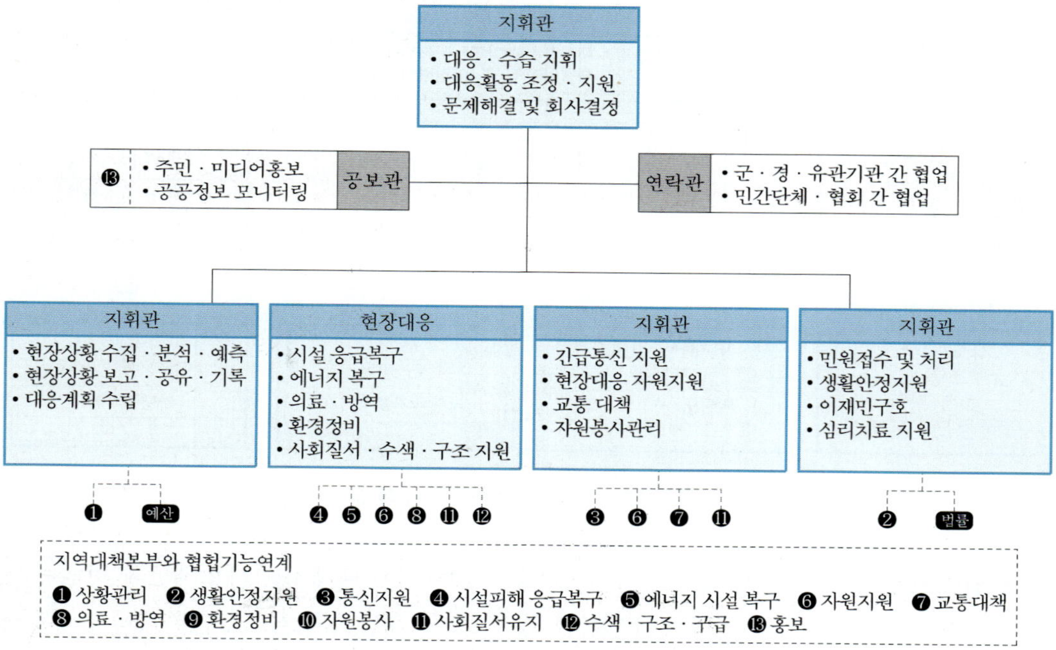

그림 5-12 시군구 통합지원본부 표준편제

5.5 국내외 지진 현황

5.5.1 국내 지진발생 현황

1978년 지진을 계측한 이래 2016년 9월 경주지진과 2017년 11월 포항 지진이 경상북도에서 발생하여 역대급 지진으로 기록되었다. 그림 5-13은 국내에서 발생한 계기지진기록(1978~2017)을 나타낸 것이다.

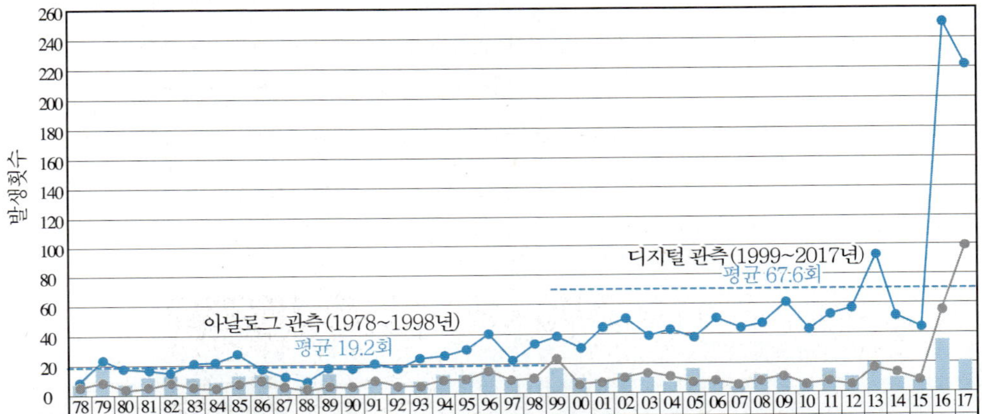

	78	79	80	81	82	83	84	85	86	87	88	89	90	91	92	93	94	95	96	97	98	99	00	01	02	03	04	05	06	07	08	09	10	11	12	13	14	15	16	17
규모 3.0이상	5	17	6	10	11	10	7	11	12	4	4	13	3	7	7	7	11	11	14	8	7	16	8	7	11	9	6	15	7	2	10	10	5	14	9	18	8	5	34	19
유강지진	5	8	1	3	8	4	2	6	9	5	1	4	4	8	5	4	8	8	13	8	9	22	5	6	9	12	10	6	7	5	7	10	5	7	4	15	11	7	55	98
총횟수	6	22	16	15	13	20	19	26	15	11	6	16	15	19	15	23	25	29	39	21	32	37	29	43	49	38	42	37	50	42	46	60	42	52	56	93	49	44	252	223

그림 5-13 1978~2017년 지진발생 현황

출처: 기상청

1980년대 후반 이후 지진관측망 현대화 및 지진분석 시스템의 성능 향상으로 규모 2.0~3.0의 지진 감지 횟수가 증가하여 총 발생횟수가 증가하는 경향을 보이고 있다. 2000년대 이후에는 총 발생횟수의 뚜렷한 증가세는 보이지 않으나, 2016년 9.12 지진 및 여진으로 발생횟수가 크게 증가하였다.

다시 말해서 우리나라의 전체 지진발생 경향은 지진관측망의 증가와 현대화가 시작된 1998년 이후 뚜렷한 증가추세를 보이고 있으나, 유감지진과 규모 3.0 이상의 지진의 발생 경향은 뚜렷한 변화를 보이고 있지 않다. 그림 5-14는 1978~2017년 진앙의 분포도를 나타낸다. 역대 국내에서 발생한 지진의 규모별 순위는 다음 표 5-6과 같으며 2016년 경주 인근에서 발생한 5.8 규모의 지진이 가장 큰 것으로 기록되었다.

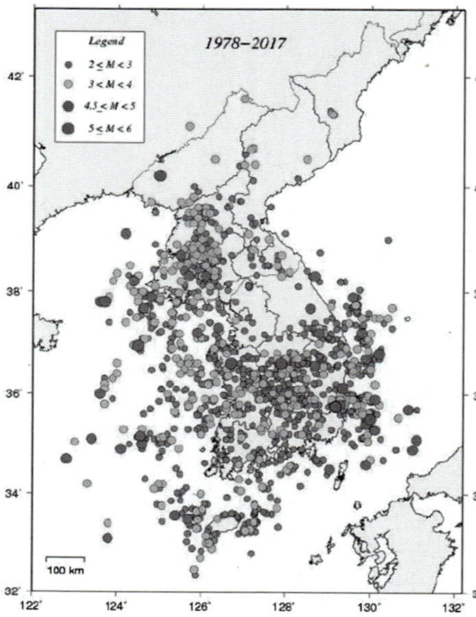

그림 5-14 1978~2017년 진앙 분포도

출처: 기상청

표 5-6 국내지진 규모별 순위

No.	규모 (Ml)	발생연월일	진원시	진앙(Epicenter)		
				위도(˚N)	경도(˚E)	발생지역
1	5.8	2016. 9. 12	20:32:54	35.76	129.19	경북 경주시 남남서쪽 8.7km 지역
2	5.4	2017. 11. 15	14:29:31	36.11	129.37	경북 포항시 북구 북쪽 8km 지역
3	5.3	1980. 1. 8	08:44:13	40.2	125.0	평북 서부 의주–삭주–귀성 지역 (북한 평안북도 삭주 남남서쪽 20km 지역)
4	5.2	2004. 5. 29	19:14:24	36.8	130.2	경북 울진군 동남동쪽 74km 해역
4	5.2	1978. 9. 16	02:07:06	36.6	127.9	충북 속리산 부근지역 (경북 상주시 북서쪽 32km 지역)
6	5.1	2016. 9. 12	19:44:32	35.77	129.19	경북 경주시 남남서쪽 8.2km 지역
6	5.1	2014. 4. 1	04:48:35	36.95	124.50	충남 태안군 서격렬비도 서북서쪽 100km 해역
8	5.0	2016. 7. 5	20:33:03	35.51	129.99	울산 동구 동쪽 52km 해역
8	5.0	2003. 3. 30	20:10:53	37.8	123.7	인천 백령도 서남서쪽 88km 해역
8	5.0	1978. 10. 7	18:19:52	36.6	126.7	충남 홍성군 동쪽 3km 지역
11	4.9	2013. 5. 18	07:02:24	37.68	124.63	인천 백령도 남쪽 31km 해역
11	4.9	2013. 4. 23	08:21:27	35.16	124.56	전남 신안군 흑산면 북서쪽 101km 해역
11	4.9	2003. 3. 23	05:38:41	35.0	124.6	전남 신안군 흑산면 서북서쪽 88km 해역
11	4.9	1994. 7. 26	02:41:46	34.9	124.1	전남 신안군 흑산면 서북서쪽 128km 해역

출처: 기상청

5.5.2 국외 지진발생 현황

최근 50년간(1941~1990) 세계 각지에서 발생한 규모 7 이상의 천발지진은 약 500회 정도가 발생되었다(그림 5-15). 이들 지진을 발생지역에 따라 살펴보면 다음과 같다.

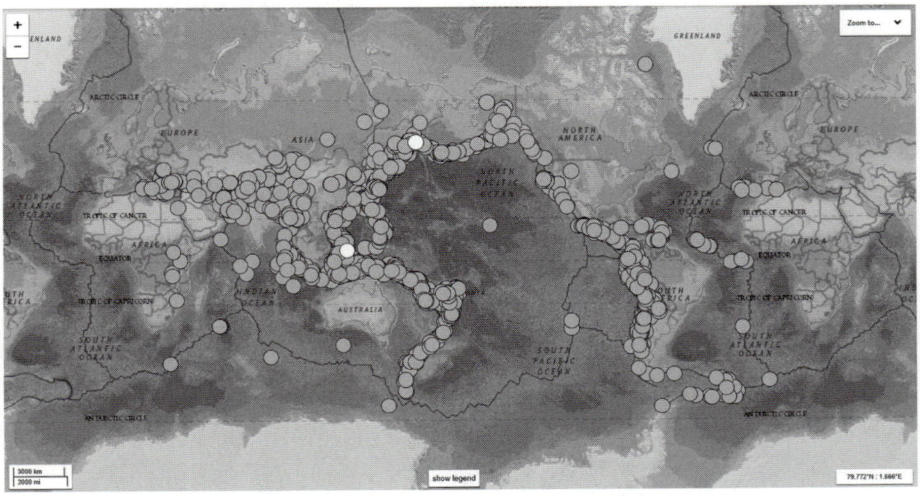

그림 5-15 **규모 7 이상의 지진발생 위치 모식도**

가. 일본

태평양판과 유라시아판, 필리핀판, 북아메리카판이 만나는 곳을 따라 길게 뻗어 있는 일본 열도에서는 환태평양지진대에서도 지진이 자주 발생하여 그 빈도는 전세계 지진의 약 15%에 이르고 있다. 규모 7 이상의 대지진은 14만 명의 사망자를 낸 관동 대지진(1923. 09.01.)과 후쿠이 지진(1948.06.28.), 일본 북부지진(1993.07.12.), 관서지진(1995.01.17) 등이 있다.

특히, 최근 발생한 칸사이 지진은 규모 7~8의 지진으로 진앙이 대도시 근처였고, 진원지가 비교적 지표에서 가까운데다 지반이 수직으로 흔들리는 직하형 지진이었기 때문에 피해지역이 상당한 수준의 방진시설을 갖추었음에도 불구하고 5,000여 명의 사망자가 발생하였다.

나. 동남아시아

유라시아판과 인도·오스트레일리아판, 필리핀판, 태평양판의 경계부에 있으면서 환태평양 지진대에 속한 필리핀, 인도네시아, 미얀마 지역에서는 주로 호상 열도형 지진이 발생한다. 20세기에 이 지역에서 발생한 규모 7 이상의 지진은 10여 회에 이르며, 1976년 8월

17일 필리핀의 민다나오섬에서는 규모 8의 지진과 함께 거대한 해일이 일어나 큰 피해를 입혔다. 그 밖에 필리핀의 루손섬(1990.07.16.), 인도네시아의 플로레스섬(1992.12.12.), 수마트라섬(1994.02.16.) 등에서 규모 7의 지진이 일어났다.

다. 인도 · 중국

유라시아판과 인도 · 오스트레일리아 판이 충돌하는 히말라야 산맥을 둘러싸고 지진이 자주 발생하고 있다. 이 지역은 판의 경계선이 육지의 깊은 곳을 지나고 있어 지진 발생지역이 인도, 아프가니스탄, 중국 서부, 타지키스탄, 키르기스스탄, 몽골, 중국동부 등 대륙의 상당히 깊숙한 곳까지 이르고 있다.

1556년 1월 23일 발생한 중국 산시성의 이량지진은 지진 후의 전염병과 기근의 피해까지 포함하여 80만명의 사망자가 발생되어 지금까지 희생자 발생수로는 최대 지진으로 알려지고 있다. 또한, 중국 간쑤성지진(1920.12.16., 규모 8.6), 길이 8km의 단층을 만들며 발생한 탕산지진(1976.7.28., 규모 7.8)이 각각 20만명이 넘는 사망자를 기록하고 있다. 이 밖에도 1991년 2월 1일 파키스탄과 아프가니스탄의 국경지대에서 규모 7의 지진이 발생했으며, 1993년 9월 30일 인도의 마하라슈트라에서 규모 6.4의 지진으로 상당한 피해를 입혔다.

라. 북아메리카

환태평양 지진대에 속하는 지역 중 하나이며, 태평양판과 북아메리카판의 경계부인 미국 서해안으로부터 알류샨 열도를 따라 지진이 자주 발생한다. 20세기에 이르러 규모 8의 지진이 대여섯 차례나 일어났으며, 최근에는 산앤드레이어스 단층이 가로지르는 캘리포니아주에서 규모 7의 강력한 지진(1989.10.17., 1994.01.17.)이 발생하여 도시 지진의 위험성을 부각시키고 있다.

마. 중앙아메리카

환태평양 지진대의 일부를 이루는 북아메리카판과 태평양판 외에 카리브판과 코코스판이라는 소규모 판으로 이루어진 이 지역에서는 북아메리카판과 카리브판을 가로지르는 변환단층의 활동으로 최근 들어 격렬한 지진이 자주 발생한다. 과테말라(1976.02.04.), 멕시코(1985.09.19.), 엘살바도르(1986.10.10.), 코스타리카 · 파나마(1991.04.22.) 등에서 규모 7 이상의 강한 지진이 발생하여 각각 수만 명의 사망자를 냈다. 이 지역에서는 비교적 대륙 깊숙한 곳에서도 지진이 잘 일어나는데, 이러한 지진에서 특히 많은 인명피해가 발생하고 있다.

바. 중동

아라비아판과 유라시아판이 만나는 이 지역에는 거대한 단층이 지나고 있어 이를 따라 대규모 지진이 자주 발생하고 있다. 이 지역은 20세기에 들어서도 규모 7 이상의 지진이 13회 가량 발생하여 지진의 발생빈도가 증가하는 추세를 보이고 있다.

터키의 에르치칸지진(1939.12.26.), 이란의 타바스지진(1978.09.16.), 아르메니아지진(1988.12.07.), 이란지진(1990.06.21.), 터키북부지진(1992.03.13.) 등이 최근 발생한 규모 7 이상의 대표적인 격진이다.

사. 지중해

유라시아판과 아프리카판의 경계부인 그리스와 이탈리아 해안지대, 모로코와 알제리 등지에서 지진이 잘 발생한다. 근래에는 이 지역에서 큰 지진이 별로 발생하지 않았으나, 지진역사에서 보면 1755년 11월 1일의 리스본지진이 규모 9에 육박하여 6만여 명의 사망자를 낸 것을 비롯하여, 이탈리아의 메시나지진(1908.12.28.), 아베차노지진(1915.01.13.) 등 제법 큰 규모의 지진에 대한 많은 기록을 남기고 있다.

최근에는 알제리의 엘·아스남 지진(1980.11.23.)이 규모 7을 기록했을 뿐, 이집트의 카이로지진(1992.12.10.)과 알제리의 마스카라지진(1994.08.18.) 등 규모 6 이하의 비교적 작은 지진만 발생하고 있다. 이 밖에도 아프리카 동부지역을 가르는 거대한 단층지역을 따라 지진이 발생하고 있으며, 대서양의 해양저산맥을 따라서 해저지진이 자주 일어나고 있다.

여기서, 표 5-7은 세계에서 발생한 가장 규모가 큰 지진을 정리한 것이며, 표 5-8은 피해가 가장 큰 지진을 나타낸 것이다.

표 5-7 세계 역대 규모 지진

순위	일자	장소	이름	규모
1	1960년 5월 22일	칠레 발디비아	1960년 칠레 지진	9.5~10.0
2	1964년 3월 27일	미국 알래스카주 프린스윌리엄 만	1964년 알래스카 지진	9.2
3	2004년 12월 26일	인도네시아 수마트라 섬	2004년 인도양 지진 해일	9.3
4	2011년 3월 11일	일본 미야기현	2011년 도호쿠 지방 태평양 앞바다 지진	9.0
5	1952년 11월 4일	소비에트 연방 캄차카 반도	캄차카 지진	9.0
6	1833년 11월 25일	인도네시아 수마트라	1833년 수마트라 지진	8.8~9.2(추측)
6	1906년 1월 31일	에콰도르/콜롬비아 섬	1906년 에콰도르·콜롬비아 지진	8.8
6	2010년 2월 27일	칠레	2010년 칠레 지진	8.8

표 5-8 가장 피해가 큰 지진

순위	일자	장소	이름	사망자	규모
1	1556년 1월 23일	중국 산시	산시 대지진	830,000	8.8
2	1976년 7월 28일	중국 탕산	탕산지진	255,000 (공식)	7.
3	2010년 1월 12일	아이티	2010년 아이티 지진	230,000 이상	7.0
4	2004년 12월 26일	인도네시아 수마트라 섬	2004년 인도양 지진 해일	230,210	9.1–9.3
5	1138년 10월 11일	시리아 알레포	1138년 알레포 지진	230,000	8.5
6	1920년 12월 16일	중국 닝샤 – 간쑤	1920년 하이위안 지진	200,000 ~ 240,000	7.8 or 8.5

5.5.3 국내 지진피해 사례

가. 경주 지진

2016년 9월 12일 19시 44분 32초에 경북 경주시 남남서쪽 8.2km(35.77°N, 129.19°E) 지역인 내남면에서 규모 5.1의 전진이 발생했고, 20시 32분 54초에 경주시 남남서쪽 8.7km(35.76°N, 129.19°E) 지역에 기상청 관측 이래 한반도에서 가장 큰 규모 5.8의 지진이 발생하였다.

진원깊이는 15km 내외이며 경주, 대구에서 최대진도Ⅵ, 부산, 울산, 창원에서 진도 Ⅴ의 지진동이 감지되었다. 규모 1.5 이상의 여진은 2016년 12월 31일까지 총 554회 발생하였으며, 이 중 가장 큰 여진은 9월 19일 20시 33분 58초에 경북 경주시 남남서쪽 11km (35.74°N, 129.18°E) 지역에서 발생한 규모 4.5의 여진이다(그림 5-16).

경주에서 발생한 2차례의 지진으로 서울, 부산과 같은 전국에서 시민들이 강력한 지진을 느낀 뒤 불안감을 호소하며 119에 신고전화가 빗발쳤다. 지진의 진앙지는 경주와 울산 중간지점인 경주시 내남면 내남초등학교 인근으로 밝혀졌다. 경주시 내남면은 울산광역시와도 가까운 거리이며 2번째 발생한 강진 때는 집안의 물건이 넘어지는 현상이 발생했다.

지진의 진동은 경상도, 충청도, 제주도, 부산, 강원도, 서울 등 전국 각지에서 감지되었다. 그리고 48분 후 오후 8시 32분에 경주시 남남서쪽 8km 지역에서 1차 지진보다 더 강력한 모멘트 규모 5.8의 지진이 또 발생하였다. 첫 진앙지와 두 번째 진앙지는 직선거리로 1.4km 떨어져 있는 것으로 파악이 되었다. 이 지진으로 부산에 있는 80층 고층 건물이 흔들렸으며, 서울 종로구에서도 3~5초간 건물이 흔들리는 것을 느꼈다고 한다.

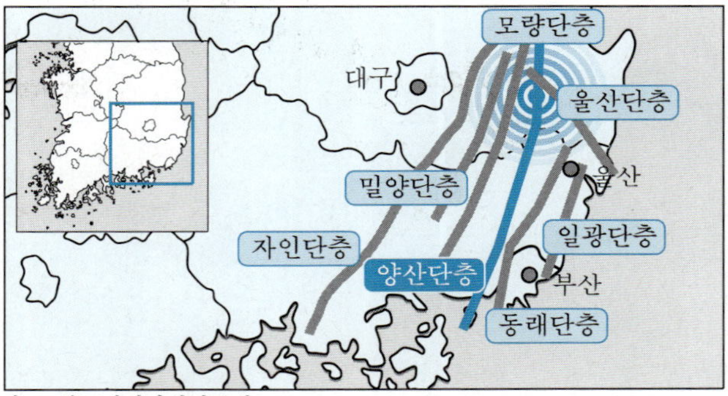

자료: 한국지질자원연구원

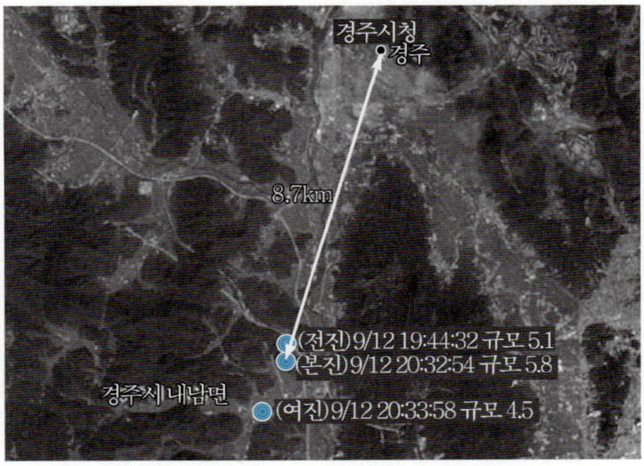

그림 5-16 9.12 경주지진 진앙 위치

출처: google 사이트

지진 여파로 부산국제금융센터에 필수 인력을 제외한 모든 인원에게 대피령이 내려졌다. 또한 부산 도시철도 1~4호선이 5분간 정지되었다. 울산화력발전소의 LNG 복합화력발전 4호기가 가동을 중지했으며, 월성원자력발전소도 1~4호기에 수동으로 가동 중지 조치가 취해졌다. 불국사 대웅전 지붕 및 오릉 담장 일부 기와가 탈락됐고, 석굴암 진입로에 낙석이 발생한 것으로 파악됐다. 그리고 첨성대의 꼭대기 돌이 심하게 기울어진 것으로 보고되기도 하였다.

이번 지진으로 인한 피해 중 발생 건수가 가장 많은 피해 유형은 지붕파손으로 전체 피해의 약 42%가 발생하였다. 다음으로는 건물 균열, 담장 파손 순으로 많이 나타났다. 이러한 피해현황을 바탕으로 진도를 평가한 결과 진도 Ⅴ~Ⅷ로 분석되었으며, 진도 Ⅴ의 주요 피해 유형은 지붕파손과 건물 균열, 진도 Ⅵ에서는 담장 파손과 건물 균열, 진도 Ⅶ~Ⅷ에서는 건물 균열이 큰 비중을 차지하였다(그림 5-17).

그림 5-17 경주 지진 피해 상황

출처: google 사이트

나. 포항 지진

포항지진은 2017년 11월 15일 14시 29분경 경북 포항시 북구 북쪽 7.5km 지역(36.11°N, 129.37°E)에서 발생하였다. 2017년 포항지진의 본진은 규모 5.4로 계기지진 관측 사상 두 번째로 큰 지진이며, 진원깊이가 약 7km로 9.12지진(15km)보다 상대적으로 얕은 깊이를 가진다.

이 지진으로 인하여 경북지역에서 최대진도 Ⅵ이 기록되었고, 강원, 경남, 대구, 부산, 울산, 충북 지역에서 진도 Ⅳ의 진동이 감지되었다. 2018년 5월 31일까지 규모 2.0 이상의 여진은 100회, 미소지진을 포함하면 615회 관측되었다(그림 5-18).

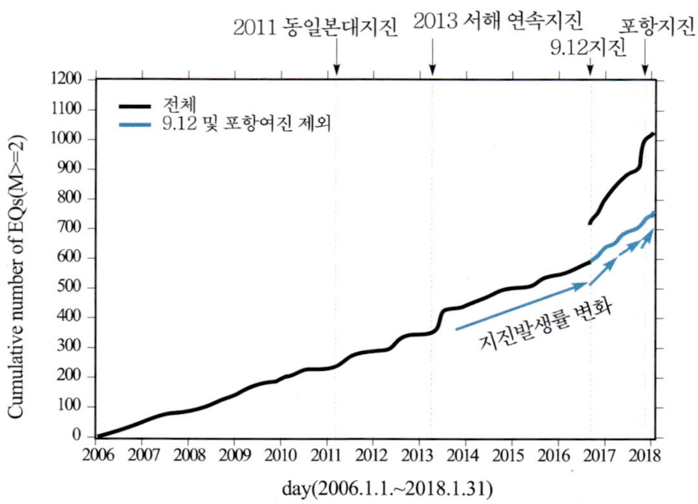

그림 5-18 누적 지진 발생 횟수

그림 5-19 포항 지진 피해 상황

지진 발생 후 점포의 유리창이 완파되거나, 거실의 화분이 깨지는 등의 피해를 입은 곳도 있으며, 일시적으로 와이파이와 인터넷이 끊기는 지역도 있었다. 62명이 부상을 당하고 157명의 이재민이 발생하였다. 지붕 986곳이 파손되는 등 주택 1,208동이 피해를 입었고 이 가운데 주택 3곳은 전파되었다. 또한, 차량 38대도 파손되었으며, 교량 5개소, 상하수도 6곳이 파손되었다(그림 5-19).

2018년 7월 기상청에서 발간한 포항지진 분석 보고서에 따르면, 그림 5-20에 나타낸 것과 같이 이동식 지진계를 이용한 임시 지진관측 자료를 포함하여 분석한 여진은 북동-남서 방향으로 분포하며, 남동쪽에 비해 북서쪽 지진의 깊이가 깊어지는 경향을 나타낸다. 그림 5-20 우측의 B-B′ 단면도에서 이러한 깊이 분포가 명확하게 나타나며, 이로써 포항지진의 단층면이 북서쪽으로 경사한 것으로 분석된다. 또한 타원으로 표시한 것과 같이 주 단층면에서 벗어나 발생한 것으로 추정되는 여진활동도 관측되었다. 이들 벗어난 지진을 제외하고 주 단층면에서 발생한 여진분포를 통해 포항지진의 지진단층은 길이 약 7~8km, 너비 약 4~5km의 크기를 갖는 것으로 추정된다.

여진분포를 통해 단층면을 추정하기 위해서는 본진을 포함한 여진의 진앙과 진원 깊이에 대한 정확한 분석이 이루어져야 한다. 이를 위해 여러 가지 진원의 결정방법과 지진파 속도구조 모델을 이용할 뿐 아니라 지진관측소 분포도 변화시키면서 포항지진의 깊이를 분석하였다.

진앙에 비해 진원 깊이가 분석방법에 따라 더 민감하게 변화하는 경향을 보였으며, 깊이의 경우 분석에 사용된 속도구조 모델보다 지진관측소 분포의 영향을 더 크게 받는 것으로 나타났다. 그림 5-21에 나타낸 것과 같이 본진의 깊이는 분석방법이나 속도구조 모델에 따라 변화하였으며, 진앙거리 50km 이내에 분포한 상시관측소 위주의 관측 자료를 사용한 경우 7~9km로 분석되었고 진앙거리 15km 이내에 설치된 임시지진관측소 위주의 관측 자료를 사용한 경우 2~5km로 분석되었다.

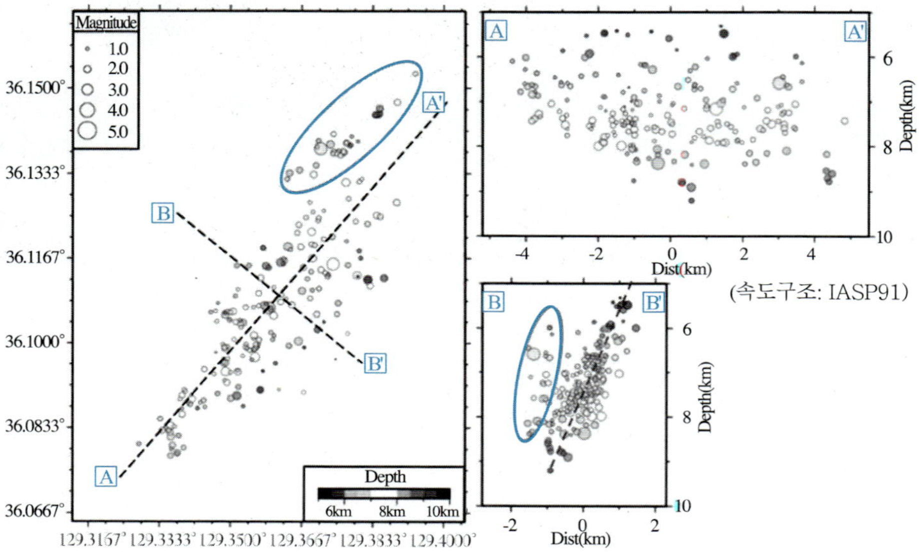

그림 5-20 포항지진의 여진분포(좌) 및 A-A′, B-B′선에 대한 단면도(우)

출처: 기상청 포항지진 분석 보고서

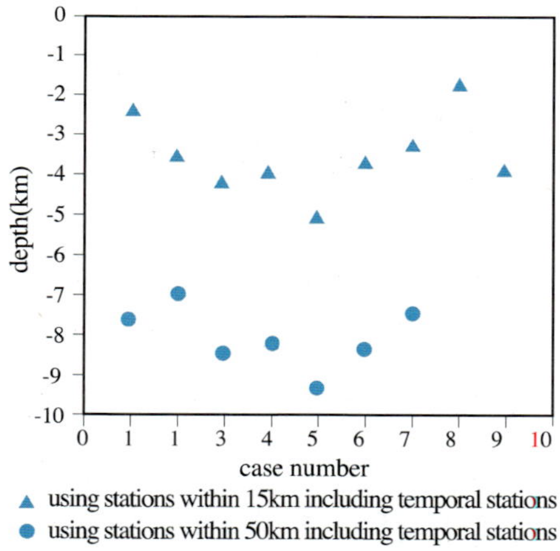

그림 5-21 관측소분포, 속도구조모델, 분석방법에 따른 본진의 깊이 분포

출처: 기상청 포항지진 분석 보고서

다. 홍성 지진

1978년 10월 7일 오후 6시 19분 52초에 대한민국 충청남도 홍성군 홍성읍에서 일어난 규모 5.0의 지진이다. 진앙지였던 홍성읍 일원이 진도 V에 해당하는 피해가 발생했을 만큼 심각하였는데, 이는 일반적인 규모 5.0의 지진 피해보다 큰 것으로 평가되었다. 이렇게 큰 피해가 발생한 이유로 홍성 지진의 진원 깊이가 10km 이내로 얕았고, 한반도에서 가까운 일본의 지진 관측소에서는 뚜렷하게 기록되지 않았을 만큼 지진파의 에너지가 진앙 부근으로 매우 집중되었다는 점이 지적되었다. 이후 1978년 10월 10일, 11월 24일, 1979년 1월 1일, 2월 8일(2차례), 2월 24일, 3월 12일 등 총 7차례의 여진이 발생하였는데, 모두 사람이 느낄 수 있는 유감지진이었다.

이로 인하여 홍성군청을 중심으로 반경 500m 내의 지역에 심한 피해가 집중되었다(그림 5-22). 지진 발생 당시에 쾅하는 굉음과 함께 홍성읍내에 진동이 느껴졌다는 제보가 전해지기도 하였다. 지진 결과 부상 2명의 인명피해와 막대한 재산피해가 발생하였다. 118동의 건물이 파손되고 1,100여 동 이상의 건물에 균열이 발생하였으며, 홍성군청 등 12개 공공기관의 유리창 500여 장이 파손되었다. 그리고 문화재로 지정된 사적 231호 홍주 성곽 90m가 무너지고, 가재도구와 담장 등 부속 구조물 파손이 670여 건이 신고 되었다.

또한, 일시적인 정전과 전화 불통 현상이 있었고, 지면에는 폭 약 1cm, 길이 약 5~10cm의 균열도 발견되었다. 당시 총 피해액은 약 2억 원, 복구 소요비용으로는 약 4억 원으로 보도되었다. 이 지진으로 인한 부상자는 2명이 전부였으나, 이 지진은 홍성군에서 내진설계를 도입하는 계기가 되었다. 반면에 서울, 대전, 광주에서는 일부 민감한 사람만이 약간의 진동을 느낄 수 있는 정도로 지진의 여파가 약하였다.

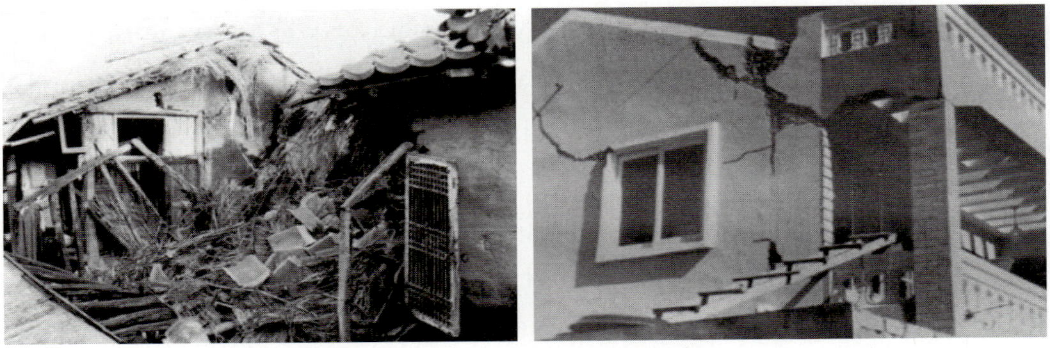

그림 5-22 **홍성 지진 피해 상황**

출처: google 사이트

라. 오대산 지진

2007년 1월 20일 리히터 규모 4.8, 진앙지는 강원도 평창군 도암면, 진부면 경계지역에서 발생한 지진이다. 전국 내륙지방에서 감지되었으며, 강릉시, 평창군은 진도 V로 시민의 대부분이 지진을 감지하였다. 건물이 심하게 흔들리고 진앙부근에서 일부 건물의 균열이 발생하였다.

이 지진으로 48명의 부상자가 발생하였고, 약 106억 원 정도의 재산 피해가 발생하였다(그림 5-23).

그림 5-23 오대산 지진 피해 상황

5.5.4 국외 지진피해 사례

가. 2008년 쓰촨 대지진

쓰촨 대지진 또는 원촨 대지진은 2008년 5월 12일 오후 2시 28분, 중국 쓰촨성 지방에서 발생한 리히터 규모 8.0의 큰 지진을 말한다. 미국 지질조사국(USGS)에서 처음으로 보도했다. 사망자 약 69,000명, 부상자 약 374,000명, 행방불명자 약 18,000명, 재산피해자 누계 약 4,616만명, 붕괴된 가옥 약 216,000동의 피해를 야기했다(그림 5-24). 특히 학교 건물의 붕괴로 인해 교사와 학생에게 많은 피해가 발생하였기 때문에 지방 간부의 독직과 부실 공사의 관계가 문제화되었다.

진원은 청두로부터 북서쪽으로 90km 떨어진 아바 티베트족 · 창족 자치주의 원촨현 이었고, 주 진동은 2008년 5월 12일에 발생했다. 지진 규모에 대한 초기 보고는 7.5에서 8.0까지의 범위에 있었고, 주 진동이 있은 후 24시간 동안 지진 규모 5.0에서 6.0까지의 여진이 이어졌다.

그림 5-24 중국 쓰촨 대지진 피해 상황

출처: google 사이트

나. 동일본 대지진

동일본 대지진은 2011년 3월 11일 14시 46분경 일본 산리쿠 연안 태평양 앞바다에서 일어난 해저 거대지진이다. 진앙은 도호쿠 오시카 반도 동쪽 70km 지점이며, 진원지는 수심 29km 아래 지점이다. 지진의 규모는 9.0~9.1로 일본 근대 지진관측 사상 최대 규모의 지진이자 1900년 근대 지진관측이 시작된 이후로 4번째로 가장 강한 지진이다.

1995년 효고현 남부 지진(한신 아와지 대지진), 2004년 니가타현 주에쓰 지진에 이어 관측 사상 3번째로 최대 진도 7을 기록한 지진이다. 지진 발생 후 강력한 쓰나미가 발생하여 도호쿠 지방의 이와테현 미야코시에 40.5m의 해일이 덮쳤고, 센다이시에서는 내륙으로 10km까지 해일이 밀려들었다.

동일본 대지진으로 혼슈가 동쪽으로 2.4m 이동하였고, 지구 자전축이 10cm-25cm가량 움직였으며 저궤도 지구중력장 탐사위성(GOCE)에서는 지진으로 발생한 음파 섭동의 초저주파를 감지하기도 하였다.

2018년 12월 10일 기준으로 일본 경찰청은 동일본 대지진으로 일본의 12개 도도부현에서 15,897명이 사망, 2,534명이 실종되었다고 발표했으며, 228,863명이 원래 살던 집을 떠나 난민이 되어 일시적 또는 영구히 다른 지역으로 이주하였다.

2014년 2월 10일의 보고서에서는 건물 127,290채가 붕괴, 272,788채가 반파되었으며 747,989채가 부분 손상을 입었다고 집계하였다. 지진과 쓰나미로 일본 동북부 지역의 도로 및 철도가 끊기는 등 많은 기반 시설이 파괴되었고, 여러 지역에서 화재 및 댐 붕괴 등으로 심각한 대규모의 구조적 피해를 입었다. 여기에 일본 동북부 지방 440만 가구가 정전되었고, 150만 가구가 단수되는 피해를 본 것으로 집계되었다(그림 5-25).

그림 5-25 동일본 대지진 피해 상황

출처: google 사이트

지진으로 일어난 쓰나미는 여러 원자력 발전소 사고를 일으켰는데, 그 중 대표적인 사례가 7단계 노심 용해가 발생한 후쿠시마 제1 원자력 발전소 사고로 인해 사고 인근 구역은 대피구역으로 지정되어 수십만 명이 이주하였다. 많은 전기 발전기가 꺼지면서 전력 손실로 인한 냉각기 고장 후 최소 3개의 후쿠시마 원전 노심이 수소 가스로 가득 차 폭발하였다. 후쿠시마 제1 원자력 발전소 주변 20km, 후쿠시마 제2 원자력 발전소 주변 10km 사람들은 긴급 대피하였다(그림 5-26).

그림 5-26 동일본 대지진 원전 피해 상황

출처: google 사이트

동일본 대지진으로 일어난 보험금 손실액은 대략 미화 1,450만 달러에서 3,460만 달러로 추정된다. 일본은행은 지진 3일 후인 3월 14일 시장 상황을 정상화하기 위해 긴급하게 15조 엔(미화 1,830억 달러)을 방출하였다. 세계은행은 이 자연재해로 발생한 피해액이 대략 미화 2,350억 달러로 역사상 최악의 재산 피해를 입힌 자연재해라고 추측하였다.

다. 알래스카 대지진

알래스카 대지진은 1964년 3월 27일 오후 5시 36분 시작했다. 남중부의 알래스카를 가로지르며 땅을 갈라 틈을 만들었으며, 건물이 무너지고, 조수 파도가 약 131명을 곧장 죽음으로 몰아넣었다. 이 알래스카 대지진은 굿 프라이데이 지진이라고도 불린다. 약 5분 동안 지속된 지진은 미국과 북미 역사에 있어 가장 강력하게 기록된 지진이었고, 지진계에 의해 측정된 2번째로 강력한 지진이었다. 순간 규모 9.2였고 진도는 8.4로 기록되었다.

강력한 지진은 그 지역에 액상화 현상을 생기게 했다. 땅의 균열은 몇몇의 사회에 주요한 구조적 피해와 재산상 많은 비용을 발생시켰으며 다수의 산사태 발생 원인이 되었다. 앵커리지는 많은 주택, 건물, 하부구조(포장 도로, 보도, 물과 하수시설, 전기시설 등)에 피해가 지속되었다.

코디액 근처 몇몇 지역은 9.1m 상승했다. 프린스 윌리엄 해협에 8.2m 해일이 체네가 마을을 파괴했고, 그 당시 거기서 살고 있던 68명 중 23명을 사망케 했으며 생존자들은 그 파도를 피해 높은 지대로 올라갔다. 해일은 브리티시 컬럼비아, 오리건, 캘리포니아에 사람들과 재산뿐만 아니라, 발데즈, 휘티어, 슈어드, 코디액, 다른 알래스카 사회에도 영향을 끼쳤다(그림 5-27).

그림 5-27 알래스카 지진 피해 상황

출처: google 사이트

라. 인도양 지진해일

2004년 12월 26일 인도네시아 수마트라 섬 서부 해안의 40km 지점에서 발생, 30만명 이상이 목숨을 잃고 5만명이 실종, 난민 169만명 이상이 발생한 규모 9.3의 초대형 해저 지진으로 사망자의 대부분은 쓰나미에 의해 발생했다(그림 5-28). 고베 대지진의 1,600배 규모로 강진 중의 강진이었으며 20세기와 21세기를 통틀어 세계 역사상 2번째로 컸었던 지진이기도 하며, 지금까지 알프스-히말라야 조산대에서 일어났던 지진들 중에서는 가장 큰 규모다.

동남아시아의 경우에는 지진과 화산은 수도 없이 겪어봤지만, 특히 쓰나미를 겪어본 경험이 거의 없는 지역이라는 특징 때문에 조기경보체계가 미흡하여 운석 충돌 수준이라 불릴 정도의 피해가 발생했다. 피해가 클 수밖에 없었던 원인은 진앙지에서 가장 가까운 지역이 바로 아체지역이었기 때문이다. 그 외에도 어떤 섬은 도시나 마을 자체가 흔적조차 남기지 않고 사라져 버리기도 하였다. 또한 이 지진으로 인해 지진 발생지역 바로 옆에 있었던 수마트라 섬이 수십 미터를 이동해 버렸다.

그림 5-28 인도네시아 지진 피해 상황

출처: google 사이트

5.5.5 국외 주요 국가 지진방재 관련 규정

가. 미국

미국의 내진관련 규정은 Federal Emergency ManagementAgency(FEMA)와 Building Seismic Safety Council(BSSC)의 지원을 받아 지속적으로 개선되어 왔다. FEMA는 Recommended Seismic Provisions for New Buildings and Other Structures를 발행하였는데, 이 보고서에서는 50년 동안 구조물이 붕괴할 확률이 1%인 Risk-targeted Maximum Considered Earthquake(MCER)로 정의되는 기준지진에 대해서 구조물의 중요도 및 기능

에 따라 그 구조물의 전체붕괴, 부분 또는 전 체적 붕괴, 독극물 누출, 부착물 추락, 경제적 손실 등의 가능성을 확률적으로 제한하는 허용위험도를 설정하고 있다. 즉, 하나의 기준지진(MCER)에 대해서 구조물의 중요도 및 기능에 따라 각기 다른 한계상태에 대한 허용위험도를 설정하고 있다는 것이 큰 특징이다.

미국 시설물의 내진설계기준은 표 5-9와 같이 시설물별의 내진성능수준, 내진등급 및 설계지진세기에 대해 일률적이지 않다. 설계지반운동을 표현하는 설계응답 스펙트럼과 관련해서는 부지응답특성을 고려할 필요가 있는 경우 이를 적용하도록 하고 있지만, 부지응답특성을 특별히 고려하지 않는 경우에 제공되는 설계스펙트럼에도 시설물에 따라 차이를 보인다.

표 5-9 미국의 시설물별 내진설계기준 비교

시설물	기준	내진등급	내진성능수준	설계지진세기 (재현주기, 년)	설계응답 스펙트럼
건축물	IBC (ASCE 7)	3개등급 그룹 I 그룹 II 그룹 III	명시 규정 없음 그룹 I: 인명안전 그룹 II: 인명안전과 즉시 거주의 중간정도 그룹 III: 즉시 거주	2400년 재현주기 지진의 2/3수준의 지진	0.2초 및 1.0초 진동주기 구조물의 응답가속도를 기반
도로교	AASHTO	3개 등급 Critical Essential Other	붕괴방지	명시적 규정 없음/응답수정 계수로 반영 500, 1000, 2500 수준	0.2초 및 1.0초 진동주기 구조물의 응답가속도를 기반으로 함
	Caltrans	명시규정없음	붕괴방지	1000년 이상	단층파괴, 지진규모 고려
철도	AREMA	명시규정없음	사용한계, 극한한계, 붕괴방지	Level 1: 50~100 Level 2: 200~500 Level 3: 1,000~2,400	$C_m = \frac{1.2ASD}{T_m^{2/3}}$
댐	미국대댐회 국제대댐회	4개 등급 low moderate high extreme	기능수행붕괴방지	명시적 규정 없음. 기능수행은 200년 붕괴방지는 1000년 이상	부지특성 반영 별도 지반운동 지정
항만	국제항회 협회(2001)	4개 등급 Grade S Grade A Grade B Grade C	수준 I(사용가능) 수준 II(복구가능) 수준 III(붕괴임박) 수준 IV(붕괴)	L1(구조물의 설계수명 내 50%의 초과확률) L2(구조물의 설계수명 내 10%의 초과확률)	시설물 중요도 등급에 따른 부지응답 해석

나. 유럽

European Committee for Standardization은 1990년부터 유럽공동체가 공통으로 적용할 수 있는 설계기준을 개발하여 1998년에 Eurocode 8; Design Provisions for Earthquake Resistance of Structures를 발행하였다. 이 규범은 각 나라의 특수한 여건과 관계없이 공통으로 적용될 수 있는 기술적 사항을 규정하고 있으며, 각 나라에 특수한 조건들은 National Application Document에 포함되는 체계를 취하고 있다.

이를 개정하여 2004년에 Eurocode 8; Design of Structures for Earthquake Resistance를 발행하였으며 도로교에 대한 내진설계기준은 Design of Structures for Earthquake Resistance. Part 2. Bridge(2005)에서 규정하고 있다. 따라서 일관성 있는 시설물의 내진성능수준을 부여할 수 있다. Eurocode 8은 구조물에 대한 내진기준을 제시하고 있으며, 성능기반기준으로 지진에 대한 구조물의 목표성능을 제시하고 이를 만족할 것을 요구한다.

Eurocode 8은 표 5-10과 같이 내진등급을 4개로 구분하며, 내진성능 수준을 2개로 설정하고 있다. 첫째, 붕괴방지 수준은 재현주기 50년에 초과확률이 10%인 지진으로 재현주기 능력을 보유하고 있어야 한다는 것이다. 둘째, 손상제한 수준은 재현주기 10년에 초과확률이 10%인 지진으로 재현주기 95년의 발생확률이 높은 지진에 의한 손상발생 및 이로 인한 사용성(Serviceability) 제한을 방지하기 위한 것이다. 이러한 기본적인 요구조건에 대해 2가지 한계상태인 극한한계 상태(Ultimate Limit State) 및 손상한계 상태(Damage Limit State)를 제시하고 있으며, 이러한 한계상태에 대해 구조물의 성능수준(Performance)을 검토하도록 규정하고 있다.

표 5-10 Eurocode 8 내진등급

중요도 등급	내용
I	평균 이하 중요도
II	일반건축물
III	다중이용시설
IV	매우 중요한 건축물

다. 일본

일본은 내진성능 수준에 기반을 둔 내진설계를 실시하고 있다. 일본 지진공학회에서는 "성능 규정형 내진설계법"에 관한 연구위원회를 두고 2003년부터 3년간 성능 규정형 내진설계에 대해 연구하였다. 일본은 "성능 규정형 내진설계법(일본지진공학회, 2004)"에서 도시의 내진성능 목표를 설정 후 개별 시설물의 내진성능 목표를 설정하도록 제안하였다. 시설별로 산재한 기준에 대해 시설물간 상호 관련 내진성능 목표를 정하여 도시 전체의 내진성능 매트릭스를 제안하고, 시설물별 요구사항을 정립하도록 한 것이다.

도시 전체의 내진성능은 개별 시설물마다 내진성능 목표가 쌓여서 확보되는 것이 아니라 도시의 내진성능 목표를 설정하고 이를 만족하도록 개별 시설물을 설계함으로써 달성하는 개념이다. 일본의 경우는 미국과 달리 법규의 위임을 받아 내진설계기준의 개선을 주도하는 전문기관이 별도로 존재하지 않는다. 토목시설물의 경우에는 일본토목학회가 내진설계기준의 개선을 주도한다고 할 수 있다.

일본토목학회는 고베 지진시(1995.01.17.) 많은 토목구조물에 심각한 피해가 발생한 것을 교훈 삼아 토목구조물에 대해 내진설계를 하는 경우에 일반적인 설계기본을 제시하기 위하여 '토목구조물의 내진설계 가이드라인(안)-내진기준 작성을 위한 지침'(일본토목학회, 2001)을 작성하였다. 일본 시설물의 내진설계기준은 표 5-11과 같이 시설물의 내진성능수준, 내진등급 및 설계지진 세기에 대해 일괄적이지는 않다.

표 5-11 일본의 시설물별 내진설계 기준 비교

시설물	기준	내진등급	내진성능수준	설계지진세기 (재현주기, 년)	설계응답 스펙트럼
건축물	건축 기준법	3개 등급 그룹 I 그룹 II 그룹 III	레벨 I: 지진기능 수행 레벨 II: 인명 안전	2,400년 재현주기 지진의 2/3 수준의 지진	전단파속도 400m/s 공학적기반암의 가속도스펙트럼을 기반으로 함
도로교	도로교 시방서	2개 등급 B종 A종	내진성능1(건전성) 내진성능2(한정손상) 내진성능3(붕괴방지)	명시적 규정 없음 레벨 I (내진성능1확보) 레벨 II (내진성능 2/3확보)	지진세기별, 타입별, 지반종류별로 스펙트럼 규정
철도	철도 구조물 등 설계표준	명시규정 없음	내진성능1 (기능수행-손상불허) 내진성능2 (기능수행-손상허용) 내진성능3(붕괴방지)	명시적 규정 없음 Level 1: 내진성능 1확보 Level 2: 내진성능 2 또는 3 확보	지진세기별 스펙트럼 규정: 지진규모, 진원특성, 토질증폭특성 반영

시설물	기준	내진등급	내진성능수준	설계지진세기 (재현주기, 년)	설계응답 스펙트럼
댐	일본 토목학회	1개 등급 중요도에 대한 구분 없음	기능수행, 붕괴방지 (극대지진 고려시만 적용)	기능수행수준 지진(1~2회/100년) 붕괴방지(수천년)	부지특성 반영 별도 지반운동 지정
항만	항만시설 기준 (2009)	3개 등급 특별설계 (긴급수송) 특별설계 (본선수송) 표준설계 (긴급수송)	즉시 기능수행/ 단시간 내 기능수행/ 특정시간 내 기능수행	L1(설계수명 동안 높은 확률로 일어나는 지반 운동) L2(L1과 시나리오 지진 중 최대지반운동)	설계진동(L1, L2)에 따른 해석법으로 설계지반 운동 결정

CHAPTER 06

도시와 토석류

6.1 토석류의 정의 및 특징

6.2 토석류의 분류방법

6.3 토석류 해석모형

6.4 토석류 피해발생 사례조사

CHAPTER 06

도시와 토석류

6.1 토석류의 정의 및 특징

기후변화에 의해 전 세계적으로 기온상승, 강우 패턴의 변화 등 이상기후의 징후가 발생하고 있으며 우리나라도 예측하기 집중호우의 증가로 피해가 발생하고 있으며 특히 산지 등 급경사지에서 산사태 및 토석류 등으로 많은 피해가 발생하고 있다. 특히 짧은 시간에 매우 높은 강도를 가진 국지적 이상호우의 발생으로 도시유역에 빠른 유속과 토석류를 동반한 토사재해 관련 피해가 급증하고 있으며 이로 인한 많은 인명과 재산피해가 급증하는 추세를 보이고 있다. 2011년에는 집중호우 및 태풍으로 63명 및 7,300억원의 재산피해가 발생하였으며, 자연재해로 인한 인명피해 63명 중 51명(81%)이 산사태로 사망하였다. 7월 7-16일 집중호우로 중·남부지방의 6개 광역시도에서 2.02km^{2}에 이르는 산사태가 발생하였다. 특히 폭우로 인한 서울시 우면산과 춘천시 천전리 펜션에서 발생한 재해는 많은 인명피해와 재산피해를 동반하며 사회적으로 토석류의 위험성을 크게 주목 받게 하였다(그림 6-1).

(a) 서울 우면산 토석류 피해

(b) 춘천 천전리 펜션 토석류 피해

그림 6-1 토석류 피해 현황

산지에 호우가 집중되면 물·암석·쇄설물질·토사 등이 한데 얽혀 흐르는 토석류(debris flow)가 발생한다. 토석류재해는 짧은 기간에 발생하여 대피가 어렵고 많은 토사발생량으로 인해 복구에 많은 시간이 소요된다. 2006년 한국도로공사의 조사에 따르면 사면재해 중 토석류재해 건수는 23%이지만 발생량은 전체의 95%에 이르는 가장 심각한 재해가 발생된다. 최근 10년간 산사태 피해면적과 인명피해 비교를 나타낸 아래 그림처럼 산사태 피해면적은 집중호우가 내린 시기와 대부분 일치하고 있다.

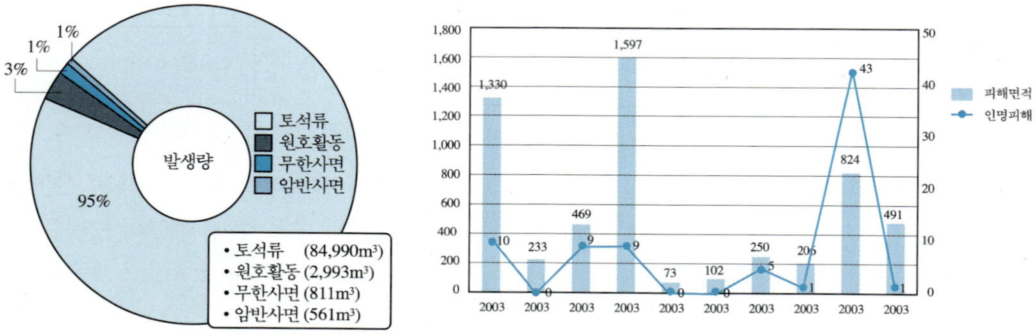

(a) 재해별 토사발생량 (b) 산사태 피해면적과 인명피해

그림 6-2 토석류 재해에 따른 피해 현황

6.1.1 토석류의 정의

토석류는 토사와 물의 혼합물이 중력작용을 받아서 일종의 연속유체처럼 유동하는 현상으로 입자간극이 물 또는 슬러리로 가득 채워져 있기 때문에 강한 유동성을 발휘하는 현상으로 정의할 수 있다. 토석류라는 용어는 오스트리아의 지질학자인 Stiny(1910)가 Die Muren(영문명 : Debris flow)이라는 그의 저서에서 처음으로 언급하였는데 그는 부유물과 유사를 다량으로 운반하는 산지의 홍수유출을 토석류로 정의한 바 있다. 미국의 Sharp(1938)는 토석류와 토석사태로 구분하여 정의하고 토석류는 경사가 급한 수로에서 물로 포화된 토석의 흐름현상으로 정의하고 토석사태를 눈사태현상과 유사하게 급경사 사면에서 얕은 사면파괴로 인한 토사가 빠르게 흐르는 현상으로 정의하였다. 우리나라에선 홍수로 산사태가 나서 진흙과 돌이 섞여 흐르는 물이나 흐름으로 정의되지만 산사태뿐만 아니라 강한 수류에 의한 하상퇴적물의 침식이나 자연댐의 붕괴 등과 같은 다양한 요인들로 인해 발생한다.

6.1.2 토석류의 특징

가. 토석류의 이동

토석류의 입자 크기는 콜로이드 성분의 세립질로부터 수 미터의 암괴크기 입자까지 그 크기가 다양한데 주로 나라와 지역에 따라 토석류 구성물질의 차이를 나타내게 된다. 이러한 차이는 지질학적인 구성과 식생의 상태에 따라 좌우되는 경우가 대부분이다(Lister, 1984).

토석류는 대부분 0.5~20m/sec 사이의 속도를 가지고 이동하는 것으로 알려져 있다. 일반적으로 토석류 유속이 매우 빠른 경우 이는 층류(laminar flow)형태의 흐름지배를 받는다(Pierson, 1980)는 견해가 일반적이나 일부 관측자료에 의하면 이러한 흐름이 난류상태일 수도 있다는 견해도 있다(Johnson, 1970).

2) 토석류의 퇴적

토석류의 퇴적은 경사와 퇴적물질의 규모에 따라 발생부, 유동부 및 퇴적부로 구분할 수 있다. 일반적으로 발생부는 경사가 25°이상이며 유동부는 15°의 경사 이상에서 발생하게 된다. 퇴적부는 부분적으로는 15°미만에서 발생하다가 경사가 더욱 완만해져 10°미만이 되면 전반적으로 퇴적이 발생하는 것으로 알려져 있다. 하지만 각 국에서의 각 지역에서 발생하는 토석류는 하천의 특성과 수로의 구속력, 발생지역에서의 지질조건과 토석류를 구성하는 물질 및 수분의 함유량과 같은 조건에 의해 매우 다양한 형태를 나타내게 된다. 토석류의 퇴적원인에는 여러 가지 원인이 있으나 크게는 수로의 경사변화, 토석류 구성물질의 구속력 저하 및 방해물의 존재의 3가지로 구분할 수 있다. 경사에 의한 토석류의 단계적 분류를 그림 6-3에 나타내었다(Van Dine, 1996).

토석류의 퇴적은 여러 가지 원인에 의해 다양한 형태로 나타내게 되는데 Van Dine(1996)에 의하면 판형 또는 원형, 제방의 형성 및 부분퇴적 완전퇴적으로 구분할 수 있다. 판형 및 원형 퇴적은 주로 선상지 상에서 발생하며 돌출부라 불리는 발달부(snout)를 형성한다. 하천수로 내부에 퇴적이 될 때는 크게 부분퇴적과 완전퇴적으로 구분되어 나타난다. 부분퇴적은 하천수로의 상부와 사행천의 만곡부에서 주로 발생하며 퇴적과 침식이 진행될 때 발생한다. 완전퇴적은 판형 또는 원형 퇴적의 말단에서 많이 나타난다. 제방형성 퇴적 형태는 토석류 구성물질이 하천수로 상부 또는 외부에 수 미터의 높이로 연속적이게 퇴적하는 것이 제방형태로 나타나는 것을 말한다.

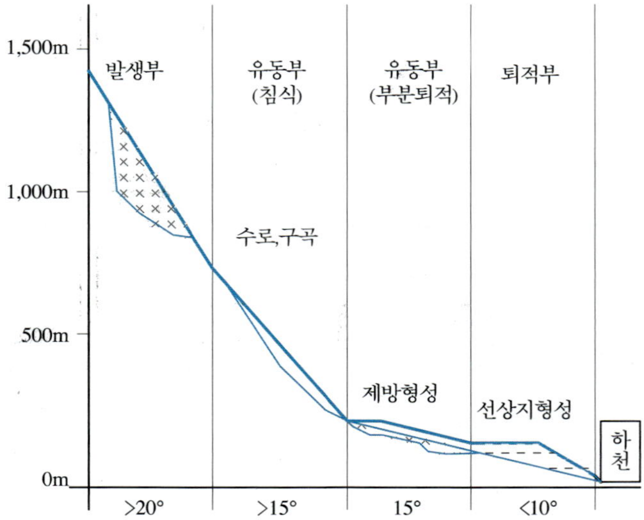

그림 6-3 Gradational classification of debris flow

6.2 토석류의 분류방법

토석류는 토사이동현상의 일종이라 할 수 있는데 과거로부터 토사이동현상의 분류는 여러 가지 방법들이 제안이 되어왔다. 비교적 직관적으로 분류할 수 있는 방법으로는 발행형태에 따른 분류가 있다. 그림 6-4와 그림 6-5는 사면형 토석류(open slope debris flow)와 수로형 토석류(channelized debris flow)의 전형적인 모습을 나타낸 것이다. 사면형 토석류는 수로에서 발생하는 것이 아니라 사면의 파괴로 인해 사면내에서 발생한다. 이 경우 이동거리가 사면의 경사도에 의존하게 되며 비교적 짧고 그 발생량이 수로형 토석류에 비해 적은 편이다. 반면 수로형 토석류는 발생지점에서 수 십 내지 수 백 km까지 이동하는 토석류를 말한다. 이러한 토석류는 물에 포화된 다양한 입경의 입자들이 빠른 속도로 경사면과 수로 및 협곡 등을 따라 유동한다. 특히 Swantson(1974)은 이러한 유동현상을 가리켜 "토석유출(Debris Torrents)"라 표현하기도 하였다.

토석류의 분류방법은 운동현상에 따른 Varnes(1978)에 의한 분류방법이 가장 많이 사용된다(표 6-1). 이 분류방법은 종축으로는 운동양식(붕락, 전경·전도, 미끄러짐, 수평확대운동, 흐름)을, 횡축으로는 물질구성(기암, 조립, 암층, 토사, 세립)을 갖는 평면의 내부에 각종 운동형태를 도해로 표시한 것이다.

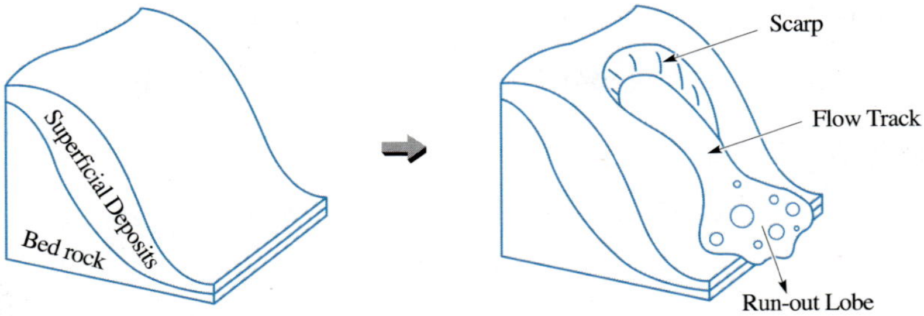

그림 6-4 Open slope-type debris flow

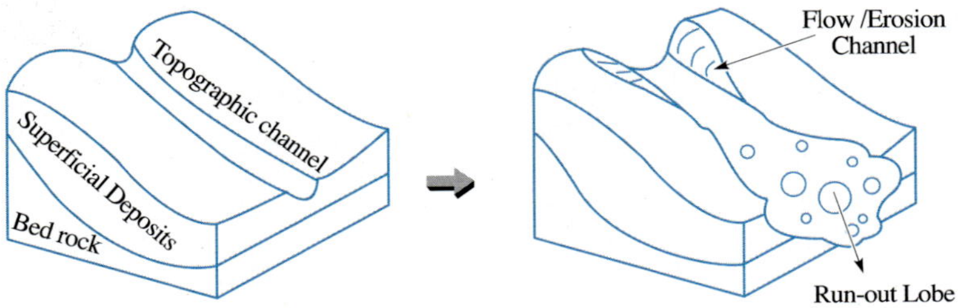

그림 6-5 Channelized type debris flow

표 6-1 Classifications of slope movements

유동형태			재료형태		
			기반암	공학적인 흙	
				조립질 구성	세립질 구성
떨어짐			낙석	토석낙하 (Debris fall)	토사낙하 (Earth fall)
전도			암석전도 (Rock topple)	토석전도 Debris topple	토사전도 Earth topple
미끄러짐	구름	소규모	암석슬럼프 (Rock slump)	토석슬럼프 Debris slump	토사슬럼프 Earth slump
	병진이동	소규모	암석블록 미끄러짐 (Rock block slide)	토석블록 미끄러짐 Debris block slide	토사블록 미끄러짐 Earth block slide
		대규모	암석미끄러짐 (Rock slide)	토석미끄러짐 Debris slide	토사미끄러짐 Earth slide
확산			암석확산 (Rock spread)	토석확산 Debris spread	토사확산 Earth spread
흐름			암석흐름 Rock flow (deep creep)	토석류 Debris flow	토사류 Earth flow
				크리프 (soil creep)	
복합흐름			둘 혹은 그 이상의 형태의 복합된 흐름		

Hungr 등(2001)은 흐름형태의 산사태를 Varnes가 제안한 분류방법보다 더욱 세분하여 표 6-2와 같이 구성물질, 함수비, 속도 등으로 구분하였다.

표 6-2 Landslide classifications

구성물질	함수비	특징	속도	명칭
실트, 모래, 자갈, 토석(애추)	건조, 습함(moist), 포화	과잉간극수압 발생하지 않음 발생부피가 한정됨	다양함	비액상화모래(실트, 자갈, 토석)흐름 (Non-liquefied sand(silt, gravel, debris) flow)
실트, 모래, 토석, 연암	파괴표면(rupture surface)에서 포화	액상화 가능물질 일정한 함수부	극히 빠름 (extremely rapid)	모래(실트, 토석, 암석) 흐름활동 (sand(silt, debris, rock) flow slide)
예민점도 (sensitive clay)	액성한계 보다 큼	원위치(insitu)액상화 일정한 함수비	극히 빠름	점토 흐름활동 (clay flow slide)
토탄, 이탄 (peat)	포화	과잉간극수압 발생	느림에서 매우빠름 (slow to rapid)	토탄(이탄)류 (peat flow)
점토(clay)나 토사(earth)	소성한계 근처	느린이동 Plug flow	빠르지않음 (less than rapid)	토사류 (earth flow)
토석(debris)	포화	기생성된수로흐름 함수비증가	극히 빠름	토석류 (debris flow)
진흙(mud)	액성한계 혹은 그 이상	미립자 토석류	매우 빠름 이상	이류 (mud flow)
토석(debris)	Free water 존재	홍수	극히 빠름	토석홍수 (debris flood)
토석(debris)	부분적으로 또는 완전히 포화	수로형성 없음 상대적으로 얕고 가파른 근원지	극히 빠름	토석사태 (debris avalanche)
암편 (fragmented rock)	다양, 대체로 건조	신선암(intactrock) 큰 체적	극히 빠름	암석사태 (rock avalanche)

Takahashi(2001)는 지표에서의 토사유동을 아래의 그림 6-6과 같이 분류하여 설명하였다. 각 구분창에서 진한글자는 이동현상의 명칭이며 그 아래의 기술내용은 현상을 지배하고 있는 메커니즘과 이탤릭체로 표현된 흐름의 주요재료 또는 매체를 나타낸다. 건조한 입자류에 지배적인 메커니즘은 입자간 및 입자와 하상바닥면과의 비탄성충돌, 난류 및 골격응력이다. 그림에서 창이 겹치고 있는 것은 이들 흐름에 공통적으로 흐름을 구성하는 주요재료가 입상체인 것을 나타내는 것이다. 또한 겹쳐졌지만 보이는 부분의 표기는 각 현상을 지배하고 있는 고유의 운반기구 및 매체이다.

관성토석류는 토사입자와 물의 혼합체가 흐르는 것으로 토사입자와 물의 밀도차는 토사입자와 공기의 밀도차에 비해서 큰 폭으로 작아지기 때문에 부력효과가 고려되어야 한다. 또한 입자가 충돌할 때에는 입자간극에 있는 물을 배제할 필요가 있기 때문에 완충효과도 생각해야 한다.

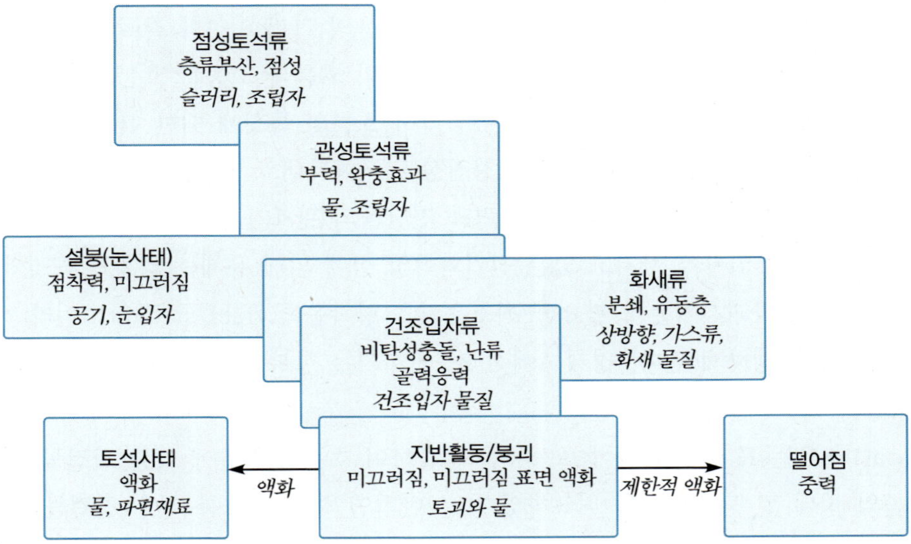

그림 6-6 Subaerial mass movements

토석류는 입경과 함수비에 따라 활동이나 흐름의 형태가 달라진다. 함수비가 낮으면 고체에 가까운 운동형태를 보이고, 함수비가 클수록 고농도 액체흐름과 같은 흐름운동형태를 가진다. 그림 6-7은 입경과 함수비에 따라 사면에서의 이동현상을 분류한 것이다. 토석류는 약 0.4~0.8의 체적농도(volumetric concentration)를 갖는 것으로 알려져 있다(Iverson, 1997).

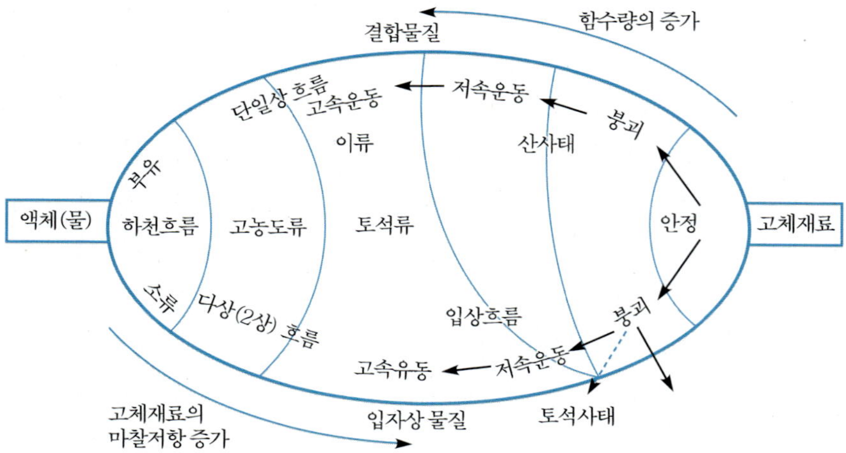

그림 6-7 Classification of mass movements as a function of solid fraction and material type

토석류를 유동학적인 흐름의 분류로 분류하면 다음의 그림 6-8과 같이 나타낼 수 있다(Pierson과 Costa, 1987). 그림에서 일반적인 하천의 흐름과 고농도 흐름, 관성 현탁흐름과 유체화된 입상흐름에 대해 A, B, C의 유동학적 흐름의 특성에 대한 한계지점을 나타내고 이러한 흐름에 포함된 입자의 분포와 침전정도를 나타내고 있다. 흐름에서의 침전농도는 농도가 작은 경우 유체와 같은 전단응력과 전단율의 관계가 선형으로 나타나고 농도가 높아질수록 포함된 입자가 가지고 있는 전기화학적 힘에 의해 유체는 점착력을 갖게 된다. 이러한 점착력을 파괴시키는데 필요한 최소응력을 항복응력(yield strength)이라 하며 이는 경계 A에서 발생하게 된다. 경계 A에서 B구간까지는 항복응력이 빠르게 증가하여 액상화(liquefaction)가 발생하기도 한다.

Cosata(1984)는 표 6-3과 같이 토석류를 분류하여 흐름의 종류에 따른 침전물의 함유비율, 흐름의 형태 및 퇴적양상을 비교하였다. 일반적인 하천의 흐름 경우 침전물의 함유비율이 1~4%인 뉴턴유체 흐름형태를 나타내고 이류일 경우 침전물의 농도는 40~70%를 나타내며 유사 뉴턴유체의 흐름형태를 보인다. 토석류의 경우 침전물의 함유비율이 70~90%를 나타내면 점소성의 흐름형태를 나타낸다고 기술하였다.

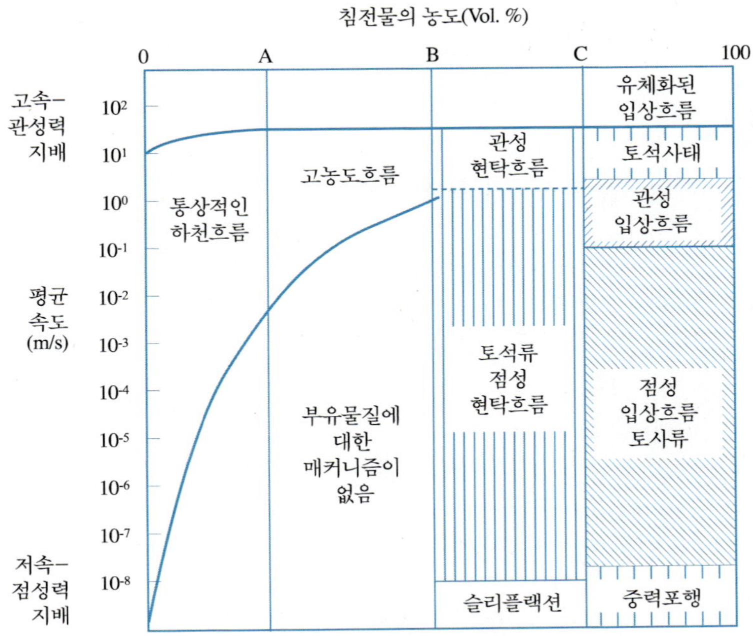

흐름해석	뉴턴 역학적	비 뉴턴 역학적		
입자사이의 흐름	물	물+미세입자		물+미세입자 +공기
흐름구분	하천흐름		현탁흐름	입상흐름
흐름형태	유체	소성		

그림 6-8 Classification of mass movements

표 6-3 Comparison between high concentration flow and debris flow

흐름의 구분	하천흐름 (stream flow)	이류 (mud flow)	토석류 (debris flow)
침전물의 함유비율(%)	1~4	40~70	70~90
흐름의 형태	뉴턴유체	유사 뉴턴유체	점소성
퇴적양상	정렬상태 층을 이루며 퇴적	미정렬상태 층을 이루지 않음 가장자리의 흔적이 뚜렷하지 않음	–

6.3 토석류 해석모형

가. 모형의 종류

토사재해 피해범위를 추정하기 위하여 국내외 토석류를 해석하는 모형을 조사 및 분류하여 나타냈다.

표 6-4 모델 특성에 따른 모형 종류

Mass movement model type	Hydro-topographic / flow models	Dynamic-physically based flow models	Landslides / erosion models
Model name	LAHARZ (Iverson et al.,1998)	FLO-2D (O'Brien et al.,1993)	SINMAP (Pack et al.,2005)
	MSF (Huggel et al,.2003)	Titan-2D (Sheridan et al.,2005)	SHALSTAB (Dietrich and montgomery, 1998)
	MTD (Gruber, 2007)	DAN-3D (Hungr et al.,2005)	-
	-	RAMMS (WSL-SLF)	-

(1) DEBRIS-1D Model

Dam break flow를 모의하기 위해 1972년에 이 모형이 개발되었으며, Rajar(1980)에 의해 눈사태를 해석할 수 있는 모형으로 발전하여 2000년에 들어서 토석류까지 해석할 수 있는 1차원 모형으로 개발되었다.

(2) PC flow-2D Model

비압축성 비정상흐름의 수심평균 토석류를 2차원으로 해석할 수 있는 이 모형은 연속방정식과 운동량 방정식을 지배방정식으로 하여 Patankar(1980)가 제안한 유한체적수치기법을 이용하여 개발되었다(Rajar and Cetina, 1997).

(3) FLO-2D Model

Julien and O'Brien(1999)이 개발한 모형으로 토석류와 이류를 농도류 형태로 해석할 수 있는 유한차분모형으로 viscoplastic fluid에 대해 유동학적 법칙을 이용하여 해석하는 프로그램으로 홍수추적 등 광범위하게 이용되는 모형이다.

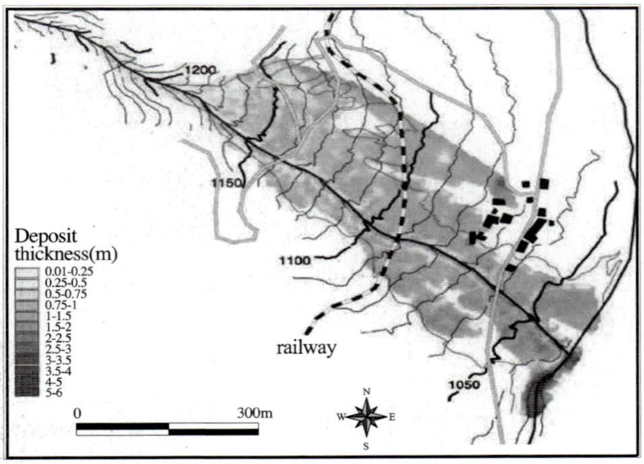

그림 6-9 FLO-2D를 이용한 토석류 모의

(4) DFEM Model

WSL(Swiss Federal Research)에서 개발한 토석류 유한요소 모형으로 Voellmy fluid friction을 이용하여 2D해석이 가능하다.

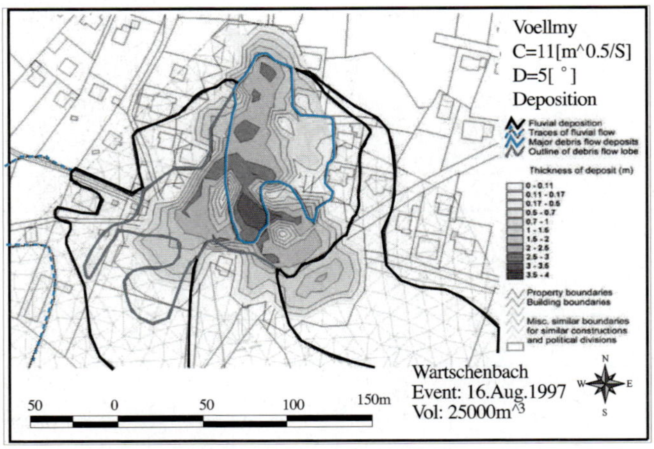

그림 6-10 DFEM-2D를 이용한 토석류 수치모의

(5) HB Model

Herschel-Bulkley 레올로지를 활용한 점성물질 확산모형으로 단일상의 흐름을 해석할 수 있다. 또한 격자형 구조를 가지며 유한체적법을 이용하여 shallow water equation을 해석한다.

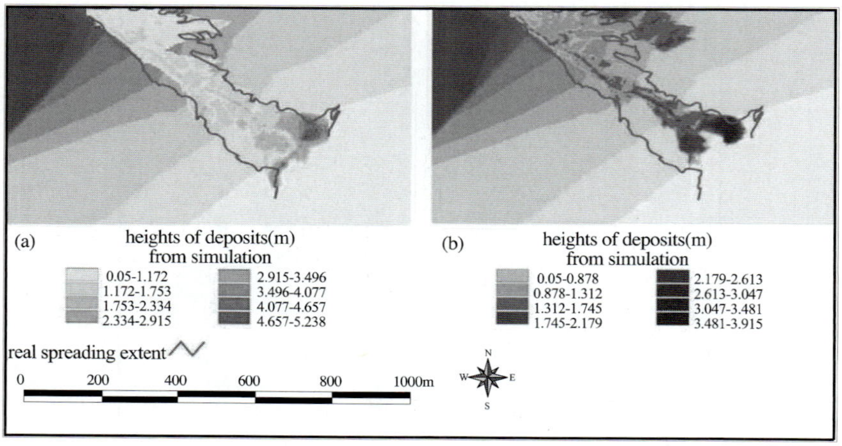

그림 6-11 HB모형을 이용한 토석류 모의(출처: Richenmann et al; 2006)

(6) RWM Model

토석류 퇴적모형인 RWM(Random Walk Model)은 주어진 격자점 위를 토사가 진행하는 경우 경사에 비례하여 움직일 확률이 정해지는 방법으로 관성가중치와 정지조건 및 1회유송량을 입력값으로 하여 토석류의 이동방향 및 유송량을 결정하는 방법 사용한다(이창우, 2009).

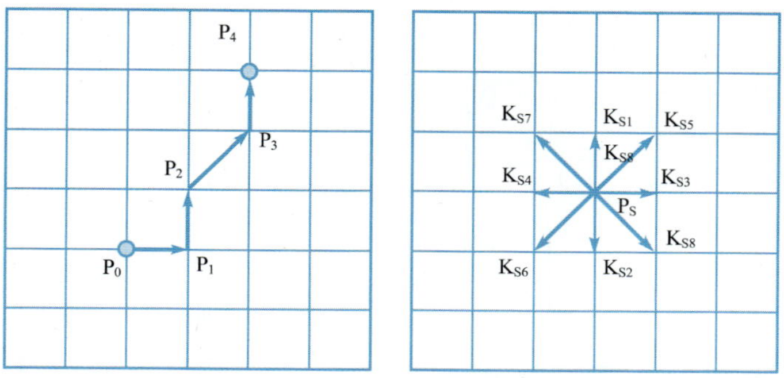

그림 6-12 RWM 모형에서의 토석류이동방향 결정

그림 6-13 RWM를 이용한 토석류해석

(7) RAMMS Model

RMMMS(Rapid Mass Movement Simulation) 모형은 3차원 지형에서 눈사태, 토석류, 낙석 등의 발생초기부터 유출까지의 현상을 수치적으로 모의하는 모형으로 토석류 흐름을 제어할 수 있는 댐(사방댐)을 설치했을 때의 토석류 흐름을 모의가능하고, 이 기능을 이용하여 토석류 재해경감용 구조물인 사방댐을 설계하고, 그 영향을 분석하는데 사용된다.

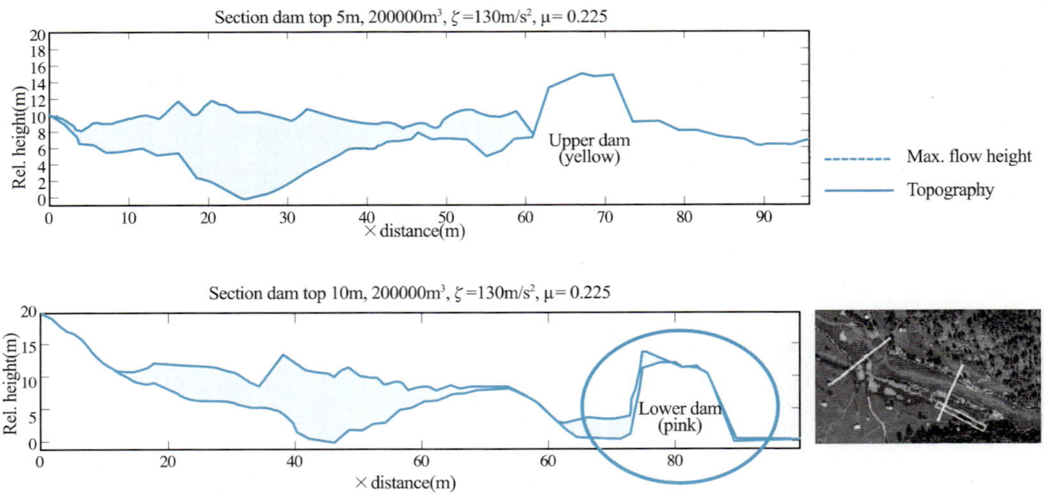

그림 6-14 RAMMS모형을 이용한 토석류 분석

6.4 토석류 피해발생 사례조사

국지성 집중호우와 기후변화가 심화되고 장마철 집중호우로 인해 토석류 및 산사태 피해가 증가하고 있는 추세이며 매년 강원도 지역에 도로폐쇄, 사면붕괴, 주거지가 훼손되는 사례가 어김없이 반복되고 인명 및 재산상의 피해가 다수 발생하고 있다.

토석류 및 산사태 발생규모 분석결과 2000년대부터 급격하게 증가되고 있는 추세이며, 피해규모의 경우 1980년대 2.31km^2, 1990년대 3.49km^2, 2000년대 연 7.13km^2 이상의 피해가 발생했다. 또한 토석류 및 산사태를 유발하는 강우량의 경우 100mm이상의 강우가 1980년대 43회, 1990년대 49회, 2000년대 54회 이상 발생하였으며 그로인한 산지에서 발생된 소규모 산사태가 토석류로 확대되어 인구 밀집 지역으로 내려올 경우 대규모 재해를 유발한다.

극한강우의 발생은 강우에 의한 홍수의 발생뿐만 아니라 산사태, 토석류 등에 의한 토사 유출의 문제로 연결되며 실제로 극한의 강우가 발생하면 유역내에서 크고 작은 산사태가 발생하게 된다.

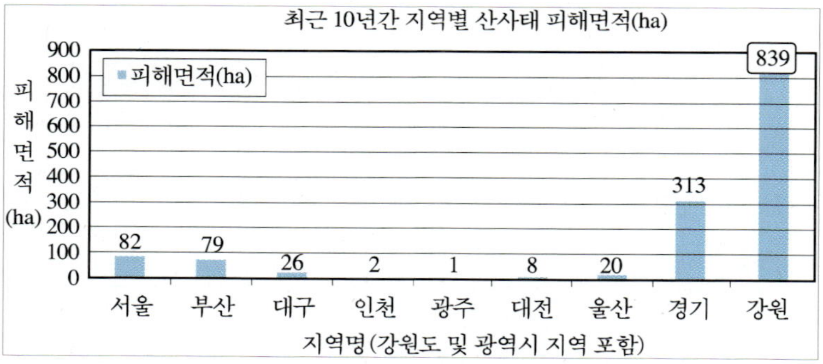

그림 6-15 지역별 산사태 피해면적

6.4.1 토석류 피해 예측 사례조사

가. 국내 토사피해 사례

(1) 서울 우면산 토사피해

2011년 7월 26일, 27일 서울시에 집중호우로 인해 해발 293m의 우면산을 끼고 있는 서울시 서초구 방배동, 우면동 일대의 전원마을, 형촌마을, 송동마을 등 총 17개소에 산사태 및 토석류 발생하였다. 이로 인하여 16명 사망, 50명의 부상자가 발생하였고, 복구하는데 약 420억원이 소요되었다. 그림 6-16은 산사태 및 토석류에 의해 건물에 손상 현황을 보여준다.

그림 6-16 우면산 토석류에 의한 건물 손상

(2) 강원도 춘천 토사피해

2011년 7월 27일 춘천시 신북읍 천전리에서 집중호우, 6시간동안 261mm에 달하는 집중호우로 인해 산사태가 발생하여 펜션에 기거하던 인하대 학생, 주민, 관광객 등 13명이 사망하고 26명이 부상을 당했다. 그림 6-17은 산사태로 인해 피해를 입은 건물의 모습을 보여주고 있다.

그림 6-17 춘천 토석류에 의한 건물 손상

(3) 경기도 용인 토사피해

2011년 7월 27일 용인시 처인구 모현면 능원리에 시간당 약 300mm에 육박하는 집중호우가 내려 토석류가 발생, 주택이 완전 붕괴되어 주민 1명이 사망하였다. 그림 6-18은 용인시에 발생한 토석류로 인하여 건물이 파손된 모습을 보여주고 있다.

그림 6-18 용인 토석류에 의한 건물 손상

(4) 대전 보문산 토사피해

2011년 7월 9일과 10일 300mm가 넘는 폭우로 인하여 대전 보문산에 위치한 한 빌라가 산책로에서 붕괴가 시작된 토사에 의해 건물 절반 이상이 땅에 파묻히는 피해가 발생하였다(그림 6-19).

그림 6-19 대전 보문산 토석류에 의한 건물 손상

(5) 강원도 홍천 토사피해

2013년 7월 14일 산사태 및 토석류 재해로 인해 가옥 및 인명피해가 발생하였다. 토사피해 발생 전 2주 누적강우량은 424.5mm로 선행 일강우량 144.5mm의 34%에 해당으로 재해 발생당시의 강우강도는 약 66mm/h로 선행강우에 의해 포화된 지반이 단기간에 발생한 집중강우로 인하여 발생된 것으로 추정된다. 특히 해당지역은 강우가 집수가 용이한 산지 계류구간에 위치해 있는 집수지형으로 하부에 시설물이 위치해 있어 잠재적으로 위험성을 내포한 것으로 판단된다(그림 6-20).

그림 6-20 강원도 홍천 산사태 및 토석류 발생 현장전경

(6) 경기도 이천 토사피해

2013년 7월 12일 경기도 이천시 백사면에서 발생한 산사태 및 토석류 재해는 발생지역 하부의 기도원 시설물과 인명 피해를 발생시켰다. 발생 당시의 강우량은 시간당 최대 110mm의 강우량이 발생하였으며, 주변이 산지의 집수지형을 갖고 있어 강우 발생에 따라 지표수가 집중되는 지형적 특징을 가지고 있는 것으로 파악되었다. 특히 주변 산지의 경사가 40°이상의 급경사지를 이루고 있는 호상흑운모편마암 지역으로 풍화잔류토 내로 강우가 침투하여 쉽게 지반이 포화되는 특징을 갖고 있어, 단기간의 집중호우에 의한 산지지반의 붕괴를 가속화하는 양상을 보이는 지역으로 판단된다(그림 6-21).

그림 6-21 경기도 이천 토석류 발생 현장전경

나. 국외 토사피해 사례

(1) 중국 토사피해

2010년 8월 7일 중국 간난성 저우취현에서 시강우량 77.3mm/h 정도의 집중호우로 인하여 산사태가 발생 및 토석류로 발전하여 2,200,000m3 규모의 토사가 시가지로 유입되어 퇴적되었다. 이로 인하여 시가지의 2/3정도가 침수 피해를 입었으며 일부는 토사에 매몰되었다. 53채의 건물이 파손 되었고, 1,471명이 사망, 294명의 실종자가 발생하였다. 그림 6-22는 토석류에 의해 피해를 입은 시가지의 피해현황을 보여준 것이다.

그림 6-22 중국 토석류에 의한 건물 손상

(2) 일본 토사피해

2014년 8월 20일 일본 히로시마시에 집중호우로 인하여 토석류가 107건 발생, 산사태가 59건 발생으로 인하여 74명이 사망하고 133채의 가옥이 전파, 122채의 가옥이 반파, 일부파손이 174채에 이르렀다. 사건 발생당시 24시간 최대 강우량은 247mm, 시간당 최대 강우량은 87mm에 달하였다(MLIT, 2014). 그림 6-23는 토석류에 의해 피해를 입은 시가지 및 건물의 전경을 확인할 수 있다.

그림 6-23 일본 토석류에 의한 건물 손상

(3) 베네수엘라 토사피해

1999년 12월 15일 베네수엘라 바르가스주에서 집중호우로 인한 돌발홍수 및 토석류로 인하여 시가지의 침수 및 토석류의 퇴적으로 인하여 집중호우로 인하여, 바르가스주의 10%에 달하는 주민이 피해를 입었다. 손상된 피해액만 1.79억 US달러로 추정되었고, 8,000개소 이상의 주택이 피해를 받았으며, 5만명 가량이 사망하는 등 주거지와 시설지를 중심으로 광범위한 피해가 발생하였다(Wieczorek et al., 2013). 그림 6-24는 토석류에 의해 피해를 입은 시간지와 건물의 모습을 나타내고 있다.

그림 6-24 베네수엘라 토석류에 의한 건물 손상

(4) 인도 토사피해

2013년 6월 21일 집중호우로 인하여 히말라야산의 붕괴가 발단이 되어 눈사태가 발생하여 토석류로 발전되면서 인도 캐나르다스 지역에 대규모의 토사피해를 가져왔다(Dr-dave, 2013). 그림 6-25는 토석류에 의한 건물 등의 토사피해 현황을 보여준다.

그림 6-25 인도 토석류에 의한 건물 손상

CHAPTER

07

도시와 기후변화

7.1 기후와 도시환경의 변화

7.2 도시지역에서 나타나는 기후변화 영향

7.3 기후변화가 도시환경에 미치는 위험과 기회

7.4 기후변화 대응을 위한 도시계획 사례

7.5 기후변화 대응 도시의 등장

7.6 기후변화에 따른 도시재생 방향

CHAPTER 07

도시와 기후변화

7.1 기후와 도시환경의 변화

기후변화는 이제 우려가 아닌 현실로서 우리 삶에 점차 막대한 영향을 미치고 있으며 홍수, 폭염과 같은 자연재해의 발생이 지속해서 증가하고 있다. 이러한 현상은 인간의 생명과 건강에 영향을 미칠 뿐 아니라 경제적으로도 막대한 손실을 초래하며 심지어는 도시 기능의 마비까지 가져오고 있다. 특히 과거 성장 위주로 개발되어 방재와 안전의 개념이 도시개발에 충분히 적용되지 못했던 우리 도시는 재해와 재난에 구조적으로 미흡한 점이 많은 상태이다.

최근 사회경제적 여건과 도시정책 패러다임의 변화로 쇠퇴한 도시의 경제 사회 물리 환경적 특성을 고려한 도시재생이 시급한 실정이다. 노후된 공동주택이나 다가구 다세대 주택 상업 업무시설 등이 밀집하고 있는 도시 내 쇠퇴지역의 경우 기후변화에 대응력이 약하고 도시재해에 따른 피해가 상대적으로 크며 에너지 노후화에 따른 비효율화가 심각하다.

도시는 탄소를 배출하는 원인 장소이기 때문에 그것을 줄일 수 있는 도시를 조성하고 관리를 해야 하는 당위성을 가지게 된다. 한정된 규모의 밀집된 공간에서 순환적이지 못한 방법으로 에너지와 물질을 사용하고 그 결과, 에너지 법칙의 작용으로 사용한 에너지 및 나쁜 물질(예를 들어 오염물질, 폐기물 · 부산물, 폐열 등)을 주변 환경에 버려야 하는 공간 체계이기 때문에 기후변화의 원인자이자 그 피해의 수용자인 셈이다. 그래서 도시에서는 기후변화를 고려한 도시계획과 관리가 필수적으로 요구되는 것이다.

※ 본 Chapter의 일부 내용은 "Competitive city and climate change"에서 발췌되었음을 미리 밝히는 바임.

또한, 기후변화의 영향은 사회계층에 따라 차별적이다. 노후화된 공동주택이나 다가구·다세대 주택, 주택, 상업·업무시설 등이 밀집하고 있는 도시 내 쇠퇴지역의 경우 기후변화에 대응력이 약하고 도시재해에 따른 피해가 상대적으로 크다. 또한, 에너지시설 노후화에 따른 에너지 비효율화가 심각하므로 이를 고려한 정책 마련이 시급하지만, 도시재생에 있어서 기후변화에 대한 환경복지가 미흡한 형태이다. 이처럼 기후변화는 환경과 경제에만 국한된 것이 아니라 사회문제와 관련되기 때문에 환경·경제·사회를 포괄하는 통합적인 기후변화 대응 전략이 요구된다.

이 장에서는 기후변화가 도시환경에 미치는 영향을 조사하고, 국내외 선행연구사례를 조사함으로써 기후변화를 고려한 도시개발의 방향을 살펴보고자 한다. 또한 기후변화적응 계획을 수립한 해외 도시를 중심으로 하는 사례 연구를 통해 기후변화에 적응하기 위한 도시계획 측면의 대응방안을 모색하여 시사점을 제시하는 데에 그 목적이 있다.

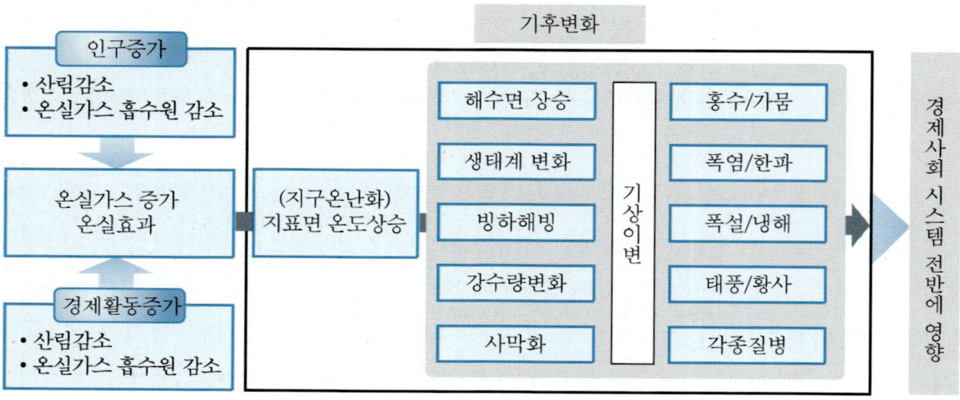

그림 7-1 기후변화의 메커니즘

출처: 삼성경제연구소

산업화가 시작된 18세기 이후 기후변화로 인한 급격한 지구의 평균기온의 상승이 관측되어 최근에는 기후변화 요인에 인위적인 측면이 강조되고 있다. 이는 산업화 이후부터 기후변화가 급격하게 진행되었기 때문이다. 산업화가 시작된 18세기 무렵에는 15℃이었던 지구 평균기온이 1900년 이후 60년 동안에는 0.14℃가 상승하였으나, 1960년 이후 45년 동안에는 0.46℃가 상승하였다. 이러한 급격한 기온 상승은 지속해서 이루어질 것으로 예상하며, 향후 1세기에 걸쳐 전 세계 평균온도가 최소 1.8℃에서 최대 4.0℃까지 상승할 것으로 전망하고 있다. 인위적인 요인은 특히 대기 구성 성분에 영향을 주는 물질을 배출하는 인간

활동으로 진행되며, 이와 함께 도시화 등에 따른 토지이용의 변화가 지구표면의 물리적·생물학적 특성에 영향을 미치게 된다.

우리나라에서도 온실가스 감축 정책을 추진하는 동시에 한반도가 2050년까지 평균 2℃ 상승한다는 가정하에 기후변화에 적응하는 것을 골자로 한 기후변화 대응전략을 추진하고 있다. 그러나 국가적인 기후변화 대응전략에서도 도시의 구성과 기능 그리고 관리가 기후변화 대응의 핵심에 있다는 사실이 종종 간과된다. 도시는 기후변화의 원인을 제공하는 핵심적 장소이다. 환경 및 기후문제 연구로 유명한 미국의 월드워치연구소(Worldwatch Institute)는 전 세계의 도시면적이 지구표면의 2% 정도이고 세계인구의 절반 이하가 도시에 살고 있지만, 이들 도시가 전 세계 에너지의 75% 정도를 소비하고, 탄소 배출량의 80% 정도가 도시지역에서 나오는 것으로 발표한 바 있다.

7.2 도시지역에서 나타나는 기후변화 영향

IPCC 제4차 평가보고서에서는 향후 나타날 기후변화 현상으로 기온상승, 열파빈도 증가, 집중호우빈도 증가, 가뭄피해지역 증가, 강력한 열대성 저기압 활동 증가, 해수면 상승 증가 등을 전망하였다. 예상되는 기후변화 현상이 도시 구성요소에 미치는 영향을 분석한 결과 해안변, 하천변, 지하공간, 산기슭 등 도시 내 취약공간의 주민생활공간, 도시계획시설(기반시설), 건축시설이 기후변화에 따른 재해에 취약할 것으로 전망하고 있다. 기후변화에 따른 집중호우, 태풍 등에 의한 홍수, 산사태 등으로 인해 해안변, 하천변, 산기슭 등에 거주하는 주민들이 큰 영향을 받고, 특히 고령자, 유아, 저소득층은 홍수뿐 아니라 가뭄, 폭염 등 기후변화에 따른 재해 전반에 취약하며 도시계획시설(기반시설)은 집중호우, 태풍, 폭염 등에 의해 도로, 철도 등의 교통시설과 물 공급시설이 영향을 크게 받으며, 특히 해안변, 하천변, 지하공간의 교통시설이 취약하다.

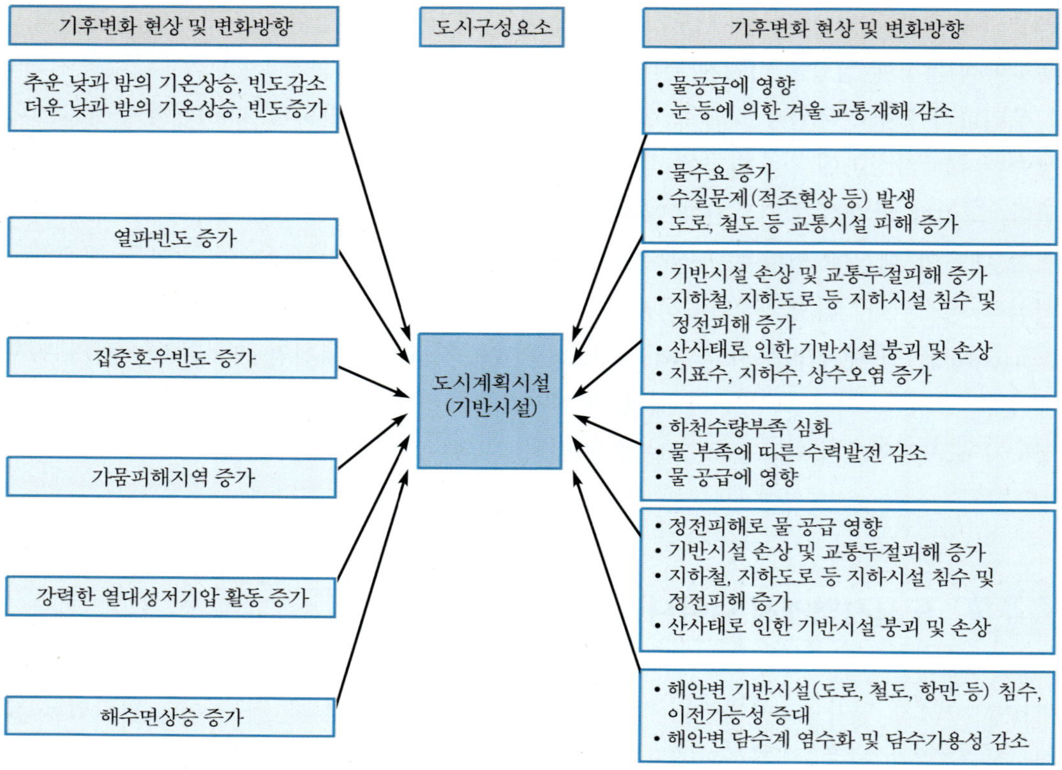

그림 7-2 기후변화 현상이 도시계획 시설에 미치는 영향

7.2.1 도시 인프라의 복잡성과 고정성

도시가 기후영향에 취약하게 된 핵심 이유는 복잡하게 펼쳐진 교통, 통신, 교역네트워크에 대한 높은 의존도에 기인한다. 충분한 도시인프라와 건강한 환경은 도시민들의 경제적 · 사회적 활동을 지원할 뿐만 아니라, 도시의 경쟁력 확보를 위한 필수적 전제조건이다. 도시의 안정성과 번영은 폐기물처리, 하수처리, 교통, 물 · 에너지 · 위생시스템 등의 한시적 인프라의 광대한 네트워크에 의존하고 있다. 그러나 환경적 영향은 매우 역동적이다. 이 영향은 비선형적, 누적적 영향을 줄 뿐만 아니라 지속가능성의 한계점이 되거나 또는 불가역성(Irreversibilities)을 수반한다(OECD, 2008b). 따라서 인프라 시스템의 붕괴는 경제의 비효율성과 저성장을 가져오고 이는 지역과 국가경제에 부담으로 작용한다.

교통, 에너지, 통신과 같은 물리적 인프라와 건강, 공공 · 교육서비스 등의 사회적인프라는 도시지역 내에서 상호의존적이며(Hitchcock, 2009), 임계수준을 넘는 온도, 바람, 물에 노출될 때 야기되는 갑작스런 파괴적 영향에는 취약하다. 예를 들어 주요 거점지역에 발생한 홍수로 인해 도시의 생산성, 커뮤니케이션, 경쟁력에 결정적인 대중 교통시스템과 도로 교통망의 상당 부분이 유실되거나 단절될 수 있다. 특히 개발도상국에서 도시 인프라는 특수상황을 고려하여 계획되지 않는다. 만약 인프라 계획이 잠재적 기후변화의 변이를 고려하지 않는다면, 극단적 기후나 예측하기 어려운 강우주기 때문에 주요 인프라(예: 에너지 생산 및 교통)를 더 자주 대체하거나 보수해야 하며, 그 운용 용량도 감소할 것이다(예: 정전 또는 서비스 중단)(OECD, 2009b).[1] 비록 도시마다 인프라가 서로 복잡하고 조밀하게 얽혀 있지만, 새로운 기후를 예상하고 이를 인프라 개발에 연계시켜야만 비로소 기후변화의 많은 위험요소가 감소될 수 있다. 그러나 기후 의사결정(예: 지역적 폭우에 대한기후영향)을 위한정보가 매우 높은 불확실성을 지니고 있어 위험요소의 완화가 더 어려운 상황이다. 도시인프라가 도시경쟁력에 필수적 요소임에도 불구하고, 세계의 많은 도시들이 주민들의 기초 수요 충족을 위해 노력하고 있기 때문에 기후변화에 대응하는 데 사용할 수 있는 자원은 매우 한정되어있다(Ruth 2006, Ruth & Kirshen, 2006).

도시인프라를 개선하거나 건설하는 방식의 대응전략은 오랜 시간에 걸쳐 점진적으로 이루어지며 비용이 많이 든다는 문제점을 지니고 있다. 예를 들면, 교통 및 홍수관리 인프라는 극한 기후상황을 광범위한 측면에서 견딜 수 있도록 건설될 수는 있다. 그러나 보통 이러한 시설은 수십 년 간 이용되는 것이 일반적이어서 그사이 극심한 기후변화에 대한미래 예측에 따라 현재 인프라를 개선해야 할 필요성은 점점 커지게 된다. 폭풍우와 허리케인에 대한 취약성은 공간계획과 토지관리를 통해 감소될 수 있지만, 토지이용의 변화는 수십 년에 걸쳐 일어나며, 도시 내 건물들은 적어도 50~100년 동안 사용된다. 결과적으로 도시가 선택할 수 있는 대응전략의 옵션이 효과적이려면 적어도 몇 십 년 앞을 내다보아야 한다. 현재의 대응노력은 미래 기후변화 영향의 예측불가능성으로 인해[2] 도전받고 있는데, 이는 기후변화에 대응하기 위해서 비용투자는 즉시 요구되는 데반해그 효과는 나중에야 알 수 있고, 비용추정도 현재의 기후영향에 근거해 이루어지기 때문이다(Hallegatte et al., 2008). 가장 극단적 재앙발생에 대비하는 전략은 더 많은 투자비용이 필요하지만 불확실성의 위험도 또한 가장 크다는 문제가 있고(Jones, 2004), 가장 소극적인 대비는 기대했던 것보다 더 심한 기후변화가 일어날 때 많은 사람들을 예상치 못했던 위험 가운데 몰아넣게 될 가능성이 있다(Nicholls et al., 2008).

---

1) Mansanet-Bataller et al.(2008) Cochran et al.(2009) in OECD(2009b).

2) Citing Hallegatte(2006) and Hallegatte et al.(2007a).

기후변화, 교통 및 홍수위험

뉴욕의 공항, 발전소 및 폐기물 처리시설은 해수면 또는 수변에 입지하고 있다. 지하철, 지하수, 하수도 시스템은 현재의 해수면을 고려하여 설계되었다. 만약 category III의 허리케인이 온다면 뉴욕을 잇는 터널, 공항 등이 홍수 피해를 입을 것이며, 약 3백만 명의 시민이 대피해야 될 것이다(City of New York, 2007).

파도로부터 런던을 보호하고 있는 템즈 방벽은 건설된 후 6년 동안 세 번 올려졌으나, 2001년에서 2007년 사이에는 56번이나 들어 올려졌다. 게릴라성 홍수(Flash Floods)는 1992년부터 2003년 사이에 런던 지하철에 약 600건의 홍수 피해를 입혔다.

2002년 런던 캄덴 보로우에서 발생한 단 한 차례의 홍수는 인프라의 손실을 제외하고도 주요도로 정체 등으로 인해 최소 시간당 10만 파운드의 손실을 가져왔다. 최근 보고서에 따르면 폭우에 따른 강수량이 조금만 증가하더라도 이에 대응하기 위해서는 현재의 배수 시스템에 상당한 변화가 요구된다고 밝히고 있다(Mayor of London, 2007).

자료: OECD. 2008a. Competitive Cities and Climate Change: OECD Conference Proceedings, Milan, Italy, 9-10 October 2008. Paris : OECD.,

7.2.2 해안 범람의 위험

도시는 해안지역에 주로 밀집해 있기 때문에 많은 도시인구가 해수면 상승 및 폭풍우·해일 등의 위험에 노출되어 있다.[3)]

20세기 들어 평균 해수면은 10~20cm가량 상승했고, 자세한 예측은 어렵지만 ICC의 전문가 예측으로는 2010년까지 30~50cm 정도 높아질 전망이다.[4)]해안계획 수립 시 가장 중요한 해수면 최고점(Peak Sea Level)의 상승속도는 더욱 빨라지고 있다. 해수면 상승은 대부분의 도시, 특히 개발도상국의 도시일 경우 더욱 심각한 문제가 되고 있다(표 7-1). 유럽의 경우에도 70%의 대도시가해발고도 10m미만 지역에 입지하고 있다(McGranahan et al., 2007). 또한 해수면 상승은 해안지역의 토지 손실을 가져오게 된다. 예를 들면 미국에서 해수면이 0.3m 상승했을 때(IPCC예측치인 0.2~0.6m의 최저수준), 뉴저지의 해안선은 15~30m, 캘리포니아는 60~120m 가량의해안선 침식이 발생하는 것으로 나타났다.[5)] 지구

3) US National Oceanic and Atmospheric Administration는 미국 인구의 약 53%가 해안지역에 거주하는 것으로 추정하고 있다(Crosset et al., 2004).

4) 이것은 배출 시나리오(Emission Scenarios) 간 변화량을 나타낸다; 기후모형 간 변화량을 포함한 그 범위는 9~88cm다(IPCC, 2001c).

5) Ruth & Rong(2006) : Ruth & Gasper in OECD(2008a)에서 인용.

온난화 현상이 빙하에 영향을 미치기까지 걸리는 지연시간을 고려할 때, 해수면 상승 현상에 대응할 수 있는 적응방안은 반드시 필요하다. 각종 배출이 없다는 시나리오에 따른다 하더라도, 기온이 일정하게 유지된 이후에도 해수면 상승은 한동안 지속될 것이다(Ruth & Gasper in OECD, 2008a).

최근 OECD 자료에 따르면 사회경제적 개발패턴 예측을 고려해볼 때, 50cm의 해수면 상승으로, 2070년에는 현재 해안지역 인구보다 3배의 인구가 해안홍수의 위험에 노출되고 현재의 10배에 달하는 자산(2008년 GDP의 5%에서 2070년 GDP의 9% 수준)이 피해를 입게 되는 것으로 나타났다(그림 7-3). 해안홍수에 노출된 인구가 증가하는 이유의 2/3는 해안개발을 장려하는 사회경제적 요소들 때문이며, 나머지 1/3은 기후 변화 및 지반침하의 영향이다. 해안홍수로부터 가장 취약한 항구도시들은 인도와 중국 등 개발도상국(캘커타, 상하이, 광저우)과 미국(마이애미, 뉴욕), 네덜란드(로테르담, 암스테르담), 일본(도쿄, 오사카) 등의 선진국에 위치하고 있다(Nicholls et al., 2008). 이에 대한 적응전략 또한 부정적 외부효과의 형태로 비용을 초래할 수 있다. 예를 들어 방파제처럼 도시를 보호하기 위한 해안 방재시설은 지역경관, 생태계, 해변 등에 위해 요소로 작용하여 관광객 감소를 가져올 수 있다. 해안홍수 방재시설로 인해 90%의 어종이생애주기 중 최소 한 단계를 거치는 해안 생태계가 유실된다면 어업 및 관련 산업 또한 피해를 입을 수 있다(Hallegatte et al., 2008).

표 7-1 해안지역의 도시밀집도

저지대 해안지역(LECZ , Low Elevation Coastal Zone) 내 도시 거주 비율

2000년 기준 도시거주 규모별(by Urban Settlement Size)

지역	〈10만(%)	10만~ 50만(%)	50만~ 1백만(%)	1백만~ 5백만(%)	5백만+ (%)
아프리카	9	23	39	50	40
아시아	12	24	37	45	70
유럽	17	22	37	41	58
라틴아메리카	11	25	43	38	50
오세아니아	44	77	100	100	N/A
북미	9	19	29	25	80
도서국가(Small Island States)	51	61	67	100	N/A
전 세계	13	24	38	44	65

자료: McGranahan, G., D. Balk, and B. Anderson. 2007. "The Rising Tide: Assessing the Risks of Climate Change and Human Settlements in Low Elevation Coastal Zones". Environment and Urbanization Vol. 19. London : International Institute for Environment and Development

사회경제 개발, 지반침하, 기후변화의 미래 시나리오

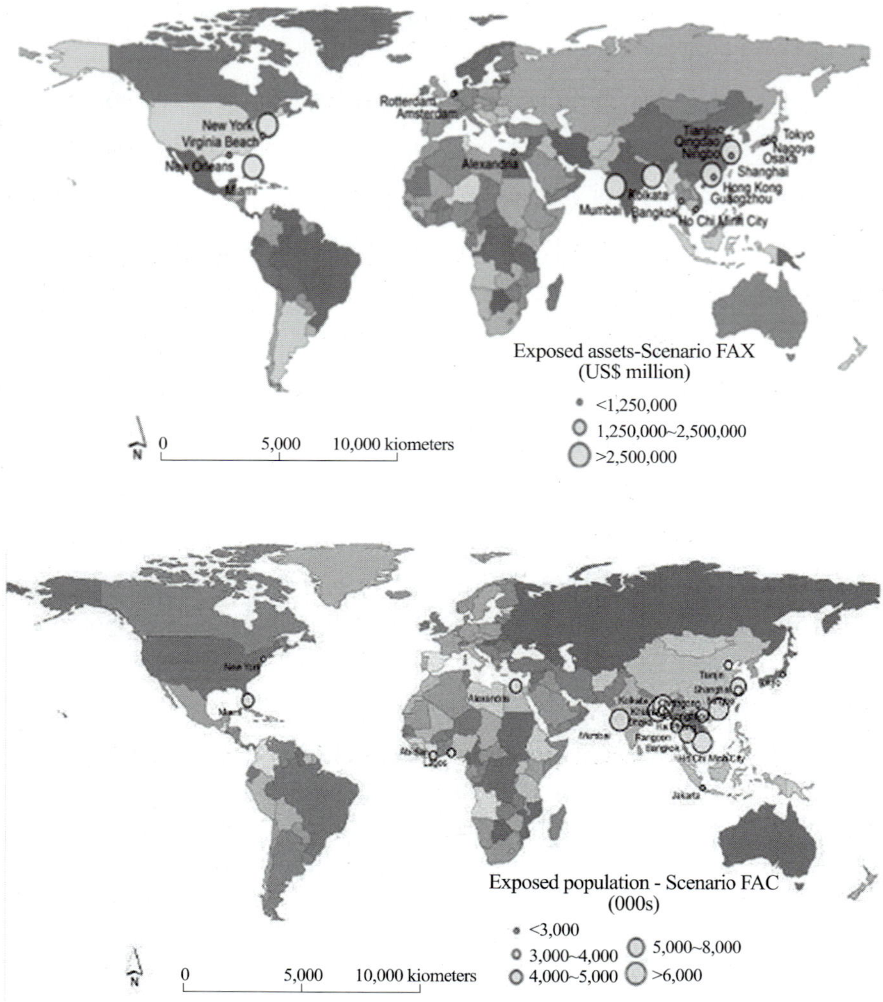

그림 7-3 20대 항구도시의 (a)위험에 노출된 자산 및 (b) 위험에 노출된 인구

주 : 범례의 스케일이 서로 다름

자료: Nicholls, R. et al. 2008. Ranking Port Cities with High Exposure and Vulnerability to Climate Extremes. OECD Environment Working Papers No. 1. Paris : OECD Publishing.

7.2.3 강수와 폭풍의 영향

기후변화로 인한 빈번한 홍수는 수문학적 변화를 가져오고 이는 기존 도시 내 배수시설, 상하수 시설 등의 수용력에 압박을 가하게 된다(Ruth & Gasper in OECD, 2008a). 해수면 상승에 따른 극한 기후현상 발생 빈도가 높아짐에 따라 폭우처리 시설이 빈약한 곳에서는 위생문제도 발생할 수 있다(Kamal-Chaoui in OECD, 2008a). 폭우는 도시 오염물질을 강이나 호수로 쓸어가게 되어 저수지의 혼탁도가 높아지면서 수질이 나빠지게 된다.[6] 집중호우가 빈번해짐에 따라 도시계획가들은 강수의 유입을 조정 · 관리할 뿐만 아니라 기존 물 공급 시설 보호라는 다면적 문제에 대응해야 한다. 도시 내 홍수범람, 합류식 하수관 및 지자체 하수처리시설의 오작동은 병원균의 수환경 침투를 가져와 다양한 보건상 위험요소에 노출되도록 만든다. 보고된 사례에 따르면 상처감염으로부터 신장질환까지 전 세계적으로 다양하게 나타난다.[7] 극심한 폭풍을 제외하고라도 강우패턴의 변화는 심각한 영향을 초래한다. 과학자들은 중위도 지역의 강우량 증가와 적도 지역의 강우량 감소 및 지역 차원의 다양한 강우영향 등을 예상하고 있으나, 정밀하게 강우량을 예측하는 것은 불가능하다.[8] 최근 연구들은 도시화로 인한 국지적 강수율 증가와 역사적으로 건조 지대에서 더 많은 폭풍우가 발생했다는 사실을 입증했다. 예를 들어, 애리조나(Arizona)의 피닉스(Phoenix) 및 교외지역 등의 건조한 지역은, 통계적으로 유의한 수준에서, 도시화 이전보다 도시화 이후에 상대적으로 높은 강수량을 보여주었다. 이 연구는 또한 피닉스와 사우디아라비아의 리야드에서 나타난 강수량의 높은 변화율에 주목하고 있다(Ruth & Gasper in OECD, 2008a).[9]

홍수는 가장 높은 재해비용과 치명적 피해를 초래하는 재해 중하나이므로, 도시계획가들은 그 발생 빈도와 정도가 증가할수록 홍수를 심각한 문제로 고려하게 될 것이다. 1950~1980년의 자료 분석 결과, 홍수의 빈도와 심각성은 지난 수십 년간 증가해왔으며, '홍수 100년 빈도' 수준을 초과하였다.[10] 이처럼 빈번해지고 극심해진 강우 현상은 앞으로 더 많은 기습 홍수와 도시 홍수를 초래할 것이다(Ruth & Gasper in OECD, 2008a). 따라서 기존의 수자원 관리와 상하수도 인프라를 평가함으로써, 예상 강수량초과와 해수 범람 등을

6) Frederick & Glick(2000) and Miller & Yates(2006) : Ruth & Gasper in OECD(2008a)에서 인용.
7) Nuzzi & Waters(1993) and Rose et al.(2001) : Ruth & Gasper in OECD(2008a)에서 인용.
8) IPCC(2001c) : Ruth & Gasper in OECD 2008a)에서 인용.
9) Shepard(2006) : Ruth & Gasper in OECD(2008a)에서 인용.
10) Kron & Berz (2007): Ruth & Gasper in OECD(2008a)에서 인용.

기존 시설로 어떻게 관리할 수 있는지에 대한 이해가 선행되어야 한다. 한 예로 런던공사(The City of London Corporation)는 홍수 취약지대("Hot Spots")를 지정하여 지속할 수 있는 신규 배수 시스템을 설치하고 증가하는 강수량 규모를 예측 · 관리하는 사업 투자 계획을 수립했다(Kamal-Chaoui in OECD, 2008a). 홍수는 구조적인 피해 및 생명 손실에 더하여, 변압기 누전, 에너지 송전 및 배전 문제, 교통마비, 깨끗한 물 공급 및 처리시설의 손상, 물에서 발생하는 병원체의 확산 가속 등의 문제를 가져온다.[11] 도시별(보스턴, 런던) 미래의 홍수 피해에 대한사회 경제적 모형분석결과에 따르면 적절한 기반시설의 변화가 없다면 기후변화가 가져오는 손실비용이 매우 클 것으로 예측하고 있다(Ruth & Gasper in OECD 2008a). [12]도시별로 특화된 폭풍 피해의 산정방법은 거의 없지만, 뉴욕시의 한 연구에 따르면 1회 발생에 지역 총생산의 약 0.1% 수준에서 최대 10~25%의 피해까지 발생할 수 있을 것으로 추산된다(Hunt & Watkiss, 2007).

7.2.4 폭염과 열섬 효과

홍수와 해수면 상승뿐만 아니라 지구 온도의 급상승과 빈번한 불볕더위도 도시를 위협하고 있다. IPCC의 A2 시나리오에 따르면, 2070~2100년의 연평균 온도 전망치는 유럽 도시민들이 그들의 도시가 마치 현재 위치보다 훨씬 남쪽에 있는 것처럼 느낄 온도 수준이 될 것임을 보여준다. 런던의 미래 온도는 지금의 보르도처럼 느껴질 것이고, 파리는 마르세유와 마드리드처럼, 로마는 북아프리카 도시들처럼 뜨겁게 느껴질 것이다(그림 7-4).

만약 대응이 늦어진다면 이와 같은 변화는 더욱 극심해질 것이다. 이미 대기 내 온실가스양이 430ppm CO2 수준인데, 대응이 지연된다면 25년 이내에 온실가스양은 500ppm 이상으로 증가할 것이며(Dietz & Stern, 2008), 지구 온도는 3°C 정도 상승할 가능성이 매우 높아진다.

폭염도 앞으로는 더 심해지고 길어질 전망이며, 선진국과 저개발국 간의 차이 없이 일사병으로 인한 사망률도 증가할 것이다. 이러한 추세는 농촌 지역보다 높은 대기 및 표면 기온을 보이는 도시지역에서 더 강하게 나타날 것이다. 열섬효과로 알려진 이러한 현상은 열복사의 구조적 약화, 불침투성 지표면의 낮은 반사율과 이로 인한 증발산량의 감소 등의 복합적 작용을 통해 발생한다(Ruth & Gasper in OECD, 2008a).[13] 열섬효과로 인해 도시

11) IPCC(2001)과 Ruth & Rong(2006) : Ruth & Gasper in OECD(2008a)에서 인용.

12) Kirshen et al.(2005), Hall et al.(2005) and Choi & Fisher(2003) : in Ruth & Gasper in OECD(2008a)에서 인용.

13) Oke(1982) : Ruth & Gasper in OECD(2008a)에서 인용.

지역 온도가 농촌보다 약 3.5~4.5°C 정도 높아지고, 이는 10년마다 약 1°C 정도 상승할 것으로 예상된다.[14] 도시와 주변 농촌 지역 간 온도 차이는 도시 규모에도 시 규모에 따라 10°C까지 증가할 수도 있다. 태양열을 흡수해서 열을 재방송출하는 건축물과 도로를 포함해서, 그늘과 냉각, 습기를 제공하는 식수 면적이 적은 건조환경 등은 도시의 온난화 현상과 위험한 불볕더위 발생의 원인이 된다(OECD, 2009b).

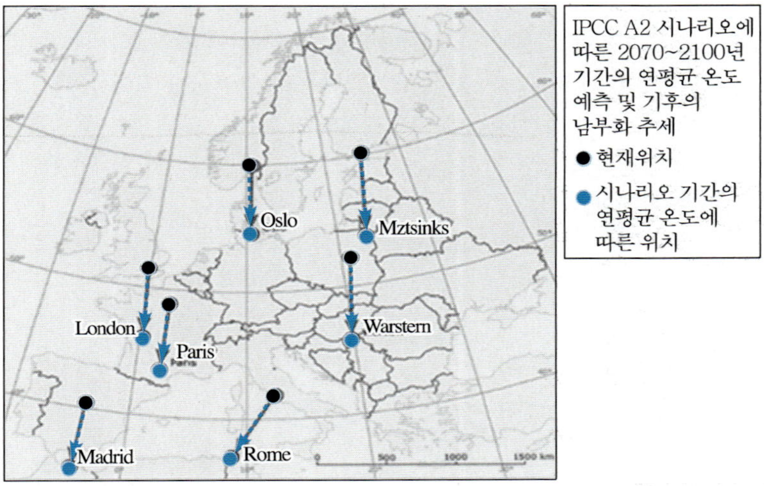

그림 7-4 기후변화로 인해 유럽 도시들이 남쪽으로 이동한 것처럼 여겨지는 현상

자료: Hiederer et al. (2009a); EEA (2009), Ensuring quality of life in Europe's cities an EEA Report No 5/2009, EEA, Copenhagen에서 인용.

열섬효과는 도시지역 내 열 파(Heat Waves)의 영향을 악화시켜 공중보건에 부정적 영향을 미칠 수 있다. 2003년 유럽의 불볕더위로 인해 프랑스 도시 지역 내에 많은 사상자가 생겼다(Hallegatte et al. 2008). 또한 기온상승은 일사병, 기근, 비감염성 질환 및 감염질환의 확산과 같은 다양한 방법으로 사망률에 영향을 줄 수 있다(Ruth & Gasper in OECD, 2008a) 또한 기후변화는 도시 공기오염을 가중시킨다. 열섬효과는 지역 대기순환체계를 변화시킬 수 있다. 태양광 유입 및 지표면 부근 대기의 화학성분이 변하면 광화학 스모그가 형성되고 공기순환이 적어져서 대기오염 물질의 집중을 확산시킨다(Hallegatte et al. 2008). 다른 조건이 동일하다는 가정하에서, 기후변화와 열섬효과에 의한 온난화는 오존과 산성 연무제(Aerosols) 등 대기오염원의 증가와 미립자 및 알레르기 유발물질 확산을 증가

14) Voogt(2002) : OECD(2009b)에서 인용.

시킬 것이다.[15] 더욱이 기후변화에 따른 기온상승으로 인해 오존과 같은 오염원의 제어가 더 어려워져서 만성 호흡기 질환의 증가와 폐 기능의 단기저하가 유발될 수 있다.[16] 뉴욕 대도시권에서 이러한 영향을 예측한 한 연구는 오존과 관련된 기후변화의 효과만으로도 2050년대의 사망률이 증가할 수 있을 것이라고 밝혔다(OECD, 2009b).[17]

도시열섬효과

도시에 집중된 건조 환경은 식물보다 적은 태양광을 반사시키고 더 많은 열을 흡수하며 더 오랫동안 저장한다. 더욱이 에너지 소비의 집중화는 폐열(Waste Heat)의 집중을 가져온다. 이로 인해 도시는 특히 밤 시간대에 주변지역보다 높은 온도를 계속 유지하게 된다. 이러한 현상은 지구 온난화로 인한 기온상승을 가속시키고, 몇 가지의 환류순환에 관계된다. 이 악순환은 보통 아래와 같다:

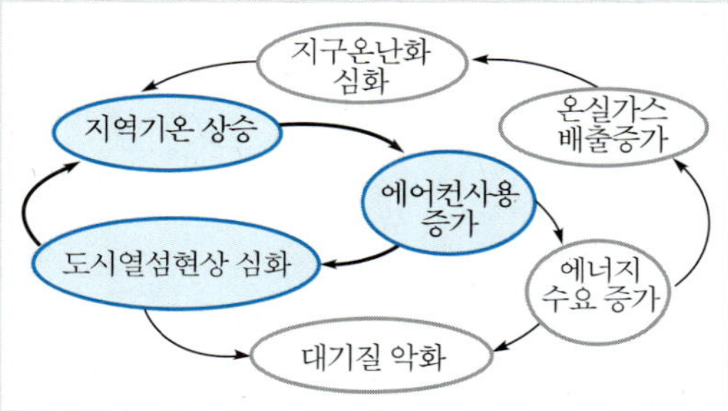

지붕녹화, 녹색피복, 밝은색 표면사용 등과 같은 건축 관련 정책의 활성화는 심각한 도시 열섬효과의 악순환을 경감시키고 아래와 같은 선순환을 가져올 수 있다;

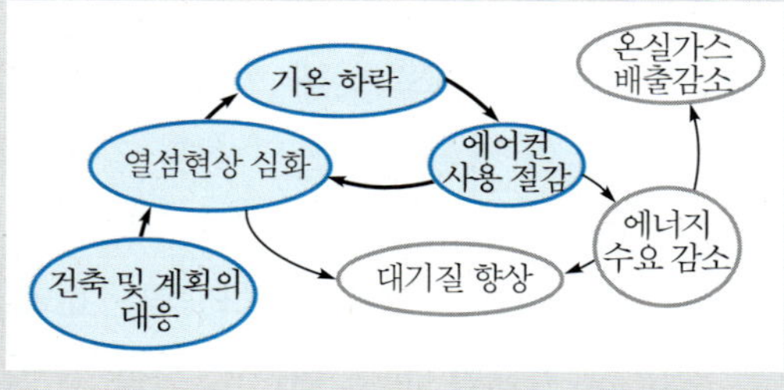

자료: OECD. 2008a. Competitive Cities and Climate Change: OECD Conference Proceedings,Milan, Italy, 9-10 October 2008. Paris : OECD.

15) Aron & Patz(2001) : OECD(2009b)에서 인용.
16) Bernard et al.(2001) : OECD(2009b)에서 인용.
17) Knowlton et al.(2004) 과 Hunt & Watkiss (2008) : OECD(2009b)에서 인용.

폭염과 관련된 기후변화의 영향까지 포함한다면, 열섬효과 영향은 미래의 에너지수요를 증가시킬 것으로 보인다.[18] 예를 들어, 미국에서는 열섬효과를 상쇄시키기 위하여 연간 전력소비의 3~8%가 필요한 것으로 예측된다(Ruth & Gasper in OECD, 2008a).[19] 높은 기온으로 인해 증가하는 에어컨의 사용량 또한 열섬효과를 증대시키는데, 예를 들어 대량의 에어컨 사용은 열섬효과를 1°C까지 상승시키는 것으로 나타났다(Hallegatte et al. 2008).

7.2.5 가뭄과 물부족 증가의 영향

기후변화로 인해 물을 얻기 위한 경쟁(Competition for Water)이 격화될 것이다. 도시는 일반적으로 가까운 지역으로부터 물을 공급받는다. 현재 기후변화가 특정 도시의 물 부족에 미치는 영향을 예측하는 것은 불가능하지만, 만약 어떤 지역이 계속 건조해진다면 앞으로 물 경쟁 현상의 심화는 예상할 수 있다. 현재의 수자원관리체계는 과거의 기후패턴을 참고로 설계되었기 때문에 대부분의 지역에서 관리체계의 조정이 필요하다(Hitz& Smith, 2004). 여러 지역에서 겨울에 눈 쌓이는 양이 줄어들 것으로 예상되기 때문에, 여름에 눈이 녹은 물을 주로 사용하는 지역이 기후변화에 가장영향을 많이 받을 것이다(IPCC, 2001b). 거기다가 급증하는 인구와 그 영향은 물 부족 문제를 더욱 심화시킬 것이므로(AAAS, 2006) 도시 물 공급전략의 수정은 필수적이다.

아시아와 아프리카 도시인구 의약 50%가 충분한 물 공급 및 위생관리를 받지 못하고 있다(Ruth & Coelho, 2007). 하수 역류로 인해 식용수 및 여가 용수의 오염 가능성이 있고, 물 공급 과정에서 미생물, 화학물질 및 독소 등이 침투할 수 있다. 도시지역의 질소 오염은 수문학적 순환과 물의 정화를 방해하는 일반적 문제 중 하나이다. 지하수 및 표층수의 염수화 또한 도시의 물 공급시설을 통해 식수의 질을 악화시키고 위해요소를 퍼뜨릴 수 있는 심각한 문제다. 염수 침투는 해안도시 어디에서나 볼 수 있는 현상으로, 보고된 자료에 의하면 미국 동부해안, 태국 해안 및 중국/베트남 삼각주 등 다양한 지역이 이 문제를 겪고 있다.[20] 담수화는 많은 비용을 필요로 한다. 1m의 해수를 식수로 바꾸기 위해서는 약 1달러가 필요하고, 염수(Brackish Water)를 바꾸기 위해서는 0.60달러가, 민물의 염소처리를 위해서는 0.02달러가 필요하다(Ruth & Gasper in OECD, 2008a).[21]

18) McPherson(1994) : Ruth & Gasper in OECD(2008a)에서 인용.
19) Grimm et al.(2008) : Ruth & Gasper in OECD(2008a)에서 인용.
20) IPCC(2001) : Ruth & Gasper in OECD(2008a)에서 인용.
21) Zhou & Tol(2005) : Ruth & Gasper in OECD(2008a)에서 인용.

대기 온도의 상승과 빈번해진 가뭄 발생은 도시지역 내 가구와 산업부문의 물 소비 수요를 증가시킬 수 있다.[22] 물 소비의 증가 폭을 증명할 실증적 모형은 없지만,[23] 도시에 집중된 인구성장을 감안할 때 그 영향은 아마도 가속화될 것이다. 기온의 상승 수준은 지역마다 매우 다양하여 전체 지역 및 지구적 기후 영향 예측결과를 바탕으로 지역별 상승수준을 예상하기는 어렵다. 미국을 대상으로 한 실증모형은 2060년까지 기온 상승에 따라 증가하는 수요를 감당하기 위하여 많은 비용이 필요할 것으로 전망한 반면, 그리스를 대상으로 한 연구는 오히려 기후변화 시나리오에 따라 비용이 낮아질 것으로 예상했다.[24] 이와 같은 지역적 차이는 미국의 주 정부 차원에서 더욱 뚜렷이 나타나는데, 이는 기후변화의 잠재적 지역 영향에 대한 이해뿐만 아니라 도시부문별로(예: 하수처리, 제조업 및 서비스업 등) 다양하게 나타나는 현상의 차이에 대한 이해의 필요성을 강조한다(Ruth & Gasper in OECD, 2008a).[25]

바르셀로나의 가뭄대책

바르셀로나는 2006년과 2007년에 걸쳐 가을에 충분한 비가 내리지 않아 심각한 가뭄위기를 겪었다. 도시정부가 가구당 물 공급 중단을 예상하고 식수공급 비상대책을 수립해야 할 만큼 상황이 매우 좋지 않았다. 결국 2030년을 목표로 하는 물 공급 전략을 수립하였다. 이에 따라 물 절약 캠페인, 물 절약형 장치의 무료보급, 여가용수 사용의 시간제한, 지역 지하수 재생, 새로운 오염제어장치 도입을 추진하고 수원의 다양화를 통해 강수원 의존도를 낮추고자 하였다. 그리고 전체 대도시권을 위해 약 290만m의 물을 정화하고 정화수의 공급망을 확장할 계획을 세웠을 뿐만 아니라, 2009년에는 담수화 공장을 설립했다(도시정부는 이 기술이 많은 에너지 소비를 동반한다고 여기고 있음에도 불구하고). 바르셀로나시는 또한 기존 11개의 빗물 저수시설을 2011년까지 17개로 늘리고자 하는데, 앞으로 시설이 완공되면 도시 전체에 필요한 물 용량의 83% 까지 감당할 수 있을 것이다.

자료: OECD (2008a), Competitive Cities and Climate Change: OECD Conference Proceedings, Milan, Italy, 9-10 October 2008, OECD, Paris.

22) IPCC(2007) : Ruth & Gasper in OECD(2008a)에서 인용.
23) Protopapas et al.(2000) : Ruth & Gasper in OECD(2008a)에서 인용.
24) Morrison & Mendelsohn(1998)과 Cartalis et al.(2001) : Ruth & Gasper in OECD(2008a)에서 인용.
25) Sailor(2001) : Ruth & Gasper in OECD(2008a)에서 인용.

7.2.6 보건과 저소득층 영향

도시 중심부는 도시기후의 확산되는 영향에 특히 취약할 것으로 예상된다. 저소득층은 선진국 혹은 후진국 국민인지에 상관없이 동일하게 기후변화에 적절히 대응할 재원이 없어 누구보다 기후변화에 가장 취약한 계층이다. 선진국도 허리케인 카트리나처럼 극한 기후상황을 경험할 수 있지만, 가장 혹독한 피해는 저소득층이 겪는다.[26] 그들은 극한의 기후패턴으로부터 스스로를 효과적으로 보호하고 신속하게 대응할 재원이 없다. 도시 저소득층은 지가가 가장 싼 지역이나-때로는 불법적으로-뭄바이의 다라비 슬럼이나 뉴올리언스의 9동(9th Ward)과 같은 홍수위험지역에 거주하기 때문에 홍수의 피해에 더 많이 노출되어 있다.[27]

또한 그들은 값싼 건축자재를 이용하기 때문에-자주 건축 · 안전조례를 위반하면서-허리케인 미치(1998) 때처럼 거주시설이 폭풍과 자연재해에 쉽게 붕괴되어버리는 위험을 감수하고 있다(OECD, 2009b). 고비용의 인프라 투자나 거주민을 적절히 보호할 제도적 안전장치가 없는 도시의 저지대 개발은 가난과 취약성 간의 악순환을 야기한다(Ibarrarán et al., 2009). 기후변화는 불공평하게도 여성, 어린이, 노인, 장애자와 같이 대응에 취약한 계층에게 더 심한 영향을 미칠 수 있다(Ruth & Ibarrarán, 2009).

온실가스 배출을 낮추려는 지역전략은 도시 내 불평등을 초래할 수 있다. 예를 들어, 교통세의 갑작스러운 도입은 도심 근처에 값싼 주택이 없어서 외곽에 사는 사람들도 포함하여 도심으로부터 멀리 떨어진 곳에 거주하는 모든 사람들에게 세금을 크게 부담시킴으로써 (부정적인) 재분배 효과를 야기할 수 있다. 이러한 효과는 점증적인 방법을 통해서 줄일 수 있다. 증가하는 에너지 비용은 온실가스 배출을 줄이도록 장려할 것이지만, 가난한 사람들이 고비용의 에너지 효율적 수단에 돈을 지출하기는 쉽지 않다. 한편 저소득층은 상대적으로 수입의 많은 부분을 에너지 비용으로 지출하기 때문에 에너지 효율 프로그램의 혜택을 불균형하게 받게 된다는 문제도 있다(Hallegatte etal., 2008). 그리고 저소득층이 기후변화 영향에 대해 상대적으로 더 취약한 것을 고려할 때, 저소득층은 기후정책의 이익이 비용보다 높을 수 있다.

---

26) Mathew(2007) : OECD(2009b)에서 인용.

27) Corfee-Morlot et al.(2009) : OECD(2009b)에서 인용.

기후변화는 도시-농촌 간 이동 증가에 영향을 미칠 수 있다. 국제적십자사에 따르면, 현재 기후변화에 따른 재난은 과거의 전쟁이나 박해보다 더 많은 인구의 이주를 유발하고 있다.[28] 최근 집계 결과 기후변화에 의한 난민(Refugees)수는 2천 5백만 명에서 5천만 명에 달하는데, 공식적 세계 난민수인 2천 80만 명과 비교할 때 기후변화가 얼마나 많은 인구이주를 가져오는지 알 수 있다(Kamal-Chaoui in OECD, 2008a).[29] 기후와 관련한 생산 감소로 인한 농업부문의 소득 감소는 더 많은 농업종사자들이 일자리를 찾아 도시로 떠나도록 만들었다. 급격하고 무분별한 도시인구 성장은 주택과 기초적 도시기반시설(특히 물과 위생 시설)의 포화를 가져오고 결국 잠재적인 보건위생상의 문제와 자연재해에 대한 취약성을 증가시킨다(Hallegatte et al., 2008).

7.2.7 무대책(Urban Inaction)에 따른 비용

기후변화가 도시환경에 미치는 영향에 대한 대부분의 논의는 주로 폭풍과 홍수 피해, 폭염, 물 소비, 공중보건 및 복지 등에 관한 것이었다. 그러나 중요한 것은 현재와 앞으로의 변화가 지역경제에 직간접적으로 어떠한 영향을 미치는지에 대해서 명확하게 고찰하는 것이다. 경제적 영향은 앞서 언급한 변화와 관련된 이슈들에 대응하고 적응하기 위한 미래의 능력을 결정할 수 있다. 기후변화 영향의 직접적 비용은, 특히 자연재해와 해수면 상승과 관련될 때, 믿기지 않을 정도로 높아진다. 미국의 해안선 후퇴는 해수면이 1m 상승함에 따라 2,700~4,750억 달러의 비용손실을 발생시키는데, 이 금액은 개발도상국 연간 국내총생산의 1/3에 해당되는 액수이다.[30]

홍수는 가장 많은 비용을 유발하는 재해로서 2000년 영국에서 한 차례 발생한 홍수로 인해 10억 파운드의 복구비용이 들었다.[31] OECD(2008b)에 따르면 여러 실증연구 결과 도시 수자원 인프라 관련 대책에 매년 수억 달러에서 수십억 달러까지 광범위한 비용이 소요되는 것으로 나타났다. 즉, 사하라 이남 아프리카의 경우, 하수처리체계 대책(신규 및 기존시설)에 연간 20~50억 달러가 소요될 것으로 예상되는 데 비해 캐나다의 토론토는 비슷한 개선대책에 연간 90억 달러가 소요된다(Ruth & Gasper in OECD, 2008a).

28) www.ifrc.org/what/disasters/about/factors/climate.asp.
29) 이 자료는 환경난민(environmental refugees)을 제외한 숫자이다.
30) IPCC(2001) : Ruther & Gasper in OECD(2008a)에서 인용.
31) Zoleta-Nantes(2000) : Ruther & Gasper in OECD(2008a)에서 인용.

기후변화의 간접적 영향은 극한 기후상황으로 인해 교통, 상업 및 산업활동이 지장을 받을 경우 지역경제활동 전체를 마비시킬 수 있다. 이러한 경제적 파급효과는 고용시장에서의 반등효과(Rebound Effects)와 세수감소를 가져올 수 있다. 지역경제가 이 같은 부담을 안게 되면 도시 인프라 개선을 위한 투자기회가 제한되고 자금손실이 발생하여 도시는 미래 기후변화에 더욱 취약한 상태에 머물게 된다(Ruth & Gasper in OECD, 2008a). 도시외부로부터의 파급효과 또한 많은 비용을 초래한다. 도시외부지역의 생산성 및 수입 감소는 수요의 감소와 수입가격 상승을 야기시키고, 도시 내 기업의 수익성 및 도시 주민의 수입뿐만 아니라 식량 안보에도 영향을 미칠 수 있다(Hallegatte etal., 2008).

대부분의 경제적 손실은 기존 교통망 변경, 생산성 감소, 지속적 응급 및 구호지원, 각종 유산의 손실, 도시 생태계 훼손 등과 같이 "숨겨진(Hidden)" 비용의 형태로 나타난다. 더욱이 기후변화로부터 오는 높은 위험률과 불확실성은 보험, 금융 및 투자 산업에 추가적인 비용을 부과하게 된다(CIER, 2007). 일반적으로 이러한 비용은 도시 및 도시경쟁력을 약화시킨다. 비시장적 독립체와 서비스의 가치 산정이 어렵기 때문에, 잃어버린 생태계와 문화유산의 비용은 건강 관련 사안과 마찬가지로 종종경제연구에서 누락되었다. 그러나 이들이 기후변화 영향으로 인해 겪을 전체적 손실은 높은 비중을 차지할 것이다. 다른 연구결과들은 또한 기후변화에 대한 무대응 역시 수질 및 대기오염, 이상기온의 수준이 점점 증가함에 따라 중요한 건강 비용을 발생시킬 것이라고 한다. 예를 들어 미국의 10,000개의 최대 오염원에서 배출된 대기오염으로부터의 총 손실은 국내총생산의 0.7~2.8%에 이른다. 중국의 경우 대기오염으로 인한 손실은 국내 총생산의 3.8%, 수질오염으로 인한 손실은 국내총생산의 2%에 달할 것이다(OECD, 2008b). 이와 같은 경제적 손실 및 기타 "숨겨진" 손실들-건강비용 지출 증가, 생산성 손실, 인프라 보강 등- 은 도시의 경쟁력을 약화시킬 수 있다.

현재 시점의 배출과 공해의 영향은 미래까지 지속될 것이기 때문에, 화폐 가치의 시간적 차이가 고려되어야 한다. 자본의 기회비용으로 인해 현재 발생된 비용과 효용이 미래보다 더 크다는 점은 일반적으로 동의하는 사실이다. 그 가치의 차이는 할인율에 의해 측정된다. 그러나 그 정확한 규모는 예측이 불확실하고, 많은 연구자들이 그들의 목적과 선호에 따라 서로 다른 할인율을 적용하고 있다(OECD, 2008b). 더 늦게 대응하는 것은 보험료의 증가로 인해 미래비용을 증가시킬 것이다. 증가하는 위험에 대비하여, 많은 보험회사들이 기후변화 영향에 특별한 관심을 보이며 보험료 인상을 고려하고 있다. 이미 세계에서 가장 큰 재보험회사인 스위스리(Swiss Re)는 회사들이 임원배상책임보험(Directors and Officers Liability insurance)을 신청할 때 그들의 기후변화 전략을 밝히도록 요구하고 있다. 2008

년에 언스트와 영(Ernst & Young)은 기후변화를 산업부문에서 가장 큰 전략적 위험요소로 분류한 바 있다(Kamal-Chaoui in OECD, 2008a).[32)]

폭풍이 초래한 고비용

최근의 폭풍은 선진국에서 가장 비용이 많이 드는 기후변화로서, 특히 보험부문의몇몇 연구에서는 기후변화의 잠재적 미래비용을 계량화한 바 있다. 예를 들어ABI(2005)의 예측은 2080년대까지 미국에서 일회의 극단적 허리케인 시즌에 감당할손실비용은 약 75% 정도 증가할 것으로 보고 있고, 일본의 허리케인 시즌에는 약 65%, 유럽의 폭풍의 경우에는 약 5%의 손실비용 증가가 있을 것으로 내다보고 있다.

Swiss Re는 최근 연구결과에서 2080년대까지 유럽에서 100년간의 폭풍상황을 고려한 비용은 기후변화로 인해 두 배로 증가할 것으로 보고 있다(환산하면 현재 250억 달러/200억 유로에서 미래에는 500억 달러/400억 유로 소요). 반면 Nordhaus(2006)는 미국의 허리케인(마이애미 해안과 뉴올리언스)에 의한 경제적 파급효과를 계산했는데, 연평균 허리케인으로 인한 피해는, 이 중 이산화탄소 환산량 집약의 영향으로 인해, 2005년 수입 기준 약 80억 달러(GDP의 0.06%) 증가할 것으로 추산되었다. 기타 다른 연구에서는 기후변화 위험과 사회경제개발에 따른 누적적인 영향은 매 10년마다 자연 재해에 따른 전 세계 경제 손실을 두 배로 만든다고 밝히고 있다.

자료: Hunt, Alistair and Paul Watkiss OECD. 2007a. Literature Review on Climate Change Impacts on Urban City Centres: Initial Findings. OECD Environment Directorate Working Paper, 6 December 2007. Paris : OECD.

32) www.ey.com/Global/assets.nsf/International/Industry_Insurance_StrategicBusinessRisk_2008/USD file/Industry_Insurance_StrategicBusinessRisk_2008.pdf을 보라.

7.3 기후변화가 도시환경에 미치는 위험과 기회

기후변화는 건물을 포함한 도시 시설물의 외장재료, 구조, 내부 환경, 서비스 구조(예: 하수도, 물, 쓰레기, 에너지, 교통, 전자통신, 개방된 공간(open space), 사람이 실내와 실외 공간을 사용하는 방법) 등을 포함하는 공간 계획과 인공적 환경의 측면에 다양한 영향을 미칠 수 있다. 기후변화로 인해 예상되는 도시환경의 주요 위험과 기회를 정리하면 다음과 같다.

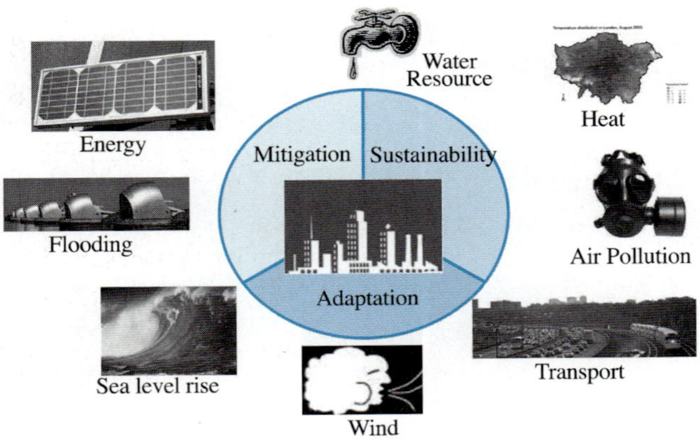

그림 7-5 기후변화가 도시에 미치는 영향

- 여름철에 상승되는 기온은 도시 거주자에게 폭염 및 고온 스트레스 등에 심각한 영향을 수 있다. 특히 도시열섬현상은 인구 밀집 지역에서 건물의 냉방 수요를 증가시킬 수 있다. 그러나 겨울에 더 높아진 기온은 겨울 에너지 소비를 감소시킬 것이다.
- 높아진 기온은 도시의 녹지공간(green space), 수자원 기반시설(blue/water infra-structure), 공개공지(open space), 그늘의 필요성을 증가시킨다.
- 녹지공간과 수목은 더운 날씨를 피할 수 있는 방법을 제공하지만(그늘과 증발에 의한 냉각을 통해), 반대로 이로 인한 가용수자원의 감소, 기온 상승, 질병과 해충의 증가 등 변화된 환경에 대한 취약성이 증가될 수 있다.
- 더워진 날씨에 적응하는 확실한 방법은 창문과 문을 여는 것이다. 그러나 이는 범죄, 소음, 오염의 위험 증가와 같은 영향을 일으킬 수 있다. 그러므로 이를 해결하기 위해서는 혁신적인 도시, 건물에 대한 설계 및 기술적 해결책이 필요하다.
- 계절 강수의 양상 변화는 건물과 공개공지(open space)의 침수시켜 사망, 상해, 질병, 재산 피해, 수질 오염 등 발생시킬 수 있다.

- 겨울철 강수량의 증가는 건물 외관과 내부 구조에 영향을 주고, 트인 공간(openings) 주변으로 더 많은 빗물이 침투하게 될 것이다.
- 기온의 증가, 여름 강수량의 감소, 증발량 증가로 인해 지반에서 침하(subsidence)와 융기(heave)의 위험이 증가하게 되고 이러한 영향은 지하의 서비스 기반시설에 영향을 줄 것이다.
- 해수면 상승은 해안주변에 위치한 도시의 홍수 관리에 심각한 어려움을 가중시킬 수 있다.
- 경사진 면과 제방에서의 붕괴 및 산사태, 해수면 상승과 태풍 발생으로 인한 해안 침식의 속도 증가는 건물 및 기반시설에 위협을 가할 수 있다.
- 더욱 강해진 강우강도는 배수 시스템(지붕 배수, 하수 시스템, 차도 배수 등)의 처리능력을 초과하여 도시 지역에 침수를 야기할 것이다.
- 기후변화의 영향으로 건설현장에서는 눈과 서리로 인해 작업할 수 없는 날은 줄어들어 유리할 수도 있으나, 반면에 노동자들은 여름의 폭염을 견뎌야 할 것이다.
- 도시 설계자, 건축가, 개발자들에게는 기후변화에 대한 지역사회의 적응성을 증가시킬 수 있는 공간과 건물을 만들 수 있는 중요한 기회가 될 수 있다.

7.3.1 기후변화에 대한 적응 원칙

앞에서 언급한 바와 같이 기후변화에 대한 적응은 불가피한 변화라는 위기에 직면했을 때 더 나은 도시환경을 확보할 수 있는 또 다른 기회를 제공한다. 적응 능력을 쌓고 훌륭한 적응 방법을 시행함으로써 도시를 더 매력적인 곳으로 만들고 삶의 질 또한 향상시킬 수 있다. 도시와 같은 인공적 환경 내에서 효과적인 적응을 하기 위해서는 강력한 정책과 시행이 필요하다. 기후변화 적응에 대한 주요 원칙과 구체적인 방법을 정리하면 다음과 같다(Gill 등, 2007).

(1) 새로 시행되는 개발과 현 개발에 기후변화 적응을 통합시킬 기회를 찾아라.

도시를 계획하고 설계하는 개발자는 새로 시행되는 모든 개발(재개발 포함)이 기후변화의 영향을 고려하도록 계획을 수립해야한다. 흔히 계획과 설계 단계에서 새로운 개발에 적용하는 것이 비용 면에서 효율적이다.

(2) 지역사회와 협력하라.

지역사회와의 협력은 현실에 가장 잘 맞는 기후변화적응대책 개발이 결정적 역할을 하며, 지역사회와의 협력은 기후변화 적응대책을 개발하는 초기 단계에서부터 시작되어야 한다.

(3) 변화하는 위험에 대처하기 위해 탄력성(flexibility)을 가져라.

시간이 지남에 따라 변화하는 기후적 위험에 대처하기 위해서 적응노력은 충분한 탄력성을 지녀야만 한다. 적절한 적응방식은 규모(도시 규모에서부터 근리지구 규모, 건물 규모에 이르는)에 따라 달라야 한다.

(4) 기후에 대한 현재의 취약성을 이해하고 임계치(threshold)를 파악하라.

기후변화 적응의 필요성은 이미 현재 기후에서 취약한 지역에서 극대화된다. 현재 기상이 지역에 어떻게 영향을 주는지를 이해하고 결정적인 임계치(예; 하수도 시스템이 대처할 수 있는 최대 강수량 등)를 파악하는 것은 언제 어떤 적응 조치를 취할지를 결정하는데 도움이 될 수 있다.

(5) 최근의 기후변화 시나리오를 사용하여 기후변화의 위험을 파악하라.

기후변화에 대한 정보와 지식은 빠르게 변하고 있다. 그러므로 가장 최신의 기후변화 정보를 제공할 수 있는 기후변화 시나리오를 이용하여 기후변화의 위험을 평가하는 것이 중요하다.

(6) 기후적 위험을 관리하기 위한 후회 없는(No regret), 후회가 적은(low regret), 동시에 두 가지 이익을 얻는(win-win), 탄력성 있는 대책을 찾아라.

- 후회 없는(No-regret) : 현재 기후 상황에서 즉시 성과를 거두는 대책.
- 후회가 적은(Low-regret) : 막대한 이익의 가능성을 지닌 비용이 적게 드는 대책. 가능성을 최대화하고 비용을 최소화하기 위해서는 설계 단계에서 적응대책을 수립해야한다.
- 동시에 두 가지 이익을 얻을 수 있는(win-win) : 기후변화 적응을 통해 온실가스 배출 감축과 같은 다른 이익을 수반할 수 있는 대책.
- 지속적으로 변화하는 기후에 적응 가능한, 유연하고, 탄력적인 정책과 대책.

(7) 위험에 기반을 둔 대책을 개발 결정에 적용하라.

개발 계획에서 토지를 분배하거나 개발의 시행 여부를 결정할 때, 정책 결정자들은 더 낮은 위험 수준에서 다른 지속가능한 개발 목표에 부합되는 이용가능한 방법이 없음을 제시해야만 한다.

(8) 적응전략을 정기적으로 검토하라.

적응대책은 기후변화에 대한 지식을 보충하고 경험으로부터 배우기 위해, 정기적인 검토가 이루어져야 한다.

7.3.2 설계와 개발을 통한 기후변화에 대한 적응

현재 우리의 도시는 기후변화에 대비해 설계되어 있지 않다. 이는 계획자와 설계자들에게 심각한 문제이자 기후변화에 잘 적응하는 동시에 혁신적인 도시 환경을 만들 수 있는 엄청난 기회가 있음을 의미한다. 건축가와 개발자는 도시의 인공적 환경이 다가올 변화에 적응할 수 있도록 창조적으로 생각해야만 한다.

기후변화의 완화와 적응은 도시 형성과 밀접한 관계가 있다. 고밀도 도시개발은 이동거리를 최소화하여 지역사회의 에너지 체계를 보다 실용적으로 할 수 있으며, 배출량을감축할 수 있다는 이점이 있다. 그러나 도심의 고밀도 지역은 도시열섬현상이 심해지고 배수체계 능력이 현저히 감소함으로 인해 홍수위험성을 높아질 수 있기 때문에 기후변화 적응 목표에는 부합되지 않는다. 또한, 도심의 좁고 높은 거리는 더운 여름 동안 폭염 위험을 줄일 수는 있지만, 겨울에는 오히려 그늘을 조성하게 된다. 그러나, 겨울의 난방을 위한 에너지 사용을 최소화하도록 설계된 건물의 경우, 여름기간 동안에는 과열에 취약할 수가 있다. 그러므로 기후변화에 대해 적응성이 높고 지속가능한 도시환경은 냉각, 수자원의 저장, 우수 침투에 녹지공간과 수자원 기반시설이 잘 조합이 되도록 계획을 하고 설계하는 것이다. 그러나 불행하게도 도시의 녹지공간은 보통 개발의 과정에서 사라지고 있으며 이로 인해 기후변화로 인해 더욱 덥고 건조한 여름에 대처할 적응능력이 없는 도시는 기계적인 냉각 시스템의 사용을 증가시키고 있다.

그러므로 도시 개발자, 도시 설계자, 건축가는 미래 지역사회의 지속가능성을 확보하기 위해서는 기후변화 적응과 완화 사이의 잠재적 마찰을 고려하여 계획과 설계를 해야만 한다(Walsh 등, 2007). 영국의 PPS에 의하면 기후변화에 대응한 지속가능한 도시환경을 조성하고 기후적 위험을 관리하기 위해서는 공간적 규모에서 따라 적절한 적응방법(고온 관리, 홍수위험 관리, 수자원과 수질 관리)이 필요하다고 하였다. 이를 정리하면 다음과 같다.

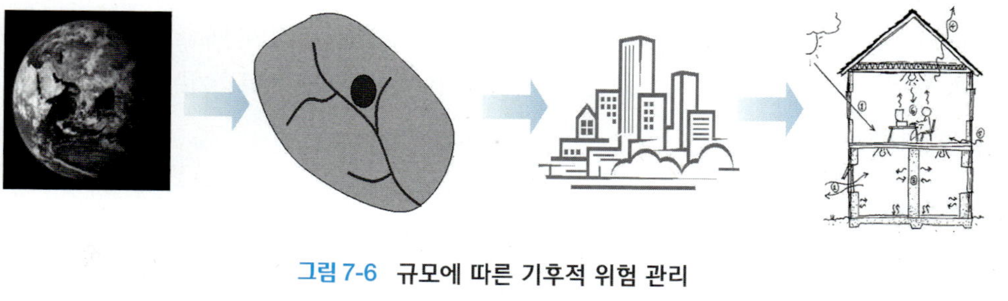

그림 7-6 규모에 따른 기후적 위험 관리

- 광역도시 또는 수계 유역 규모(Conurbation or catchment scale)
  이 규모에서의 기후변화 적응은 전체 도시에 적용되며, 다양한 토지이용계획이 포함된다. 비용 면에서 효율적이고 통합적인 해결책이 만들어질 가능성이 가장 크다.
- 근린지구 규모(Neighbourhood scale)
  근린지구 규모는 독립된 거주그룹의 개발을 의미하며, 개별적 블록에서 대규모의 주택단지까지 그 크기가 다양할 수 있다. 건물과 주택단지 사이에 공공 영역과 공간의 이용에 대한 고려가 필요하다.
- 건물 규모(Building scale)
  개별 거주자, 아파트 블록, 상업 건물을 포함하는 작은 규모의 지역은 기후변화 적응을 건물에 또는 건물 주변에 적용할 수 있는 가능성을 제공한다. 현재와 미래의 기후적응 가능성을 최대화하기 위해서는 건물과 건물 주변 설계, 사용되고 관리되는 방식에 주의를 기울일 필요가 있다.

가. 고온관리

(1) 광역규모에서의 고온관리

광역도시 규모에서 고온을 관리하는 노력은 대규모의 기반시설을 통해 도시열섬현상을 감축하는데 초점을 두어야한다. 온실가스 배출량 감축의 노력과 함께, 개발자, 건축가, 계획자, 도시 설계자는 비전과 설계, 자본, 관리하기 위한 새로운 방법들을 공유할 필요가 있으며 종합계획의 일부로 녹지공간과 수자원 기반 시설의 통합하여 개발해야 한다.

① 배수시설을 잘 갖춘 공개공지의 녹지공간(green grid) : 여가와 우수 저장(storm storage)의 이점을 지닌다. 도시 내에서 녹지 기반시설은 삼림, 가로수, 공원, 야외 스포츠 시설, 지역사회 정원, 마을 정원, 개인 정원, 그린 루프(green roof)와 그린 월(green wall)을 포함된다.

② 강, 호수, 도시 운하와 같은 수자원 기반 공간

③ 지나친 태양열을 피하기 위한 그늘: 좁은 거리 또는 가로수 아래의 그늘

④ 건물과 거리의 형태를 활용한 수동적 통풍

(2) 근린규모에서의 고온관리

근린 규모에서 고온을 관리하기 위한 노력은 시원하고 즐거운 실외 공간을 제공하는데 있다. 이 규모에서는 적응 효율을 극대화하기위해 기후와 환경적 상태를 고려한 생체기후적(bioclimatic) 설계의 원리를 이용해야한다.

① 녹색 통로(green corridor), 소규모의 공개공지, 가로수, 그린 루프(green roof), 그린 월(green wall)의 매트릭스(matrix)로부터 증발에 의한 냉각 효과
② 연못, 길가의 배수 저습지(swale), 홍수 완화 호수, 수영장, 분수의 사용
③ 과도한 태양열을 줄이고 미풍을 받아들이는 건물 및 거리조성
④ 도로 또는 대규모 주차장에 표면 반사를 증가시키는 열흡수 완화 포장재 사용, 증발에 의한 냉각효과를 얻기 위해 투수성 포장재 사용
⑤ 열흡수완화 지붕(cool roofs); 태양열 흡수를 방지하고 기계적인 냉각의 필요를 줄일 수 있음

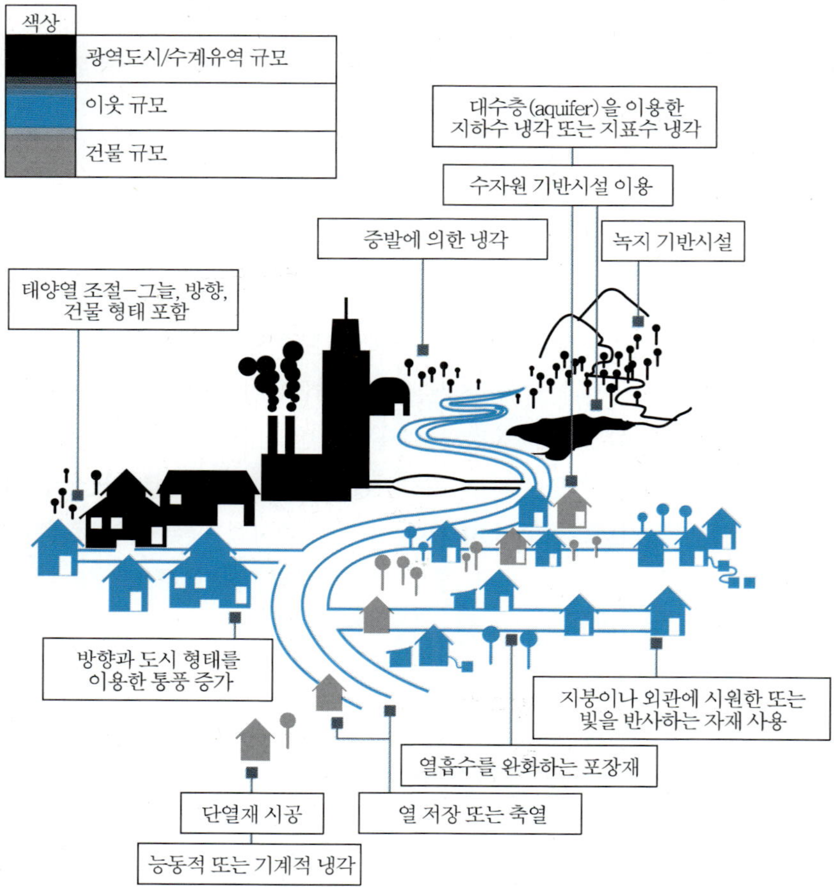

그림 7-7 도시에서의 규모에 따른 고온관리 방법

(3) 건물 규모에서의 고온관리

건물 규모에서는 잘못 적용된 설계를 피하는 것이 중요하다. 기존의 에너지효율 방법은 주변 공기에 과도한 열을 생성하고, 에너지 수요를 현저히 증가시켜, 온실가스 감축 목표를 실패하게 할 수 있다. 그러므로 최상의 적응대책(best practice)은 수동적 방법을 사용하여 가능한 한 냉각을 줄인 후, 설계 목표에 가장 잘 부합하는 방식을 이용하여 나머지 냉각 요구량을 충족시키기 위한 최상의 기계적 해결책을 찾는 것이다. 건물규모에서 고온관리를 위한 효과적인 방법은 다음과 같다.

① 태양열 흡수를 줄이기 위한 식수(planting), 그늘, 고급 광택 시스템
② 열흡수 완화 자재와 그린 루프/그린 월을 포함하는 열의 침투를 방지하는 자재
③ 대수층(aquifer) 또는 지표수를 이용한 냉각을 위한 수자원의 혁신적인 사용(지속가능한 배수체계)
④ 저층고 천장공법(chilled beams)과 통풍을 증가시키고 신선한 공기를 이용한 냉각
⑤ 더운 기간 동안 열을 흡수하여 추운 기간에 방산하는 열매저장(thermal storage)의 이용

나. 홍수위험관리

강수량의 증가, 폭우의 기간과 강도 증가, 해수면 상승은 도시지역에 홍수 위험성을 증가시킨다. 도시지역의 불투수성 지표면은 우수가 지표로 스며드는 것을 방해함으로써 이러한 홍수 위험을 더욱 크게 만든다. 미래의 홍수 위험에 대한 가장 효과적인 방법은 노출을 줄이는 것이다. 홍수위험성을 줄이기 위해서는 도시개발이 진행되는 동안 그 위험을 평가하고 그에 따라 건물의 위치를 계획 배치하고 설계하는 것이 필요하다.

(1) 유역규모에서 홍수위험관리

유역 규모에서 가장 중요한 홍수위험은 조수와 강의 범람이다. 이 규모에서는 공간적 홍수관리 전략을 가지고 녹지공간과 인공적 공간을 통합시켜야 하며 전체 유역에서의 상호작용을 고려하는 것이 필수적이다. 공간 계획을 통한 홍수관리가 이루어져야하며 장벽(wall) 통한 홍수관리는 피해야 한다. 구조적인 치수(flood defence)계획은 기후변화가 홍수위험에 미치는 영향을 고려하여 지속적으로 적응할 수 있는 설계를 적용해야 한다. 유역규모에서의 홍수 위험관리 전략은 다음과 같다.

① 범람원 내에서 전략적 홍수위험평가와 순차적인 개발 필요. 특히 취약한 지역에 거주하는 사람들을 이동시키는 것을 고려하도록 한다.
② 첨두 홍수량을 줄이기 위해 홍수 발생 시 홍수 지연 지역(flood retarding basin)과

희생 지역(sacrificial areas)(예: 운동장과 주차장)을 계획

③ 홍수량을 저장을 위해 저수지 및 댐 건설; 고지(upland) 관리

④ 해안지역의 경우 해안선의 관리에 의한 재조정을 통해 해안 장벽과 같은 기존의 방어물을 제거한 후 그 뒤에 있는 땅이 침수되도록 한다. 또한, 식생을 통해 태풍 발생 시 파도 에너지를 분산시키며, 해안가 침심을 줄인다.

⑤ 도수로 및 하도개선을 통한 홍수량의 분담

⑥ 지표 유출수를 관리하고 느리게 하기위해 지속가능한 배수체계(SUDS)를 이용하고 자연적 물 순환 체계로 방출

(2) 근린 규모에서 홍수 위험의 관리

근린 규모에서의 노력은 홍수의 경로를 이해 · 관리하고, 위험 지역을 보호하는 데 초점을 두는 것이다. 잘 계획된 근린규모의 적응정책은 수질과 수자원 관리에 대한 부가적인 이점을 지니며, 공간 활용성을 향상시킬 수 있다. 유역규모에서의 관리 전략과 유사한 방법들이 근린 규모에서 도 적용될 수 있다.

① 범람원 내에서 전략적 홍수위험평가와 순차적인 개발

② 불투수성 지표면을 투수성 포장재, 자갈 또는 풀과 같은 지속가능한 배수체계(SUDS)로 교체하여 물이 스며들 수 있게 한다. 공원과 녹지공간 내에 연못(infiltration pond)과 같은 공간 개발

③ 소규모의 장벽 건설 및 후퇴 수방(setback flood defence)의 2차 장벽 건설

④ 유출수 감소와 배수체계 개선을 위해 녹지 공개공지와 그린 루프의 이용

⑤ 홍수경로를 관리 및 배수 용량을 증가시키기 위해 배수로 확장

(3) 건물 규모에서 홍수 위험의 관리

건물 규모에서의 홍수위험 관리의 목표는 취약성을 줄이는 구조적 방법을 적용하는 동시에, 홍수의 노출성을 최소화하는 것이다. 홍수 위험은 시간이 지남에 따라 변하기 때문에, 새로운 건물들은 홍수 위험에 대응할 수 있도록 지어졌는지 그리고 주변 지역의 위험이 악화되지 않았는지를 주의 깊게 평가할 필요가 있다. 건물 규모에서 홍수 위험의 관리대책은 다음과 같다.

① 유출수를 줄이고 배수체계의 압력을 줄이기 위한 그린 루프

② 홍수 경로의 관리와 '접점'을 제거하여 폭우 시 우수가 배출될 수 있도록 한다.

③ 역류를 방지하기 위해, 영구적으로 배수로와 오수관에 적합한 일방 밸브(one way valve) 설치, 배수용량 증대를 위한 배수로 확장

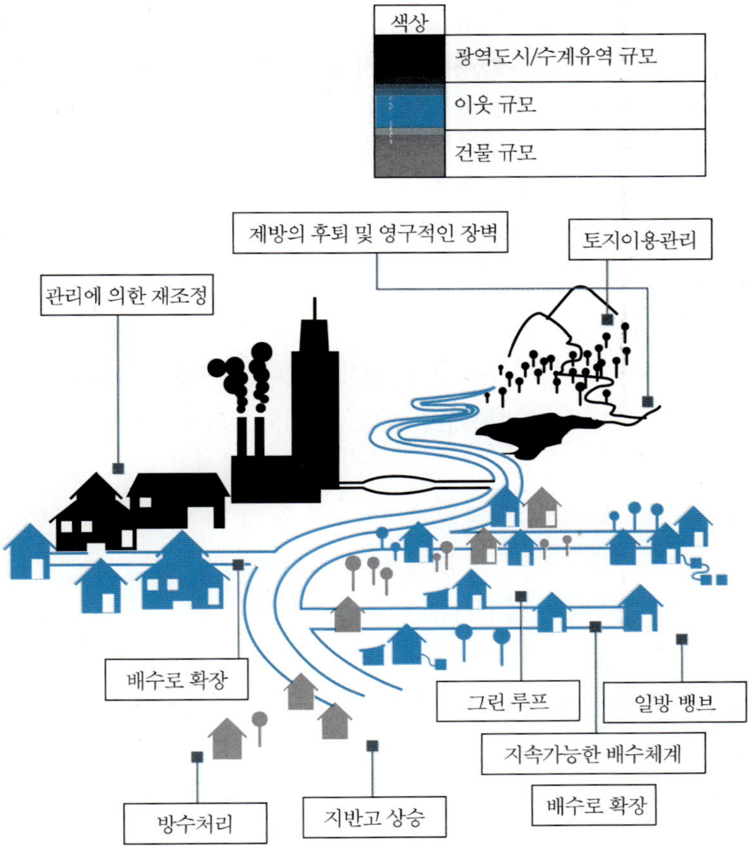

그림 7-8 **도시에서의 규모에 따른 홍수위험관리 방법**

④ 지반고의 상승 및 방수처리, 내홍수화(flood proofing)

⑤ 직접적인 홍수와의 접촉에서 일정 시간동안 큰 피해 없이 견딜 수 있는 건축자재의 이용

⑥ 임시적으로 물을 막기 위한 장벽을 형성할 수 있는 홍수 보드(flood board), 공기 벽돌 커버(air brick cover), 홍수 덮개(flood skirt)의 이용

다. 수질 관리

변화하는 강수의 양상은 수자원과 수질에도 중요한 영향을 미칠 것이다. 여름철 높아진 기온은 물 수요를 빠르게 늘어나게 할 것이다. 건조한 여름 동안 적어진 하천수량은 냉방 수요가 최고에 달할 때, 취수가 어려워질 수 있다. 적어진 하천수량은 오염원을 희석시키

지 못하며, 부영양화와 조류의 과잉증식과 같은 연쇄적인 수질 문제를 야기한다. 인간이 사용하기 위한 물을 처리하고 분배하기 위해서는 상당량의 에너지를 필요로 한다. 따라서 물의 사용량을 줄이는 것은 온난화가스 배출량 감축에 상당량 기여할 수 있다.

(1) 유역 규모에서 수자원과 수질의 관리

수계 유역 규모에서 수자원과 수질의 관리는 다양하고 건강한 생태계를 유지하고 여가 활동의 기회를 제공하며, 지역사회의 요구를 지원하는 깨끗한 강과 호수의 보호에 초점을 맞추고 있다. 개발자, 건축가, 계획자, 도시 설계자는 새로운 도시 개발 시 변화하는 기후의 영향을 고려하여 설계되는지를 확인해야한다. 수자원과 수질 관리는 녹지공간과 수자원 기반시설을 통해서 관리되어야 한다. 유역규모의 수자원과 수질의 관리에 대한 전략은 다음과 같다.

① 고지대와 저지대 저수지(자연적/인공적)는 폭우 시 하류의 홍수 가능성을 줄이는 동시에, 여름 동안 충분한 물 공급량 확보를 돕는다.

② 물 부족을 겪는 지역에서는 엄격한 수리권에 대한 수립이 필요하다. 특히 물 부족은 미래에 심화될 것으로 보인다.

③ 지하수 함양량을 위해 지속가능한 배수체계(SUDS)의 이용 권장

④ 지표수와 오수를 위한 개별적인 배수체계의 사용을 증가시켜, 지표유출수를 직접적으로 수로로 돌려보내어 처리의 부담을 줄인다.

⑤ 폐수와 우수의 고급 처리와 여과과정을 거친 개량되거나 순환된 수자원의 사용 증가. 관개용, 변기와 같은 비식수(non-drinking)용으로 활용

유역 규모에서 혁신적인 수자원 및 수질 위험관리 방법들은 싱가포르와 뉴멕시코와 같이 이미 심각한 수자원 압박을 받고 있는 도시에서 사용되고 있다.

(2) 근린 규모에서 수자원과 수질의 관리

근린 규모에서 수자원과 수질의 관리 노력은 공공장소(public space)를 활용하는 것이다. 예를 들어, 우수 집수와 저장 계획은 추가적인 수자원 공급을 제공하는 동시에 도시 홍수의 위험을 줄인다. 다음의 전략들이 시행될 수 있다:

① 지붕 또는 공공장소에 우수 집수와 저장. 이 전략은 토양 수분을 증가시키고, 증발에 의한 냉각을 지속시키며, 도시 홍수의 위험을 줄인다.

② 물을 모으고 저장하기 위한 지속가능한 배수체계(SUDS)

③ 배관체계(plumbing system)로부터 나오는 폐수를 관개에 이용하기 위한 오수의 순

환이용(grey water recycling)

⑤ 효과적인 우수 역류(storm overflow) 관리를 통한 지표수 오염을 방지

⑥ 점원 오염원(point source pollution)의 관리를 통한 하천수의 수질 위험 관리

(3) 건물 규모에서 수자원과 수질의 관리

건물 규모에서 설계자, 개발자, 건축가는 수자원 관리, 홍수 위험, 에너지 보전 간에 시너지효과를 개발할 수 있다. 예를 들어, 그린 루프는 내부 온도를 조절하여 에너지 보전을 달성하고 건물의 수요량을 충족하기 위해 물을 저장하는 동시에 유출수를 줄이고 홍수 위험을 낮출 수 있다. 건물규모에서 물 공급량을 관리하고 수요량을 줄이는 효과적인 방법은 다음과 같다.

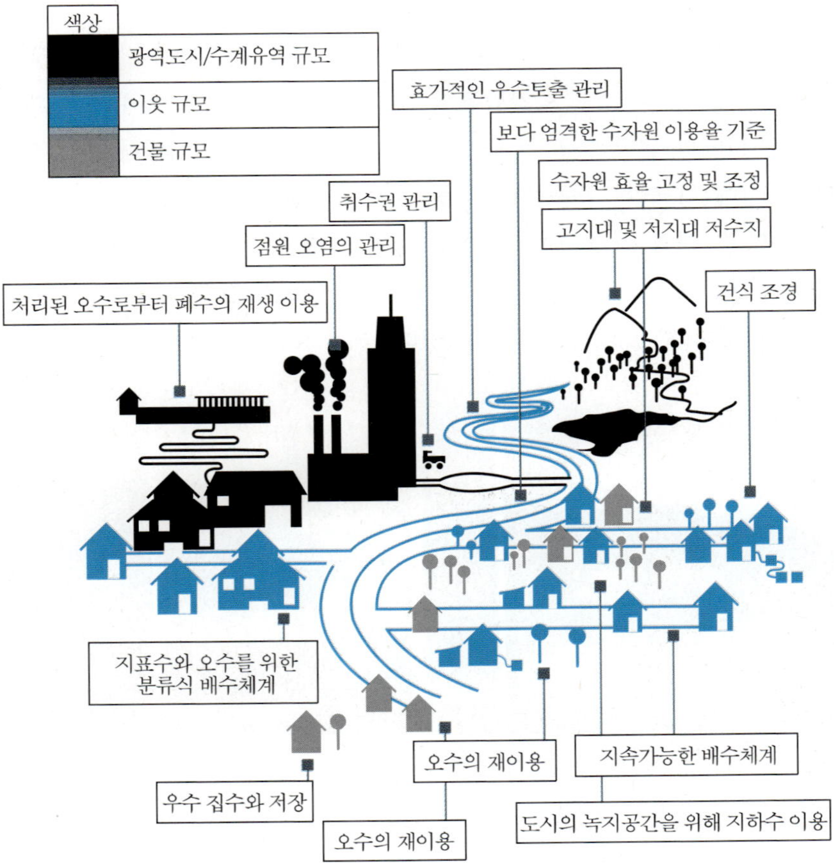

그림 7-9 도시에서의 규모에 따른 수자원과 수질위험관리 방법

7.4 기후변화 대응을 위한 도시계획 사례

가. 프라이부르크, 독일

독일의 환경수도로 불리는 프라이부르크(Freiburg)는 인구 21만명 정도 규모의 도시이다. 프라이부르크는 1992년 독일연방 내 지방자치단체 경연대회에서 151개 지자체 가운데 1위의 환경도시로 선정됨으로서 당시에는 독일의 환경수도라고 불리기도 했다. 프라이부르크는 한 걸음 더 나아가, 기후변화 대응 차원에서 태양광발전 등의 신재생에너지 이용 체계를 도입하면서 '태양의 도시'라는 명칭까지 얻고 있다.

프라이부르크는 산성비로 죽어가는 숲을 살리기 위해 자동차 사용을 억제하였으며, 1970년대 오일쇼크를 겪으면서 새로운 에너지원을 찾는 노력을 열심히 진행하였다. 1990년대 들어서면서 시의 행정조직을 개편하면서 환경부시장 직제를 두는 등 다양한 노력을 통해 세계로부터 주목받는 환경도시로 발전하였다.

그 동안 추진된 프라이부르크 환경정책의 핵심은 태양에너지를 최대한 활용하여 환경을 보전하고 기후변화에 대응할 수 있는 저탄소 도시를 실현하는 것이었다.

이를 위해 프라이부르크는 공공기관은 물론, 가정과 기업에서 태양에너지 활용을 촉진시키고자 태양광 발전 매입 정책, 태양광 발전 주식 발행 등 여러 가지의 신재생에너지 정책을 추진하였다. 그리고 이 도시는 태양에너지 도시 전략을 도시판촉(city marketing)에도 적극 활용하여 상당한 홍보 효과도 거두고 있다.

그림 7-10 프라이부르크, 독일

나. 마스다르, 아랍에미리트

마스다르(Masdar)는 아랍에미리트(UAE)의 수도 아부다비(Abudabi) 외곽에 조성되는 신도시이다. 영국의 F&P(Foster & Partners)의 기본계획에 기초하여 '아부다비미래에너지 회사'(ADFFC)에 의해 약 6km^{2}의 면적에 약 4만 명의 인구를 수용하는 도시로 건설되고 있다. 2008년부터 2016년까지의 공사 기간 동안 220억 달러를 투입하겠다는 마스다르 건설사업의 목표는 저탄소 도시 조성이다.

그들의 계획에 의하면, 마스다르는 세계 최초로 탄소를 전혀 배출하지 않는 '탄소제로(Carbon Zero)' 도시로 건설되는 것이다. 탄소 배출을 획기적으로 줄이기 위해 마스다르는 에너지 효율적인 도시 공간구조를 지향하고 있다. 그들은 토지이용에서 복합 용도를 추구하며, 저층 고밀도의 근린주구 개발을 통해 에너지 의존성을 낮추고자 한다. 도시 주변에는 전통 양식의 성곽을 배치하고, 건물을 좁은 골목 주변으로 밀집시키는 아랍 전통의 도시계획을 적용하여 효율적 에너지 사용을 도모하고 지역의 역사적 문화적 특징을 살리고자 계획하였다.

그림 7-11 마스다르, 아랍에미리트

다. 독일, Hennef, 프랑크푸르트 (Frankfurter)

Hennef 시는 주요 도로를 개선하기 위해 거리환경 녹지화, 포장 확장, 거리 시설물의 사용을 포함하는 많은 대책을 시행했다. 이는 거리 또는 완충지역(buffer)을 형성하는 나무가 우거지고 잘 설계된 공공장소를 조성했다. 이러한 계획이 일차적으로 안전한 환경을 조성하고, 마을의 주요 거리의 경제적 침체를 되돌리기 위해 설계된 것이기는 하지만 다가오는 온난화에 대해 녹지는 편안한 실외 공간을 제공한다.

(www.newlifeformainroads.org.uk/)

그림 7-12 프랑크푸르트 거리, Hennef, 독일

라. 도쿄의 옥상정원(Roof garden)

도쿄는 1960년대부터 에너지 소비와 불투수성 지표면(예: 아스팔트, 콘크리트, 건물) 증가로 인해 빠르게 악화되는 도시열섬현상을 겪고 있다. 이러한 영향을 완화시키기 위해, 도쿄 시 정부는 옥상정원을 권장하는 방법을 포함하여 몇 가지 도시 녹지화 정책을 시행했다. 토지면적 1000m^2(공공건물은 250m^2) 이상인 새로 건설되는 모든 건물은 그린루프(green roof)와 리빙 월(living wall)을 설치해야만 하며, 이 정책은 새 건물뿐만 아니라 기존의 건물에도 확대되었다. 옥상정원을 지닌 건물은 세금 감면을 제공받고, 옥상정원을 계획 중인 건물 소유주에게는 일본개발은행이 저이율의 대출을 제공한다.

(www.toshiseibi.metro.tokyo.jp/plan/pl_index-e.html)

마. 말레이시아, Subang Jaya, Menara Mesiniaga

이 건물은 열 위험을 관리하기 위해 여러 가지 혁신적인 전략들을 적용하고 있다. 외관에는 나무가 심어진 깊은 발코니가 있어, 그늘과 증발에 의한 냉각효과를 제공한다. 3배 높이의 움푹 들어간 테라스를 지닌 원형의 사무실 또한 나무가 심어졌다. 이 같은 중앙 홀(atrium)은 나무가 그늘을 제공하는 동시에, 시원한 공기가 건물의 공공장소를 통과하게 한다. 태양 쪽의 창문에는 알루미늄 차양과 지붕창을 달아 태양열의 흡수를 줄이고 그늘을 제공한다. 이러한 모든 요소들은 태양열 패널과 통합된 지붕의 개폐식 채광창(sunroof)과 결합되어 있어서, 장기적인 유지비용을 줄이고 저에너지 사용에 기여한다.

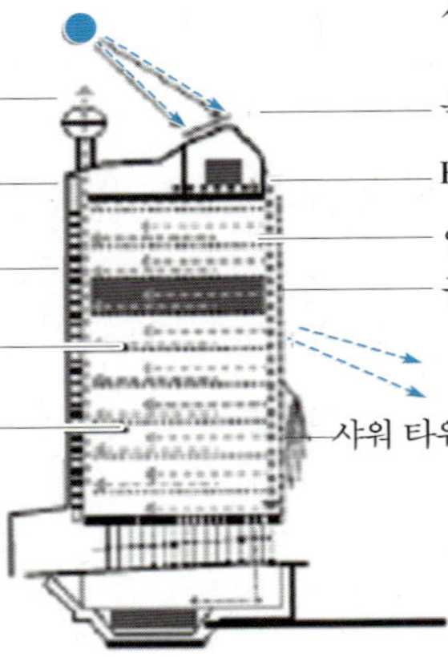

(a) 호주 멜버른, 의사당

(b) Menara Mesiniaga IBM 본사

그림 7-13 건물규모의 고온관리 사례

(a) 출처: Corporate Communications City of Melbourne

(b) 출처: Ken Teang at R. Harmzah & Yeang Sdn. Bhd. 사진 K.L. Ng Photography

7.5 기후변화 대응 도시의 등장

1970년부터 1980년대는 도시지역 내 인구 집중화로 인해 도시지역 특히 수도권 지역에서 신도시계획이 이루어지면서 커뮤니티의 중요성을 도입한 전원도시(Garden City)나 선형도시(Linear City) 형태의 도시가 등장하게 되었으며, 이후 환경의 중요성이 강조되면서 생태도시(Eco City), 환경친화적 도시(Environmental Friendly City), 녹색도시(Green City) 등의 도시의 패러다임이 등장하게 되었다.

이후 1990년대는 교토의정서 등에 의거 기후변화와 관련하여 지속가능한 개발을 위해 기후변화의 문제 제기와 온실가스를 감축하기 위한 저탄소도시(Low Carbon City), 탄소중립도시(Carbon Neutral City), 무배출도시(Zero Emisn City)를 표방하는 도시가 등장하였다.

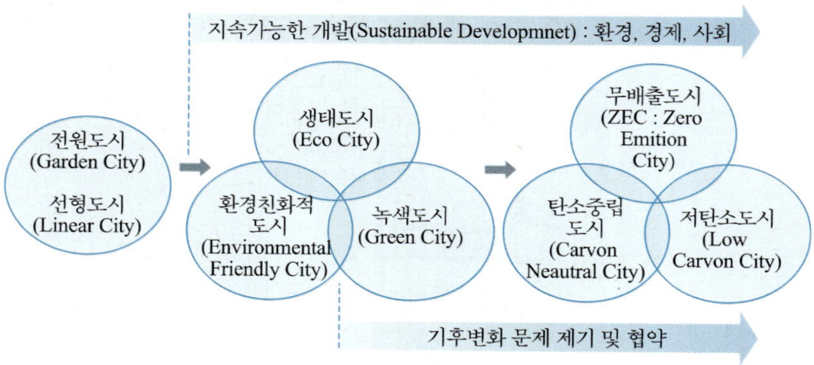

그림 7-14 기후변화 대응 도시형태 배경

출처: 국토교통부

지속가능한 개발과 기후변화 대응을 위한 배경으로 탄소제로도시, 탄소중립도시, 저탄소도시, 태양도시(Solar City), 생태도시(Ecological City) 등 새로운 개념의 도시들이 있으며, 기후변화를 일으키는 온실가스의 증가는 개발과 밀접한 관계가 있다. 기존의 경제 및 공간개발 패턴이 온실가스를 다량 배출하는 방식으로 이루어졌기 때문에 온실가스를 줄이기 위해서는 당연히 경제활동 및 도시공간 구조 패턴이 변화되어야 한다. 도시공간 정책은 장기적인 영향력을 가지고 있기 때문에 기후변화에 대응에 있어서 중요하며, 기후변화에 대응하여 도시공간 정책을 통해 지자체는 기후친화적인 계획을 추진하고 실천이 가능하다. 도시공간 정책은 지역 스케일에서 개별 건축물에 이르기까지 폭넓은 문제를 포함하며, 기후변화 완화 및 적응의 목표를 동시에 달성하는 데 있어서도 유용해 기존 도시에서 가장 필요한 대응방안이다. 콤팩트시티 추진, 녹지와 물 관련 시설 확충 및 관리, 기존 건축물 리모델링, 도시 기반시설 재개발, 에너지 효율적 대중교통망의 확대 등이 있으며, 녹지는 탄소 흡수를 통해 기후변화를 완화하고 열섬현상, 대기오염 및 도시 홍수 등의 문제에 대한 대응으로 기후변화 적응에도 도움이 되는 통합정책이다.

가. 일본 사례

저탄소형 도시구조를 목표로 도시지역의 종합적인 조성을 추진하고 있으며, 각 부문에서 실시하는 온실가스 배출·삭감 대응효과를 더 높이기 위해, 도시정비 사업의 추진, 민간 활동의 규제·유도 등의 수법을 통한 상호 보완이 필요하다

- 집양형 도시구조 실현, 도시녹화추진 및 녹지보전, 하수도자원·에너지 유효이용, 에너지면적 이용촉진 등 총 4 가지 부문으로 구분하여 실시한다.

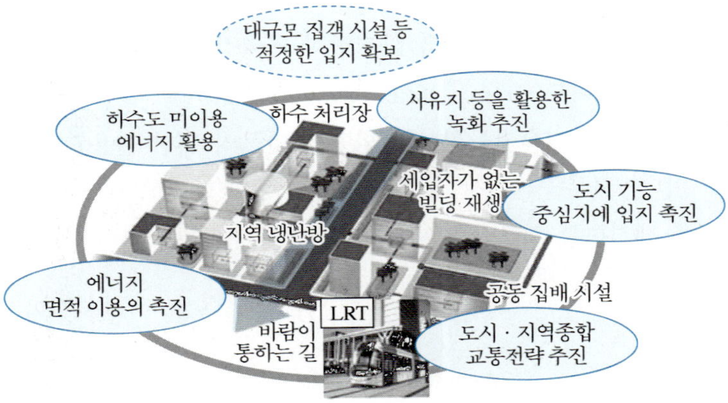

그림 7-15 일본의 기후변화 도시계획 개념

나. 영국의 기후변화 대응 도시재생

영국의 중앙정부는 세부적 지침 또는 가이드라인 작성을 통해 방향성을 제시하고, 지역 스스로 지역 특성에 맞는 계획 수립을 위해 다양한 파트너의 참여로 도시재생사업이 추진되고 있다. 국토공간전략인 광역공간전략 및 지방개발기본계획 수립 시 기후변화 대응계획 유도를 위해 계획적 정책지침(PPS)을 마련하고, 계획과 기후변화(Planning and Climate Change)를 통해 중앙정부의 기후변화 대응 핵심지침으로 지방정부의 목표와 정책이 일치하도록 유도하고 있다.

기후변화 대응을 위한 계획요소의 경우 개별 기후노출로 구분하여 각각에 대한 지침을 제시하고 있으며, 특히 사업 규모(도시, 근린생활권, 개별 건축물)에 따라 차별화하고 있어 보다 효과적으로 대응할 수 있도록 하고 있다.

베드퍼드(Bedford)는 영국 베드퍼드셔에 위치한 인구 16만(2012년 기준)의 작은 도시이며, 기후변화에 대응하기 위한 정책과 프로그램을 활발히 진행하고 있는 영국의 대표적인 도시이다. 2001년부터 경제개발과 대규모 주거지 건설전략을 통해 2021년까지 19,500세대의 주택건설 등 도시재생을 목표로 추진하고 있다. 특히, 마을 서쪽 중심부는 '베드퍼드 중심지 대응계획'에 따라 다양한 도시기반 시설 및 복합개발 계획이 예정되어 변화의 잠재성이 가장 높은 핵심지구이다. 하지만 기후변화의 영향으로 하천 범람, 수자원 부족, 지반 침하, 열섬현상 등의 문제가 내재되어 있으며, 상업지구는 강의 범람으로 인한 상습 홍수다발지역으로 매년 피해가 급증함에 따라 시급한 대책 마련이 요구되고 있는 지역이다.

베드퍼드시는 '노팅험선언(2007)'에 서명함으로써 기후변화에 대응하기 위해 중앙정부와 공조하여 기후변화에 관련된 지역 네트워크에 참여하였으며, 주민들과 함께 진행할 수 있고 지역 상황에 적합한 정책 및 계획들을 마련하여 지역상황의 지속적인 조사와 연구를 추진하였다. '그린오피스 가이드(Green Office Guide, 2011)'는 시에서 실행하고 있는 탄소 방출 감소 운동의 일환으로 지속가능한 사무환경을 만들기 위한 실용적인 방법을 제공하기 위해 만든 가이드이다. 사무공간에서 폐기물 발생을 최소화하고, 탄소 방출을 줄이며, 지출을 줄이는 방법을 제시하는 것을 목적으로 하고 있다.

그림 7-16 베드퍼드시 도시재생

기후변화 전략(Climate Change Strategy, 2012~2016)은 탄소 방출 감소를 통해 기후변화를 완화시키고 탄소 저감 프로젝트의 실행을 위한 전략으로 상공업인들이 기후변화를 이해하고 기후변화에 대응할 수 있도록 돕는 게 목적이다. 기후변화 극복을 위해 커뮤니티와 상공업 시설의 조언과 지원을 통한 에너지 효율을 높이고, 재생 가능한 에너지 사용 증진, 교통수단의 탄소배출 억제와 더불어 쓰레기, 수자원, 탄소중립 건물 개발 노력, 지속가능한 소비방안 마련 등 자원의 효율적 사용 내용도 포함하고 있다.

베드퍼드시의 기후변화 대응 도시재생 프로젝트의 핵심전략은 마을 중심부에 위치한 전통적인 야외 상업지구를 살리는 데 있다. 온난한 기후를 활용한 외부 활동을 촉진시키기 위해 중심광장과 보행도로를 추가로 설치해 접근성을 높이고, 공공광장 및 노천카페를 배치하였다. 이와 함께 주변상가와 주거 건물들은 옥상정원과 발코니를 설치하여 우수 및 중수를 재활용하도록 유도하고 있다. 또한 계획적인 식수를 통해 여름에는 그늘을 제공하고 공공공간의 활용도를 높일 뿐 아니라, 기후변화를 고려한 나무 수종의 선택과 건식조경의 사용을 통해 물소비의 효율성을 높이는 등 노력을 강구하고 있다. 건축적 차원에서는 기후변화 대응 시설물로서 보호형 버스정류장과 수자원 보호설비를 제안하고 있는데, 버스정류장은 처마를 이용해 여름 고온현상과 겨울 폭우로부터 승객을 보호하도록 하였으며, 태양열 에너지를 이용한 냉난방이 가능하고 쾌적한 온도에서 승객들이 대기할 수 있도록 설계되었다.

다. 독일 림(Messestadt Riem)

뮌헨 도심에서 동쪽으로 약 7km 위치하고 있으며 바람길확보, 친환경 건축자재사용, 우수저장관리, 태양에너지 이용, 기존 뮌헨공항의 포장면을 적극 활용

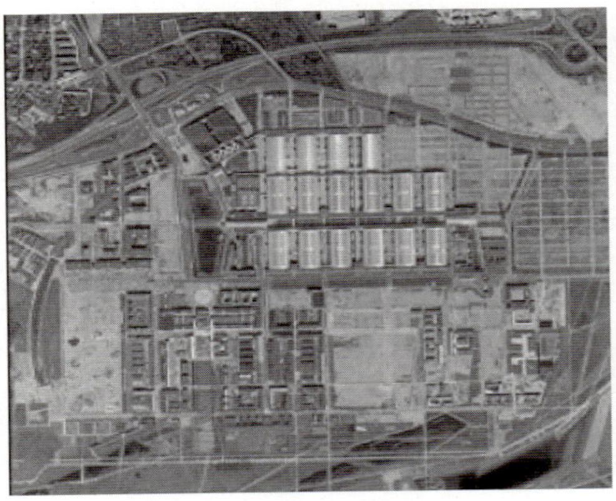

림 도시전경

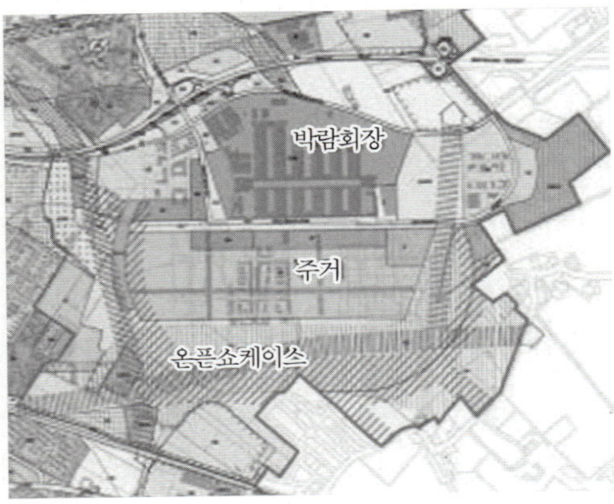

림의 도시공간 구조

그림 7-17 독일 림(MessestadtRiem)

라. 스웨덴 하마비 허스타드

스웨덴의 수도스톡홀름 도심의 남쪽 약 5km떨어진 지역으로 수변공간을 적극활용하고 에너지 순환 및 친환경에너지 사용하고 쾌적하고 낭만적인 주거환경을 조성하였다.

하마비 허스타드 전경

하마비 허스타드의 주택지 수변공간

그림 7-18 스웨덴 하마비 허스타드

7.6 기후변화에 따른 도시재생 방향

기후변화의 영향으로 인구와 기반시설이 집중된 도시에서의 재해가 점차 대형화, 다양화되는 추세이다. 재해에 안전한 도시 조성을 위해서는 기후변화에 따른 재해 취약성을 분석하고, 재해 취약지역을 고려한 토지이용, 기반시설, 공원 · 녹지 등의 도시계획 수립을 통한 재해 예방형 도시계획 체계의 구축이 필요하다

이와 관련 도시재생은 도시공간에 있어 본질적으로 쇠퇴한 도심 재개발에서 복구에 이르기까지 기후변화 완화 및 적응에 관한 다양한 대응방안 도입이 필요하다. 도시재생의 과정은 다양한 형태의 공간적인 변화가 수반되며, 이러한 공간적 변화에서 기후변화에 대응하는 계획의 실천을 촉진하는 방향으로 도시 형태와 토지이용구조를 변화시킬 수 있다. 도시재생은 건축물과 기반시설이 노후화되고, 지역경제가 침체된 낙후도시에 대해 환경정비를 통한 환경재생, 신산업 및 일자리 창출과 기존 경제활동의 재활성화를 통한 경제 재생, 그리고 지속가능한 커뮤니티 조성과 문화 · 복지 · 교육환경의 쇄신 등을 통하여 도시 기능의 회복과 도시 커뮤니티의 부활 및 도시 경쟁력 제고를 모색하는 것이다. 도시재생사업은 주

로 도시 및 주거환경 정비 기본계획상 정비 예정구역, 도시 쇠퇴현상이 심화될 것으로 예상되는 구시가지, 지방 중소도시의 도심부가 주요 범위가 되며, 이러한 지역에 대해 물리적 환경의 재생과 지역 경제부흥, 지역 고유의 사회 · 문화적 특성 유도를 모두 포함한다.

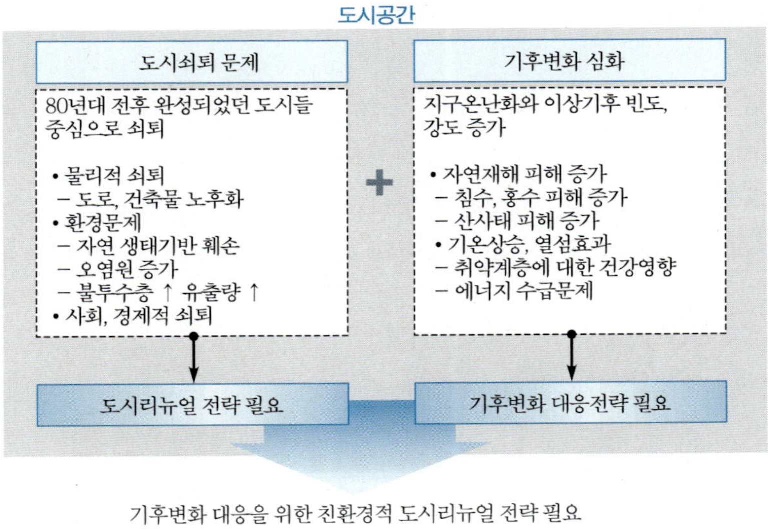

그림 7-19 기후변화와 도시 리뉴얼

기존의 도시재생사업들은 기존 정비사업의 형태에서 크게 벗어난 모습을 보이지 않고 있는 것이 현실이다. 단순히 물리적 정비에만 초점을 맞춘 대규모 재생사업의 경우 사회 · 경제적 여건 변화와 지역 커뮤니티 파괴 및 주거유형 획일화 등의 사회 문제와 주민 반발 등의 이유로 사업이 무산되는 사례가 빈발하고 있으며, 이에 따라 도시재생사업이 단순히 물리적인 정비뿐만 아니라 지역경제와 환경 · 지역적 특성을 함께 고려하는 방향으로 변화되고 있다.

아직까지는 도시재생에 있어 기후변화나 환경적 개념이 반영되지 못하고 있으며, 저탄소 녹색성장의 정책 기조에 따라 진행하였던 다양한 저탄소 녹색도시 사업에 있어서도 탄소 저감 측면에서만 고려되고 있다. 최근 국내 도시개발에서 CO_2로 대표되는 기후변화 원인을 저감하기 위한 문제를 고려하고 있으나, 기존 도시에서 기후변화에 대응하기 위해서는 적응계획이 필수적이다. 기후변화의 대응에는 온실가스 배출 저감을 위한 완화와 현재 진행 중이거나 향후 예상되는 기후변화 영향을 최소화하는 적응이 있는데, 완화는 기후변화 영향을 예방하거나 지연 · 감소시켜 적응 비용을 줄이고, 적응은 기후변화로 인한 피해를 줄여 완화에 도움을 주는 상호보완적 관계이다. 그러므로 낙후된 지역에 대해 환경 정비와 지역경제 활성화, 지역의 고유문화 활성화와 함께 앞으로 예상되는 기후변화에 대응할 수 있는 기반을 마련할 수 있는 기후변화에 대응한 도시재생 대응방안이 필요한 시점이다. 대부분의 기후변화 영향은 건축물이나 기반시설이 낙후된 기존도시에 더 큰 영향을 미치기 때문에 도시재생에 있어 기후변화 대응 측면이 반드시 고려해야 한다.

(1) 압축도시

에너지 최소 이용, 온실가스 배출 저감, 환경오염 최소화 측면에서 가장 효율적인 도시 형태는 '압축도시(compact city)'이다. 압축도시에 대한 개념정의는 다양한데, 어떤 사람은 기존 도시에 비해 에너지 투입이 적고, 투입된 에너지의 많은 부분이 재이용(reuse), 재생(recovery)되고 폐기물과 오염물질이 적게 배출되는 도시를 압축도시라고 정의한다.

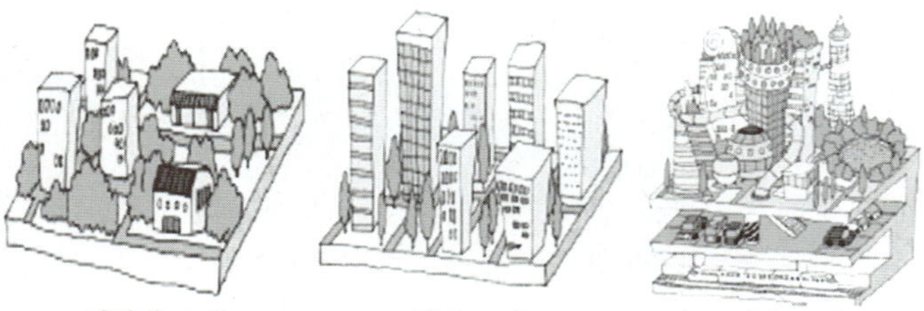

그림 7-20 압축도시

(2) 생태도시

압축도시의 구조만으로는 저탄소도시, 지속가능도시를 달성하기는 어렵다. 생태도 시(ecological city)의 운영 원리가 적용되어야 한다. 도시가 구조적으로는 압축도시의 모습을 갖추고 기능적으로는 생태도시 원리에 따라 움직일 때 탄소 배출이 최소화되고 환경적으로도 지속가능한 도시가 될 수 있기 때문이다.

생태도시는 환경오염이 적어 깨끗하고 쾌적한 자연의 목가적인 풍경을 가진 도시가 아니다. 생태도시는, 그 용어에 내포되어 있듯이, 자연생태계가 기능하는 원리에 따라 작동하는 도시라고 할 수 있다.

CHAPTER 08

도시와 유비쿼터스

8.1 유비쿼터스 혁명 도래

8.2 유비쿼터스의 기원과 유비쿼터스 컴퓨팅 특징

8.3 우리사회의 유비쿼터스 컴퓨팅 사례

8.4 유비쿼터스 컴퓨팅 통신 인프라

CHAPTER 08

도시와 유비쿼터스

지속적인 첨단 과학의 발전으로 인해 21세기 미래는 인류가 지금까지 경험하지 못했던 엄청난 변화를 겪게 될 대변혁의 시대로 예측되고 있다. 이러한 변혁은 단순한 현재의 연장선상에서의 예측 가능한 변화가 아닌 사회구조, 생활방식, 가치체계에서부터 경제 · 산업 환경의 변화에 이르기까지 매우 광범위한 분야에서 전면적으로 새롭게 변화하는 패러다임의 질적 · 혁명적 변화(quantum jump)가 될 것으로 전망된다.(출처: 과학기술부, 2025년을 향한 과학기술발전 장기비전, 2000)

이러한 미래사회의 전개 방향은 국부와 성장의 원천이 물질적 자원으로부터 지식 · 정보 · 과학기술 중심으로 변화되어 이를 가장 효과적으로 활용하는 국가가 국제사회의 주도권을 장악하는 실질적인 정보화 사회, 지식기반사회가 전개될 것이다. 지식 정보화 사회에서는 기술과 아이디어가 바로 상품이며, 또한 이들이 서비스에 적용됨으로써 차별적 부가가치를 창출한다. 여기에 컴퓨터와 통신 등 지식 전달 수단이 첨가되면서 인간 두뇌 작업의 생산성을 집약적으로 향상시킬 것이다.

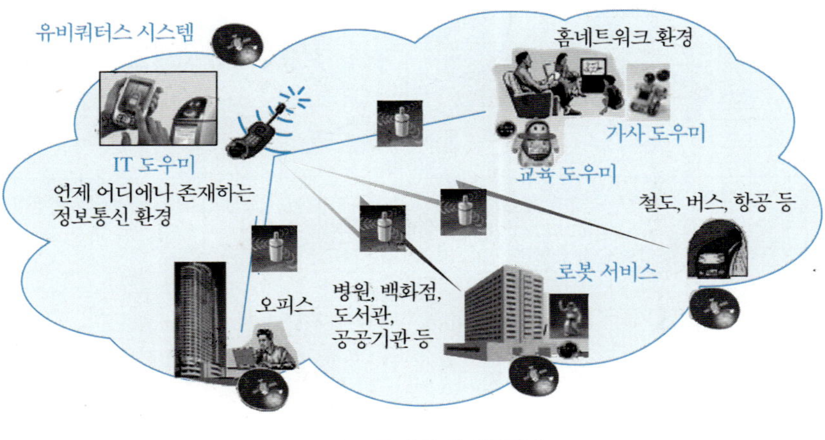

그림 8-1 도시와 유비쿼터스

컴퓨터와 통신이 접목된 IT기술은 우리가 미래 사회는 어떻게 되어야 하고 또 어떤 것이 가능한 것인지 상상을 하게 된다. 이러한 상상을 실현해 줄 수 있는 것이 바로 유비쿼터스(Ubiquitous) 기술이라 하겠다.

8.1 유비쿼터스 혁명 도래

인류의 역사는 공간개척에서 시작하여 꾸준히 진보된 공간혁명의 역사라 할 수 있다. 인류의 탄생에서 현재까지 인류 역사에 가장 많은 영향을 미친 4대 공간혁명으로는 도시혁명, 산업혁명, 정보혁명, 유비쿼터스 혁명이 있다.(출처: Understanding of Ubiquitous, 이한출판사, 2008)

이 네 가지 공간혁명을 구분하는데 있어서 가장 중요한 관점은 그것이 오프라인 즉, 물리적 공간에 관한 혁명인가, 아니면 온라인의 전자적 공간에 관한 혁명인가 하는 것이다. 또한 두 공간 사이에 어떠한 연계를 가지는가에 대한 것이다.

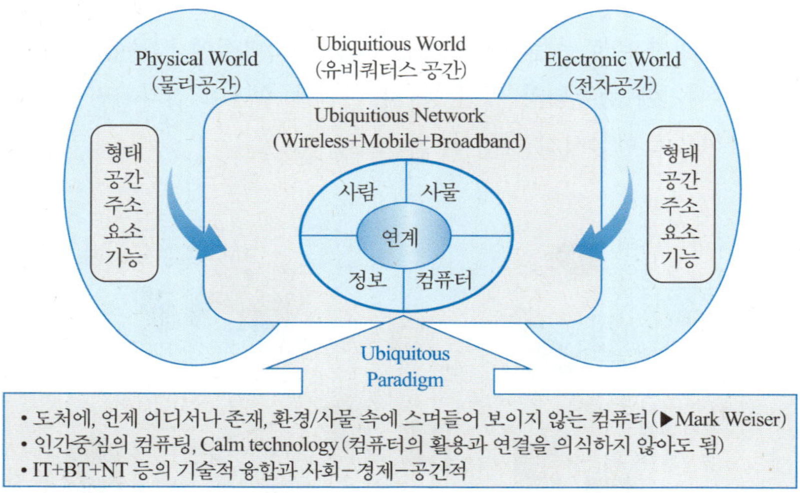

그림 8-2 유비쿼터스 공간

출처: Ubiquitous Computing 개념과 동향, Lee J. J, 부경대

도시혁명은 공동체 도시 형태로 변하는 1차적 공간혁명으로서 가족 단위의 원시적 평면 사회에서 시작하여 시민 단위의 공동체 사회로 변화하는 과정이다. 또한, 도시혁명에서의 사회구조는 농업과 상공업, 시장 경제로의 확산을 도래하면서 시민 공동체 또는 시민적 경제활동 중심지의 성격을 띤다.

산업혁명은 도시 형태의 공간에서 지식과 기술을 집약하여 사람들의 삶의 편의성과 생산성을 추구하기 위하여 예전에는 생각할 수 없었던 고도화된 공간 형태로서 2차적 공간혁명이라 할 수 있다. 산업혁명의 시기는 농업 중심사회에서 공업사회로의 이행을 통하여 물질적 재화의 생산에 무생물적 자원을 광범위하게 이용하는 조직적 경제과정의 변화이다.

산업혁명은 A.토인비가 말한 바와 같이 격변적이고 격렬한 현상이 아니라 그 이전부터 시작하여 온 점진적이고 연속적인 기술혁신의 과정이라고 할 수 있다.

그림 8-3 공동체 사회 형태로 변한 도시혁명

그림 8-4 생산성과 기술성을 집약한 산업혁명

산업혁명의 후반부에 등장한 정보혁명은 사람들의 활동 영역을 눈앞에 보이는 물리적 공간이 아닌 컴퓨터와 유무선 통신에 의한 완전히 새롭고 보이지도 않는 디지털화된 전자적 공간으로 이동하게 된 계기를 만든 3차적 공간혁명이다. 이러한 정보혁명은 월드와이드웹(www) 서비스가 확대되면서 본격화되기 시작하였다. 정보혁명은 이전의 도시공간과는 완전히 다른 형태로 시공간이 축소되고 거리와 시간까지 소멸한 컴퓨터라는 공간 속에서 도시보다도 더 큰 공간과 더 많은 정보들을 습득하게 되었다. 시청, 도서관, 박물관, 교실, 학원, 백화점, 서점, 은행, 주식매장, 신문 등은 이 정보혁명이 도래하면서 자연적으로 컴퓨터 공간 속으로 그대로 들어오게 되었다. 이러한 결과 우리는 전자적 공간에서 국내 "국회도서관"과 영국 "런던 자연사 박물관" 등을 단 한번의 클릭으로 옮겨 다니면서 정보를 습득하고, 안방에서 편안하게 컴퓨터 네트워크를 통해 국내와 국외 쇼핑몰을 여기저기 돌아다니며 쇼핑을 즐길 수 있게 되었다.

그러나 우리 주변에는 컴퓨터 네트워크와 접속할 수 없는 사물이나 물리적 환경들이 물리적 공간 속에 다양하게 존재한다. 이들은 단순한 형태와 구조를 가지는 대상으로서 전자적 공간에서 요구하는 복잡한 장치와 기능들을 수용하기를 거부한다. 인간이 그 대상 속으로 들어가기 전에는 그것들 안에서 어떤 변화가 일어나는지, 무엇을 하고 있으며 필요한 요구는 무엇인지 알 수 없다.

그림 8-5 **전자적 공간으로의 정보혁명**

유비쿼터스 혁명은 이러한 사물이나 물리적 환경을 컴퓨터로 이어주는 4차적 공간혁명이라 할 수 있다. 유비쿼터스 혁명은 서로 다른 성격을 띠는 물리적 공간과 전자적 공간을 하나로 통합시키는 기술로써, 이전에는 융합할 수 없었던 대상들을 서로 연결시켜 함께 진화하는 IT(information technology) 기술이다.

과거의 물리적 공간에 존재하던 수많은 대상과 기능들이 간단한 태그(tag)나 센서(sensor), IC칩을 수용하면서 급속도로 전자적 공간의 컴퓨터 속으로 들어오게 되었다. 유비쿼터스 혁명은 이렇게 정보혁명에 의해 점차 사라져 자리를 잃게 된 물리적 도시를 부활시키기 위한 새로운 공간혁명이다. 이러한 현상을 보고, 윌리엄 미첼은 정보혁명으로 등장한 비트(bit)가 공간혁명의 상징인 물리적 도시를 죽였다고 말했다.

유비쿼터스 공간에서는 사물과 물리적 환경 간에도 부착된 마이크로 컴퓨터 IC칩을 통하여 전자공간처럼 정보를 주고받으면서 마치 사람이 그 안에 들어가 있는 것처럼 지능화되고 사람들이 원하는 활동을 수행한다.

결국, 유비쿼터스 혁명은 물리공간과 전자공간의 한계를 동시에 극복하고 사람, 컴퓨터, 사물, 물리적 환경 등이 하나로 연결됨으로써 최적화된 공간을 창출하는 최종 단계의 공간혁명으로 볼 수 있다.

유비쿼터스 시대는 도로, 다리, 터널, 빌딩, 아파트, 건물 벽과 천장, 화분, 냉장고, 컵, 구두, 종이 등의 도시공간을 구성하는 수많은 환경과 대상물에 보이지 않는 컴퓨터가 심어지고 이들이 전자공간으로 연결되어 서로 정보를 주고받으면서 인간 삶의 편의를 바탕으로 우리가 원하는 활동을 수행한다. 이러한 유비쿼터스 공간혁명을 통하여 물리공간과 전자공간 간의 단절과 시간 자체가 사라지게 되고 우리가 사는 도시공간의 합리성과 생산성, 창의성이 고도화된다.

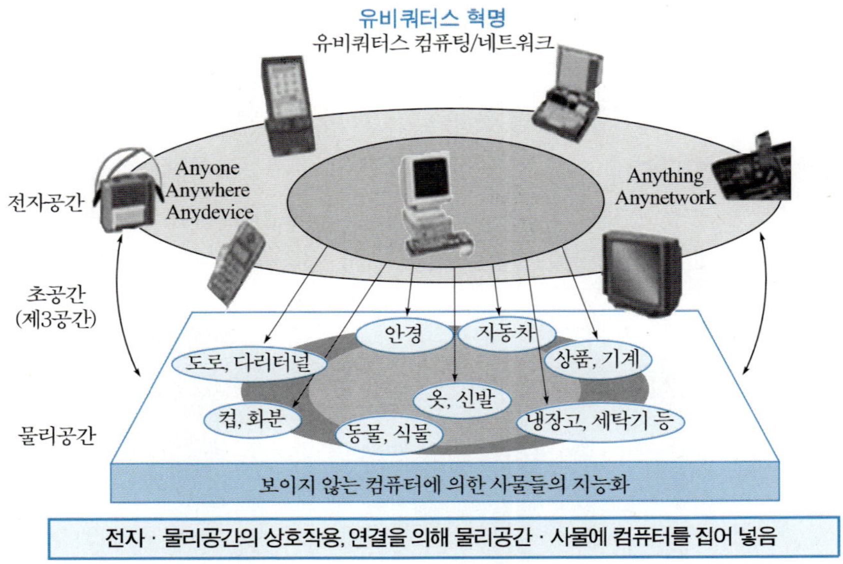

그림 8-6 삶의 편의를 이룩한 유비쿼터스 혁명

출처: 21세기 아젠다 u코리아 비전 최종 결산, 2002년

8.2 유비쿼터스의 기원과 유비쿼터스 컴퓨팅 특징

8.2.1 유비쿼터스의 기원

유비쿼터스(Ubiquitous)의 어원은 "언제 어디에나 존재한다"라는 뜻의 라틴어에서 출발하여 지금의 "언제 어디에나 접속된 컴퓨터 네트워크와 유무선 정보통신 환경"으로 정의한다. 여기서 언제 어디에나 접속되는 주체는 인간만이 아닌 사물이나 물리적 환경에 존재하는 모든 대상물들이 포함된다.

제록스 PARC(Palo Alto Research Center)에서 연구원으로 일하던 마크 와이저(Mark Weiser, 1952~1999)는 사람을 포함한 현실 공간에 존재하는 모든 대상물들을 기능적 · 공간적으로 연결해 사용자에게 필요한 정보나 서비스를 즉시에 제공할 수 있는 기반 기술로서 "유비쿼터스 컴퓨팅(Ubiquitous Computing)"을 정의했다. 당시 마크 와이저는 미래에는 컴퓨터들이 현실 공간 전반에 걸쳐 편재되고, 이들 사이에 유무선 통신망을 통해 이음새 없이 연결되어 사용자가 요구하는 정보나 서비스를 즉시에 제공하는 환경이 구현될 것이라 예측하였으며, 이를 위해서 다양한 형태의 컴퓨터는 사용자가 거부감이나 불편함을 느끼지 않고서 언제, 어디서나 편리하게 컴퓨팅 자원을 활용할 수 있도록 현실 세계와 효과적으로 결합되어야 한다고 하였다.

마크 와이저의 유비쿼터스는 신기술 때문에 소외되는 인간들을 컴퓨터 환경을 통해 하나의 인간 공동체로서 재활시키는데 이념을 두고 있으며, 컴퓨팅 기기들을 통해 여러 지역에 있는 사람들이 언제 어디서나 서로 접근할 수 있도록 해주는 컴퓨팅 환경이라고 제시하였다. 즉, 컴퓨터가 곳곳에 편재하여 센싱(sensing)과 트래킹(tracking)을 통해 장소나 시간에 따라 그 내용이 변화하여 개인의 특화된 정보 서비스를 받을 수 있음을 의미하는 것이다.

그림 8-7 마크 와이저(Mark Weiser, 1952~1999)

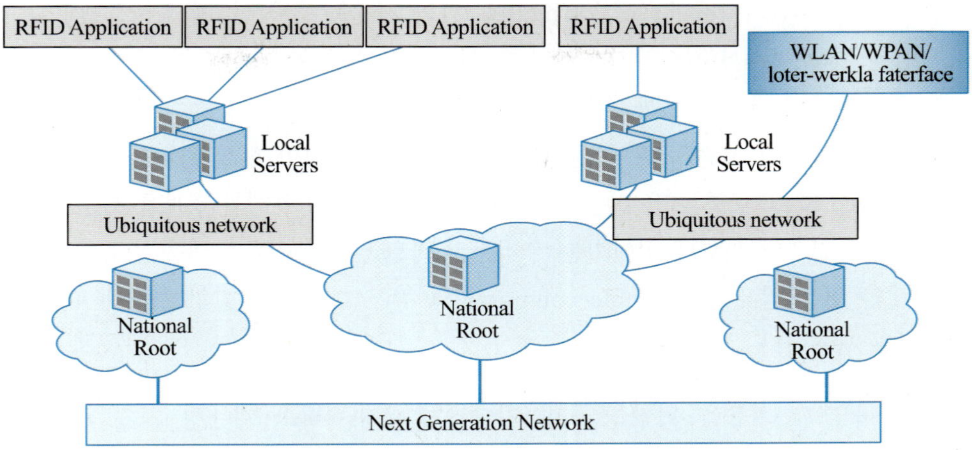

그림 8-8 네트워크로 연결된 유비쿼터스

출처: Understanding of Ubiquitous, 이한출판사, 2008

또한, 사물과 사물 간의 유비쿼터스 컴퓨팅 시스템을 이용하는 사용자는 사물 간의 정보 흐름에 아무런 간섭이 없어야 한다는 것이다. 예를 들어 스마트 전자 태그 기술이 도입된 지하철 개표구를 통과할 때 자신이 소유한 휴대전화의 신호와 개표구의 전자 태크 통신에 의하여 향후 후지급 결제가 이뤄질 경우, 사용자는 두 사물 간의 컴퓨터 네트워크를 인지하지 못하고 지나가게 된다. 이처럼 유비쿼터스 컴퓨팅은 컴퓨터들 간의 네트워크 환경에서 사용자가 느끼지 못하는 가장 인간 친화적인 시스템이라고 할 수 있다.

8.2.2 유비쿼터스 컴퓨팅의 특징

유비쿼터스 컴퓨팅의 특징을 요약하면 다음과 같이 정리된다.

- 컴퓨터 네트워크와 정보화 유무선 통신이 확대되어 생활공간 속의 사물(생활기기, 변기, 가전기기, 주방기기, 자동차, 사무용품, 식품, 장난감, 인형, 화분 등)들까지 지능화 및 네트워크화 되어 언제 어디서나 사람의 간섭 없이 사용자를 지원한다.
- 유비쿼터스 컴퓨팅은 항상 컴퓨터 네트워크에 연결되어 있어야 하고 인간화된 현실세계의 인터페이스(calm technology)로서 눈에는 보이지 않는 유비쿼터스 플랫폼(platform)을 가진다.

- 사물 인터넷(IoT, internet of things)을 위해 사물에 부착된 센서, 칩, 태그, 라벨(label)은 언제 어디서나 실시간으로 사용자의 명령, 요구사항에 맞춰 주변 환경의 상황 정보와 사용자의 상황 정보까지 인식하고 추적, 통신을 수행한다.
- 유비쿼터스 컴퓨팅 기술의 발달로 인해 사회 문화의 유형이 현실세계를 넘어 증강현실(Augmented Reality) 기술을 활용한 언제 어디서든 실감형 체험과 정보를 제공하게 된다.
- 유비쿼터스 컴퓨팅 사회에 살아가는 우리는 스마트폰, PDA 등 휴대용 컴퓨터 단말기뿐만 아니라 입는 컴퓨터(wearable computer)와 같은 다양한 유형의 차세대 휴대기기가 개발되고 사용한다.

또한 유비쿼터스 적용을 위한 필요한 기술 즉, 유비쿼터스 컴퓨팅 기술을 요약하면, 5C(Computing, Communication, Connectivity, Contents, Calm)와 5Any(Any-time, Any-where, Any-network, Any-device, Any-service)로 정리된다.

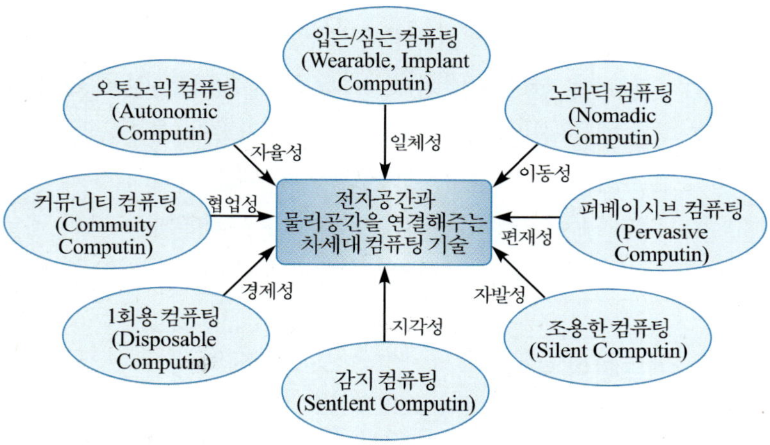

그림 8-9 유비쿼터스 컴퓨팅 기술

출처: 다가오는 유비쿼터스 사회, 조위덕, 아주대

증강현실 (Augmented Reality)

증강현실이란, 현실(reality)에 기반하여 사용자가 요구하는 정보들을 추가, 증강(augmented)시켜 현실세계의 이미지나 배경에 가상의 이미지를 추가하여 보여주는 기술이다. 즉, 사용자가 눈으로 보는 현실세계와 부가정보를 갖는 가상 세계를 합쳐 하나의 영상으로 보여주는 가상현실(Virtual Reality)의 하나를 의미한다. 이러한 증강현실은 현실환경과 가상환경을 융합하는 복합형 가상현실 시스템(Hybrid VR System)으로 1990년대 후반부터 미국, 일본을 중심으로 연구개발이 진행되고 있다.

증강현실에 사용된 가상환경은 현실환경에 필요한 배경과 정보들을 컴퓨터 그래픽으로 제작한 것으로 이러한 가상환경을 현실세계에 보강한 증강현실의 주체는 현실환경이다.

그 결과 사용자는 현실 공간의 실사영상에 3차원 가상영상을 겹침(overlap)으로써 현실환경과 가상환경과의 정보 교환을 통하여 더 나은 현실감과 혼합된 증강현실을 경험하게 한다. 예를 들어 구글 글래스(Google Glasses)와 같이 머리에 쓰는 형태의 착용식 증강현실 시스템은 화면장치에 실제환경과 컴퓨터 그래픽, 문자 등을 겹쳐 실시간으로 사용자에게 내비게이션처럼 이동 경로, 사물이나 상황 정보들을 제공해 준다.

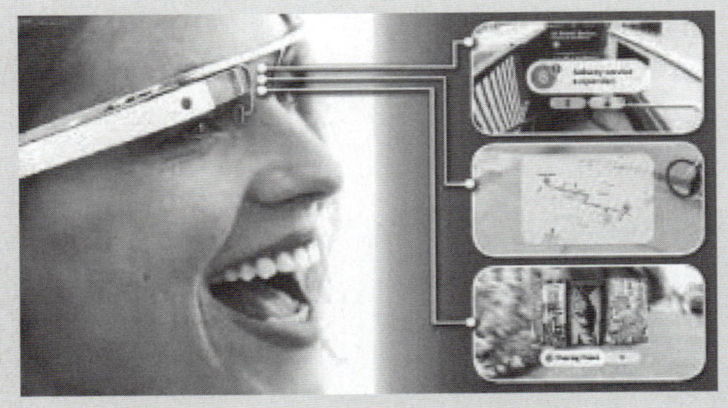

8.3 우리사회의 유비쿼터스 컴퓨팅 사례

8.3.1 스마트(지능형) 홈

스마트 홈은 영상, 데이터 및 음성이 통합되어 실시간으로 어디에서나 네트워크가 가능한 서비스로 인간의 오감과 생체기능 정보를 받아들이고 처리할 수 있는 생체 정보처리 서비스를 구현한다.

아침에 일어나서 침실 문을 여는 순간 문 주변에 부착된 인체감지 센서를 통해 수면 정도를 체크하고, 화장실의 변기를 통해 개개인의 건강상태를 체크한다. 건강에 이상이 있으면 병원을 추천해 주거나 투약 시간을 알려주는 등 필요한 정보 서비스를 제공한다. 식탁에 앉아 아침 식단을 선택하면, 스마트 주방은 개개인의 체질과 체형에 맞는 알칼리와 성분, 섭취량 등을 분석하여 스마트 냉장고로부터 필요한 요리 재료를 확인하고 부족한 재료는 인근 마켓에 배달 요청을 한다.

또한, 요리는 주방에 연결된 인터넷을 통해 가상 주방장의 강습을 받으면서 만들게 된다. 스마트 장롱은 오늘의 날씨와 근무지의 상황을 고려하여 색상과 스타일을 지정해 준다.

스마트 홈에서는 원격 교육, 재택 근무, 원격 검침, 홈 설비들의 원격 제어 등 모드 공간에서의 유비쿼터스 컴퓨팅의 도움을 얻을 수 있게 된다.

그림 8-10 스마트 주방

방범, 방재 등도 디지털 기기에 의해 실시간으로 무인 감시와 녹화 시스템이 구축되어 외출 후 집안에 이상한 움직임이 포착되면 곧바로 동영상을 사무실 컴퓨터나 휴대폰으로 보내 준다. 사용자는 집안 상황을 원격지에서 파악하고 이상이 발생되면 인근 경찰서에 신고가 되고, 가스 누출 시 가스 탐지기가 작동하여 자동으로 밸브를 잠그고 가스 누출 사실을 가까운 관리 사무실 또는 해당 가스 공급회사로 자동으로 신고된다.

집안에 거동이 불편한 노인이 있을 경우 옥내에 설치된 센서와 인공지능 시스템을 통하여 상시 움직임을 확인하고 평상 시와 다른 움직임이나 장시간 움직임이 없을 경우 보호자나 가까운 의료기관에 자동으로 경보시스템을 작동시키게 한다.

잠자는 동안에도 스마트 잠옷과 스마트 침대를 이용해 사용자 맞춤형 냉난방 시스템을 구동시키고 실시간으로 건강 상태를 체크하게 된다.

8.3.2 유비쿼터스 유통

유비쿼터스 유통은 유통에 걸리는 시간과 인력을 대폭 감소시키고 신속한 물류 수송, 물류의 자동추적과 보안 등을 가능하게 한다. 또한, 실시간 자동화 유통과 물품의 구입에서 결제까지 원스톱 쇼핑이 가능하여 소비자의 편익과 물품 신뢰성을 높이는 특징으로 최근 활성화되고 있다.

언제 어디서나 필요한 물품을 빠르고 편리하게 거래하는 '수확에서 식탁까지'라는 구호로 유비쿼터스 유통의 시대가 도래되었다.

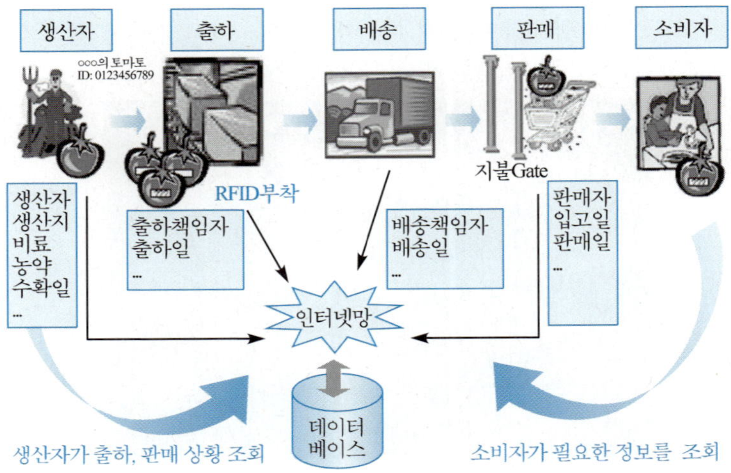

그림 8-11 유비쿼터스 유통물류

출처: 산자부, "RFID기술에 의한 유통물류, 2003

산지와 소비자를 최단 시간으로 연결하는 유비쿼터스 유통은 판매자의 물품 정보와 유통 시스템의 통합, 그리고 물류 체계의 첨단화 등에 의해 이루어 진다. 이를 위해 물품에는 IC 칩이 내장되고 검색 통신기기에는 ID가 채택되어 실시간으로 물품 정보를 습득하고 분석하여야 한다.

이를 통해 유통 비용절감과 수익 향상, 그리고 신선한 물품 구입이라는 유통산업의 궁극적인 목표가 실현된다.

실제로 E할인점은 최근 원스톱 운용체계 'e투데이(e-today) 시스템'을 개발하여 가동에 들어갔다. 전자공간을 통해 소비자와 산지의 협력회사, 그리고 E할인점을 실시간으로 연결해서 소비자가 요구하는 모든 상품을 최적, 최단 시간에 제공하는 '1일 유통망' 시대를 여는 것이 이 시스템의 목표이다. E할인점은 유통업계 최초로 '전자서명제도'를 전국 모든 점포에 도입하여 신용카드 계산 시 출력 영수증에 개인의 서명이 아닌 별도로 구축된 전자사인 패드에 전자펜으로 서명하는 방식의 유비쿼터스 쇼핑을 구현하였다. 그 결과 계산 대기시간이 단축되고 전자서명 시 계산원 모니터에도 동시에 나타나 부정 카드 사용도 방지할 수 있었다.

유비쿼터스 유통에 의해 물건의 구입과 소비하는 방식이 달라진다. 예를 들어 바쁜 아침 시간에 맞벌이 부부들은 초등학생 자녀의 수업 준비물을 책가방에 부착된 태그를 통해 파악하고, 곧바로 가까운 문구점에 접속해 전자화폐로 계산한 후 아이에게 문구점에서 바로 챙기게 된다.

일반 주부들도 쇼핑을 위해 마트에 가면 무선 RFID 태그 인식기가 부착된 쇼핑 카트를 이용하여 상품의 원산지, 제조일자, 가격, 보존 기한, 조리 방법 등을 알 수 있고, 쇼핑 카트에 상품을 담는 순간 자동으로 결제가 이뤄져 계산대에 줄을 서서 기다릴 필요가 없게 된다.

그림 8-12 유비쿼터스 쇼핑

출처: 서울 성수동 E할인점 제공

8.3.3 스마트 자동차

스마트 자동차는 자동차에 이상이 발생하면 자동으로 특정 부위를 감지하고, 원격검진을 받게 하거나 위치 정보망을 이용해 가장 가까운 정비소로 안내하는 것이 가능하다. 예를 들어, 운전자가 무관심할 수 있고 교통사고의 위험도가 높은 타이어는 운전자의 생명과 직결되는 핵심요소지만 100년 전 공기가 들어간 차량용 타이어를 고안한 이래 타이어 기본 구조는 재질의 다양성을 빼고는 그다지 발전되지 못한 실정이다. 최근 능동적으로 위험을 감지하고 운전자의 안전을 보장하는 똑똑한 타이어, 일명 스마트 타이어라는 획기적인 기술로 상용화 단계에 들어가고 있다.

이는 타이어에 각종 안전 센서를 부착하여 운전자에게 위험 상황을 경고하는 미래형 타이어다. 실제로 주행 중인 타이어가 펑크가 나기 전에 타이어 공기압, 타이어의 현재 상태 정보 등을 운전자에게 알려 주거나, 노면 조건을 감지하여 타이어 외부 형태까지 바꾸어 주는 타이어가 개발 중이다.

유비쿼터스가 겸비된 스마트 자동차는 자동차 자체 점검 외에도 주행 중에는 목적지까지 실시간으로 도로 교통 정보를 분석하여 최단 시간에 사무실로 이동할 수 있도록 해 준다.

최근 미래형 자동차의 일환으로 운전자의 안전과 편의성을 극대화하는 지능형 무인 자율주행 자동차가 개발 중이다.

무인 자율주행 자동차는 고성능 카메라, 레이저 스캐너(laser scanner), 레이더(radar), GPS 등의 센서 정보를 이용하여 차량 주변 상황을 정확하게 감지하여 경로를 생성하고 사람의 조작을 대신하는 각종 구동기(actuator)를 이용하여 자동차가 이동하고자 하는 목표 지점까지 안전하게 운행할 수 있게 해 준다.

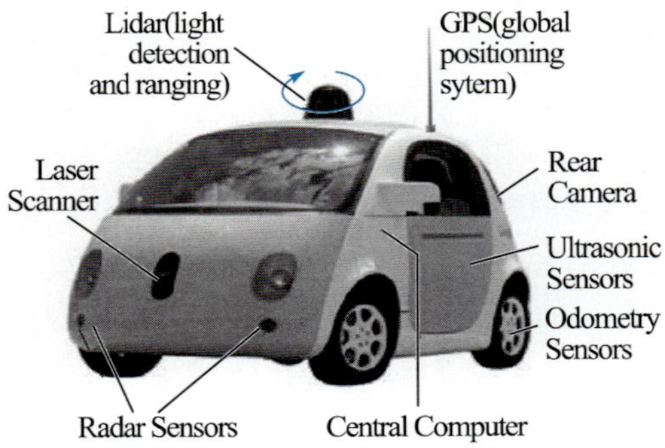

그림 8-13 스마트 자동차

세계 각국에서는 이러한 기술을 선점하기 위하여 무인 자율주행 레이스 대회나 스마트 자동차 프로젝트를 통해 많은 비용과 노력을 기울이고 있으며, 신뢰성과 탑재 비용을 만족하는 기술들은 이미 각 자동차 회사마다 ADAS(Advanced Driver Assistance Systems)라는 이름으로 차량에 탑재하여 상용화되고 있다.

GPS (Global Positioning System)

GPS(Global Positioning System; 범지구적 위치측정 시스템)는 미국에서 처음 군사적 목적으로 개발되었지만, 지금은 위치측정을 위한 응용 분야에서 실용화 단계에 있는 시스템이다. GPS는 인공위성에서 발사되는 전파를 수신하여 정밀위치를 측정하는 기술로서 위성항법장치라 한다. GPS의 주요 목적은 원래 항공기나 선박 등의 항법지원용으로 개발되었으나 그 높은 위치정확도(2점 간 거리관측 시 10km에 대하여 약 1cm 오차의 상대정확도) 때문에 위치결정을 요구하는 모든 분야에 활용된다.

한편, GPS 수신기의 가격이 기술개발로 인해 하락함에 따라 비교적 저렴한 가격에 사용자에게 공급이 가능하여 교통문제 해결에 효과적이다. GPS를 이용한 대표적인 차량 장치는 차량 자동항법장치이다.

차량 항법시스템(CNS: Car Navigation System)은 위성이 발사하는 전파를 지상에서 수신하여 차량 내부에 장착한 단말기에 지금의 차량 위치, 목적지까지의 최단거리 등을 표시하는 도로 교통안내 장치이다. 차량 단말기에는 전자 수치지도, GPS, 항법 소프트웨어 등이 내장되어 있어 전자지도 상에 운전자의 현재 위치를 표시해 주는 것은 물론 필요 시에는 최단경로, 최적경로로 목적지를 안내해 준다.

위치정보는 GPS 수신기로 3개 이상의 위성으로부터 정확한 시간과 거리를 측정, 3개의 각각 다른 거리를 삼각 방법에 의하여 현 위치를 정확히 계산하고 위도, 경도, 고도는 물론 3차원 속도정보를 나타내 준다. 최근에는 유비쿼터스 컴퓨팅 네트워크와 연결되어 실시간 교통정보를 수신하여 쾌적한 운전환경을 제시하고 도로이용의 효율화와 교통문제를 개선하는데 이용되고 있다.

또한, GPS는 현재 단순한 위치정보 제공에서부터 유조선의 충돌방지, 대형 토목공사이 정밀측량, 지도제작 등 광범위한 분야에 응용되고 있으며, GPS 수신기는 개인 휴대용에서부터 위성 탑재용까지 다양하게 개발되고 있다.

8.3.4 스마트 사무실

회사에 도착하면, 사용자 인증이 필요한 스마트 출입문을 통해 사무실로 들어간다. 사무실에는 자동 온습도 제어기와 공기 청정기로 인해 쾌적한 분위기 속에서 업무가 시작된다. 또한 사무실에서 실감형 화상회의를 통해 원격지에 있는 동료와 업무를 보거나 PDA와 같은 이동형 단말기를 통해 사무실이나 빌딩 내에 있는 동료를 찾아내고 정보를 공유한다.

그림 8-14 스마트 사무실

이러한 스마트 사무실은 기존의 제도와 시스템을 완전히 바꾸는 것이 아니라 변화의 속도가 급증하는 비즈니스 환경 속에서 조직과 그 안의 직원들이 변화에 빠르게 대응하고, 지능형 네트워크 시스템을 통해 업무 분장, 업무 지원 그리고 기업의 경영과 기술 보안을 유지하게 해 준다.

이러한 스마트 사무실의 구축은 유연하고 생산성이 높은 환경(Flexible & Productive Environment)으로 인해 기업의 발전과 더불어 직원 개개인의 존엄성과 창의성을 유발시키는 원동력이 될 것이다.

유비쿼터스 기술은 위에서 살펴본 홈, 자동차, 사무실 환경의 사례에서뿐만 아니라 일상생활 곳곳에서 활용될 수 있다. 바쁜 출근 시간에 지갑, 자동차 열쇠 등과 같이 찾기 어려운 작은 물건의 위치를 자동으로 알려주거나, 이동형 단말기와 위치기반 서비스를 이용해 사용자의 기호에 맞는 적당한 식당을 찾을 수 있다. 매장에서는 모든 상품에 부착된 스마트 태그를 이용하여 소비자를 원하는 상품이 놓인 진열대로 안내하거나, 소비자들에게 상품에 관계된 정보를 제공한다.

한편 스마트 태그를 골프공에 부착하면 골프장에서는 골프공의 위치 추적은 물론 골프공이 맞는 순간의 정보를 분석해 사용자에게 정확한 타격을 위한 정보를 제공할 수 있다. 스키장에서도 스마트 배지를 이용해 이용자의 위치를 추적하여 필요한 서비스를 즉시에 제공할 수 있다.

상기의 사례들과 같이 유비쿼터스 컴퓨팅 기술은 일상생활의 환경뿐만 아니라 교육, 의료, 안전, 국방, 환경, 행정 등 다양한 인간 활동 영역에 활용될 수 있다. 이 모든 시나리오들이 사람과 사물이 존재하는 물리 환경과 컴퓨터가 만들어 내는 사이버 공간을 하나로 통합하는 유비쿼터스 컴퓨팅 혁명의 초기 모습이다.

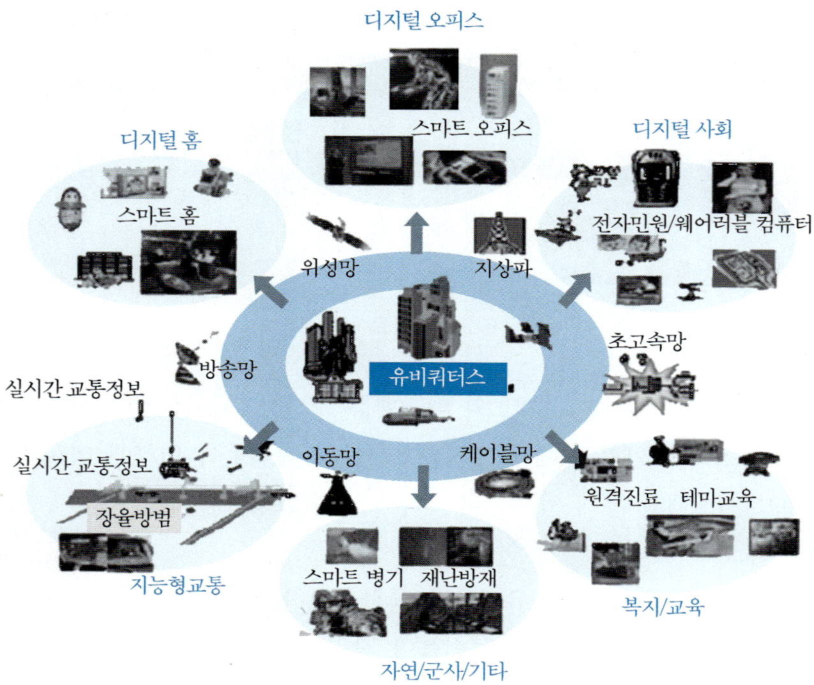

그림 8-15 유비쿼터스 사회구현

출처: IT839 전략기술개발 마스터플랜, 정보통신부, 2004

8.4 유비쿼터스 컴퓨팅 통신 인프라

유비쿼터스 컴퓨팅 서비스를 위해서는 각종 기기 및 센서의 제어, 관리를 위한 네트워크 인터페이스 기술도 중요하지만, 무엇보다 통신 인프라 기술에 상당한 비중을 차지한다. 또한, 유비쿼터스 컴퓨팅이 적용되는 기기와 설비에는 주변의 환경과 기기간에 적합하고 경제적인 통신 조건이 요구되며 그에 합당한 통신기술의 적용이 이뤄지고 설계될 필요성이 있다. 더욱이 이러한 통신기술 선정에는 확장성이 좋아야 하고 업데이트가 용이하고 실시간 요구조건에 맞는 제어성을 갖춰야 할 것이다.

특히, 통신기술에서 가장 중요한 요소는 체계적인 보안 솔루션과 정보처리의 신뢰성이 확보되어야 한다.

8.4.1 유비쿼터스 컴퓨팅 기반 통신기술

(1) RFID (Radio Frequency Identification)

각종 물품에 소형 반도체 칩을 부착해 사물의 정보와 주변환경 정보를 무선주파수로 전송 처리하는 비접촉식 무선인식 시스템이다. RFID 태그는 전원을 필요로 하는 능동형(active type)과 리더기의 전자기장에 의해 작동하는 수동형(passive type)으로 나눠진다. 태그의 소형화와 반도체 기술의 발달로 저가격, 고기능 태그가 개발되면서 다양한 분야에 적용이 확대되고 있다.

RFID 시스템은 반도체 메모리 칩 형태의 태그, 안테나, 리더기 등으로 구성되고 정보를 무선으로 수 미터에서 수십 미터까지 통신이 가능하다.

(2) BcN (Broadband convergence Network)

통신, 방송, 인터넷이 융합된 품질 보장형 광대역 멀티미디어 서비스를 제공하는 차세대 네트워크이다. 통신설비의 증축없이 기존의 광동축 혼합망이나 초고속 인터넷망을 그대로 이용하면서 인터넷과 통신, 방송망을 융합한 서비스이다.

(3) LTE (Long Term Evolution)

4세대(4G) 이동통신 기술로써 데이터 전송속도가 우수하고 음성, 문자, 동영상 등 멀티미디어 서비스를 제공한다. 최근 스마트 폰과 태블릿 PC 등 모바일 기기의 보급 증가로 인하여 더욱더 각광을 받고 있다.

구분 \ 세대	1G	2G	3G	pre-4G / 4G
접속방식	아날로그	GSM CDMA	WCDMA CDMA 2000 WiBro	LTE / LTE-A WiBro-Evolution (와이맥스2)
전송속도	-	14.4~64Kbps	144Kbps~2Mbps	100Mbps~1Gbps
전송형태	음성	음성/문자	음성/문자/동영상 등	음성/문자/동영상 등
다운로드 속도 (800MB 동영상)	다운로드 불가	약 6시간	약 10분	약 85초~6초

각 세대 구분의 가장 중요한 기준은 데이터 전송속도의 차이이다. 또한, 최근 이동통신 업계에서는 5G 이동통신을 향해 나아가고 있다.

(4) WLAN (Wireless Local Area Network)

전파나 적외선 전송방식을 이용하는 근거리 무선랜 통신망, 와이파이(Wi-Fi)라고도 한다. 가장 성공한 근거리 무선통신 프로토콜로 평가받고 있으며, 이동성이 우수하고 저전력 통신의 장점이 주어진다.

(5) FTTH (Fiber To The Home)

각 가정까지 광케이블을 접속한 초고속 인터넷 설비로서 기본적으로 가입자 당 100Mbps 이상의 대역폭을 보장한다.

(6) WCDMA (Wideband Code Division Multiple Access)

이동통신 무선접속 기술의 하나로써 음성, 동영상을 모두 포함하는 멀티미디어 서비스를 제공한다.

(7) WiBro (Wireless Broadband Internet)

무선 광대역 인터넷 통신 서비스의 일종으로 모바일 와이맥스(Mobile WiMAX)라고도 하며 이동 중에도 높은 전송속도로 무선인터넷 접속 서비스를 제공한다. 최근 LTE의 기술발전으로 인해 이용율이 저하되고 있다.

(8) DMB (Digital Multimedia Broadcasting)

영상이나 음성을 디지털로 변환하는 기술과 이를 휴대용 IT 기기에서 방송하는 서비스로써 디지털 방송기술을 이용하여 이동 중에 데이터 방송수신이 가능한 특징이 있다.

(9) Bluetooth와 ZigBee

휴대폰, 노트북, 이어폰 등의 휴대기기를 서로 연결해서 정보를 교환하는 근거리 무선 기술 표준이다. 근거리 통신에 적합하고 저전력 무선연결을 통한 휴대용 장비 간의 양방향 무선 개인 영역 통신망(WPAN)이 가능하다.

8.4.2 유비쿼터스 컴퓨팅 연계 기술

(1) GIS (Geographic Information System)

공간상의 위치와 도형을 인공위성으로부터 수집, 컴퓨터로 작성하고 검색, 분석할 수 있는 복합 지리정보시스템이다. 기상항공 정보분석, 상하수도망, 통신망, 전력망, 도시가스망, 도로 등 지상과 지하 시설물 설치 및 관리 등에 응용되고 있다.

(2) LBS (Location Based Service)

이동 통신망이나 위성항법장치(GPS) 등을 통해 얻어진 위치정보를 기반으로 다양한 정보를 서비스하는 시스템이다. 위치추적 서비스, 공공안전 서비스, 위치기반 정보서비스 등을 제공하는 위치기반 서비스로서 크게 이동통신 기지국을 이용하는 셀 방식과 위성항법장치를 활용한 GPS 방식이 있다.

(3) RS (Remote Sensing)

물체에 직접 접촉하지 않고 항공사진이나 인공사진을 이용하거나, 지표, 지하, 대기권 및 우주 공간의 한 지점으로부터 반사되거나 방사된 전자기 복사에너지를 측정하여, 토지, 자원 및 환경 등에 대한 정성적, 정량적으로 정보를 수집하고 분석하는 원격탐사 기술이다.

(4) 텔레메틱스 (Telematics)

통신과 정보의 합성어로써 무선을 이용한 음성 및 데이터 통신과 인공위성을 이용한 위치정보 시스템을 기반으로 자동차 내부와 외부 또는 차량간 통신시스템을 이용하여 정보를 주고 받을 수 있는 서비스를 제공한다.

(5) ITS (Intelligent Transport System)

전자, 통신, 제어 등 첨단기술을 교통체계에 응용하여 실시간 교통정보를 수집, 가공 처리하는 지능형 교통 시스템으로써 신속, 안전, 쾌적한 차세대 교통체계를 만드는데 목적을 둔다.

(6) USN (Ubiquitous Sensor Network)

사물에 부착된 센서(태그)로부터 사물과 환경의 정보를 감지, 저장, 제어하고 네트워크를 통해 실시간 정보를 구축 활용할 수 있는 통신망이다.

(7) 홈네트워크 (Home network)

집안의 가전, 설비 등을 유무선 네트워크 망을 통해 접속, 제어, 관리하는 네트워크 시스템이다.

(8) CCTV (Closed Circuit Television)

폐쇄회로 텔레비전으로 특정 건축물이나 시설물, 특정 수신자를 대상으로 유선 또는 무선 전송로를 이용하여 화상을 전송하는 모니터링 시스템이다. 산업용, 교육용, 의료용, 교통 관제용 감시, 방재용 및 사내의 화상정보 전달용 등 다양하게 이용되고 있다.

(9) Embedded S/W

각종 전자제품, 정보기기 등에 설치된 마이크로 프로세서에 정해진 특정기능을 수행하기 위한 OS, 펌웨어 등의 플랫폼 및 소프트웨어를 통칭한다. 유비쿼터스 통신, 멀티미디어, 인공지능 등의 기능을 제공하고 스마트 제품을 만드는 핵심 요소이다.

(10) 미들웨어 (Middleware)

분산 컴퓨팅 환경에서 서로 다른 기종의 하드웨어, 프로토콜, 통신환경 등을 연결하는 소프트웨어를 일컫는 것으로 복잡한 이기종 환경에서 응용 프로그램과 운영환경을 연결하여 단일한 사용자 환경을 구축하는 역할을 한다. TCP/IP, 데이터베이스 액세스 미들웨어, DCOM(Distributed Component Object Model), CORBA(Common Object Request Broker Architecture; 코바) 등의 분산기술이 이에 해당한다. 최근 초고속 정보통신망이 확대되면서 그 중요성이 부각된다.

(11) 그리드 컴퓨팅 (Grid Computing)

네트워크를 통해 수많은 컴퓨터를 연결해 컴퓨터의 계산 능력을 극대화하는 차세대 디지털 신경망 서비스이다. 즉 분산된 컴퓨팅 자원을 초고속 네트워크로 연결하여 활용하는 것으로 지구상의 컴퓨터를 네트워크로 연결하여 하나의 거대한 가상 컴퓨터를 만든다는 개념으로 월드와이드웹(WWW)보다 1만 배 빠른 속도로 정보를 처리할 수 있는 특징이 주어진다.

CHAPTER 09

도시와 원자력

9.1 방사선 이론

9.2 국내 원자력 발전 현황

9.3 원자력 안전문화

9.4 방사선 안전

9.5 원전의 안전대책

9.6 원자력 사고사례와 교훈

CHAPTER 09

도시와 원자력

9.1 방사선 이론

9.1.1 일반사항

방사선의 본질은 에너지의 흐름이라 할 수 있다. 에너지 흐름은 우리가 일상적으로 접하는 에너지인 Joule이나 Cal 단위로도 표현할 수 있다. 그러나 우리가 거시적인 관점으로 사용하는 것으로 매우 미세한 양을 지니는 방사선 입자나 광자 하나의 에너지 양에 적용하기에는 단위가 너무 크다. 따라서 원자단위의 물리적인 표현과 운동을 기술하기에는 불편하다. 그래서 아주 미세한 양을 사용하는 분야에서는 전자볼트(eV) 단위를 사용한다.

1eV의 에너지는 하나의 전자(electron)를 1V 전위차 사이에서 가속될 때 얻는 에너지로서 Joule과 비교하면

$$1\mathrm{eV} = 1.6 \times 10^{-19}\mathrm{J}$$

에 해당하는 에너지이다.[1)]

방사선이 방출되는 상황은 원자나 분자의 구성원들이 높은 에너지 준위의 들뜬상태로 불안정한 경우이다. 이와 같이 불안정한 원소들은 안정하게 되고자 내부의 과도한 에너지(여기에너지)을 여러 가지 형태로 방출한다. 이 형태가 엑스선, 감마선, 알파선, 베타선, 중성자 등의 방사선 형태이다. 이들은 입자형태 또는 전자파로 구분되며 입자형태의 것은 '입자방사선', 전자파의 형태의 것은 '전자파방사선'이라고 부른다.

입자방사선은 알파선, 베타선, 중성자선 등이 있으며 전자파방사선은 마이크로웨이브, 무선전파, 적외선, 자외선 등으로 구분된다.

자연상태에서 존재하는 방사선을 '자연방사선'이라고 하고, 인간이 필요에 따라 인공적

1) 한국원자력안전재단(2018), 방사선작업종사자를 위한 방사선안전 기본교육 일반분야(산업), p.3

으로 발생시킨 방사선을 '인공방사선'이라고 한다. 자연방사선은 '지각방사선'과 '우주방사선'으로 구분되며 지각방사선은 U(우라늄), Th(토륨), 40K(칼륨) 등 지각 중에 함유된 천연 방사성핵종에서 방출되는 방사선이다. 그리고 우주방사선은 핵융합반응을 일으키는 태양과 같은 항성에서 방출된 매우 높은 에너지의 양성자 등이 대기권을 통과하는 동안 물질과 핵반응을 일으켜 생성하는 2차 방사선들인 광자, 전자, 중성자, 파이온 등을 말한다.

인간이 자연방사선에 노출되는 양은 지역에 따라 다른데 지구의 1인당 피폭선량을 평균했을 때에 1년에 2.4mSv의 양만큼 피폭되고 있으나 우리나라 국민은 3.1mSv를 피폭 받고 있다. 우리나라가 다른 나라에 비해 좀 높은 것은 지질학적으로 화강암이 많기 때문인 것으로 판단하고 있다.[2)]

그러나 인도의 케르알라 해변에서는 15mSv, 브라질의 폰수 데칼다스라는 작은 마을은 250mSv, 이란의 람사 도시의 경우에는 400mSv의 양 정도를 매년 피폭 받고 있다.

9.1.2 방사선의 특징

방사선의 종류

방사선의 종류에는 α선, $\beta-$선, γ선 외에도 $\beta+$선, X선, 중성자선, 전자선, 양성자선, 우주선 등이 있다. 이것을 방사선의 성질에 따라 방사선을 분류하면 다음과 같다.

- 고 에너지 전자파
  - X선 : 원자핵 밖에서 발생하는 전자파
  - γ선 : 원자핵 속에서 발생하는 전자파
  - 방사광 : 고 에너지의 전자가 자장으로 휘어질 때 방출되는 전자파
- 전기를 띤 입자 흐름
  - α선 : 헬륨 원자핵의 입자선
  - β선 : 원자핵에서 방출되는 전자 또는 양전자
  - 전자선 : 가속기에서 만들어진 전자
  - 양성자선 : 가속기에서 만들어진 수소 이온
  - 중이온 빔 : 가속기에서 만들어진 다양한 중이온

2) 위의 책, p.5

■ 전기를 띠지 않는 입자 흐름

· 중성자선 : 원자로, 가속기, RI를 이용하여 만들어진 중성자

9.1.3 원자력발전의 이해

원자력발전은 우리나라의 에너지 안보를 위해서 아주 중요한 역할을 하고 있다. 에너지 자원 확보를 위한 무한경쟁 시대에 에너지 안보는 곧 국가안보로 직결되고 있기 때문이다. 지난 1970년대 두 차례의 석유파동을 겪으면서 탈석유 전원정책으로 시작한 원자력발전은 그 동안 지속적인 성장을 한 결과 주력 발전원으로서 안정적 전력공급에 중추적인 역할을 하고 있다. 원자력발전을 시작할 당시에는 석유발전 비중이 70% 이상이었으나 2012년 기준 5.5% 수준으로 낮아졌다. 이렇듯 원자력발전은 에너지수요 급증, 대체에너지 개발 한계, 이산화탄소 배출 급증, 에너지안보 위협요인, 다소비형 산업구조 등 우리의 어려운 에너지환경을 감안할 때 필수적인 국가에너지라고 할 수 있다.[3)]

장기적인 관점에서 화석연료의 가격은 점차 상승할 것으로 전망되며 특히 비산유국으로서 에너지원의 대부분을 수입하고 있는 우리나라 여건에서 부담은 점차 가중될 것으로 보인다. 에너지경제연구원이 발간한 에너지통계연보에 따르면 우리나라 에너지 수입 의존도는 2014년 기준 95.2%이며, 에너지 수입액은 183조 3,837억 원으로 2014년 국가예산 355조 8,000억 원의 약 51.5% 수준이다. 에너지 수입액 중 화석연료(석유, 석탄, LNG) 수입액은 182조 6,149억 원으로 전체 에너지 수입액의 99.6%나 차지하고 있어, 화석연료의 가격 상승이 에너지 수급에 큰 영향을 미칠 수밖에 없다.[4)]

더욱이 우리나라는 세계정세에 따라 에너지 공급이 불안정해서 취약한 에너지 안보구조로 되어 있어 원자력발전에 의한 실익은 대단하다 할 수 있다.

다만 원자력발전의 중요성에도 불구하고, 일본의 후쿠시마 원전사고로 인한 영향으로 원자력발전 비율을 점차적으로 축소하는 전력수급기본계획을 수립하여 운영하고 있다.

그렇지만 원자력발전은 미세먼지 저감 등 온실가스의 배출량을 줄일 수 있고 대용량으로 전력을 생산할 수 있어 신재생에너지가 현재로서는 단위용량이 적고 경제성이 낮기 때문에 당분간은 계속 사용할 수밖에 없는 에너지원이다.[5)]

---

3) 산업통상자원부/한국수력원자력(주), 2016 원자력발전백서, p. 129

4) 위의 책, p. 139

5) 위의 책, p. 138

표 9-1 각 국의 전력판매 단가

구 분	일본	이태리	독일	영국	프랑스	미국	한국
판매단가('12) US ¢ /kWh	21.66	19.11	18.42	14.36	12.98	9.87	9.25
원자력발전비중 ('11), %	9.6	0.0	17.6	18.9	78.7	18.9	28.9

출처: 2013년 「한국과 OECD 주요국가 간 전기요금 수준 비교분석」 발췌

원자력발전은 국산 에너지이고 국가경제 발전에 이바지하는 에너지원임은 그 누구도 부인할 수 없다. 또한 원자력발전소는 5중 차폐벽을 갖춘 심층방어의 개념으로 설계되었으며 이산화탄소도 거의 배출하지 않는 에너지이지만 큰 사고가 발생할 경우에는 주위에 많은 피해를 줄 수 있기 때문에 안전제일주의로 운영하여야 하는 것이 과제이다.

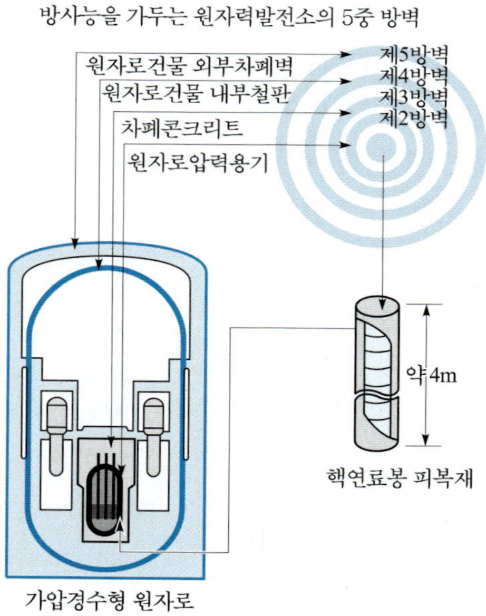

그림 9-1 5중 차폐벽을 갖춘 심층방어의 개념

출처: 원자력발전백서(2016)

표 9-2 발전원별 이산화탄소(CO_2) 배출량(단위 : g/kWh)

석탄	석유	태양광	풍력	원자력
991	782	54	14	10

출처: 원자력발전백서(2016)

9.2 국내 원자력 발전 현황

연구와 실험을 동시에 수행할 수 있는 세계 유일의 원자로인 대전의 하나로 원자로, 원전 운영 단지인 부산시 기장군, 경주시, 경북 울진, 울산시 울주, 전남 영광 등 우리나라에서 원자력을 사용하고 있는 도시들은 일본 후쿠시마 원전 사고 이후 주민의 안전과 지속적인 번영을 위한 해법 찾기에 나서고 있다.[6)7)]

그림 9-2 연구용 원자로 하나로

출처: 한국원자력연구원

세계 원전소재도시의 안전과 번영을 위한 기장 포럼 등은 원자력 안전방재 및 주민복지 발전계획을 주제로 2012년에 열린 바 있다. 이 포럼에는 한국(기장군), 일본(겐카이, 히가시도리), 중국(하이엔, 렌윈구), 핀란드(요로조키), 프랑스(플라망빌), 베트남(하노이 원전 건립 예정) 등이 참석하여 토론을 벌였는데 우리나라의 다른 원전 도시들도 옵서버로 참석하였다.

부산시 기장군은 우리나라 최초의 원전이 들어서면서 거대한 원전도시가 형성되었다. 1970년대엔 화력발전소가 주 전력 생산 시설이었다. 산업화가 진행되면서 전력 수요가 팽창하고 중동 오일 쇼크 발생 등은 정부가 본격적으로 원전 건립에 나서게 하였다. 기장군 고리지역이 최적지로 선정되면서 1978년 첫 원전이 들어섰다. 또 고리원전 인근에 동남권 원자력의학원, 의료용 중입자 가속기, 수출용 선형 연구로 등 대형 방사선 연구시설이 연이어 자리를 잡았다.

---

6) http://www.ohmynews.com/NWS_Web/View/at_pg.aspx?CNTN_CD=A0002283272

7) https://terms.naver.com/entry.nhn?docId=933044&cid=43667&categoryId=43667

가동을 시작한 1978년의 고리 1호기　　　　2008년의 고리 1호기(오른쪽)

그림 9-3 우리나라 최초 원전

출처: 국가기록원, IAEA

세계원전도시들과 글로벌 소통시대를 연다는 마음으로 많은 원전도시들이 함께 한 포럼에서는 일본측 대표는 "양질의 에너지를 안정적으로 제공하기 위해서는 원전이 필요하다."고 했으며, 미국의 대표는 "1979년 스리마일 섬 원전에서 사고가 일어난 적이 있어 원전 소재 도시들은 원자력 사고 등에 철저히 대비해야 한다."고 했다.

원전이나 연구로가 있는 도시와 인근 도시 등은 만일에 있을 원자력 사고에 대비해 이에 대한 대응조치와 훈련을 실시하고 있는데 일본 후쿠시마 원전을 보면 원자로 냉각이 제대로 되면 그리 큰 문제가 없을 것으로 생각되지만 방재를 함에 있어서는 가상사고까지 예측을 하여 대비하여야 한다.

도시와 원자력이 이제는 완전히 분리될 수는 없는 시대이다. 원전소재도시와 그 인근도시는 상호협조하여 원전과 연구용 원자로를 사고 없이 운영하도록 하여야 하고, 대형사고가 발생할 경우에는 도시에 피해를 주기 때문에 이의 예방은 물론이고 사고 발생 시에는 피해를 최소화 할 수 있는 대책이 미리 준비되어야 한다.

모든 에너지원 중에서 원자력이 가장 깨끗한 에너지라고 말하고 미세먼지 해결을 위해서는 원자력이 반드시 필요하다고 한다. 이는 다만 사고가 없어야 국민이 안심하고 원자력을 사용할 수 있기 때문에 도시에 피해를 주지 않는 원전 유지를 위해서는 현재 진행 중인 후쿠시마 후속조치와 더 안전한 원자력 운영 대책을 끊임 없이 찾아내고 보완하여야 한다.[8)]

우리는 원자력 발전에 대한 맹목적인 피해 의식이나 기술에 대한 과신 모두 경계해야 할 것이다. 원자력 발전의 실체와 우리 주변의 상황을 잘 파악해서 적절한 대비책을 세워야 한다.[9)]

8) http://www.greenpostkorea.co.kr/news/articleView.html?idxno=104276
9) https://book.naver.com/bookdb/book_detail.nhn?bid=6859531

그림 8-4 신고리원전 3호기

출처: YONHAP NEWS

우리나라는 주로 소도시에 있는 원자력발전소에서 전력을 생산하여 중소도시로 전력을 송출하는 형태인데 중소도시는 원전사고 시에 영향을 많이 받을 것이지만 대도시는 거의 피해가 없는 원자력발전 수혜자이다. 따라서 모든 도시가 전력생산을 하는 원전과 연구용 원자로가 있는 도시가 서로 관심을 가지고 효율적으로 발전소와 연구용 원자로가 운영되도록 협조하여야 한다.

앞으로 소형원자로가 본격적으로 상용화 되면 원전소재 도시가 더 늘어날 것으로 예상되므로 원자력을 안전하게 운영하기 위해서는 정부는 물론이고 민관군이 모두 협력하여야 한다.

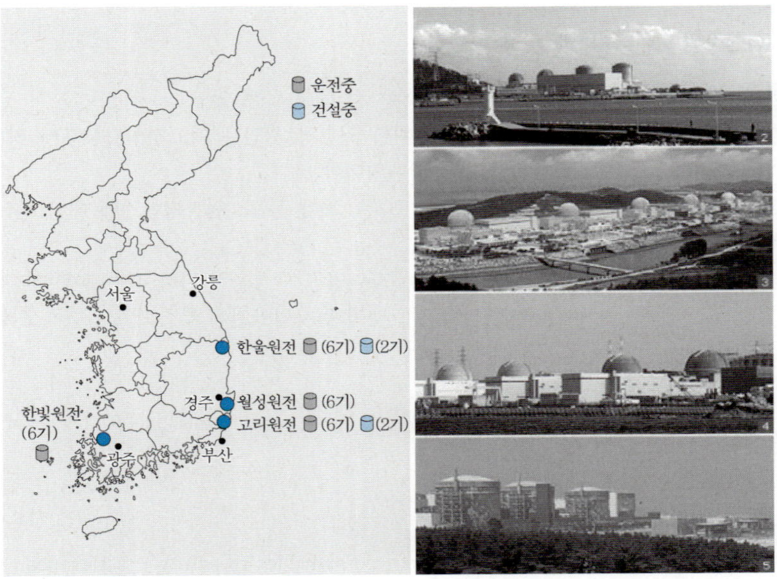

그림 9-5 위에서부터 고리원전, 한빛원전, 한울원전, 월성원전

출처: 네이버 블로그 / 신디로그

9.3 원자력 안전문화

9.3.1 안전문화

안전문화(Safety Culture)란 사업자나 개인이 작업 환경에서 '안전'이라는 목표에 도달하는 방식의 하나로써 "안전에 관하여 근로자들이 공유하는 태도나 신념, 인식, 가치관"을 통칭하는 개념이다.[10] 즉 "우리가 안전을 일구는 방법"이라고 할 수 있다.[11] 1986년 체르노빌 원자력 발전소 사고 이후 안전이라는 목표 달성에 있어 경영 및 인적 인자의 중요성이 인식되고 안전문화의 개념이 제창된 이후로 이에 대한 큰 관심이 일어났다. 1988년 국제원자력기구의 국제원자력안전자문그룹(INSAG)이 체르노빌 원자력 사고에 대한 최초의 보고서 'Summary Report on the Post-Accident Review Meeting on the Chernobyl Accident'에서 이 단어를 처음 사용하면서 원자력 시설의 안전에 대한 조직과 개인의 특성, 태도의 집합체로써 이것이 원자력안전 확보의 대전제라는 견해를 제시하였다.[12]

원자력 안전문화는 국민의 생명과 환경 보존을 위해 원자력안전을 어떠한 목표보다 우선시하는 조직 구성원들의 핵심가치와 행동이다.

9.3.2 원자력 안전문화 8 원칙 및 32 속성

표 9-3 원자력 안전문화 8 원칙 및 32 속성

원칙	속성
K1 모든 종사자는 원자력 안전에 책임이 있다.	K1A 원자력안전을 위한 권한과 책임은 최고경영자로부터 직원들까지 명확히 정의되고 이해되어야 한다. K1B 지원부서(인사, 노무, 회계 등)도 원자력안전에 대한 본인의 역할을 이해해야 한다. K1C 모든 종사자는 원자력안전 규정을 철저히 준수해야 한다. K1D 보상과 징벌 시스템이 원자력안전에 부합되고 강화하도록 한다.

10) Cox, S. & Cox, T. (1991) The structure of employee attitudes to safety – a European example Work and Stress, 5, 93 – 106.

11) ZCBI (1991) Developing a Safety Culture., Confederation of British Industry, London.

12) 사토 카즈오(佐藤一男). 《원자력안전의 논리》 (2006년), 심기보 옮김, 한솜미디어.

원칙	속성
K2 관리자는 원자력안전을 위해 솔선수범 한다.	K2A 관리자는 현장 문제점에 대하여 코칭, 멘토링 및 적절한 감독을 통해 실질적인 리더쉽을 발휘해야 한다. K2B 관리자는 경영목표의 의미를 정확히 전달하여, 종사자들이 원자력안전에 대해 혼선을 갖지 않도록 해야 한다. K2C 중요 운전 의사결정에 대한 배경(예상결과, 잠재위험, 대체수단 등)들은 작업자들에게 즉시 알려져야 한다. K2D 관리자의 임명 및 평가 시 원자력 안전문화에 관한 역량을 고려한다.
K3 신뢰가 조직에 형성되어 있다.	K3A 종사자들은 상호존중 되어야 한다. K3B 직원들은 문책에 대한 두려움 없이 안전문제를 자유롭게 제기할 수 있어야 한다. K3C 관리자들은 직원의 의문사항에 정직하고 열린 마음으로 응대하고, 주기적으로 소통한다. K3D 조직 내 신뢰가 유지될 수 있도록 경영상 변화는 예상되고 모든 직원들과 공유되어야 한다.
K4 의사결정시 안전을 최우선으로 고려한다.	K4A 경영진, 관리자 및 직원들은 의사결정에 있어 각자의 역할을 명확히 이해하고 서로 존중한다. K4B 발전소 종사자들은 엄격한 방식으로 문제를 해결하며, 명확히 이해가 되지 않는 경우 보수적으로 작업을 수행한다. K4C 중요 안전 의사결정 시 책임소재를 명확히 하며, 평가 및 피드백을 지속적으로 수행한다. K4D 안전현안 논의 시 솔직한 대화와 토론을 장려하고 전문가의 의견을 고려한다.
K5 원자력 기술은 특별한 것으로 인식한다.	K5A 노심반응에 영향을 줄 수 있는 행동은 특별히 주의하고 조심해야 한다. K5B 설계와 운전 여유도는 지켜져야 하며, 이를 변경할 때는 신중히 고려해야 한다. 특히, 핵분열 물질 방어와 확산 방지에 주의를 요한다. K5C 발전소 작업은 종합적이고 높은 품질의 절차에 의해 관리된다. K5D 발전소 종사자는 적절한 의사결정과 행동을 위한 충분한 직무역량을 가진다.
K6 의문을 갖는 태도를 장려한다.	K6A 종사자들은 모든 작업 시 실수 및 최악의 가능성에 대비해야 한다. K6B 이상징후 발견 시 철저한 조사, 즉각적 조치가 이루어져야 하며 주기적인 분석이 수행 되어야 한다. K6C 종사자들은 불확실한 상태에서는 업무를 진행하지 않아야 한다. K6D 집단사고(Group-think)를 회피하기 위해 다양한 생각을 고려하고 반대 의견을 장려한다.

원칙	속성
K7 지속적인 학습 환경을 조성한다.	K7A 조직은 자만하지 않고 지속적인 학습환경을 조성한다. K7B 종사자들은 타 산업 및 발전소 운전 경험사례를 통해 동일유형 실수를 재발하지 않도록 한다. K7C 사건의 근본원인을 확인하고 시정하기 위해 전문가 의견을 효과적으로 반영한다. K7D 경미한 사건에서도 잠재적 조직 내 취약성을 확인하고 해결하기 위한 절차를 확립한다.
K8 원자력안전을 지속적으로 진단한다.	K8A 자체진단 및 독립점검을 균형있게 계획하여 수행한다. K8B 안전문화 평가를 주기적으로 수행하며, 개선을 위한 자료로 활용한다. K8C QA, 안전평가, ECP 및 독립평가에서 나온 의견 및 개선사항이 가치있게 고려된다. K8D 특정 성능지표에만 초점을 맞추는 것은 위험하므로 성능저하를 보이는 모든 성능지표를 확인 및 조치해야 한다.

출처: 한국수력원자력 홈페이지

9.3.3 안전문화 실천체계

원자력 안전문화(Safety Culture)는 '원자력안전을 최우선으로 고려하는 조직이나 개개인의 특성과 자세의 결집'으로 정의되고 있으며[13] 조직이나 개개인의 모든 활동에서 고려해야 할 안전문화의 보편적인 특성으로 다음을 강조하고 있다.[14]

- 개개인의 훈련과 교육을 통한 높은 수준의 지식과 직무수행 능력
- 안전을 최우선 시 하는 고위 경영층의 솔선수범과 안전이라는 공동목표에 대한 개개인의 수용
- 지도력, 상벌제도와 개개인의 자발적인 태도를 통한 동기 부여
- 감사나 검토 관행을 포함하여 개개인의 의문을 갖는 태도를 기꺼이 수용하는 자세
- 공식적인 업무분장과 개개인의 직무에 대한 이해

13) IAEA, "Basic Safety Principles for Nuclear Power Plants", Safety Series 75-INSAG-3(개정; 75-INSAG-3 Rev. 1, INSAG Series No. 12, 1999), International Nuclear Safety Advisory Group, October 1988.

14) IAEA, "Safety Culture", Safety Series No. 75-INSAG-4, International Nuclear Safety Advisory Group, February 1991.

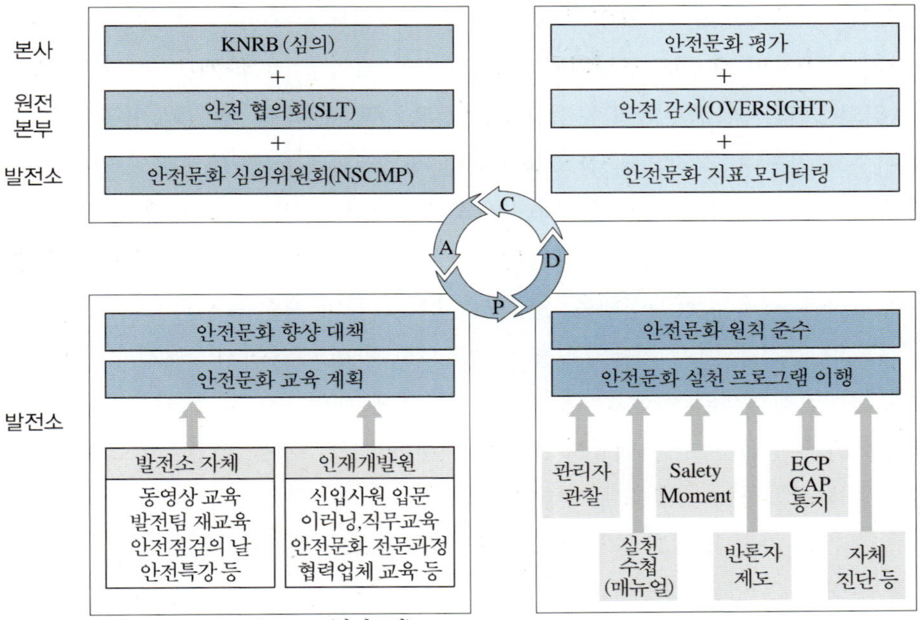

SLT: Site Leadership Team (반기 1회),
NSCMP: Nuclear Safety Culture Monitoring Panel (분기 1회)

그림 9-6 안전문화 실천체계15)

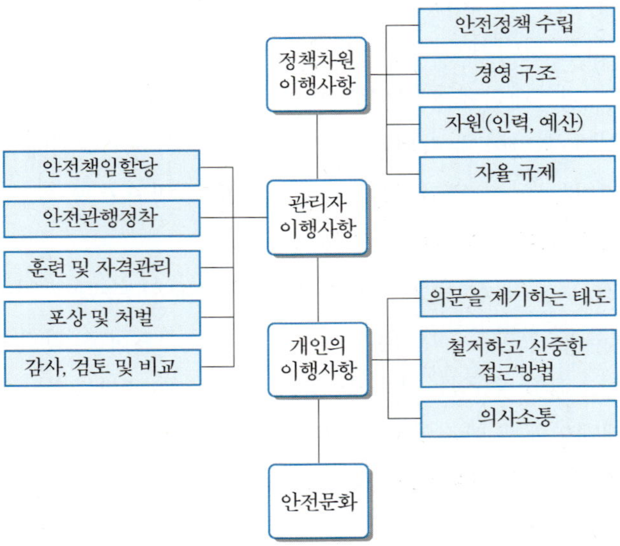

그림 9-7 원자력안전과 규제

15) 김효정, "원자력안전과 규제", 한스하우스. pp.573, 2012. 8.

안전문화는 조직체제와 각 경영계층의 책임, 조직체제에 속하는 각 계층 종사자의 태도 등 두 가지 일반적인 요소로 구성되며, 조직체제와 책임은 정책차원과 관리자차원으로 세분된다. 위의 그림은 안전문화의 구성요소를 정책차원, 관리자, 개인의 이행사행으로 구분하여 보여주고 있으며, 각각의 구성요소에 대한 세부적인 요건을 예시하고 있다.

모든 중요한 활동에서 개인의 행동방식은 상위층에서 설정하는 요건에 좌우되며, 원자력안전에 영향을 미치는 최상위 요건은 법률적 수준으로 규정되어야 한다. 안전에 관계되는 활동을 추구하는 조직은 안전정책을 천명함으로써 그들의 책임을 널리 알리고 이해시키며, 기관의 목표와 안전에 대한 이행약속을 대외적으로 밝히고 종사자들에게 지침을 제공해야 한다. 이러한 안전정책의 이행을 위하여 안전문제에 대한 책임소재를 명확히 해야 하며, 안전에 중요한 영향을 미치는 대규모 조직은 내부에 경영부서를 독립적으로 설치하여 원자력안전 활동을 감독하는 책임을 부여해야 한다.

충분한 경험을 가진 인력과 그들의 직무를 효과적으로 수행할 수 있는 환경, 그리고 안전업무를 수행할 수 있는 재원이 마련되어야 한다. 또한 모든 조직은 원자력안전에 기여하는 활동에 대하여 자체적으로 정기적인 검토를 해야 하며, 이러한 검토에는 직원 배치와 교육, 운전경험의 반영, 설계변경, 설비개선, 운전절차서 관리 등이 포함되어야 한다.

원자력시설에 종사하는 개개인들의 안전에 대한 태도는 그들의 근무환경에 의해 크게 좌우된다. 그러므로 개개인에게 효과적인 안전문화의 관건은 안전에 대한 올바른 자세를 장려하고 환경을 조성하는 것이며, 조직의 안전 정책과 목표에 따라 이러한 관행을 확립하는 것이 관리자의 책임이다. 개인에게 부여된 책임은 애매하지 않도록 상세하게 정의하고 문서화해야 하며, 책임과 권한이 누락되거나 중복되지 않고 공동책임에 따른 문제가 없도록 검토해야 한다. 관리자는 안전 관련 업무가 엄정하게 수행되고 있음을 보증해야 하며, 관리 및 감독 체계를 구축해야 한다.[16)]

관리자는 종사자가 그들의 직무를 수행할 수 있는 충분한 능력을 가지고 있음을 보증해야 하며, 훈련과 교육을 통하여 그들의 직무가 얼마나 중요하고 착각이나 태만으로 인한 실수가 어떤 결과를 초래할 수 있는가를 인식할 수 있도록 해야 한다. 또한 적절한 포상과 처벌 제도를 통해 개개인에게 안전업무에 대한 동기부여를 할 필요가 있으나, 포상이 원자력발전소의 생산실적 위주로 치우침으로써 안전이 위협받거나 지나친 제재로 인해 실수가 은폐되는 일이 없도록 해야 한다.

16) https://atomic.snu.ac.kr/index.php/

원자력 안전문화 정착의 관건은 앞에서 기술한 조직체제와 경영에 직접적인 영향을 받는 종사자 개개인에 달려있다. 개개인이 안전에 영향을 미치는 업무를 수행함에 있어서 안전문화에 충실하기 위해서는 의문을 제기하는 태도, 철저하고 신중한 접근자세, 의사소통의 자세를 견지해야 한다. 개개인은 안전에 관련된 업무를 수행하기 전에 다음과 같은 의문을 제기하는 태도를 가져야 한다.

- 나는 업무를 잘 이해하고 있는가?
- 나의 책임은 무엇인가?
- 이 책임은 안전과 어떻게 연관되어 있는가?
- 업무수행에 필요한 지식은 가지고 있는가?
- 임무를 수행하기 위해 더 이상의 지식이 필요치 않는가?
- 무엇이 잘못될 수 있는가?
- 실수나 오류의 결과는 무엇인가?
- 실수를 방지하기 위해 무엇을 해야 하는가?

개개인은 철저하고 신중한 접근자세를 견지하기 위하여 작업절차를 이해하고 그 절차를 준수해야 하며, 문제가 발생하면 작업을 중지하고 신중히 생각하고 필요하면 도움을 구하는 자세를 가져야 한다. 의사소통의 자세를 위하여 유용한 정보를 서로 교환하고, 작업결과를 보고하고 기록하며, 안전성 확보를 위한 새로운 제안을 하는 자세를 가져야 한다.

표 9-4 원자력 안전문화 원칙 및 속성

원칙	속성	
1. 모든 종사자는 원자력안전에 책임이 있다. (PA, Personal Accountability)	1–A	**(규정)** 모든 종사자는 원자력안전 규정 및 절차의 중요성을 인식하고 준수한다.
	1–B	**(업무 책임의식)** 모든 종사자는 원자력안전을 위한 본인의 업무에 대해 책임을 이해하고 실천한다.
	1–C	**(팀워크)** 모든 종사자는 원자력안전이 유지될 수 있도록 본인의 업무에 대해 조직 안팎으로 소통하고 협력한다.
2. 모든 종사자는 자만하지 않고 지속적으로 의문을 제기한다. (QA, Questioning Attitude)	2–A	**(원자력의 특수성)** 모든 종사자는 복잡한 원자력기술이 예상치 못한 사건을 발생시킬 수 있음을 인식한다.
	2–B	**(불확실성 확인)** 모든 종사자는 불확실한 경우 작업을 중단하고, 작업 재개 전 리스크를 평가하고 관리한다.
	2–C	**(가정상황 확인)** 모든 종사자는 어떤 사안이 정확하지 않다고 판단될 경우 의문을 제기하고 반대의견을 제시한다.
	2–D	**(자만 방지)** 모든 종사자는 발생 가능한 실수, 잠재적인 문제 및 리스크를 인지하고 대비한다.

원칙	속성	
3. 모든 종사자는 원자력안전에 중점을 두고 의사소통한다. (CO, Safety Communication)	3-A	(업무 소통) 모든 종사자는 모든 업무 활동에서 원자력안전을 염두에 두고 소통한다.
	3-B	(의사결정 근거) 리더는 운영 및 조직의 의사결정 근거에 대해 시의 적절하게 소통한다.
	3-C	(투명한 정보 공유) 모든 종사자는 수직·수평 관계에 있는 직원 및 조직과 투명하고 솔직하게 정보를 공유하고 소통한다.
	3-D	(방침) 리더는 원자력안전 최우선 방침을 수시로 전파하고 강조한다.
4. 리더는 원자력안전을 위한 의사결정과 행동으로 모범을 보인다. (LA, Leadership Accountability)	4-A	(자원) 리더는 인력, 설비 및 예산 등의 자원이 원자력안전을 위해 이용 가능하도록 지원한다.
	4-B	(현장 순시) 리더는 자주 현장을 방문하여 관찰, 코칭하고, 규정과 방침을 준수하도록 강조한다.
	4-C	(인센티브, 보상 및 징벌) 리더는 보상과 징벌이 원자력안전 정책에 부합되도록 하며, 원자력안전을 최우선 시 하는 행위와 성과를 강조한다.
	4-D	(전략적 안전방침) 리더는 의사결정 시 원자력안전을 최우선으로 고려한다.
	4-E	(변화 관리) 리더는 원자력안전 최우선 방침이 유지되도록 변화를 체계적으로 평가하고 관리한다.
	4-F	(역할, 책임 및 권한) 리더는 원자력안전을 보장하기 위하여 역할,책임 및 권한을 명확히 규정한다.
	4-G	(지속적 진단) 리더는 다양한 모니터링 기법을 활용하여 원자력안전을 지속적으로 진단한다.
	4-H	(리더의 솔선수범) 리더는 원자력안전에 대한 본보기가 되도록 행동하고 실천한다.
5. 원자력안전에 관한 의사결정은 체계적이고 엄격해야 한다. (DM, Decision Making)	5-A	(일관적 프로세스) 모든 종사자는 의사결정 시 일관적이고 체계적인 방법을 사용한다.
	5-B	(보수적 성향) 모든 종사자는 의사결정 시 원자력안전을 고려하여 보수적이고 신중함을 견지한다.
	5-C	(의사결정책임) 원자력안전에 대한 의사결정 시 개개인의 책임을 명확히 한다.
6. 신뢰와 존중의 업무 환경을 조성한다. (WE, Respectful Work Environment)	6-A	(분명한 존중) 모든 종사자는 상호간 존엄과 존중으로 대한다.
	6-B	(의견 존중) 모든 종사자가 원자력안전에 대한 의문을 제기하고 다른 의견을 제안할 수 있도록 격려하고 존중한다.
	6-C	(높은 신뢰) 신뢰가 직원들 상호간 및 조직 전반에 형성되어 있다.
	6-D	(갈등 해소) 공정하고 객관적인 방법을 통해 갈등을 해결한다.

원칙		속성
7. 지속적으로 학습할 수 있는 분위기를 조성한다. (CL, Continuous Learning)	7-A	**(운전 경험)** 운전경험은 체계적이고 효과적으로 수집하고 분석하며, 그 결과는 시의 적절하게 조치한다.
	7-B	**(자체 진단)** 프로그램, 관행 및 성과에 대해 비판적이고 객관적인 평가를 정기적으로 수행한다.
	7-C	**(벤치마킹)** 지식, 기술 및 안전성능을 지속적으로 향상시키기 위해 벤치마킹한다.
	7-D	**(교육 훈련)** 높은 수준의 교육 훈련을 통해 전문 인력을 양성하고 엄격한 원자력안전 기준을 강조한다.
8. 원자력안전에 영향을 줄 수 있는 문제를 즉시 확인 하고 조치한다. (PI, Problem Identification and Resolution)	8-A	**(문제 파악)** 원자력안전에 대한 문제점 도출이 용이하도록 운영개선프로그램(CAP)을 운영한다.
	8-B	**(문제 평가)** 문제에 대한 원인분석 및 시정조치를 원자력안전의 중요도에 맞게 철저히 평가한다.
	8-C	**(문제 해결)** 원자력안전에 대한 문제를 중요도에 따라 시의 적절하고 효과적으로 조치한다.
	8-D	**(경향 분석)** 운영개선프로그램(CAP) 등에서 수집한 정보를 종합하여 주기적으로 경향을 분석한다.
9. 원자력안전에 관한 우려사항을 자유롭게 제기할 수 있는 안전중시 업무환경을 조성한다. (RC, Environment for Raising Concerns)	9-A	**(안전중시 업무환경 정책)** 원자력안전에 관한 우려사항을 제기할 수 있도록 개인의 권리와 의무를 보장하는 정책을 시행한다.
	9-B	**(안전건의 프로세스)** 원자력안전에 관한 우려사항을 자유롭게 제기하고 처리할 수 있는 독립적인 프로세스를 운영한다.
10. 원자력안전 유지를 위한 작업 활동을 계획하고 관리하는 프로세스를 운영한다. (WP, Work Processes)	10-A	**(작업 관리)** 원자력안전을 최우선적으로 고려하여 작업계획을 수립하고 시행하는 프로세스를 운영한다.
	10-B	**(설계 여유도)** 설계 여유도 내에서 설비를 운영하고 변경 시에는 체계적이고 엄격한 프로세스를 적용한다. 특히, 핵분열 물질 방어, 심층 방어 및 안전설비 유지 등에 주의를 기울인다.
	10-C	**(문서화)** 문서 작성 및 관리는 완벽하고 정확하며 최신의 상태를 유지한다.
	10-D	**(절차 준수)** 모든 종사자는 프로세스, 절차 및 작업 지침을 준수한다.

출처: 한국수력원자력 홈페이지

사소한 사건이라도 자꾸 반복이 되면 하인리히 법칙처럼 결국 큰 사고로 이어지므로 사소한 사건으로부터 큰 사고를 예측하여 큰 사고를 미리 예방하여야 한다. 이를 위해서는 법규와 절차를 철저히 준수하는 자세와 원자력 안전문화 실천이 중요하다.[17)]

17) 한국원자력안전재단(2019), 방사선작업종사자를 위한 방사선안전 기본교육 일반분야(산업), p.131

9.4 방사선 안전

원자력시설 주변지역에서의 방사능 오염이나 시설 내에서 방사능 누출 등 방사선으로 인한 장애를 미연에 방지함과 동시에, 만일 누출사고가 발생했을 경우에는 즉각적으로 적절한 조치를 취할 수 있게 하는 일을 말한다. 작업장시설주변지역의 방사능을 감시하는 야외관리, 시설 내의 누설 방사능을 감시하는 옥내관리, 종사원의 피폭선량(被曝線量)을 측정 · 기록하는 개인관리로 나뉜다. 야외관리는 주변지역의 자연방사능을 항상 측정하여 유무를 감시하는 것으로서, 고정된 방사선 검출기(고정 모니터)로 공간의 방사선량률 · 방사성 진애를 측정하는 일과 육지나 바다의 물 · 토양 · 식물 · 해산물의 방사능을 측정하는 일 등을 한다. 옥내관리는 관리구역 안의 공간선량률, 공중방사성 물질의 농도 측정, 탐사계에 의한 방바닥 · 벽의 표면 오염의 측정 등을 내용으로 한다. 개인관리는 필름배지 · 포켓 선량계 등 휴대용 경보기로 피폭선량을 측정 · 기록하고, 체내에 섭취 · 흡수된 방사성 물질의 내부 피폭선량을 감시하기 위해 전신용(全身用) 방사선검출기에 의한 검사와 배설물의 분석, 법률에 따른 혈액검사도 한다.[18)]

방사선이란 공간 및 물질을 이동하는 파동 또는 입자의 형태를 가지고 있는 에너지로 정의된다. 보통 방사선은 알파, 베타, 감마, 중성자, 우주선과 같은 이온화 방사선과 레이저, 전파, 중파, 단파, 가시광선, 적외선 등과 같은 비이온화 방사선으로 나누어진다. 원자력분야에서의 방사선은 이온화 방사선을 일컫는다.[19)]

방사선의 종류는 출처에 따라 크게 자연방사선과 인공방사선으로 분류한다. 자연방사선이란 지구의 토양, 지각, 지표수 또는 공기에 자연적으로 존재하는 칼륨, 우라늄 및 토륨이 붕괴하여 나오는 알파선, 베타선, 감마선 등과 같은 방사선이다. 비록 적은 양이지만 우리 몸속에도 자연방사선이 방출되고 있다. 또한 지구 밖의 은하계와 태양과 같은 우주공간에서 지구로 입사하는 우주방사선(cosmic ray)도 자연방사선에 속한다. 우주선의 87%는 투과력이 큰 양성자이고 11%는 헬륨 원자핵(알파입자), 나머지는 원자번호 2 이상의 원자핵과 전자로 구성되어 있다.[20)]

18) [네이버 지식백과] 방사선관리 [radiation control, 放射線管理] (두산백과)
19) https://terms.naver.com/entry.nhn?docId=2073358&cid=44414&categoryId=444
20) 한국원자력학회 공저(1989년), 『핵공학개론』, 현진인쇄사.

인공방사선은 인간의 삶의 질을 윤택하게 하는 의료, 산업(원자력발전소 등) 활동으로부터 인위적으로 방출되는 방사선을 말한다. 이러한 방사선은 전자기방사선과 입자방사선으로 나뉜다.

원자궤도에 공동(空洞)이 생길 때 외부 궤도전자가 천이하며 여분의 에너지를 전자파로 방출하는 특성엑스선과 전자가 원자핵 주변에서 쿨롱력에 의해 감속하면서 에너지의 차이만큼 전자기파로 방출하는 연속엑스선으로 나뉜다.

9.4.1 방사선 피폭

(1) 조사선량(exposure dose)

조사선량(exposure dose)은 엑스선이나 감마선이 공기 중에서 생성하는 전하량의 총합으로 정의된다. 표준상태 (0℃, 1기압)의 공기 $1cm^3$당 생성된 전하량을 1R이라고 정의한다.

$$1R = 2.58 \times 10^{-4} C/kg$$

(2) 흡수선량(absorbed dose)

흡수선량(absorbed dose)은 어떤 물체에 방사선이 상호작용하여 그 물질에 흡수된 에너지의 양을 나타낸다. 즉 방사선의 종류나 물질의 종류와는 상관없이 물질의 단위질량당 방사선의 에너지양을 말하며, 질량 1kg당 방사선으로부터의 1J의 에너지가 흡수되었을 때의 양이라고 정의한다.

$$1Gy = 1J/kg = 100rad$$

(3) 등가선량(dose equivalent)

등가선량(dose equivalent)은 방사선의 생물학적 효과를 나타내는 것으로 인체에 방사선이 피폭되었을 때 동일한 흡수선량이라도 방사선의 종류, 에너지, 인체부위 및 조사조건에 따라 미치는 영향은 각각 다르므로 흡수선량에 방사선가중계수를 고려하여 나타낸다.

$$1Sv = 1J/kg = 100rem$$

(4) 유효선량(effective dose)

유효선량(effective dose)은 등가선량과 마찬가지로 인체에 미치는 방사선의 영향을 나타내는 것이다. 다만, 동일한 등가선량을 받았다고 하더라도 피폭 받은 신체의 조직 및 장기에 따라 영향이 다르므로 등가선량에 조직가중치를 곱하여 정의한 양이다. 단위는 등가선량과 같다.

9.4.2 방사선 차폐

알파선, 베타선, 엑스선, 감마선 및 중성자선과 같은 이온화 방사선은 물질의 종류에 따라 투과하는 정도가 다르다. 따라서 방사선의 종류에 따라 적절한 물질을 사용하여 차폐할 수 있다.

(1) 알파선의 차폐

알파선은 물질 속을 지나는 거리(비정)가 매우 짧아 매우 얇은 두께의 종이나 비닐로 차폐가 가능하다.

(2) 베타선의 차폐

베타선은 알파선의 비정보다 크기 때문에 알루미늄과 같은 차폐체를 사용한다. 그러나 물질 속을 지나면서 제동복사에 의한 엑스선이 발생하므로 이를 감소시키기 위해 납, 철 등 원자번호가 높은 물질로 2차 차폐한다.

(3) 광자(감마선, 엑스선)의 차폐

감마선과 엑스선은 흡수물질을 지나면서 물질과의 상호작용(광전효과), 컴프턴 산란, 전자쌍생성 등에 의하여 지수함수적으로 감쇠한다. 차폐체로는 철, 납 등 밀도가 높은 물질을 이용한다.

(4) 중성자의 차폐

중성자는 물질을 지나면서 원자핵과 상호작용하여 에너지를 잃기 때문에 흡수물질의 원자번호가 작을수록 더욱 쉽게 에너지를 잃는다. 따라서 수소와 같이 낮은 원자번호가 함유된 물질(물, 콘크리트 등)을 이용하여 차폐한다.

9.4.3 방사선 장해

방사선에 의하여 생체의 조직이나 세포가 영향을 받는 것을 방사선 장해라고 하며, 19세기 후반 라듐(^{226}Ra)을 발견한 퀴리 부인의 백혈병 사망이나, 1920년대 미국 쉬내버그 및 요하힘스탈 광산 내 라돈(^{222}Rn)가스로 인한 광부들의 폐암 발병이 대표적인 예이다.

(1) 확률론적 및 결정론적 영향

방사선에 의한 장해는 피폭선량에 따라 확률적으로 나타나는 영향과 일정 값(발단 선량) 이상에서 일어나는 결정론적 영향으로 나눌 수 있다. 확률론적 영향(probabilistic effects)은 장기간 저선량 피폭을 받았을 때 만성적으로 나타나는 신체적 영향으로 발암, 유전적 장애, 백혈병 등이 해당된다. 결정론적 영향(deterministic effects)은 보통 0.5Gy 이상의 고선량 피폭 시 급성적으로 발생하며 피부홍반, 불임, 골수세포의 감퇴 등이 해당된다.

(2) 급성 및 만성 영향

급성 장해는 짧은 시간에 많은 선량을 받아서 수 시간에서 수주일 내에 장해 증상(혈액의 변화, 메스꺼움, 구토, 설사 등)이 나타나는 것이며, 만성 장해는 피폭 후 인체장해(발함, 수명 단축, 유전적 영향 등)가 나타나기까지 여러 달에서 수십 년이 걸리기도 한다. 인간이 100% 사망하는 치사선량(LD_{100})은 약 8Gy이며, 50%의 확률로 사망하는 반치사선량(LD_{50})은 약 4 Gy이다.

9.4.4 방사선 방호

(1) 방사선 방호의 목적

인간 활동에서 알파, 베타, 감마 및 중성자와 같은 이온화 방사선의 결정론적인 유해한 영향을 방지하고 확률론적 영향을 사회에서 인정할 수 있는 수준까지 제한하는 것이다. 또한 방사선 산업 종사자 혹은 방사선 치료를 요하는 환자와 같이 어쩔 수 없이 방사선을 받아야 하는 경우에 그 행위를 정당화하는 것이다. 방사선 방호(防護)의 기본 원칙은 다음과 같다.

① 행위의 정당화(justification): 방사선 피폭을 수반하는 작업이나 행위에 의하여 손해 또는 위험보다 이득이 총괄적으로 클 경우 피폭행위는 정당화된다.

② 방호의 최적화(optimization): 방사선 피폭은 사회적 및 경제적 인자를 고려하여 확률적 영향을 합리적으로 성취할 수 있는 한 낮게 유지하여야 한다.
= ALARA(As Low As Reasonably Achievable)

③ 선량 한도(dose limit): 개인이 받은 유효선량은 결정론적 영향을 유발할 수 있는 제한치를 넘지 않도록 선량한도 이하로 제한하며 잠재 피폭 관련 위험은 사회에서 용인되는 수준 이하로 제한한다. 방사선 피폭의 결정론적인 영향을 방지하고 확률적인 영

향 발생을 줄이기 위하여 개인선량의 한도를 제한하는데 연간 유효선량 한도는 조직, 장기 등의 방사선 가중치를 고려한 총합 개념으로 설정하여 연간 외부피폭선량과 내부피폭선량의 합을 적용한다. 단, 직업적 피폭의 유효선량한도 설정 시 자연방사선원에 의한 피폭이나 의료목적에 의한 피폭은 제외한다.

(2) 방사선 방호 기준

방사선 방호를 위한 참고준위(reference level)는 기록 준위, 조사준위, 개입준위로 나누어진다. 기록준위(recoding level)는 피폭선량을 기록, 유지할 필요가 있다고 고려되는 준위이다. 규정된 범위가 있는 것은 아니지만, 대상 한도량의 1/100~1/1000 정도가 적절하다. 조사준위(investigation level)는 방사선에 피폭되었거나 방사성물질을 섭취하였을 때 원인을 조사할 필요가 있다고 판단되는 준위이다. 보통 관련 한도의 1/10을 적용한다. 개입준위(intervention level)는 상황의 확대가 불가능하도록 개입이 필요할 때 적용되는 준위이다. 보통 일차한도량에 상응하는 값으로 간주할 수 있다. 국제방사선방호위원회(ICRP)에서는 방사선 방호를 위한 기본 한도를 다음과 같이 권고하고 있다.

표 9-5 선량한도(영 제2조 제4호)

구 분		방사선작업종사자	수시출입자 및 운반종사자	일반인
유효선량한도		연간 50mSv를 넘지 않는 범위에서 5년간 100mSv	연간 6mSv	연간 1mSv
등가 선량한도	수정체	연간 150mSv	연간 15mSv	연간 15mSv
	손 · 발 및 피부	연간 500mSv	연간 50mSv	연간 50mSv

(3) 방사선 방호 대책

방사선 방호를 위한 기본적인 요건을 3가지로 나타낼 수 있다.

① 거리 : 선원과의 거리는 가능한 멀게 유지(방사능은 거리 제곱에 반비례)

② 시간 : 방사선 피폭 시간은 가능한 짧게

③ 차폐 : 선원과의 사이에 차폐체를 두어 차폐 효과를 활용

9.4.5 방사선 안전관리

(1) 종사자 안전관리

방사선 작업 종사자는 만 18세 이상으로서 방사선 종사자 교육을 이수하였으며 방사선 방호 검진 및 내부피폭검사 결과가 정상인 종사자이다. 이들은 방사선 관리 구역에서 작업을 할 때 방사선 피폭을 받을 수 있다. 방사선 작업으로 받게 되는 작업 피폭은 방사선 발생 시설 운영 기관의 방사선 관리 조직에 의해 관리된다. 방사선 방호의 일차적인 책임은 작업 종사자에게 있으며 종사자는 방사선 작업 허가를 받은 후 방사선 피폭이 최소화되도록 방사선 방호 절차에 따라 작업을 안전하게 수행하여야 한다. 기관의 대표 혹은 회사의 고용주는 방사선 작업 종사자의 방사선 방호를 위하여 다음과 같은 사항들을 고려한다.[21)]

① 방사선 안전 관리 프로그램 및 조직, 방사선 방호의 한도, 검사 및 보고 규정
② 방사선 관리 담당자에 대한 기술적, 행정적 지원 제공
③ 방사선 작업 종사자의 정기적 및 수시 교육 및 훈련
④ 방사선 작업 종사자의 주기적인 건강검진
⑤ 방사선 관리 및 방호 활동에 필요한 자료 기록의 유지
⑥ 적절한 방사선 방호 장비와 용구의 제공

방사선 작업 종사자에 대하여 피폭선량이 방사선 종사자 선량한도가 넘지 않도록 체외피폭과 체내피폭을 관리한다. 방사선 장해를 받은 종사자는 그 정도에 따라 방사선 관리구역의 출입시간 단축, 출입 금지, 저피폭 업무 전환 조치를 취한다. 피폭 선량은 정기적으로 보고하며 종사자 개인별 피폭선량 이력을 종사 시작일부터 끝날 때까지 기록 · 관리한다.

(2) 방사능 방재

원자력 시설에서 방사능 물질 또는 방사선이 누출되거나 누출될 우려가 있기 때문에 긴급한 대응조치가 필요한 상황을 방사선 비상이라 하며 상황에 따라 백색비상(시설건물 내〉 1mSv/h), 청색비상(부지경계 내〉 1mSv/h), 적색비상(부지경계 밖〉 1mSv/h)으로 나누어진다. 방사능 재난이란 방사선 비상이 국민의 생명과 재산 및 환경에 피해를 줄 수 있는 상황으로 확대되어 국가적 차원의 대처가 필요한 경우를 말한다. 방사선 비

21) 한국원자력문화재단 공저(2013년). 『원자력 · 방사선 입문서』, 글방문화.

상으로부터 국민의 건강과 재산을 보호하기 위하여 평상 시 수립하고 있는 대응계획을 방사선비상대책(혹은 방사능방재대책)이라고 한다. 방사선 비상 발생 시 민방위기본법, 재난 및 안전관리기본법, 원자력시설 등의 방호 및 방사능방재대책법에 근거하여 비상대응기구를 설치하여 운영한다. 원자력시설사업자는 환경실험실을 운영하여 환경영향을 평가한다. 거주성의 상실, 회복 판단 및 식품에 대한 보호 조치 기준의 적절성을 평가한다.22)

(3) 환경방사선 관리

우리가 살고 있는 주변의 방사선 환경이 안전한지를 확인하기 위하여 일반주민에 대한 방사선 피폭선량이 개인 연간한도선량인 1mSv/y 미만으로 유지되는지 감시 · 분석한다. 환경방사선 감시 활동은 원자력 이용시설 운영으로 인하여 시설 주변 주민들이 받게 되는 방사선량을 확인하고, 주변 환경에 대한 방사성 물질의 축적경향을 평가하여 방사능오염을 사전에 예방하는 것이다. 궁극적으로 원자력이용시설 운영으로 인한 방사선 물질에 의한 환경변화와 오염의 우려가 없다는 것을 입증하여 원자력 시설에 대한 신뢰성 및 안전성을 확보하는 데 그 목적을 두고 있다. 세부적인 수행 내용은 선량평가를 위한 조사항목으로부터 시료채취를 하여 방사능 분석을 통해 자료를 관리 · 보고하며, 공간방사선량측정과 기상 관측 등을 통해 환경방사선을 감시하는 것이다.23)

원전 주변에 대한 환경방사선 감시는 원자력안전법 제104조(환경보전)에 근거를 두고 있으며, 원자력사업자는 원자력안전위원회고시 제2014-12호 "원자력이용시설 주변의 방사선환경조사 및 방사선환경영향평가에 관한 규정"에 따라 자체적인 환경감시조사계획을 수립하여 조사를 수행하고 있다.24)

22) 한국원전수출산업협회 공저(2012년), 『알기 쉬운 원자력공학』, 현대아트콤
23) [네이버 지식백과] 방사선공학 [Radiation Engineering] (학문명백과 : 공학, 김희령)
24) 산업통상자원부/한국수력원자력(주)(2016), 『2016 원자력발전백서』, p. 492

표 9-6 원전 주변 환경방사선 조사계획[25)]

조사항목				주기	
구분	환경매체		감시대상	채취빈도	분석빈도
방사선	환경방사선		공간감마선량률(ERMS)	연속	월 1회
			집적선량(TLD)	연속	분기 1회
육상시료	공기	분진	전 β	연속	주 1회
		입자, 가스	^{131}I		주 1회
		분진	γ 동위원소		월 1회
		CO^2	^{14}C		월 1회
		TNQNS	^{3}H		월 1회(월성 2회)
	식수		^{3}H, γ 동위원소	분기 1회	분기 1회
	지하수		^{3}H, γ 동위원소	분기 1회	분기 1회
	지표수		^{3}H, γ 동위원소	월 1회	월 1회
	빗물		전 β, ^{3}H, γ 동위원소	월 1회	월 1회
	하천토양		γ 동위원소	분기 1회	분기 1회
	표층토양		γ 동위원소	년 2회	년 2회
			^{90}Sr		
	우유		γ 동위원소	월 1회	월 1회
			^{90}Sr		분기 1회
			^{14}C, ^{3}H		분기 1회
	농산물		γ 동위원소	수확기	년 1~2회
			^{90}Sr		
			^{14}C, ^{3}H		
	지표생물		γ 동위원소	년 2회	년 2회
			^{90}Sr		
	육류		γ 동위원소		
			^{14}C, ^{3}H		
해양시료	해수		전 β	주 1회	월 1회
			^{3}H		
			γ 동위원소		분기 1회
			^{90}Sr		
	해저퇴적물		γ 동위원소	년 2회	년 2회
			^{90}Sr		
	어패류		γ 동위원소	년 2회	년 2회
			^{90}Sr		
	저서동물		γ 동위원소	년 2회	년 2회
	해조류		γ 동위원소	년 2회	년 2회
			^{90}Sr		

25) 산업통상자원부/한국수력원자력(주)(2016), 『원자력발전백서』, pp. 493~494

9.5 원전의 안전대책

9.5.1 원자력안전 개념

원자력안전(原子力安全, nuclear safety)이란 원자력설비에서 발생하는 방사선(放射線, radioactive rays)으로부터 개인 및 공중과 환경을 보호하는 것을 의미하며, 원자력의 평화적 이용에 절대적으로 필요한 원자력공학(原子力工學, nuclear engineering)의 한 분야이다. 원자력발전은 과거 반세기 동안 주요 산업국가에서 중요한 에너지원으로 자리 매김하였으며 현재에는 세계적으로 400여 기의 원자력발전소가 운영되고 있다. 우리나라의 경우에도 1978년 원자력발전이 시작된 이래 경제성장과 함께 계속 증가하여 왔다. 2013년 말 현재 우리나라에는 23기의 원자력발전소가 건설되어 운전되고 있으며 전체 발전량의 30% 이상을 담당하고 있다. 이처럼 원자력발전소의 증가와 함께 원자력안전과 규제에 대한 관심과 중요성도 더욱 커지고 있다.[26)]

원자력설비 및 관련 활동에서의 위험요소는 무엇보다도 방사선이다. 따라서 원자력안전은 방사선으로부터 개인 및 공중과 환경을 보호하는 것을 의미하며, 이는 원자력안전의 목적이라고도 하겠다. 그러나 모든 것에는 위험이 따르기 마련이고, 특히 인간의 모든 산업활동에는 위험도가 제로인 절대적인 안전은 존재하지 않는다. 그렇다면 원자력안전이 지켜지지 않았을 경우에 그 피해는 어느 정도인가? 또한 이러한 피해가 발생하지 않도록 규제해야 할 원자력안전의 철학과 수단은 무엇인가?

9.5.2 원자력안전의 원칙 및 특성

가. 원자력안전의 목표 및 원칙

국제원자력기구를 중심으로 한 원자력 국제기구 및 주요 원자력 국가에서는 원자력안전을 성취하기 위하여 포괄적인 내용의 '안전헌장'을 제정, 천명하여 왔다. 원자력안전헌장은 안전목적(safety objective), 안전원칙(safety principle), 안전목표(safety goal), 안전철학(safety philosophy) 등의 다양한 형태로 표현되어 왔다. 이러한 유사한 용어들은 다음과 같이 구분하여 설명할 수 있다.[27)]

---

26) [네이버 지식백과] 원자력안전 [Nuclear Safety] (학문명백과 : 공학, 석수동)
27) 원자력안전위원회(2012년), 『원자력안전연감』, 한국원자력안전기술원.

① 원자력안전의 궁극적인 목적은 "방사선으로부터 개인 및 공중과 환경을 보호하는 것"이며 여기에 이론이 있을 수 없으나, 이를 이루기 위한 다양한 원칙들이 있을 수 있다.
② 안전목표는 투자비용을 고려하여 합리적으로 성취하려고 노력하는 좀 더 구체적인 목표이며 정성적 또는 정량적으로 규정될 수 있다.
③ 안전철학은 안전 목적과 목표를 구현하기 위한 기본적인 전략이며 수단이라고 볼 수 있다.

안전목적은 원자력 에너지 및 방사선 물질과 관련되는 모든 시설에 적용되며 에너지 사용, 방사능 물질 수송, 폐기물 관리 등 모든 원자력 관련 행위에도 적용된다. 또한 동 목적은 발전소 건설 기획단계에서부터, 부지선정, 설계, 제작, 건설, 시운전 및 운전, 해체 및 폐쇄를 포함하여 시설 및 방사선원의 수명기간 동안의 모든 단계에 적용된다.

원자력발전소 보유국들은 자국 내 원전의 계속적인 안전성 확보를 위해 규제적 차원에서 적절한 안전수준을 확보할 수 있는 안전성 목표를 설정하고 있다. 즉, 원자력시설 운영의 결과로 개인의 생명과 건강, 그리고 사회에 추가적으로 심각한 위험도가 발생하지 않도록 해야 한다는 것이다. 이를 위한 정량적인 안전목표로서 원자력에 의한 위험도가 기타 산업에 의한 것의 0.1%를 넘지 않도록 한다는 것이 일반적인 경향이다. 이를 좀 더 구체화하기 위하여 노심손상빈도(CDF: Core Damage Frequency)와 같은 부차적인 확률론적 목표도 제시하고 있다. 현재 국내에서는 규제차원의 정량적 안전성 목표가 설정되어 있진 않지만, '원자력안전정책성명', '차세대원전 안전원칙' 및 '중대사고 대책' 등에서 정량적 안전 목표를 제시하고 있다. 위와 같은 안전 목표를 실현하기 위해서는 사고 방지 및 완화를 위한 심층방어(DiD: Defense in Depth) 원칙을 준수해야 한다. IAEA는 심층방어를 다음과 같이 설명하고 있다.

"심층방어는 사고를 예방하고 영향을 완화하는 주요 수단이며, 연속적이고도 독립적인 다단계 방호 수단의 조합으로 시행된다. 하나의 방호 수단이나 방벽이 실패하더라도 다음 레벨의 독립적인 방호 수단이나 방벽이 순차적으로 유효한 것이다. 심층방어가 적절히 이루어질 경우, 비록 하나의 계통 및 기기가 작동되지 않고 인적오류가 있더라도 중대사고의 발생 가능성은 현저히 감소하게 되는 것이다."

심층방어를 통한 원자력안전을 성취하기 위해서는 무엇보다도 관련된 개인이나 조직의 안전문화에 대한 강한 인식 및 의지가 있어야 한다. 발전소 운영 직원뿐만 아니라 정부/규제 조직, 발전소 설계, 건설, 보수, 유지, 검사 관련 조직도 강한 안전문화를 유지해야 한다. 안전은 원자력 관련 조직의 최상위 지도층에서 입증되어야 하고 안전문화를 촉진하는 효과적인 관리체계에 의해 성취, 유지되어야 한다.

나. 원자력의 안전 특성

원자력발전은 핵분열 에너지를 이용하기 때문에 방사성 물질인 핵분열 생성물이 핵연료 내에 축적된다. 또한 원자로가 정지되더라도 핵분열 생성물의 방사성 붕괴에 의해 베타선 및 감마선 등의 방사선이 계속 생성되며, 이러한 방사선 에너지를 붕괴열(decay heat)이라 한다. 핵분열 생성물의 붕괴열은 정상운전 중에는 핵분열 에너지로 인한 출력의 7~8% 정도를 차지하며, 운전정지 후(즉 핵분열 반응의 소멸 후)에도 지속적으로 생성되기 때문에 이의 장기적인 냉각이 이루어져야 한다. 따라서 이러한 붕괴열의 냉각은 방사성 물질의 적절한 억류와 원자력안전의 핵심 요건이 된다. 원자력발전 설계는 붕괴열을 계속적으로 제거하고 축적된 방사성 물질이 외부로 누출되지 않도록 적절하게 억류하여, 궁극적으로 방사선 재해로부터 국민의 생명과 재산을 보호하는 것을 최종 목표로 하고 있다. 원자력안전의 특수성과 관련하여 원자력발전소로부터 방사성 물질의 누출을 막기 위한 핵심적인 안전기능으로는 ① 원자로 출력의 제어, ② 핵연료의 지속적인 냉각, ③ 방사성 물질의 격납을 들 수 있다.[28)]

원자로가 정상운전 중일 때는 원자로 출력의 조절이 가능해야 하며, 만일 정상 상태에서 벗어나는 경우에는 원자로를 안전하게 정지시킬 수 있어야 한다. 원자로는 정상 운전 시 뿐만 아니라 정지된 후에도 핵분열 생성물들의 방사성 붕괴에 따른 잔열이 계속 발생하므로 핵연료의 냉각이 지속적으로 보장되어야 한다. 그러나 핵연료의 냉각에 실패할 경우에는 붕괴열로 인한 노심용융 등이 일어나게 되고, 원자로 밖으로 방사성 물질이 누출될 수도 있다. 따라서 방사성 물질을 적절한 방벽 안에 격납시킬 수 있는 기능이 요구된다. 원전에 적용되는 각종 안전 설비들과 수단들은 대부분 위의 3가지 요건 중 하나 이상과 직접적으로 연관되어 있다.

28) 김시환 외 공저(2012년), 『알기 쉬운 원자력공학』, 한국원전수출산업협회.

9.5.3 주요 원자력안전 분야

원자력안전의 주요 분야는 원전 안전해석 및 안전성평가와 원자력안전관리 및 규제로 나누어 볼 수 있다. 원전 안전해석 및 안전성평가는 다시 결정론적인 것과 확률론적인 것으로 분류된다. 결정론적인 안전성평가는 사고 현상 및 결과를 인과관계에 따라 하나의 값으로 결정하는 것이며, 확률론적인 평가는 평가과정 및 결과가 확률론적인 분포를 가지는 것이다.

가. 안전해석 및 안전성평가

(1) 설계기준사고/중대사고 해석

원전 안전해석은 원전의 설계에 따라 법으로 규정된 다양한 설계기준사고의 허용기준이 만족함을 확인하여 원전 설계의 안전성을 평가한다. 또한 원자력발전소의 안전성 및 운전성 확보를 위해 원자로 보호계통 및 안전계통의 설계 및 운영기술지침서에 필요한 정보(운전제한 조건, 안전계통 설정치 등)를 제공한다. 정상상태를 벗어나 예상되는 운전과도상태 시에는 원자로 안전정지를 보장하고 설계기준사고(DBA: Design Basis Accident)인 냉각재상실사고(LOCA: Loss Of Coolant Accident)에 대해서도 비상로심냉각계통(ECCS: Emergency Core Cooling System) 등의 안전계통을 설계하고 안전해석을 수행하여 노심용융사고 가능성을 실질적으로 배제하려는 노력을 기울여 왔다. 설계기준사고는 발전소의 각 운전조건에서 해당하는 안전 기능을 보장하기 위하여 설계 시에 고려되는 가상사고(postulated accident)를 의미하며, 과도상태, 기기 고장 및 운전원 실수, 자연재해 등 발전소에서 발생 가능한 초기 사건을 포함한다. 이때 보장이 요구되는 안전계통의 기능은 첫째, 원자로 냉각재 압력경계의 건전성을 유지하고, 둘째, 원자로 안전정지 및 안전정지 상태를 유지해야 하며, 셋째, 사고 시 환경으로 누출되는 방사성 물질이 법적 제한치를 초과하지 않도록 사고를 방지하거나 사고를 완화하여야 한다.

설계기준사고보다 더 심각한 결과를 초래하는 사고를 일반적으로 설계기준 초과 사고(BDBA: Beyond Design Base Accident)라고 한다. 발전소 설계기준을 벗어나는 사고가 모두 노심손상을 초래하는 것은 아니다. 설계기준을 초과하는 사고일지라도 운전원 조치나 비안전계통의 작동으로 노심 손상을 회피할 수 있는 가능성이 있다. 예를 들면 LOCA 시 ECCS가 충분한 양의 냉각재를 공급하지 못할 경우 노심은 손상될 수 있다. 그러나 ECCS가 조기에 복구될 경우 일부 핵연료가 손상되는 것에 그치지만, 오랫동안 노심냉각이 이루어지지 않으면 심각한 노심손상이 초래되는 중대사고로 악화될 수 있다.

(2) 확률론적 안전성 평가

확률론적 안전성 평가(PSA)는 공중의 보건과 안전을 해칠 가능성이 있는 사고를 도출하고, 사고의 발생 빈도 및 영향을 평가하는 체계적인 분석 작업이다. 즉 PSA는 위험도를 평가하기 위한 것으로 다음 세 가지 질문에 대하여 답하는 것이다.

① 어떤 사고가 일어날 수 있는가?
② 이런 사고가 얼마나 자주 일어날 것인가?
③ 그 결과는 얼마나 심각한 것인가?

위험도는 “위험(danger), 재해(hazard), 인명의 사상(death/injury), 재산의 상실 등의 부정적인 결과의 발생 가능성”이다. 위험도를 알기 위해서는 주어진 결과가 실제로 일어날 가능성을 평가해야 한다. 즉 위험도는 “특정 결과가 발생할 확률”로 정의할 수 있다. 전형적으로 위험도는 1년간의 발생 빈도로 나타낸다. 위험도는 개인 또는 집단에 대해서 평가될 수 있으며, 조기 사망/상해, 암으로 인한 사망/상해, 인구 선량 등의 보건 및 환경에 대한 영향, 즉 결말(consequence)이 평가된다.

원자력발전소 PSA는 이러한 위험도 유발 요인에 따라 내부사건 PSA와 외부사건 PSA로 구분할 수 있다. 내부사건 PSA는 발전소 계통 및 기기의 작동 실패 또는 운전원 실수 등 내부요인으로 인한 안전성 문제를 평가하는 것인 반면, 외부사건 PSA는 지진, 홍수, 화재 등 자연재해와 같은 발전소 외부 요인에 의한 위험도를 평가하는 것이다. PSA는 다음과 같이 업무특성상 3단계로 분류하여 순차적으로 수행하며, 각 단계에서 수행되는 업무 및 결과물은 다음과 같다.

① 1단계 PSA: 초기사건의 빈도를 결정하고 사건수목/고장수목 기법을 활용한 경위분석을 통하여 노심손상빈도를 평가한다.
② 2단계 PSA: 많은 수의 노심손상사고를 일정량의 발전소 손상군으로 축약한 후, 격납건물 사건수목 기법과 중대사고 경위분석 등을 통하여, 각 방출군의 빈도와 방사성핵종의 선원항(source term)을 평가한다.
③ 3단계 PSA: 각 방사선원방출군의 빈도와 선원항을 입력자료로 활용하여 방사성핵종의 대기 방출이 인체 및 환경에 미치는 영향, 즉 공중 위험도를 평가한다.

나. 안전관리 및 규제

원자력안전관리 및 규제란 원자력을 이용할 때 생길 수 있는 모든 위험으로부터 사람과 자연환경을 보호하기 위한 관리 및 행정규제를 말한다. 안전관리 및 규제의 대상이 되는 원자력의 이용은 크게 원자로를 활용하는 시설 · 업체와 방사성동위원소를 이용하는 시설 · 업체로 구분할 수 있다. 원자로를 이용하는 시설에는 원자력발전소, 연구용 또는 교육용 원자로 등이 있으며, 방사성동위원소를 이용하는 시설 · 업체에는 병원, 비파괴검사업체, 동위원소 생산업체 등이 있다.

원자력안전규제는 정부의 책임 하에 이루어지며, 특히 원자력안전위원회가 중심이 되어 법률상의 규제 권한을 가지고 규제 행정을 시행하게 된다. 원자력 시설을 건설 · 운영하려는 사업자가 인 · 허가 신청을 하면, 원자력안전위원회는 사업자의 신청 사항에 대하여 한국원자력안전기술원(이하 안전기술원)의 기술적 심사 결과를 토대로 인 · 허가 여부를 결정한다. 원자력안전에 관한 주요 사항은 원자력안전위원회의 심의 · 의결을 거쳐야 한다. 우리나라의 원자력 관계법령 체계는 「원자력안전법」, 「원자력안전법 시행령」, 「원자력안전법 시행규칙」, 「원자력안전위원회 고시」 등의 4단계로 구성되어 있다.

(1) 원자력발전소 안전규제

원자력규제기관은 원자력발전소의 설계, 제작, 건설, 운영 및 해체에 이르기까지 전 과정에 걸쳐 안전성을 확인 · 관리한다. 원자력발전소 건설 기간 동안 부지의 지질부터 환경영향평가까지 수많은 안전진단과 조사, 검사, 심사가 수행된다. 원자력 사업자는 상업용 원자력발전소의 건설에 적합한 부지를 구입하고, 지진 등의 자연재해에 견딜 수 있는지 원자력안전위원회의 평가를 받아야 한다. 이후 예비안전성분석보고서(PSAR) 등의 서류와 함께 건설허가(CP)를 신청하여 취득하면 원자로 설치를 위한 굴착공사를 시작할 수 있다. 건설허가를 받아 발전소를 짓고 있는 사업자가 다음 단계로서 운영허가(OL)를 얻으려면 최종 설계 및 최종안전성분석보고서(FSAR), 품질보증계획 및 방사선 환경영향평가서 등을 제출해야 하며 그 심사결과에 따라 핵연료 장전을 비롯한 발전소 운영이 허용된다. 주요 심사/인허가 사항으로는 ① 부지 승인, ② 건설 허가, ③ 운영 허가, ④ 수명 연장 및 ⑤ 원자로 해체 등이 있다.

(2) 방사선안전

방사선안전규제의 목적은 효과적인 방사선안전관리를 통해 방사선 재해로부터 방사선 작업종사자 및 일반국민을 보호하고 자연환경을 보존하는 데에 있다. 확인되지 않은 방사선원이나 관리가 부실한 방사선원은 적극적으로 개입하여 방사선 피폭사고 발생 가능성을 미리 막고, 사고 발생 시 신속하고 적절한 대응을 할 수 있는 비상대응체계를 갖춤으로써 안전규제의 목적을 달성할 수 있다. 방사선안전관리를 위한 안전규제는 방사선원 및 시설, 방사선기기, 방사선작업종사자, 방사성폐기물 및 생활주변방사선을 대상으로 한다. 방사성동위원소 또는 방사선발생장치의 생산·판매·사용 및 이동사용관련 안전규제는 방사선원의 특성과 수량 및 용량과 취급형태를 고려한 위험등급에 따라 허가와 신고로 구분된다. 생활주변방사선안전관리는 크게 원료물질, 공정부산물 및 가공제품 안전관리, 방사선감시 및 유의물질 안전관리, 우주방사선안전관리 등으로 구분할 수 있다.[29)]

(3) 방사능 방재 및 방호

원자력안전위원회는 「원자력 시설 등의 방호 및 방사능 방재 대책법」, 「재난 및 안전관리 기본법」, 「민방위기본법」에 근거하여, 방사능 재난에 대한 주무부처로서 국내외 방사능 재난으로부터 국민의 생명과 재산을 보호하기 위해 국가차원의 종합적인 방사능 방재 대응체계를 구축하고 있다. 원자력 시설의 방사선 비상 사고에 대비해 그 주변의 일정 구역을 방사선비상계획구역(EPZ: Emergency Planning Zone)으로 설정하고 있다. 방사선비상계획구역은 원자력 시설에서 방사선 비상 또는 방사능 재난이 발생할 경우 주민 보호를 위해 비상 대책을 마련해야 할 구역이다. 방사성 물질의 누출로 인한 방사선 영향이 원자력 시설 건물 내에 국한되는 백색 비상, 원자력 시설 부지 내에 국한되는 청색 비상, 원자력 시설 부지 외부까지 피해가 확대되는 적색 비상으로 등급을 구분하고 있다.[30)]

표 9-7 방사선비상의 종류에 대한 기준[31)]

구분	기준
백색비상	방사성물질의 밀봉상태의 손상 또는 원자력시설의 안전상태 유지를 위한 전원공급기능에 손상이 발생하거나 발생할 우려가 있는 등의 사고로서 방사성물질의 누출로 인한 방사선영향이 원자력시설의 건물 내에 국한될 것으로 예상되는 비상사태
청색비상	백색비상에서 안전상태로의 복구기능의 저하로 원자력시설의 주요 안전기능에 손상이 발생하거나 발생할 우려가 있는 등의 사고로서 방사성물질의 누출로 인한 방사선 영향이 원자력시설 부지 내에 국한될 것으로 예상되는 비상사태
적색비상	노심의 손상 또는 용융 등의 원자력시설의 최후방벽에 손상이 발생하거나 발생할 우려가 있는 사고로서 방사성물질의 누출로 인한 방사선 영향이 원자력시설 부지 밖으로 미칠 것으로 예상되는 비상사태

29) 원자력안전위원회(2012년), 『알기 쉽고 읽기 좋은 원자력안전관리』, 한국원자력안전기술원
30) [네이버 지식백과] 원자력안전 [Nuclear Safety] (학문명백과 : 공학, 석수동)
31) 한국방재학회(2017), 『방재학』, 구미서관, p. 514

9.6 원자력 사고사례와 교훈

국제원자력기구(IAEA)는 1992년부터 원자력 사고의 정도를 일관성 있고 또 일반인들이 이해하기 쉽게 사건등급(Event Scale)을 도입하여 평가하고 있다. 이것이 국제원자력사고등급(INES, International Nuclear Event Scale)이며 0~7등급으로 구분된다. 0등급은 변이(Deviation), 1~3등급은 사건(Incident), 4~7등급은 사고(Accident)로 구분된다. 사건(Incident)은 위험이 시설 내부로 국한된 경우이고, 사고(Accident)는 위험이 외부로 확대된 경우이다. 그동안 5등급까지의 사고는 여러 차례 발생했으나, 6등급과 7등급의 사고는 세 번밖에 발생하지 않았다. 가장 큰 사고는 1986년에 구소련(현재 우크라이나)에서 발생한 체르노빌 원전 폭발 사고이다.

원자력 사고가 발생하기 시작한 것은 인류가 원자력을 발견하고 이용하기 시작한 20세기 중반부터이다. 그 후 크고 작은 많은 원자력사고가 일어났다. 원자력 사고는 다른 어떤 사고보다도 초기 대응이 중요하다. 초기대응 방법에 따라 원자력 사고의 규모나 사태의 추이가 전혀 달라질 수 있다. 하지만 불행하게도 많은 사고들의 경우 책임자들이 기밀이나 보안 등의 이유로 사고를 은폐하다가 사고가 걷잡을 수 없이 확대되는 경우가 많았다. 때로는 방사능에 대한 무지나 공포로 인하여 작은 사고가 큰 사고로 발전하기도 하고 엄청난 혼란이 초래되기도 했다.

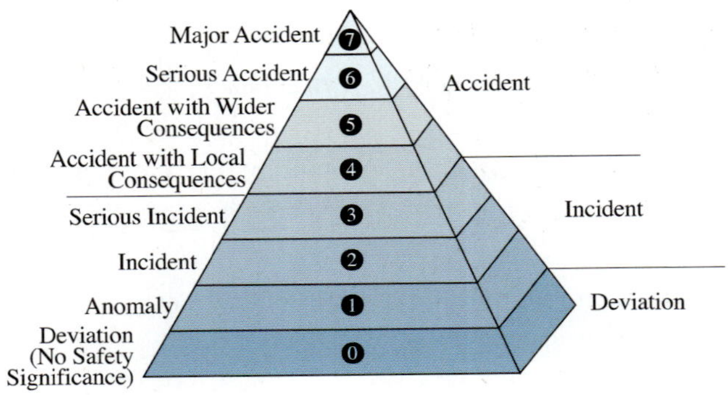

그림 9-8 국제원자력사고등급(INES, International Nuclear Event Scale)

출처: 네이버 블로그

표 9-8 국제원전사고 · 고장분류지침(International Nuclear Event)[32]

국제원자력기구(IAEA)에서 정한 8등급의 원자력사고나 고장의 분류기준 원전사고 · 고장등급(INES)분류표.[33)]
International Nuclear Event

분류	등급	등급분류기준	대표적인 예
사고	7	▪원자로 노심 내 방사성물질이 다량(수십만 큐리 이상) 누출한 국가 이상의 광범위한 지역에 방사선 영향을 미칠수 있는 방사성물질 누출사고	▪구 소련 체르노빌 원전사고('86)
	6	▪수만 내지 수십만 큐리 정도의 방사성물질이 외부로 누출 되는 사고	
	5	▪수천 내지 수만 큐리 정도의 방사성물질이 외부로 누출되는 사고 또는 ▪원자로 노심의 심한 손상사고(수% 이상의 노심용융 사고 등)	▪미국 TMI 원전사고('79) ▪영국 윈드스케일 원전사고('57)
	4	▪인근 주민이 연간 허용 제한치(500밀리렘) 정도의 방사선을 받을 수 있는 방사성물질 누출사고 또는 ▪원자로 노심의 일부가 손상되는 사고 또는 ▪발전소 종사자가 치사량(50만 mRem)정도의 방사선을 받는 사고	
고장	3	▪인근 주민이 연가 허용제한치의 10% 정도의 방사선을 받을 수 있는 방사성물질 누출 사건 또는 사고로 확대될 가능성이 있는 안전계통의 심각한 기능 상실, 또는 발전소 종사자가 급성 방사선 장해(10만 mRem 정도 피폭)을 받는 사건	▪스페인 반델로스 원전 ('89) ▪일본 도카이 재처리공장화재('97)
	2	▪안전계통의 중요한 고장이 발생하였으나 심층방어 안전 기능이 유지되어 사고로 확대될 가능성이 없는 경우 또는 발전소 종사자가 연간 허용 제한치(5,000 mRem 이상의 방사선을 받는 사건	▪일본 미하마 원전 증기발생기관 누설 사건('91)
	1	▪원자로 시설의 안전성에 영향을 미치지 않는 비정상 상태 – 기기고장 등으로 발전소 안전계통 상태가 운전제한 조건을 벗어난 경우	
경미한 고장	0	▪원자로 시설의 안전성에 전혀 영향이 없는 경미한 고장 (정상운전의 일부로 간주)	

32) [네이버 지식백과] 원자력 사고 – 원자력 사고 등급과 주요 사고 (물리산책, 김충섭)

33) [네이버 지식백과]국제원전사고 · 고장분류지침 [International Nuclear Event, 國際原電事故 · 故障分類指針] (원자력용어사전, 2011., 한국원자력산업회의)

9.6.1 후쿠시마 원전사고와 교훈

2011년 3월 11일 오후 2시 45분에 일본 도쿄에서 북동쪽으로 370km 떨어진 도호쿠 지방의 태평양 앞바다에서 발생한 모멘트 규모(Moment magnitude) 9.0의 대지진과 그로 인한 쓰나미가 도호쿠 지방을 강타하면서 발생하였다. 이로 인하여 진앙지로부터 인접한 해변에 있는 후쿠시마 제1원자력발전소(제1원전)와 제2원자력발전소(제2원전), 오나가와 원자력발전소, 도카이 원자력발전소 등 4개 원자력발전소 부지가 직접 또는 간접적인 영향을 받았다. 당시 운전 중이던 후쿠시마 제1원전의 1~3호기와 제2원전의 1~4호기, 오나가와 원전의 1~3호기, 도카디 원전의 2호기 등 11기가 강진을 감지하여 자동으로 정지되었다.[34)]

가장 큰 피해는 후쿠시마 제1원전에서 발생하였다. 지진이 발생한 지 약 52분 뒤에 높이 14~15m의 쓰나미가 도달하여 정기검사로 정지 중이던 4~6호기까지 6기의 원전 건물이 모두 4~5m 높이로 침수되었다. 이로 인하여 전원(電源)이 끊긴 뒤 비상용 발전기까지 정지되는 등 모든 교류 전원을 상실함으로써 냉각장치도 작동하지 않아서 원자로 노심(爐心)을 식혀 주는 냉각수 유입이 중단되었다. 그 결과로 핵연료가 용융하고 수소가 발생함으로써 1호기에서 수소폭발이 일어난 데 3호기, 2호기와 4호기에서 잇달아 수소폭발이 발생하면서 원자로 격벽이 붕괴되어 다량의 방사성 물질이 누출되었다.[35)]

냉각장치가 작동하지 않음에 따라 냉각수 대신 뿌린 바닷물이 방사성 물질을 머금은 오염수로 누출되었다. 3월 24일 3호기 터빈실 주변에서 정상적으로 운전할 때의 원자로 노심보다 1만 배나 농도가 높은 방사성 물질이 검출되었다. 오염수 처리 문제가 시급해짐에 따라 일본 정부는 4월 4일에서 10일까지 저농도 오염수를 바다로 방출하였다. 4월 12일 일본 정부는 후쿠시마 제1원전의 사고 수준을 7등급으로 격상한다고 공식 발표하였는데, 이는 원자력 사고의 최고 위험단계로서 1986년 구 소련에서 발생한 체르노빌 원자력발전 사고와 같은 등급이다.

방사성 물질 누출로 인하여 후쿠시마 제1원전 부지 내의 토양에서 핵무기 원료인 플루토늄까지 검출되었고, 원전 주변에서는 요오드와 세슘 외에 텔루륨 · 루테늄 · 란타넘 · 바륨 · 세륨 · 코발트 · 지르코늄 등 다양한 방사성 물질이 검출되었는데, 이는 핵연료봉 내 우라늄이 핵분열을 일으킬 때 생기는 핵분열 생성물들이기도 하다. 또한 후쿠시마 토양에서는 골수암을 유발하는 스트론튬이 검출되기도 하는 등 심각한 방사능 오염 상태를 보였다. 이러

34) [네이버 지식백과] 후쿠시마원전사고 [Fukushima Daiichi nuclear disaster, 福島原電事故(복도원전사고)] (두산백과)

35) https://terms.naver.com/entry.nhn?docId=1712057&cid=40942&categoryId=31787

한 방사성 물질은 편서풍을 타고 상당량이 태평양쪽으로 확산되어 육지 생태계에 미친 영향은 적었으나 방사능이 다량 누출된 날의 풍향에 따라 원전 북서쪽 지역의 오염이 상대적으로 심하게 나타났다. 이 사고의 방사능 누출로 인하여 한국에서도 극미량이지만 요오드-131과 같은 방사성 원소가 대기 중에서 검출되기도 하였다. 이 사고로 인한 방사성 물질 누출량은 체르노빌 원자력발전 사고의 누출량에 비하여 약 10~15% 수준인 것으로 알려졌으며, 수소폭발 이후에는 대기 중으로 방사성 물질이 다량 누출되는 일은 발생하지 않았다.

사고 후 원전의 반경 20km 이내의 주민을 대피하도록 하였으며, 원전 가동 중지로 인한 전력 공급 부족을 우려하여 3월 14일에서 4월 8일까지 도쿄전력주식회사와 도호쿠전력주식회사의 관할권 내에서 계획 정전이 실시되었다. 2011년 12월 16일 일본 정부는 후쿠시마 제1원전이 냉온정지 상태임을 발표하였는데, 이는 용융된 원자로 내부의 냉각수 온도가 100℃ 미만임을 의미하는 것으로 한국 원전의 상온정지 운전모드와 동일한 상태, 곧 원전의 위험도가 상대적으로 낮은 상태를 의미한다. 2012년 4월에는 일본의 전기사업법에 따라 제1원전의 1~4호기가 폐로(廢爐)되었으며, 중장기 과제로 이후 수십 년에 걸쳐 연료봉 추출, 오염수 처리시설 설치, 오염된 토양 정화 및 원자로 폐로 작업을 추진한다.

한편, 후쿠시마 제2원전도 일부가 침수되어 4기가 모두 자동 정지되었으나, 침수 상태가 경미하고 외부 전원이 공급되어 신속히 회복되었다. 냉각장치 고장으로 방사능 누출 가능성이 높아져 반경 3km 이내의 주민들에게 피난 지시를 내렸으나, 3월 14일 냉각 기능을 회복하였다. 도카이 원전은 발전소로 공급되는 외부 전원 3개 선로가 모두 차단되었으나 비상 디젤발전기 3개가 작동하여 전원을 공급하였다. 오나가와 원전은 5개 송전선로 가운데 4개가 상실되었으나 침수 피해가 발생하지 않아 비상 디젤발전기를 이용하여 냉각 기능이 안정적으로 작동하였다.

"자연재해가 아니라 명백한 인재(人災)였다."라고 한 일본 매스컴의 보도와 "사실상 일본 국토 20%를 잃은 것이나 다름없다."고 한 나오토 일본 내각총리대신의 말은 후쿠시마 원전 사고의 심각성을 알게 하는 표현이다.

이 사건의 경우 지진은 자연재해이나 원자력 발전소 사고는 명백한 인재로 판단할 수 있다. 그 이유는 우선 방호벽보다 높은 쓰나미에 비상발전 시스템이 침수되어 고장난 것은 천재지변으로 판단할 여지가 있으나 이후 상황을 낙관한 도쿄전력이 발전소 설비를 건전하게 보존하고자 해수의 투입을 망설이면서 사태를 해결할 수 있는 처음이자 마지막 기회를 놓쳤기 때문이다. 심지어 간 나오토 전 일본 총리의 증언에 의하면 도쿄전력은 후쿠시마 원전 사고 당시 총리였던 간 나오토 총리에게 조차도 정보를 제대로 전달하지 않았다고 한다.

그림 9-9 2011년 대지진 이후의 후쿠시마 원자력발전소

출처: 네이버 지식백과

- 후쿠시마 원자력 발전소 사고/경과
  ① 최초 대지진 발생으로 원자로 자동 정지
  ② 대지진 후 외부전원 공급망인 송전탑의 기능 상실
  ③ 외부전원이 상실 되었지만 발전소 내 비상용 디젤 발전기와 UPS로 자가 발전하여 냉각수를 공급할 수 있었으므로 문제는 없었음
  ④ 대지진 이후 대 쓰나미 발생
  ⑤ 대 쓰나미 발생 후 발전소 침수 및 변전 설비도 침수
  ⑥ 변전실 침수로 비상발전기로부터 전력을 못 받게 됨. 백업용 배터리 작동. 배터리 설계용량은 8시간이었음
  ⑦ 이동식 발전기 및 여분의 배터리 급파. 그러나 열악한 도로를 이용하느라 6시간 후에나 현장 도착
  ⑧ 여러 차례의 시도에도 불구하고 이동식 발전기 연결 실패. 이유는 지하실의 전원연결부의 침수, 그리고 적절한 케이블이 없어서임
  ⑨ 결국 배터리 방전. 전원 공급 중단. 냉각 시스템 운용 정지.
  ⑩ 순환하지 못한 냉각수가 끓어오르고 핵연료가 외부로 노출되어 온도 급상승
  ⑪ 고온 상황에서 연료봉(Zr)과 증기가 반응하여 수소 발생
  ⑫ 발생한 증기와 수소로 인해 격납용기 내부 압력 상승, 이에 격납용기 파손을 막기 위해 증기 배기

⑬ 이때 증기와 함께 배기된 수소가 원자로 건물 내부에 농축되어 수소폭발 발생, 원자로 건물 파손

⑭ 한편 핵연료에서 계속해서 발생한 열로 노심용융 발생

⑮ 원자력 발전소 주변 30km 지역 철수 권고 (여행경보 3단계)

후쿠시마 원전 사고 이후 2015년 9월 9일까지 후쿠시마 원전에서 일하며 사망한 사람이 매스콤에서는 6명이라고 하지만 방사선 피폭에 의해 사망한 사람은 한 사람도 없는 것으로 후쿠시마 원전측과 일본 정부에서는 발표하고 있으며 이 사망자들은 원전 내에서 복구나 일반적인 일을 하면서 발생한 안전사고인 것으로 발표되었다.

방사선 피폭에 의한 피해는 아주 많은 양에 피폭되는 것을 제외하고는 그 후유증이나 피해 현상이 늦게 나타나는 특성이 있어 원전 내의 관리구역 내에서 일하며 과피폭을 당한 사람 이외에는 방사선 피폭으로 피해를 본 것으로는 판단하기 어려운 것이 사실이다.

후쿠시마 원자력 발전소 사고로 유출된 방사능 총량은, 피어리뷰라는 저널에 나오는 논문들에 의하면 체르노빌 원자력 사고의 10%-15% 정도로 추정되며 그나마도 80% 이상이 태평양으로 갔을 것이라 추정된다. 또한 주로 문제가 되는 악티나이드(플루토늄 포함) 원소의 유출량은 체르노빌의 약 1/10000 수준으로 본다.

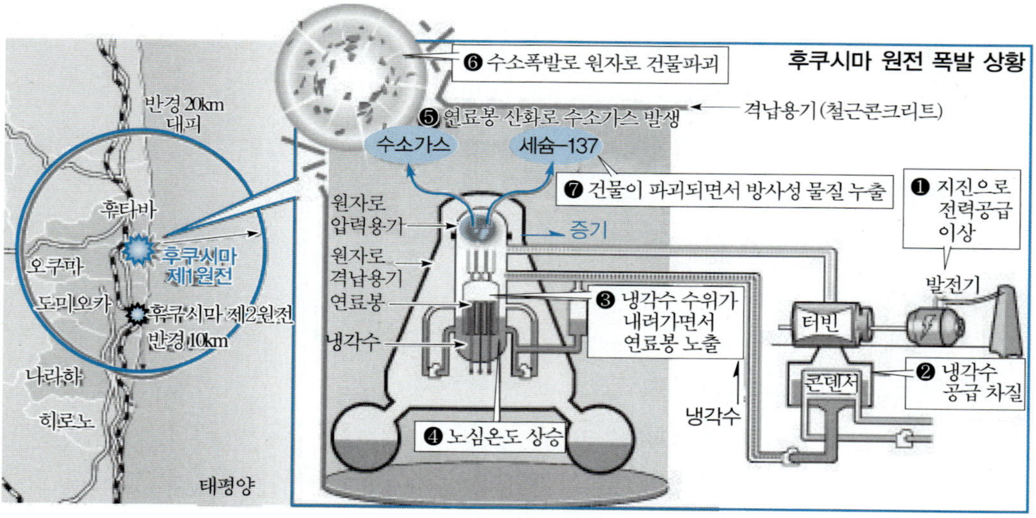

그림 9-10 후쿠시마 원전 폭발상황

출처: 한국원자력문화재단

그림 9-11 후쿠시마 제1원전 폭발

출처: http://search.daum.net

특히 플루토늄의 경우 후쿠시마 원자력 발전소 사고에서 유출된 총량을 1g 이하로 보는 논문이 지배적이다. 핵실험, 각종 사고, 원폭 투하 등으로 지금까지 전 세계에 유출된 플루토늄의 양을 톤 단위로 추산하기 때문에, 후쿠시마에서 방출된 플루토늄이 일본의 건강에 미치는 영향, 그리고 지구에 쌓인 인공 방사능 총량에 미치는 영향은 사실상 없다.

즉 악티나이트의 방출량에 의해서 영구적인 오염이 일어났다고는 볼 수 없으며, 세슘 등 경량원소 또한 해당 지역이 출입금지 구역으로 격리된 상황이므로 도쿄 광역권 등 인구밀집지역에 미치는 영향은 제한적일 수밖에 없다. 사고 직후 떠돌던 도쿄만에 방사성 물질이 쌓이고 있다던가 하는 이야기는 사실상 불가능하고, 측정된 공간선량 또한 사고 전후로 도쿄 광역권에서 유의미한 변화는 관측되지 않았다. 딱히 측정이 어려운 기술도 아니므로 방사선량 측정 기술은 충분히 신뢰할 수 있고 후쿠시마에서 발생한 방사성 원소는 도쿄에 도달하지 않았다고 보아야 한다.[36)]

여기에서 일부는 아주 보수적으로 생각해서 방사선량 측정이 잘못되었을 수 있거나 후쿠시마 원산지의 농수산물로 인한 체내피폭을 고려해야 한다고 주장한다. 하지만 그렇다면 사고 이후 수년간 꾸준히 유의미한 암 발병률 증가가 관찰되었어야 한다. 근데 전혀 그렇지 않으므로 이러한 예상은 어느 정도 맞았다고 보는 것이다. 중금속도 수년간 꾸준히 노출되어 체내에 축적되면 대개 진단 가능한 대사 문제를 일으키는데, 방사성 물질이야 고에너지 입자가 DNA를 직접 공격하면서 이를 복구하지 못하면 즉각적으로 암이 되는 메커니

36) https://namu.wiki/w/

즘이므로 방사능에 꾸준히 노출되었다면 즉각적으로 암 발병률이 눈에 띄게 증가했어야만 한다.

결론적으로 확실하진 않으나 유출된 방사성 동위원소가 도쿄에도 도달했을 것으로 추측은 하나, 그럼에도 불구하고 현재까지의 결과를 보면 그것이 크게 문제될 수준은 아니라는 것이다.

따라서 원전 사고가 발생하더라도 재해관리가 잘 된다면 멀리 있는 도시는 물론이고 주위의 도시라도 생활에 아주 어려운 방사선 피폭 문제는 생기지 않는 것으로 판단할 수 있다.

사고 후 얼마간은 일본의 전력난이 가중되었다. 보통 원자력 발전소는 가동 정지하면 재가동에 상당한 시간이 소요되기 때문에 원자력 발전소 두 군데가 가동을 멈추었고 후쿠시마 제1 원자력 발전소는 6기 중 4기의 폐기가 확정되었다. 때문에 일본 전역에 전력 상황이 불안해져서 결국 정부에서 2차대전 이후 처음으로 대도시마다 3시간씩 돌아가면서 계획 정전을 실시하겠다고 발표했었고 한국, 중국, 러시아 등 주변국들에게 지하 자원을 긴급히 지원 받아 전체 화력발전소를 가동했다.

후쿠시마 주변 농업과 수산업은 여전히 성업 중이다. 예상대로라면 후쿠시마는 이미 사람이 한 명도 없는 유령도시가 되고 주변 산업들도 아예 없어져야 되는 거겠지만 실제로는 그렇지 않고 제염 작업 역시 순조롭게 진행되었다. 제염을 하면서 일부 어려움은 있었지만 이것을 잘 극복하였고 전력부족 역시 일본 정부와 국민들의 필사적인 절약과 화력발전소 풀가동을 통해 어떻게 잘 넘어갔다. 그 대신 2012년도에 사상 최대의 무역적자를 보았고 원전을 가동하지 않는 한 이 적자가 해소될 희망이 없다는 문제가 남았는데 아베 정부는 원전 재가동을 서둘러서 일부는 가동하고 있다.

방사능 해양 유출에 따른 태평양 오염 우려에 관해서도 꾸준한 연구 관찰이 이루어지고 있는데, 사고 초기 고농도 오염수 대량배출 이후 인근해 방사능은 꾸준히 떨어지고 있고, 해양대류에 의해 표면에 있던 방사능 물질이 시간에 따라 높이 방향으로 희석되는 것도 관찰되었다. 사고 초기 "괌과 하와이, 미 서부 해안은 후쿠시마 발 방사능으로 튀겨질(fried) 것"이라는 루머가 무색하게도, 북미 서부 해안에서 동위원소 분석을 해보면 후쿠시마 발 방사능은 거의 검출되지 않는다.

태평양이 심하게 오염될 것이라는 견해가 있었는데, 오염의 양적인 부분을 고려해보면 태평양 전체에 미치는 영향은 그리 크지 않았다. 왜냐하면 냉전 시기 미국의 태평양 핵실험에서 후쿠시마 원자력 발전소 사고의 방사능 유출량을 상당히 뛰어넘는 각종 핵물질을 바다에 뿌려댔기 때문에 1950-1960년대 태평양 세슘 레벨이 최고를 찍었을 때와 비교하면, 후쿠시마발 세슘이 주는 영향은 약 10배 정도 작다고 본다. 후쿠시마 방사능이 위험해서 태평양 해물을 못 먹을 정도면 해방 이후로 태평양이 안전했던 적이 한 번도 없다고 보면 된다.

후쿠시마 원전 사고 후에 전 세계의 원전들이 그렇지만 일본의 원전들도 후쿠시마 후속 조치를 완료하고 정부의 승인을 받은 후 가동을 준비하고 있고 아베 정권이 높은 지지율을 바탕으로 원전 재가동을 밀어붙인 결과 2019년 현재에는 상당수 원전이 재가동되었다.

후쿠시마 원전 사고로 인하여 원자력 발전소의 안전 기준에 대한 강화와 재난에 대한 대응 능력을 설계 시점부터 반영하게 되었다. 특히나 후쿠시마 원전 사고에서 나타난 ECCS 작동용 전력의 안정적인 유지를 위하여서 발전기의 용량과 예비 발전기의 의무 설치, 쓰나미 위험 지역에서는 발전기의 방수 또는 발전기 침수 시 배터리 팩의 연결을 위한 예비라인의 접근성 위주의 위치 선정, 그리고 예비라인에 배터리를 연결하기 쉬운 구조를 우선적으로 설계하는 등의 설계 이념의 변경 등 동일한 환경에 있을 때도 이번 후쿠시마 원전처럼 문제가 생기지 않도록 ECCS의 안정적 작동유지를 위하여 많은 설계 이념이 바뀌어 해일에 의한 발전소 피해 시 발전소를 안전하게 보호하고 원자로를 안정적으로 냉각하는 후쿠시마 원전 사고 후속조치가 진행되고 있으며 우리나라도 현재 56가지 조치를 거의 다 완료한 상태이다.

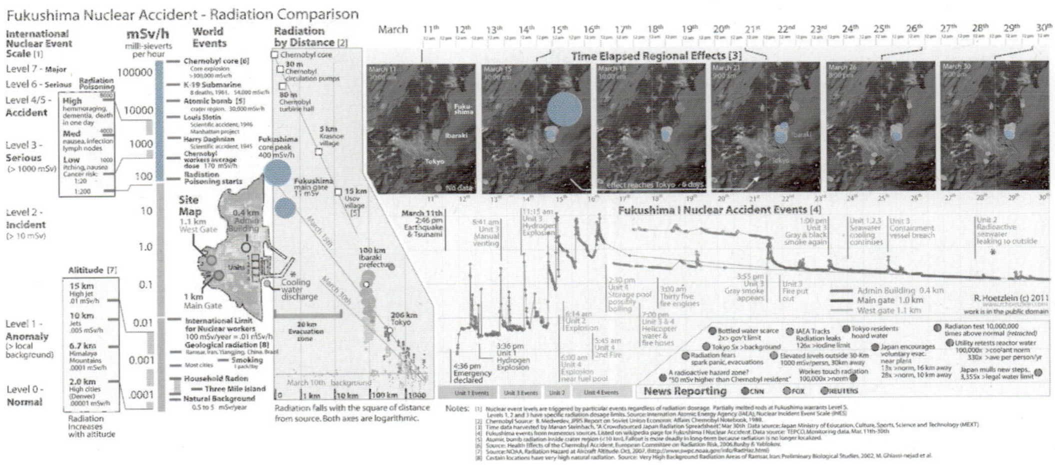

그림 9-12 후쿠시마 원전 사고 후에 방사선 수치 비교

출처: 한국원자력문화재단

표 9-9 국내 원전의 후쿠시마 원전 사고 이후의 후속조치

번호	후속조치 사항
1	지진 자동정지 설비 설치
2	안전정지 유지계통 내진성능 개선
3	원전부지 최대 지진에 대한 조사·연구
4	주제어실 지진 발생 경보창의 내진성능 개선
5	용수 공급관로(정수장~물처리실) 내진성능 평가
6	방수문 및 방수형 배수펌프 설치
7	원전 부지 설계기준 해수위 조사·연구
8	냉각해수 취수능력 강화 및 해일 대비 시설개선
9	이동형 발전차량 및 축전지 등 확보
10	대체 비상발전기 설계기준 개선
11	예비 변압기 앵커볼트 체결
12	스위치야드 설비관리 주체 개선
13	사용후연료 저장조 냉각기능 상실 시 대책 확보
14	최종 열제거 설비 침수방지 및 복구대책 마련
15	옥외 설치 탱크 방호벽 설치
16	소방계획서 개선 및 협력업체 강화
17	소방차와 연계한 대체 수원 확보 및 자체 소방대 대응능력 개선
18	원전 성능 위주 소방설계 도입
19	SFP(Spent Fuel Pit) 수위, 온도, 방사선 계측기의 안전등급 적용
20	SFP 비상전원 확보 관련 기술지침서 개정
21	한울1,2호기 제2 보조급수저장탱크 설치
22	피동형 수소제거설비 설치
23	격납건물 배기 또는 감압설비 설치
24	원자로 비상냉각수 외부 주입유로 설치
25	중대사고 교육훈련 강화
26	사고관리 전략 실효성 강화를 위한 중대사고 지침서 개정
27	정지·저출력 운전 중 중대사고 관리 지침서 개발
28	휴대용 디젤구동펌프 확보
29	비상 충수용 장거리 호스 확보
30	광역재해완화 지침서(EDMG) 개발
31	임시 비상운전지침 개발
32	원전 인근 주민보호용 방사선방호 장비 추가 확보
33	다수 호기 동시 비상발령 등 방사선 비상계획서 개정

번호	후속조치 사항
34	장기 비상발령 대비 비상장비 추가 확보
35	방사선 비상훈련의 강화
36	장기 전원 상실 시 필수정보의 확보방안 강구
37	보수작업자 방호대책 확보
38	비상대응시설 개선
39	방사선 비상 시 정보공개 절차 개정
40	비상계획구역 밖의 주민보호조치 평가
41	비상경보시설의 성능강화
42	휴대용 무선전화기/위성전화 증 통신설비 확보
43	정기검사 등 안전검사 대폭 강화
44	주요 능동기기 성능변수 관리강화
45	정량적 피로감시시스템 설치
46	가압기 하부 헤드 피로 건전성 강화
47	발전정지 유발기기 신뢰도 증진
48	구매 품질보증 체계 점검 강화
49	월성원전 진입교량의 내진성능 개선
50	고리원전 해안방벽 증축
51	주증기안전밸브실 및 비상급수펌프실의 침수방지 대책 마련
52	비상진료기관의 장비 추가 확충
53	주요 기기 및 배관의 가동중검사 강화
54	경년열화 관리계획 통합관리방안 수립 이행
55	운영인력 적정성 평가
56	소내전력공급계통 신뢰도 향상

출처: 원자력발전백서(2015)

그림 9-13 최근의 후쿠시마 제1원전 모습

출처: 네이버 블로그

공산권이라 조사가 어려웠던 체르노빌에 비해, 후쿠시마는 국제적인 연구가 아주 쉽다. 실제로 원자력안전 분야에서 국제적인 연구가 벌어지고 있고, 세계 여러 나라의 대학과 연구소에서 데이터를 공개하고 있다. 탐사선을 타고 태평양에서 후쿠시마 근처까지 구획을 나누어 해수, 물고기를 잡아 방사능을 측정한 결과를 공개하는 것으로 얼마나 많은 방사능 유출이 이루어졌는지, 현재진행형으로 얼마나 이루어지고 있는지 누군가의 의도적 왜곡 여부와 무관하게 측정이 가능하며, 측정된 값으로부터 유추한 추정값은 이미 학자들의 결론에 도달했다. 2019년 현 시점에서는 후쿠시마 방사능 오염이 심각하지 않다는 주장이 학계 주류 의견이라는 의미다. [37]

한국의 원자로형은 경수로와 중수로라 원자로냉각재가 1차측과 2차측이 완전히 구분되어 있어 직접 접촉을 하지 않고 간접접촉을 하기 때문에 원자로냉각재가 직접 해수로는 유출이 안 되도록 설계되어 있다. 그렇지만 후쿠시마 원전은 1차측 냉각수가 2차측으로 곧바로 전달되는 비등경수로형이기에 해수의 오염도 관리 측면 등에서 한국의 원자로형이 후쿠시마 원전 노형보다 훨씬 안전한 원자로형이다.

하지만 원전사고가 한 번 나면 사회적으로 미치는 그 부정적 영향이 너무 크기 때문에 후쿠시마에서 발견된 문제점 및 대책들을 모든 원전에 잘 적용하여 원자력 안전문화가 확

37) https://blog.naver.com/radsafe/221159300022

실히 실천되는 발전소로 거듭나야 할 것이다.

후쿠시마 원전사고는 기존의 사고 개념을 바꾼 사고이다. 그 동안 지진과 인적실수, 설비결함 등에 대해서만 위험한 인자로 고려하여 방비를 하였는데 결국 해일이라는 또 다른 외부 인자가 발전소에 많은 피해를 야기하였고 이것은 원전의 필수요소인 원자로냉각을 어렵게 하여 대형사고로 이어지게 되었다.

지금 일본은 사고 때와는 달리 평온을 유지하고 있고 우리가 예측했던 것과는 달리 그리 큰 피해를 입지는 않았다. 다만 사고 후에는 그 후속대책을 잘 하여 피해를 최소화하고 사고가 재발하는 것을 막아야 하는 것이 우리의 의무이다.

그리고 해일 때문에 피해를 입은 것을 후쿠시마 원전 방사선에 의한 피해로 과대평가하고 왜곡하는 것은 우리의 과학기술을 제대로 사용하지 못하게 해서 국가적으로 큰 피해를 줄 수 있기 때문에 조심해야 할 것이다.

산업의 어느 분야에서든지 안전사고는 발생하지만 우리가 이 산업의 이용을 단절하지 않고 보완하여 사용하듯이 우리가 원전을 완전히 없앨 수는 없는 형편이기 때문에 현재까지 노출된 문제와 예상되는 문제를 잘 보완하여 사용하여야 한다.

만약 후쿠시마와 같은 사태가 재발한다면 우리나라 원전은 후쿠시마 원전사고에 대한 후속조치를 이미 하였기에 부정적 영향을 크게 받지는 않을 것으로 판단하지만, 각 발전소에 이미 갖추어진 이동형 발전차, 배터리 등 원자로냉각을 위한 안전전원 확보를 최우선으로 하여야 하고 혹시 이것이 여의치 않을 경우에는 이동형 원자로냉각재 공급펌프 등을 이용하여 원자로냉각을 과감하게 한다면 후쿠시마와 같은 대형사고는 일어나지 않을 것이다.

자연재해로 입은 원전 피해 시에 원전운영사와 정부가 시의적절한 판단과 조치를 못해 일어난 후쿠시마 원전사고는 충분히 피해를 최소화 할 수 있는 사고였기에 현재 원전에서 후쿠시마 후속조치로 보완하고 또 보완을 진행 중인 56가지 후속조치를 바탕으로 잘 대비하면 방사선피해에 안전한 원전을 유지할 수 있을 것이다.

9.6.2 체르노빌 원전 사고와 교훈

1986년 4월 26일 우크라이나의 키예프 북쪽 104km에 있는 체르노빌 원자력발전소 제4호 원자로에서 방사능이 누출되었던 세계 원자력발전소의 최대 사고이다.

체르노빌 원자력 발전소는 RBMK-1000형이라고 하는 흑연감속비등경수냉각방식의 전기출력 100만kW의 원자로 6기를 건설할 계획을 수립하여 그 가운데 제4호기까지 완성하여 운전 중이었다. 사고를 일으킨 것은 1983년 12월에 운전을 시작한 최신 원자로였다.[38)]

그림 9-14 원자로가 손상된 체르노빌 원자력발전소

출처: 두산백과

사고는 수차례에 걸친 수증기 · 수소 · 화학 폭발을 수반하였다. 그 결과 사고로 방출된 방사능의 총량은, 초기에 방출된 휘발성의 희가스류를 제외하고도 5천만 Ci 정도로 추정되므로 총 1억 Ci에 이를 것으로 보인다. 이들 방사능은 기상 변화에 따라 유럽 전역으로 확산하였고, 한국에도 일부 지역에서 낙진이 검출되었다.[39]

RBMK형은 1954년 세계 최초로 운전을 시작한 오브닌스크 원자력발전소 계통에 속하는 러시아의 독자적인 방식으로서, 압력용기와 증기발생기 대신에, 금속파이프로 된 압력관 속에 핵연료체를 넣고, 그것을 흑연 파일 속으로 관통시켜서 노심을 구성하고 있다. 중성자경제가 좋으며, 노를 멈추지 않고 연료교환을 할 수 있는 점, 수증기의 핵과열이 가능한 점 등의 장점이 있다. 단점은 원자로 반응도의 온도계수가 플러스로 된다는 점, 열응력이 금속구조물 · 연료요소 · 흑연에 축적하기 쉽다는 점, 압력관의 수가 매우 많고 노심체적도 크기 때문에, 지극히 복잡한 제어 시스템이 필요하다는 점 등이 지적된 바 있다.

1986년 4월 26일 체르노빌 발전소 부소장 아나톨리 디아틀로프는 하나의 실험을 기획했다. 원자로 가동이 중단될 시 터빈이 멈추기 전까지 그 관성으로 어느 정도의 전기를 생산할 수 있는가를 알아보기 위한 실험이었다. 원자로가 멈췄을 때 이를 대체할 비상용 디젤 발전기가 제 기능을 발휘하려면 1분의 시간이 걸렸던 바, 원자로 정지 시 냉각 펌프에 전력이 제대로 공급될 수 있는지를 파악하고자 한 것이다. 조금 황망하고 이른바 대책 없는 실험 같긴 하지만 만일의 사태를 대비한 비상 실험이라면 그렇게 치부할 수도 있었다. 그러

38) [네이버 지식백과] 체르노빌 원자력발전 사고 [Chernobyl disaster, 一原子力發電事故] (두산백과)

39) https://terms.naver.com/entry.nhn?docId=1146908&cid=40942&categoryId=31787

나 문제는 그 다음에 발생했다.[40)]

원칙적으로 따지면 원자로를 껐다가 켤 경우 매우 엄격한 재가동 절차를 밟아야 했고 이를 위한 안전장치도 분명히 달려 있었다. 하지만 디아틀로프는 이것을 귀찮게 생각했다. "잠깐 끄고 다시 켤 건데. 굳이 안전장치 안 끄면 귀찮은 일이 벌어져, 설마 별 일 있겠나." '효율'에 대한 집착과 '설마'에 대한 과신으로 디아틀로프는 안전장치를 끄라고 명령한 것이다.

마침내 원자로가 멈췄다. 냉각펌프에 공급되는 전기의 양이 줄고 이로 인해 냉각수의 유입이 감소하자 원자로 내부는 당연히 과열됐다. 여기에 발전소의 낡은 설비와 설계 결함이 가미되면서 문제는 걷잡을 수 없이 커졌다. 안전장치를 급히 재가동했지만 재가동이 본궤도에 오르기까지의 18초 동안은 그야말로 일각이 여삼추 같은 시간이었다. 그 18초 동안 체르노빌 발전소는 돌아올 수 없는 다리를 건너 버렸다.

폭발이 일어나면서 원자로의 천정이 날아가 버렸고 엄청난 방사능이 원자로 바깥으로 뛰쳐나왔다. 재앙의 시작이었다. 폭발과 함께 발생한 화재부터 일단 진압해야 했다. 1차로 이 인류사적 재앙에 직면한 이들은 14명의 소방대원들이었다. 그들은 화재의 원인도, 그 불길 속에 무엇이 있는지도 모른 채 단순 화재인 줄로만 파악한 알고서 방사능 방호복 하나 없이 널름거리는 화마에 맞섰다. 다른 소방대원들도 긴급 출동하여 불길은 겨우 잡았지만 그들이 불길과 싸우느라 쏘아댄 물줄기가 전혀 예상치 못한 결과를 가져왔다.

그림 9-15 체르노빌 원전사고 당시 현장 모습

출처: 네이버 블로그

40) https://blog.naver.com/koshablog/220212712003

이 흥건한 물이 4호기 원자로와 접촉하면서 증기로 변했고 이 증기는 원자로 내부 물질과 반응하여 가연성 물질로 변하여 대규모 폭발로 이어진 것이다. 50미터가 넘는 불기둥이 체르노빌의 하늘을 수놓았다.

현장에 있던 2명의 작업자가 사고 자리에서 죽고, 원자로 건물 위쪽이 무너졌으며, 크레인이 떨어져서 노심을 파괴하였다. 발생한 화재의 소화작업에 나선 종업원 · 소방원의 대부분이 심각한 방사선 상해를 입었으며, 29명이 사망하고, 원자로 주변 30km 이내에 사는 주민 9만 2000명은 모두 강제 이주되었다.[41)]

피해액은 BBC 사이언스에 의하면 1억 8천 5백만 파운드로 추정하는 데 후쿠시마를 700억 파운드로 추정한 것을 보면 체르노빌은 피해자에 대한 보상이 없어서 그런 것으로 추정한다.[42)]

체르노빌과 프리피야트는 방사능에 오염되어 사람이 살 수 없는 유령도시가 되었으며, 주변 마을들도 모조리 비워졌다. 주변의 숲들도 똑같은 이유로 출입금지구역이 되었는데, 그 대표적인 예가 붉은 숲이다.

원전에서 18km 떨어진 체르노빌 시는 오랫동안 유령도시가 되었다가, 2003년 체르노빌 복구 및 개발 프로그램이 시작되면서 관련자들이 들어와 거주하고 있다.

주변 국가들도 무지하게 피해를 봤다. 일단 벨라루스(벨로루시)에서는 소아 갑상선암 발생률이 급격하게 증가했다. 특히 하필이면 바람이 북쪽으로 불고 있었던 탓에 벨라루스에는 이 사고의 낙진의 80% 가량이 떨어졌다.

영국이나 스웨덴 같은 유럽의 반대쪽에서도 토양에서 방사능 물질이 검출되었다. 특히 영국의 일부 지역은 이때의 사고로 방사능에 심각하게 오염되어 출입 자체를 법적으로 금지하는 곳도 있다.

우리나라 역시 이 사고의 영향으로 현재 2, 30대 중에 갑상선암 발병 비율이 높아졌다는 주장이 있다. 〈당신의 갑상선암은 체르노빌 탓인가〉 이 주장에 대해서는 당시에는 방사능량이 미미했으며, 갑상선암의 발생률 증가는 건강에 대한 관심과 검진율의 증가가 원인이라는 반론이 있다.

이 사건 이후 러시아에 근접한, 아니, 근접하지도 않은 유럽 여러 나라의 야생동물의 뼈와 뿔에서도 방사능이 검출된다. 독일 같은 경우 방사능에 오염된 멧돼지를 잡을 경우 잡

41) https://namu.wiki/w/

42) https://m.post.naver.com/viewer/postView.nhn?volumeNo=5082088&memberNo=15984097&vType=VERTICAL

아먹지 않고 정부에서 그 대신 돈을 줄 정도였는데 이게 중요한 이유는, 한약재로 인기가 높은 녹용에 방사능이 쌓이기 때문이다.

서방 세계, 특히 서유럽 지역에서도 체르노빌 사고가 너무도 큰 피해였기 때문에 자국 내 원전 반대여론과 집단 패닉 사태를 우려하여 사건에 대한 진상을 감추었다. 체르노빌 사건 관련 자료는 당시 즉각적으로 발표되지 않고 어둠 속에 묻혔으며, 2000년대 들어서야 관련 자료들이 공개되었다.

하지만 세상 일은 끝까지 보지 않고서는 모르는 일. 현재 체르노빌 지역은 몇십 년간 인간의 손이 닿지 않고 보존된 덕분에 야생동물의 천국이 되었다. 방사능 물질이 어느 정도 줄어들자 동물들이 돌아와 현재는 유럽의 희귀동물들이 여기서 살고 있다.

방사능 피해에 대한 반론도 있다. 사이언스TV 채널에서 방영된 방사선의 위험에 관한 BBC다큐멘터리에 따르면, 사건이 일어날 때까지의 방사선 피폭 시 생명에 끼칠 수 있는 기준으로 작성된 그래프를 따르면 최하 9천 명 이상이 사망할 가능성이 있었지만 실제 사망한 사람의 수는 그보다 적었다고 한다. 물론 사고 처리에 투입된 공무원 134명 중 47명은 방사선 피폭의 영향으로 사망하고 아직도 그 후유증에 시달리고 있다는 보고는 있지만, 사건 이후 20년 동안 방사능과 유의미한 질병으로 사망한 사람의 수는 100명이 되지 않는 것으로 추정하고 있다. 그리고 발전소 근처의 생물(들쥐) 등을 채집해서 조사한 결과 이들은 하루에 X-ray 사진을 8천장 찍은 정도의 양에 해당하는 0.015시버트 정도의 방사선을 쬐이고 살았는데, 그로 인한 특별한 유전적 변이는 없었으며 오히려 면역력이 일부 상승하는 결과도 있었다고 한다.

방송에서 미국에서는 자연방사선의 양이 다른 지역의 2배에 달하는 미국 중서부 지역에 사는 사람들이 보통 수준인 동부 지역 사람들보다 오히려 암 발생률이 낮은 점을 들며, 미약한 방사선이라면 오히려 신체에 긍정적인 영향을 끼칠 수도 있다는 분석을 내놓았다. 물론 이 외에도 여러 가지 유의미한 증거는 있지만 안전하다고 결론이 난 것은 아니다.

우리나라에 광범위하게 퍼진 '산성비 맞으면 머리카락이 빠진다는 설'의 원조가 1986년 5월 체르노빌 낙진이 한반도 상공에 도달한 데 있다.

2005년에 환경운동단체들은 국민건강보험관리공단 통계를 분석한 뒤에 2, 30대 갑상선 암 발병이 급증한 원인이 체르노빌에서 날아온 요오드-131에 있다고 주장하였으나, 암검진이 늘어나면서 조기에 발견되는 사례가 늘어난 것일 뿐이라는 반론도 존재한다. 비단 우리나라뿐 아니라 전 세계적으로 체르노빌 사고와 암발생률의 상관관계는 치열한 논쟁거리이다.

한편 한국수력원자력에서는 체르노빌 원전 사고로 인해 국내에 미친 영향은 미미했다고 이야기한다. 동아일보 기자 출신이며 신동아에 글을 쓰는 이정훈은 '한국의 핵주권'이라는 책자에서 이 사건이 과장되었다고 주장하고 있다.

체르노빌 원전은 한국의 원전과 다른 원자로형으로 흑연을 감속재로 사용하고 한국형처럼 튼튼한 격납건물이 없는 등 구조나 설계적인 영향으로 폭발의 영향이 아주 컸다. 하지만 한국형은 감속재를 물로 사용하고 격납건물이 있는 방식이라 이런 큰 폭발을 야기하지는 않는다.

다만 최악의 경우 후쿠시마 원전사고의 폭발 피해 정도는 예상해야 하지만 이것도 후쿠시마 원전사고 후속조치 항목 56가지를 이미 조치하였거나 현재 진행하고 있기에 큰 문제가 없을 것으로 예상되지만 사고는 항상 일어날 수 있다는 것을 전제로 대비하고 예방하여야 한다. 원자력 안전문화를 바탕으로 한 절차준수 및 끊임 없는 개선 등이 바로 이런 대형사고를 예방할 수 있다.

체르노빌 원전사고 역시 절차서를 미준수한 인적실수에 의한 사고였다. 따라서 현재 원전에서 운영하는 각종 절차서를 철저하게 준수하고 인적실수가 일어나지 않도록 인적오류 예방 프로세스를 제대로 실천한다면 이런 사고는 충분히 예방할 수 있을 것이다.

9.6.3 스리마일섬(TMI) 원전 사고와 교훈

스리마일섬 원자력발전소가 1978년 4월 전기 생산을 시작한 지 1년이 채 지나지 않은 1979년 3월 28일 미국 펜실베이니아주 해리스버그에 있는 스리마일섬의 원자력발전소 2호기에서 냉각장치가 파열돼 노심용융이 일어나 핵연료가 외부로 누출된 사고다.[43)]

처음 이 발전소의 제2호기 가압수형경수로가 전기출력 95만 5,000kW의 거의 전 출력으로 운전 중 증기발생기 2차계에 물을 공급하는 주급수펌프계통이 고장을 일으켰다. 거기에 경수로 안을 냉각하는 비상노심냉각장치(ECCS)가 작동하였는데도 운전원이 계량을 오판하여 얼마 동안 ECCS의 작동을 멈추게 하는 등의 실수가 겹쳐 냉각장치가 파열되고, 대량의 핵연료가 외부로 누출되었다. 주변 80km 이내의 주민 가운데 임신부와 미취학 아동의 일시피난이 있었다.[44)]

주민의 피폭총량은 약 3,500인(人) · rem이었으나, 방사성요드방출량은 예상외로 적어서 젖소의 오염도 거의 0에 가까웠다. 그러나 원자로는 사용불능이 되고, 약 10억 달러의 경

43) [네이버 지식백과] 스리마일 원자력발전 사고 (시사상식사전, pmg 지식엔진연구소)
44) [네이버 지식백과] 스리마일섬원자력발전소사고 (두산백과)

제적 손실을 입었다. 미국 대통령 스리마일섬 사고 조사특별위원회 보고서(케메니보고)는 ① 경수형 원자력 발전기술의 불완전함, ② 규제행정의 결함, ③ 방재계획의 결여 등을 사고원인으로 지적하였다. 미국 원자력 발전사상 최대의 사고였으므로, 원자력발전소를 가지고 있는 세계 각국에 원자력 누출사고의 심각성에 대한 경종이 되었고, 사고방지책에 부심하게 하는 계기가 되었다.[45)]

이 사고는 미국 원전 역사상 최악의 사고였지만 다행히 원자로 격납용기가 붕괴되지 않아 X선 촬영 정도에도 미치지 않는 미량의 피폭선량으로 외부 인명 피해는 없었다. 주민들에게 큰 피해를 끼치지는 않았지만 이 사고로 미국의 원자력산업에 대한 안전성 논란과 반핵운동이 확산되는 계기가 되었다.

TMI 사고 후 TMI 후속조치는 단기조치 23항목, 종합조치 216항목이 조치되었으며 세계원자력발전협회(INPO)가 설립되었고 국제협력이 더 강화되었다.

TMI 사고는 명백한 인적재해였기에 인적실수가 생기지 않도록 많은 보완이 있었고 인적오류 예방교육이 시행되고 있다. 사고는 단순한 인적실수로도 발생하기 때문에 원전 종사자는 인적 오류가 발생하지 않도록 절차를 준수하여야 하고 인적오류 예방기법을 잘 숙지하여 업무에 적용하여야 한다.

그림 9-16 TMI 발전소 전경

출처: 네이버 블로그

45) https://terms.naver.com/entry.nhn?docId=1116735&cid=40942&categoryId=31787

9.6.4 윈드스케일 원자로 사고와 교훈

1957년 10월 10일 영국의 윈드스케일(Windscale)이라고 불리던 원자력 단지에서 발생한 방사능 누출사고이다. 현재는 그 원자력 단지를 셀라필드(Sellafield)라 부른다. 사고는 원자로 내에서 중성자 감속재로 쓰이는 흑연에 쌓인 위그너 에너지(Wigner Energy)를 줄이기 위해 흑연을 가열하는 과정에서 발생했다. 흑연을 가열하는 동안 과열되어 원자로의 온도가 높아지는 사고가 발생하였다. 이틀 후 원자로의 온도는 다시 낮아졌으나 감시 모니터 상에는 계속 온도가 상승하는 것으로 나타나 냉각팬을 가동시켜 공기를 집어넣어서 방사성 물질이 외부로 퍼져 나가는 사고가 발생하였다. 이 사고로 인명피해는 없었으나 방사성 동위원소를 머금은 지역 주변에서 생산한 우유와 기타 작물들을 폐기처분하였다. 셀라필드 원자력 단지는 영국의 주요 핵시설 중 하나로 여러 공장과 원자력 발전소가 같이 붙어 있는데, 이 원자력 단지에서는 이 사건 외에도 1955년도부터 1979년까지 수차례나 4등급의 원자력 사고가 발생하기도 했다.[46)]

이 사고도 인적실수에 의한 사고였다. 계측기 오류에 의한 정보제공 불만족과 운전원에 의한 판단 부족으로 이 사고가 발생하였기 때문에 운전원은 운전 상황에 대해 충분히 파악하여 이해도를 높여야 하고 비정상적인 운전상태 판단과 이에 대한 신속한 조치가 필요함을 알게 된다.

그림 9-17 윈드스케일 원자로 사고

출처: 위키백과

46) [네이버 지식백과] 원자력 사고 – 원자력 사고 등급과 주요 사고 (물리산책, 김충섭)

CHAPTER 10

도시계획과 제도

10.1 도시계획의 개념

10.2 도시계획과 방재계획

10.3 방재성을 고려한 도시계획 사례

CHAPTER 10

도시계획과 제도

10.1 도시계획의 개념

도시의 각종 기능에 대한 배치를 고려한 도시 계획의 작성은 오래전부터 있어 왔다. 메소포타미아지역의 우르, 우르크와 같은 고대 도시에서 이미 잘 정비된 도로와 수로를 확인할 수 있다. 당나라의 장안은 동아시아 여러 나라에서 수도 설립의 모형이 되어 신라의 금성(현재의 경주시), 일본 헤이안 시대의 헤이안쿄 등이 이를 본딴 계획 도시로 설립되었다. 조선의 한성(현재의 서울특별시) 역시 기능을 고려한 도시 구획이 정비된 계획도시였다.

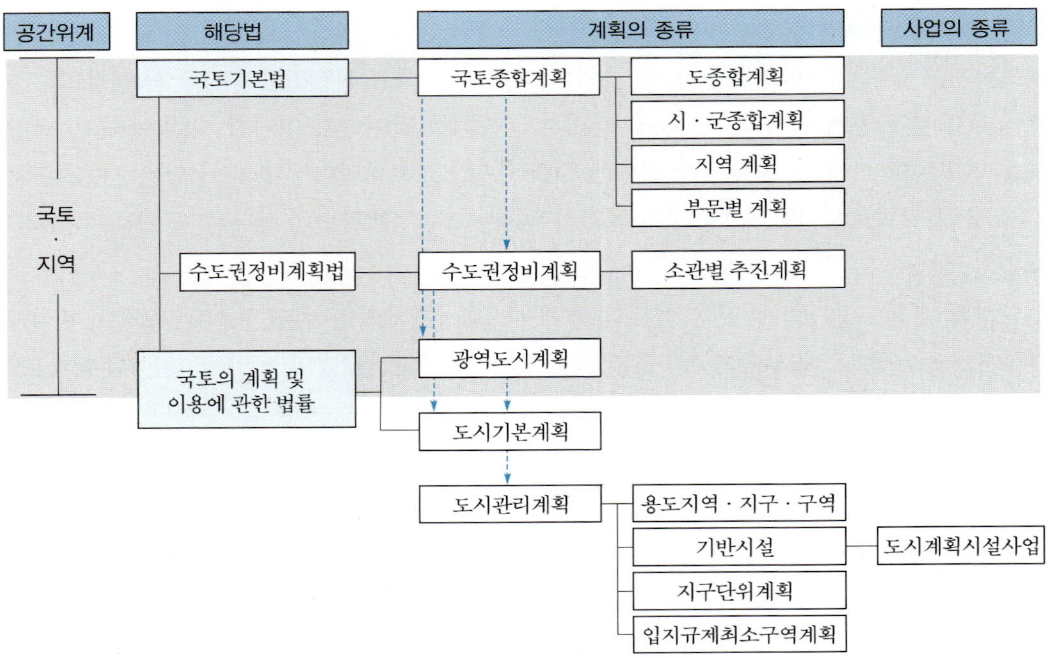

그림 10-1 도시계획의 구성

도시 계획(都市計劃, 영어: urban planning)은 도시 생활에 필요한 모든 환경을 능률적이고 효과적으로 공간에 배치하려는 계획이다. 도시의 바람직한 미래상을 정립해 가며 이를 시행하려는 일련의 과정을 말한다. 또한 도시계획은 도시의 장래 발전 수준을 예측하여 사전에 바람직한 형태를 미리 상정해두고 이에 필요한 규제나 유도정책, 혹은 정비수단 등을 통하여 도시를 건전하고 적정하게 관리해 나가는 도구이기도 하다.

우리나라의 모든 「도시계획」은 「국토의 계획 및 이용에 관한 법률」(이하 '국토계획법')에 근거하여 시행되며, 국토계획법 제1조에 따르면 '공공복리의 증진과 국민의 삶의 질 향상'을 도시계획의 목적으로 삼고 있어 국토의 이용 · 개발과 보전, 지속적인 발전을 위해 국토의 공간구조와 발전방향을 제시하는 종합계획 이다. 이 법에는 도시기본계획 및 도시관리계획 등이 포함되어 있으며, 「도시계획」은 "광역도시계획" 및 "도시 · 군계획"으로 구성되며, "도시 · 군계획"은 "도시 · 군기본계획" 및 "도시 · 군관리계획"을 구성되어 있다.

10.1.1 도시기본계획이란?

도시기본계획이란, 국토종합계획 · 광역도시계획 등 상위계획의 내용을 수용하여 도시가 지향하여야 할 바람직한 미래상을 제시하고 장기적인 발전방향을 제시하는 도시계획의 최상위 법정계획이다.

도시기본계획의 수립권자는 관할 구역에 대하여 도시기본계획을 수립함을 원칙으로 하고 있으나 수도권에 속하지 아니하고 광역시와 경계를 같이하지 아니한 시(또는 군)로서 인구 10만명 이하이거나, 관할구역 전부에 대하여 광역도시계획이 수립되어 있는 시(또는 군)로서 당해 광역도시계획에 도시기본계획의 사항이 모두 포함되어 있는 경우에는 수립하지 않을 수 있다.

도시의 물적 · 공간적 측면뿐 아니라 환경 · 사회 · 경제적인 측면을 모두 포괄하여 주민생활환경의 변화를 예측하고 대비하는 종합계획이며, 도시행정의 바탕이 되는 주요지표와 토지의 개발 및 보전, 기반시설의 확충 및 효율적인 도시관리 전략을 제시함으로써 하위계획인 도시관리계획 등 관련계획의 기본이 되는 계획이다.

따라서 당해 도시기본계획이 수립된 도시 내에서 다른 법률에 의한 부문별 계획을 수립할 때에는 반드시 도시기본계획의 내용과 부합되게 하여야 한다. 도시기본계획의 내용은 계획 수립의 바탕인 "국토의 계획 및 이용에 관한 법률" 제 19조에서 정의하고 있으며 도시기본계획의 주요내용 중 '방재 및 안전에 관한 사항'이 포함되어 있다.

도시기본계획의 주요내용은 다음과 같다.

1. 지역적 특성 및 계획의 방향 · 목표에 관한 사항
2. 공간구조, 생활권의 설정 및 인구의 배분에 관한 사항
3. 토지의 이용 및 개발에 관한 사항
4. 토지의 용도별 수요 및 공급에 관한 사항
5. 환경의 보전 및 관리에 관한 사항
6. 기반시설에 관한 사항
7. 공원 · 녹지에 관한 사항
8. 경관에 관한 사항
9. 기후변화 대응 및 에너지절약에 관한 사항
10. 방재 및 안전에 관한 사항
11. 단계별 사업추진에 관한 사항 등

도시기본계획의 수립권자는 5년마다 관할 구역의 도시기본계획에 대하여 그 타당성 여부를 전반적으로 재검토하여 정비하여야 한다. 이때, 도시기본계획에 우선하는 국토계획 및 광역도시계획의 내용을 반영하여야 한다.

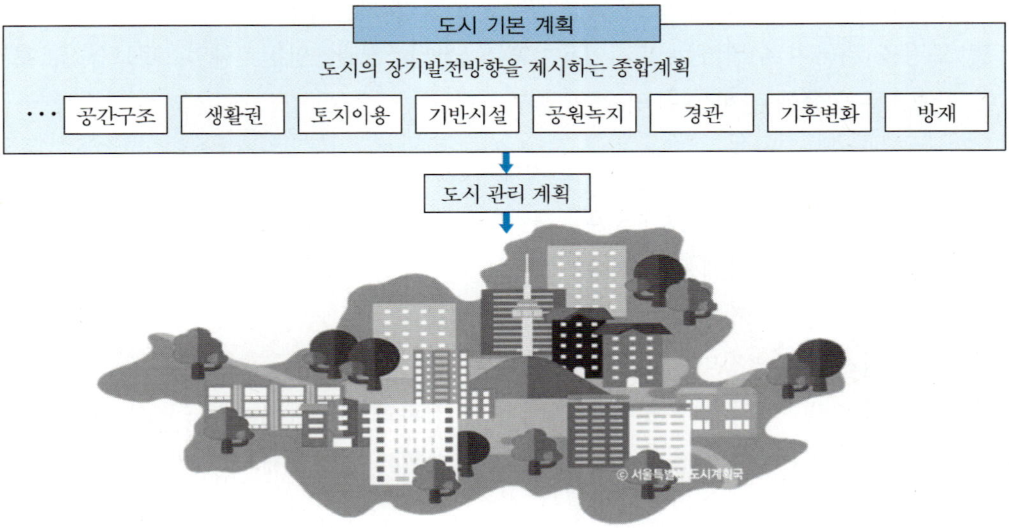

그림 10-2 서울도시계획포털 자료

도시기본계획의 수립절차

특별시장(또는 광역시장 · 특별자치시장 · 특별자치도지사 · 시장) 등 도시기본계획의 수립권자가 도시기본계획을 수립하기 위해서는 우선 도시의 전반적인 부분에 대한 기초조사를 실시하여야 한다. 이를 토대로 도시기본계획(안)을 작성하여 일반시민과 관계전문가를 대상으로 공청회를 개최하고 의견을 수렴하여 타당한 의견은 도시기본계획에 반영하게 된다.

이후 도시기본계획 수립내용에 대해 시의회의 의견을 듣고 관계 행정기관의 장과 협의 및 시도시계획위원회의 심의를 통하여 도시기본계획을 확정하게 된다.

도시기본계획의 확정 이후에는 그 계획을 공고하고 일반인이 30일 이상 열람할 수 있도록 한다.

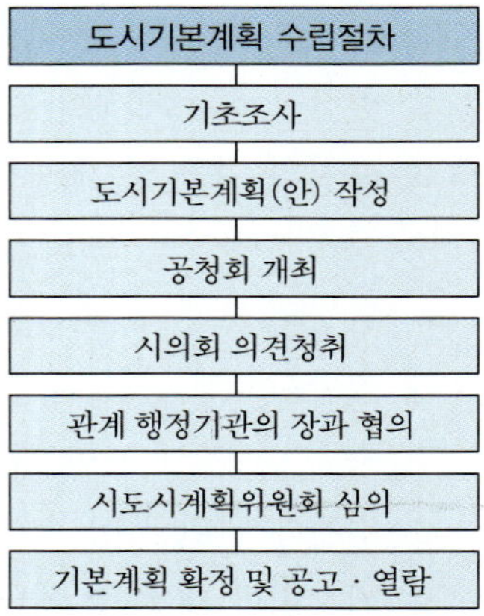

그림 10-3 도시기본계획 수립절차

10.1.2 도시관리계획이란?

도시의 개발 · 정비 및 보전을 위하여 상위계획인 광역도시계획 및 도시기본계획에서 제시된 도시의 장기적인 발전 방향을 도시공간에 구체화하는 법정 도시계획으로서 개발 · 정비 및 보전을 위하여 수립하는 토지이용, 교통, 환경, 경관, 안전, 산업, 정보통신, 보건, 복지, 안보, 문화 등에 관한 다음의 계획을 말한다.

1. 용도지역 · 용도지구의 지정 또는 변경에 관한 계획
2. 개발제한구역, 도시자연공원구역, 시가화조정구역(市街化調整區域), 수산자원보호구역의 지정 또는 변경에 관한 계획
3. 기반시설의 설치 · 정비 또는 개량에 관한 계획
4. 도시개발사업이나 정비사업에 관한 계획
5. 지구단위계획구역의 지정 또는 변경에 관한 계획과 지구단위계획
6. 입지규제최소구역의 지정 또는 변경에 관한 계획과 입지규제최소구역계획

도시관리계획의 목표년도는 계획수립 기준년도로부터 장래 10년을 기준으로 하며, 연도의 끝자리는 0년 또는 5년으로 하게 된다. 도시의 급격한 여건변화 등으로 인하여 상위계획인 도시기본계획을 다시 수립하는 경우, 도시관리계획을 재검토하고 목표년도는 도시기

본계획의 재검토 시점으로부터 장래 10년으로 설정하게 된다.

도시관리계획은 주민들의 건축행위 시 건폐율, 용적률, 층수 등과 도시계획시설의 저촉 여부에 대해 직접적인 적용을 받게 되는 법정계획이다.

도시관리계획의 수립절차

구청장(특별시장 · 광역시장 · 특별자치시장 · 특별자치도지사 · 시장 · 군수)이 도시관리계획의 수립을 위해 기초조사를 실시하여 도시관리계획(안)을 작성하게 된다. 공청회를 개최하는 대신 14일간 공고하여 당해 도시관리계획(안)에 대하여 이해관계자 및 주민들이 의견을 수렴하고 제시된 의견이 타당하다고 인정될 경우에는 도시관리계획(안)에 반영하게 된다.

이후 구청장이 시장에게 결정신청을 하면 특별시장은 관계부서 협의 및 시도시계획위원회 심의를 거쳐 도시관리계획을 결정 · 고시하게 된다.

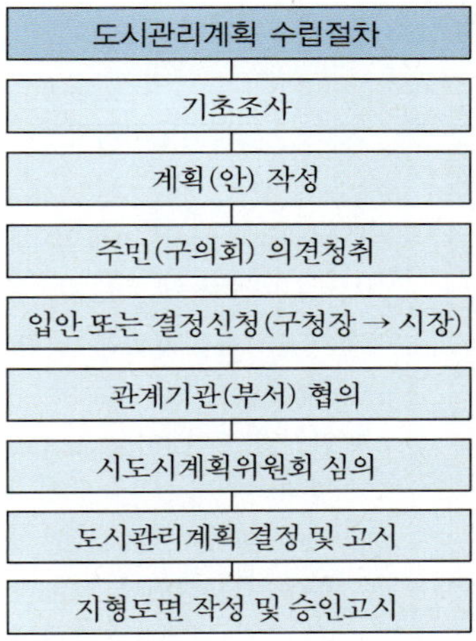

그림 10-4 도시관리계획 수립절차

도시관리계획이 결정 · 고시가 되면 이와 동시 또는 2년 이내에 지적이 표시된 지형도(축척 1/500 ~ 1/1,500)에 도시관리계획사항을 표시하여 지형도면을 고시하게 되고 이때부터 도시관리계획 결정 효력이 발생하게 된다.

주민들은 지형도면고시의 내용을 기반으로 하여 작성된 '토지이용계획 확인서'를 민원으로 발급받거나 '토지이용규제정보시스템'을 열람하여 개별토지에 대한 각종 법적 규제내용을 확인할 수 있다.

한편, 도시관리계획은 필요에 따라 주민들이 제안할 수도 있다. 「국토의 계획 및 이용에 관한 법률」 제24조에 의하면 주민은 다음 2가지 사항에 대하여 도시관리계획을 입안할 수 있는 자(지자체)에게 도시관리계획의 입안을 제안할 수 있도록 규정하고 있다.

1. 기반시설의 설치 · 정비 또는 개량에 관한 사항
2. 지구단위계획구역의 지정 및 변경과 지구단위계획의 수립 및 변경에 관한 사항

주민이 도시관리계획의 입안을 제안할 경우 일정양식의 도시관리계획도서와 계획설명서를 제출해야 한다. 주민으로부터 도시관리계획의 입안을 제안 받은 구청장은 제안일로부터 60일 이내에 도시관리계획으로의 입안 여부를 제안자에게 통보해 주게 된다.

도시관리계획의 입안 제안을 받은 구청장은 도시관리계획으로의 입안여부를 결정하는데 있어서 필요한 경우 지방도시계획위원회의 자문을 구할 수 있으며, 제안된 도시관리계획의 입안 및 결정에 필요한 비용의 전부 또는 일부를 제안자에게 부담시킬 수 있다.

10.1.3 광역도시계획 및 도시군계획

표 10-1 도시 · 군계획 개요

구분	광역도시계획	도시 · 군계획	
		도시 · 군기본계획	도시 · 군관리계획
정의	도시계획체계상 최상위 계획(도시 · 군기본계획, 도시 · 군관리계획 등 하위계획에 대한 지침이 됨) ■ 인접한 2인 이상의 특별시 · 광역시 · 시 또는 군의 행정구역에 대하여 장기적인 발전방향을 제시하거나 시 · 군 기능을 상호 연계함으로써 적정한 성장관리 도모	장기적으로 시 · 군이 공간적으로 발전하여야 할 구조적 틀을 제시하는 종합계획 ■ 도시 · 군기본계획은 국토의 한정된 자원을 효율적이고 합리적으로 활용하여 주민의 삶의 질을 향상시키고, 도시를 환경적으로 건전하고 지속가능하게 발전시킬 수 있는 정책방향 제시	도시 · 군기본계획에서 제시된 장기적인 발전방향을 공간에 구체화하고 실현시키는 중기계획 ■ 용도지역 · 지구 · 구역, 기반시설, 도시개발사업 또는 정비사업, 지구단위계획 등을 단계적으로 집행할 수 있도록 물적으로 표현하는 계획 ■ 상위계획에서 제시된 장기적인 발전방향을 공간에 구체화하고 실현시키는 중기계획
입안권자	국토교통부장관, 시 · 도지사, 시장 또는 군수	특별시장, 광역시장, 특별자치시장, 특별자치도지사, 시장 또는 군수	특별시장, 광역시장, 특별자치시장, 특별자치도지사, 시장 또는 군수
수립주기	20년 단위	5년마다 도시 · 군기본계획의 타당성을 전반적으로 재검토하여 이를 정비하고, 여건변화로 인하여 내용의 일부 조정이 필요한 경우에는 도시 · 군기본계획 변경	특별시장, 광역시장, 특별자치시장, 시장 또는 군수
대상권역	수도권, 부산권, 대구권, 광주권, 대전권, 행정중심복합도시, 창원권, 광양만권, 전주권, 청주권, 전남서남권, 제주권, 공주역세권, 내포신도시권(14개 권역)	특별시, 광역시, 시 또는 군(광역시 안에 있는 군은 제외)	

표 10-2 도시 · 군계획 주요내용

<table>
<tr><th rowspan="2">구분</th><th rowspan="2">광역도시계획</th><th colspan="2">도시 · 군계획</th></tr>
<tr><th>도시 · 군계획</th><th>도시 · 군관리계획</th></tr>
<tr><td>주 요
내용</td><td>■ 계획의 목표와 전략
■ 광역계획권의 현황 및 특성
■ 공간구조 구상
• 여건변화 및 전망분석
• 주요지표 제시
공간구조의 골격구상
: 개발축(성장축), 교통축,
녹지축 설정
• 생활권의 설정
■ 부문별 계획
• 기능분담계획 및 토지이용 계획
교통 및 물류유통체계
문화 · 여가공간계획
광역시설계획
• 녹지관리계획
경관계획
환경보전계획
방재계획
■ 개발제한구역의 조정
■ 집행 및 관리계획</td><td>■ 지역의 특성과 현황
■ 계획의 목표와 지표의 설정(계획의 방향 · 목표 · 지표 설정)
■ 공간구조의 설정 (개발축 및 녹지축의 설정, 생활권 설정 및 인구배분)
■ 토지이용계획 (토지의 수요예측 및 용도배분)
■ 기반시설 (교통, 물류체계, 정보통신, 기타 기반시설계획 등)
■ 도심 및 주거환경 (시가지정비, 주거환경계획 및 정비)
■ 환경의 보전과 관리
■ 경관 및 미관
■ 공원 · 녹지
■ 방재 · 안전 및 범죄예방
■ 경제 · 산업 · 사회 · 문화의 개발 및 진흥 (고용, 산업, 복지 등)
■ 계획의 실행 (재정확충 및 재원조달, 단계별 추진전략)</td><td>■ 용도지역 · 용도지구의 지정 또는 변경에 관한 계획
■ 개발제한구역, 도시자연공원구역, 시가화조정구역, 수산자원보호구역의 지정 또는 변경에 관한 계획
■ 기반시설의 설치 · 정비 또는 개량에 관한 계획
■ 도시개발사업이나 정비사업에 관한 계획
■ 지구단위계획구역의 지정 또는 변경에 관한 계획과 지구단위 계획
■ 입지규제최소구역의 지정 또는 변경에 관한 계획과 입지규제최소구역계획</td></tr>
</table>

출처: 국토교통부 도시계획정보서비스, upis.go.kr

10.2 도시계획과 방재계획

최근 전 지구적인 기후변화의 영향으로 태풍, 홍수, 가뭄, 폭염, 강풍, 폭설, 지진 등 자연재해가 증가하고 있으며, 특히 사람들의 밀집 거주지역인 도시지역으로 피해가 확대되고 있다. 도시지역은 재해취약지역의 무분별한 개발로 불투수면적 증가 등과 같은 구조적인 취약성과 더불어 인구 및 산업이 집중되어 있어 재해발생 시 대규모 직·간접 피해 증가가 예상된다.

이처럼 증가하는 자연재해에 안전한 도시공간을 만들기 위해서 도시계획 수립시 도시방재 제도의 지속적 강화가 요구되고 있다.

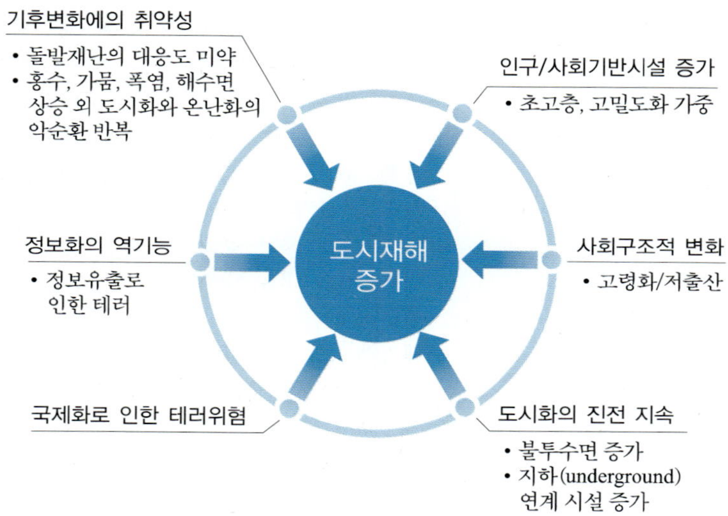

그림 10-5 도시재해의 취약성 증가 요인

출처: 이영근 (2016). 도시방재 법제도 현황 및 과제. 국토, 417, pp.16

10.2.1 도시방재 관련 법과 제도의 변화

현재 우리나라에서는 도시방재만을 위해 별도로 제정된 법규는 없으나, 도시계획분야에서 도시방재를 처음으로 고려하기 시작한 것은 1988년 2월 16일 도시계획법 시행령 개정에 의해 부문별계획에 "도시방재계획"을 수립토록 한 것이라고 할 수 있다.

2000년대 들어서 사회여건 변화에 따른 국토패러다임 전환으로 2002년 2월에 도시계획법이 「국토의계획 및 이용에 관한 법률」로 새롭게 제정되었다. 이 법령에 의한 도시계획체계상 계획 중 기존의 도시기본계획 뿐만아니라 광역도시계획과 시관리계획에서도 도시방재 계획을 부문별 계획으로 수립토록 하고, 도시기본계획에서 수립토록 하고 있는 부문별 계획인 "방재 및 안전에 관한 사항"도 기존의 시행령에서 모법으로 되는 등 도시계획에서 도시방재가 더욱 강화되었다.

2005년 1월에는 도시기본계획이나 도시관리계획 등 행정계획이나 개발사업에 대해 계획 수립 · 확정이나 사업 허가 · 승인 전에 재해에 미치는 영향을 검토 하여 선제적으로 대비할 수 있도록 사전재해영향성검토협의제도를 도입하였고, 2011년 12월에는 도시기본계획 등 수립시 재해취약성 분석을 하여 도시계획에 반영하도록 재해취약성분석의 제도화가 진행되었다.

2012년 8월에는 풍수해저감종합계획을 도시계획과 연계하여 재해대책이 도시방재에 체계적이고 효율적으로 적용되게 하였으며, 2013년 7월에는 방재지구 지정을 의무화하여 도시계획적 대응방안을 마련토록 하였다.

2016년에는 도시 기후변화 재해취약성 분석 및 활용에 관한 지침이 제정되어 도시 · 군기본계획을 수립변경하거나 도시 · 군관리계획을 입안하는 경우 등 재해예방형 도시계획 수립 시에 체계적인 판단 근거를 제공하도록 하였다.

표 10-3은 도시방재관련 주요 제도의 변화를 나타낸 것이며, 도시계획 분야에서 도시방재 제도는 오랜 기간에 걸쳐 많은 보완과 수정이 이루어져 왔음을 알 수 있다.

표 10-3 도시방재관련 주요 제도의 변화

일시	주요 제도변화의 내용
1998년 2월	도시기본계획의 수립내용에 도시방재계획을 제도화 ■ 도시계획법시행령 개정에 의해 도시기본계획의 부문별 계획으로 부문별계획으로 "도시방재계획"을 수립토록 함
2002년 2월	방재도시계획의 수립내용 강화 ■ 광역도시계획, 도시기본계획, 도시관리계획 등 도시계획체계상 도시계획 수립시 방재분야에 대한 심도있는 계획을 수립토록 함
2005년 1월	사전재해영향성검토 협의제도 도입 ■ 재해에 영향을 미치는 행정계획(도시기본계획, 도시관리계획 등) 및 개발사업을 수립.확정하거나 허가 · 승인을 하고자 하는 경우 중앙 · 지역재난안전대책본부장과 재해에 관한 영향을 사전에 협의함
2011년 12월	재해취약성분석 제도화 ■ 도시기본계획 등 수립시 재해취약성 분석을 하여 도시계획에 반영토록 함

일시	주요 제도변화의 내용
2012년 8월	풍수해저감종합계획과 도시계획의 연계의무화 ▪국토계획법에 국토이용 및 관리의 기본원칙에 기후변화 대응 및 풍수해저감대책을 마련토록 하고, 국토계획법 시행령 개정에 의해 풍수해저감종합계획의 도시계획 반영을 의무화함
2013년 7월	방재지구 지정 의무화 ▪도시기본계획 수립시 재해취약성을 분석하고, 분석 결과 시가지 지역의 재해취약지역에 시가지방재지구, 비시가화지역에 대해서는 자연방재지구를 지정토록 하는 등 방재지구 지정을 의무화함
2016년 5월	도시 기후변화에 따른 재해 취약성 제도화 ▪도시군기본계획을 수립·변경하거나 도시군관리계획을 입안하는 경우 등 재해예방형 도시계획 수립 시에 체계적인 판단 근거를 제공하기 위해 실시함

10.2.2 도시방재 관련 법

우리나라는 재난관리와 관련하여 다수의 법률을 제정하였다. 재난관리에 관한 기본법으로 「민방위기본법」, 「재난및 안전관리 기본법」, 「소방기본법」 등이 있고, 재난관리 활동지원이나 행정작용에 관해서는 「재해경감활동을 위한 기업의 자율활동 지원에 관한 법률」, 「급경사지 재해예방 에 관한 법률」, 「해외긴급구호에 관한 법률」, 「재해위험개선 및 이주대책에 관한 특별법」, 「풍수해보험법」, 「위험물안전관리법」, 「자연재해대책법」, 「소하천정비법」 등이 있다. 그밖에도 「재난관리 조직에 관한 법률」 등 다수의 재난관리 법률이 존재하고 있다.

「국토의 계획 및 이용에 관한 법률」을 살펴보면, 도시재해와 관련 있는 방재도시계획에 대해서는 별도의 사항이 없다. 다만 도시관리계획 용도지구와 관련하여 방재지구, 방화지구 규정이 일부 기술되어 있다. 또한 도시계획의 부문계획으로 방재분야에 대한 사항이 시행령에 규정되어 있을 뿐이다. 방재도시계획 관련 지침을 살펴보면, 하위계획으로 갈수록 방재계획이 세분화되어야 하나 다른 계획과 특별하게 차별화되지 않는다. 또한, 광역도시계획에서는 독립적으로 추진되던 방재계획이 하위계획(도시·군기본계획)으로 갈수록 위상이 낮아져 다른 계획의 일부로 포함된다.

표 10-4 도시 · 군기본계획수립 지침

제3장 도시 · 군기본계획의 내용과 작성원칙

제1절 도시 · 군기본계획의 내용

3-1-1. 도시 · 군기본계획을 효율적이고 합리적으로 수립하기 위하여 다음의 부문별 내용이 포함되어야 한다.

(1) 지역의 특성과 현황

(2) 계획의 목표와 지표의 설정 (계획의 방향 · 목표 · 지표 설정)

(3) 공간구조의 설정 (개발축 및 녹지축의 설정, 생활권 설정 및 인구배분)

(4) 토지이용계획 (토지의 수요예측 및 용도배분, 용도지역 관리방안 및 비도시지역 성장관리방안)

(5) 기반시설 (교통, 물류체계, 정보통신, 기타 기반시설계획 등)

(6) 도심 및 주거환경 (시가지정비, 주거환경계획 및 정비)

(7) 환경의 보전과 관리

(8) 경관 및 미관

(9) 공원 · 녹지

(10) 방재 · 안전 및 범죄예방

(11) 경제 · 산업 · 사회 · 문화의 개발 및 진흥 (고용, 산업, 복지 등)

(12) 계획의 실행 (재정확충 및 재원조달, 단계별 추진전략)

제10절 방재 · 방범 및 안전

4-10-1. 지역 주민이 항상 안심하고 생활할 수 있도록 각종 재해나 범죄의 위험으로부터 안전한 환경을 조성하고, 특히 기후변화, 고령화, 다문화, 정보화 등 도시환경의 여건 변화로 인한 재해 · 범죄의 취약성에 대응할 수 있도록 한다.

4-10-2. 안전한 생활환경 조성을 위해 기성시가지에 존재하고 있는 재해위험요소와 범죄유발위험요소를 정비하고, 신규 도시개발 지역에서는 새로운 위험요소가 발생하지 않도록 하여야 한다.

4-10-3. 방수 · 방화 · 방조 · 방풍 등 재해방지 계획과 피해발생을 대비한 방재계획을 수립한다. 이 경우 「재난 및 안전관리 기본법」 제24조제1항에 따른 시 · 도안전관리계획 및 같은 법 제25조제1항에 따른 시 · 군 · 구안전관리계획과 「자연재해대책법」 제16조제1항에 따른 시 · 군 · 구풍수해저감종합계획을 충분히 고려하여 수립하여야 한다.

4-10-4. 기반시설 및 토지이용체계는 지역방호에 능동적이고 비상시의 피해를 극소화하도록 계획한다.

4-10-5. 상습침수지역 등 재해가 빈발하는 지역에 대하여는 가급적 개발을 억제한다.

(1) 상습침수지역을 개발할 때에는 집중호우에 의한 배수유역에서 충분한 우수를 저류

할 수 있는 유수지를 확보하거나 충분한 녹지를 확보하여 도시내 담수능력을 배양하도록 하는 등 재해에 대한 예방대책을 수립한다.

(1) 재해가 빈발하는 도시는 (1)의 재해예방대책을 구체적으로 제시하여야 한다.

4-10-6. 연안침식이 진행중이거나 우려되는 지역은 원칙적으로 시가화예정용지 대상지역에서 제외하되, 불가피하게 시가화예정용지로 지정하고자 하는 경우에는 해수면 상승, 연안침식에 따른 영향 등을 종합적으로 고려하여 방재대책을 수립하여야 한다.

출처: 국토교통부, '도시 · 군기본계획수립지침', 제3장, 제10절 2018년 12월 21일

방재도시계획 지침의 주요 내용은 방재대책 마련 시 고려해야 할 사항을 원론적으로 제시하며, 도시계획 부문에서 방재와 관련한 고려사항은 도시기본계획, 도시관리계획에서 일부 고려하고 있다.

한편, 2002년 태풍 "루사"와 같이 전국적으로 국민의 생명과 재산을 위협했던 풍수해 사례와 같이 계절적 영향에 따라 한반도에 매년 발생할 수 있는 자연재해에 대해서도 예방대책이 미흡하여 국가 위기관리 체제의 근본적인 대책이 시급하다. 방재안전관리 기구의 부족, 재해 · 재난 관련 대응체제 정비의 미비는 국민과 국가의 안전을 저해하는 각종 재해 · 재난 등 위험요소에 대한 사전예방, 상황발생 시 신속한 대응, 피해복구, 그리고 사후분석 · 평가체제가 아직 선진화에 이르지 못했다는 지적을 받고 있다.

현행 재해 · 재난관리 대책은 「민방위기본법」을 중심으로 「자연재해대책법」과 「재난 및 안전관리 기본법」 등 70여 개 개별 법령에 따라 13개 부처에서 관장하고 있다. 이들 법률은 재난 · 재해관련 법체계의 일원화가 되어 있지 않고 대형 재난사고를 계기로 필요성에 따라 제 · 개정되어 통일성, 일관성이 부족한 실정이어서 행정안전부를 중심으로 관계기관에서는 체계적이고 종합적인 계획을 수립하여 재난 · 재해관련 법체계의 일원화 및 관련 법률 정비를 진행하고자 노력하고 있다.

「자연재해대책법」 제3조 제1항에 따르면 국가는 '자연현상으로 인한 재난으로부터 국민의 생명 · 신체 및 재산과 주요 기간시설을 보호하기 위하여 자연재해의 예방 및 대비에 관한 종합계획을 수립하여 시행할 책무를 지며, 그 시행을 위한 최대한의 재정적 · 기술적 지원'을 해야 함을 규정하고 있다. 이에 따른 재해예방 시스템을 구축하기 위해 재해 예방 종합계획을 수립하고 재해정보 체계를 구축하여 기후변화 대비 재해관리를 강화할 수 있다.

「재난 및 안전관리 기본법」은 각종 재난으로부터 국토를 보존하고 국민의 생명, 신체 및 재산을 보호하기 위하여 국가 및 지방자치단체의 재난 및 안전관리체재를 확립하고 재난의

예방, 대비, 대응, 복구 그밖에 재난 및 안전관리에 관하여 필요한 사항의 규정을 목적으로 한다. 동법은 재난의 예방 및 수습과 긴급구조 및 구난, 재난 발생 시 통제관리와 복구를 위한 계획 수립을 위해 제정되었다. 그러나 동법에서는 재난 및 사고의 규모 및 발생 빈도의 증가로 중앙정부 주도의 재난대응 및 안전관리가 한계에 도달하고 건설안전 기타 관련 법과 조화가 미흡하다는 문제점이 대두되고 있어 재난에 대한 연구, 개선 및 보완을 통한 현실적인 대책이 요구된다.

또한 우리나라는 각종 재난 및 사고로부터 국민의 생명 · 신체 · 재산을 보호하기 위하여 국가의 재난 및 안전관리의 기본방향을 설정하는 최상위 계획으로 '국가의 재난 및 안전관리 업무에 관한 기본계획'을 수립하고 있다. 이 계획은 「대한민국헌법」 제 34조 제6항, 「재난 및 안전관리 기본법」 제22조 및 시행령 제26조에 의하여 도시화 · 인구집중, 고령화, 기후변화, 신종전염병의 창궐 등 재난 환경 변화에 대응하여 향후 5년간 국가 재난 및 안전관리 정책을 통합적으로 운영할 수 있는 방안과 이를 이행하기 위한 중점 추진과제들을 제시하고 있다. 중앙행정기관과 지방자치단체를 포함한 각종 재난관리 책임기관들이 세부대책을 수립 · 운영할 수 있는 지침 또한 포함하고 있다.[1)]

앞 절에서 기술하고 있는 도시방재 계획 수립 시 관련되는 내용을 법령의 체계에 기초하여 표 10-5에 나타내었다.

표 10-5 도시계획 수립시 방재 관련 법령의 주요제도 및 내용

구분	법령	주요 내용	소관부처
행정계획	국토기본법	국토계획 수립, 국토조사	국토교통부
	국토의 계획 및 이용에 관한 법률	도시계획 수립, 도시계획시설 결정	국토교통부
	도시공원 및 녹지 등에 관한 법률	공원녹지기본계획 수립, 도시공원 및 녹지 설치	국토교통부
개발사업	도시개발법	도시개발구역 지정, 도시개발사업 시행	국토교통부
	도시재정비 촉진을 위한 특별법	재정비촉진지구 지정, 재정비촉진사업 시행	국토교통부
	주택법	주택종합계획 수립, 주택건설사업 시행	국토교통부
	건축법	하천기본계획 및 유역종합치수계획, 홍수관리구역 지정, 하천공사 시행	국토교통부

1) 이영근(2016), 도시방재 법제도 현황 및 과제. 국토, 417, pp. 17~19

구분	법령	주요 내용	소관부처
방재 사업 및 시설	하천법	하천기본계획 및 유역종합치수계획, 홍수관리구역 지정, 하천공사 시행	국토교통부
	댐 건설 및 주변지역 지원 등에 관한 법률	댐 건설기본계획 수립, 다목적 댐 건설	국토교통부
	소하천정비법	소하천정비기본계획 수립, 소하천정비공사	행정안전부
	하수도법	하수도정비기본계획 수립, 공공하수도 설치	환경부
	사방사업법	사방사업기본계획, 사방사업 시행	농림축산식품부 (산림청)
	산지관리법	산지에 대한 재해의 방지 또는 복구조치	농림축산식품부 (산림청)
	연안관리법	연안정비계획 수립, 연안정비사업 시행	국토교통부
	자연재해대책법	사전재해영향성 검토, 풍수해저감종합계획의 수립, 지구단위홍수방어기준 설정, 자연재해위험개선지구지정, 재해복구사업 시행	행정안전부
	재해위험 개선사업 및 이주대책에 관한 특별법	재해위험개선사업지구 지정, 재해위험개선사업 시행	행정안전부
	급경사지 재해예방에 관한 법률	붕괴위험지역 지정, 붕괴위험지역정비사업 시행	행정안전부
대응 체계	재난 및 안전관리기본법	안전관리기구 설치, 안전관리계획 수립	행정안전부
	재해구호법	재해구호계획 수립	행정안전부
	풍수해보험법	풍수해보험사업 운영	행정안전부
	농어업재해대책법	재해대책의 실시, 응급조치	농림축산식품부 해양수산부

출처: 도시계획과 방재, 한국방재학회, 예문사, pp.204~205 참조 및 수정

10.2.3 도시방재 관련 제도

(1) 국가안전관리기본계획

각종 재난 및 사고로부터 국민의 생명 · 신체 · 재산을 보호하기 위하여 국가의 재난 및 안전관리의 기본방향을 설정하는 최상위 계획인 국가안전관리기본계획은 도시화 · 인구집중, 고령화, 기후변화, 신종 감염병의 창궐 등 재난환경 변화에 대응하여 국가가 국민을 재난 및 안전사고로부터 보호하기 위해 수립 되었다.

국가재난관리의 장기적인마스터플랜으로서 재난의 예방 · 대비 · 대응 및 복구 등 재난 및 안전관리를 위한 기본방향과 매년 관련부처가 추진할 안전관리 계획 등을 포함여 5년마다 수립한다.

국가안전관리기본계획은 재난안전 환경 및 실태 진단과 기본방향 설정 그리고 자연재난 관리대책, 사회재난 관리대책 및 안전관리대책으로 구성된다.

(2) 풍수해저감종합계획

풍수해저감종합계획은 도 풍수해저감종합계획과 시 · 군 등 풍수해저감종합계획으로 구분하며 풍수해에 대한 안전성 확보와 저감대책에 대한 투자효율성 증대 및 실질적인 실행방안을 제시하고, 풍수해저감에 대한 방재정책의 환류(feedback)와 발전적 향상을 도모하는 데에 목적을 두고 5년마다 수립한다.

표 10-6 도 풍수해저감종합계획 보고서 목차(예시)

제1장 계획수립의 기본개요

1.1 계획의 배경 및 목적
1.2 계획의 성격
1.3 계획의 수립범위
1.4 계획의 수립절차

제2장 시 · 군 풍수해저감종합계획의 검토

2.1 풍수해위험지구 검토
2.2 저감대책 검토
2.3 시행계획 검토
2.4 검토결과 및 개선방안

제3장 기초현황 조사

3.1 자료조사

3.1.1 행정현황

3.1.2 인문현황

3.1.3 자연현황

3.1.4 방재현황

3.1.5 연도별 풍수해 현황

3.1.6 주요풍수해 현황

3.1.7 방재관련계획

3.1.8 토지이용계획 관련계획

3.1.9 시설정비 관련계획

3.1.10 국가단위 관련계획

3.1.11 지역안전도진단 결과

3.2 설문조사

제4장 풍수해위험지구 선정

4.1 풍수해 유형별 동질성지역 분석

※ 풍수해 유형별로 풍수해 발생현황, 전 지역 단위 재해발생 경향 및 가능성 검토 등을 통해 도차원의 광역적인 검토와 조정 · 보완이 필요한 지역을 구분하기 위한 공간적인 범위 설정

4.2 풍수해위험지구 현황

4.2.1 위험지구 현황

※ 시 · 군 계획을 기초로 하되, 광역차원에서 재해유형별(하천재해, 내수재해, 사면재해, 토사재해, 해안재해, 바람재해, 대설재해, 가뭄재해, 기타재해)로 구분하여 현황정리

4.3 풍수해 위험요인 분석

4.3.1 하천재해 등 재해유형별 위험요인 분석

※ 시 · 군 계획을 기초로 하되, 광역차원에서 재해유형별(하천재해, 내수재해, 사면재해, 토사재해 , 해안재해, 바람재해, 대설재해, 가뭄재해, 기타재해) 위험요인 분석이 필요한 지구 추가 분석 등

4.4 재해유형별 위험요인 분석결과 종합

4.5 풍수해위험지구 선정

4.5.1 하천재해 위험지구 등 재해유형별 위험지구 선정

※ 시 · 군 계획을 기초로 하되, 광역차원에서 재해유형별(하천재해, 내수재해, 사면재해, 토사재해 , 해안재해, 바람재해, 대설재해, 가뭄재해, 기타재해) 위험지구 추가 선정

제5장 풍수해저감종합대책 수립

5.1 전 지역 단위 저감대책

5.1.1 구조적 저감대책

5.1.2 비구조적 저감대책

5.2 수계 단위 저감대책

5.3 위험지구 단위 저감대책

5.3.1 하천재해 저감대책 등 재해유형별 저감대책 수립

※ 시 · 군 계획을 기초로 하되, 광역차원에서 재해유형별(하천재해, 내수재해, 사면재해, 토사재해, 해안재해, 바람재해, 대설재해, 가뭄재해, 기타재해) 위험지구별 저감대책 수립

5.4 타 계획과의 연계 및 조정

5.4.1 방재시설 정비관련 계획과의 연계방안

※ 시 · 군 계획을 기초로 하되, 도차원에서 광역단위 통합 · 조정 및 추가 선정한 위험지구별 하천기본계획, 소하천정비종합계획, 하수도정비기본계획, 사방계획, 항만기본계획, 연안정비계획 등 시설 정비관련 계획과의 연계방안 제시

5.5 도시계획과의 연계 등 관리방안

5.4.1 광역도시계획, 도시기본계획, 도시관리계획과의 연계방안

5.4.2 풍수해저감을 위한 관리방안

제6장 풍수해저감종합대책 시행계획

6.1 시행계획 수립을 위한 기준 설정

※ 시 · 군 계획을 기초로 하되, 도차원에서 재해유형별(하천재해, 내수재해, 사면재해, 토사재해, 해안재해, 바람재해, 대설재해, 가뭄재해, 기타재해) 위험지구별 저감대책에 대한 시행계획을 재원확보방안과 실제 실행가능 하도록 구체적으로 작성제시(협의체 조정결과 반영)

6.2 투자우선순위 결정

6.3 재원확보계획

6.4 단계별, 연차별 사업시행계획

6.5 풍수해저감종합계획도 작성

6.6 기대효과 및 활용방안

(3) 도시 기후변화 재해취약성 분석

재해취약성 분석은 최근 기후변화에 따른 영향으로 재해의 대형화·다양화에 따른 실효성 있는 재해저감 대책을 마련하기 위해 시행되며 재해 예방형 도시계획 수립 시에 체계적인 판단 근거를 제공하기 위해 실시된다.

재해취약성분석은 그림 10-6의 절차에 따라 수행하되, 각 절차별로 수행할 사항은 다음과 같다.

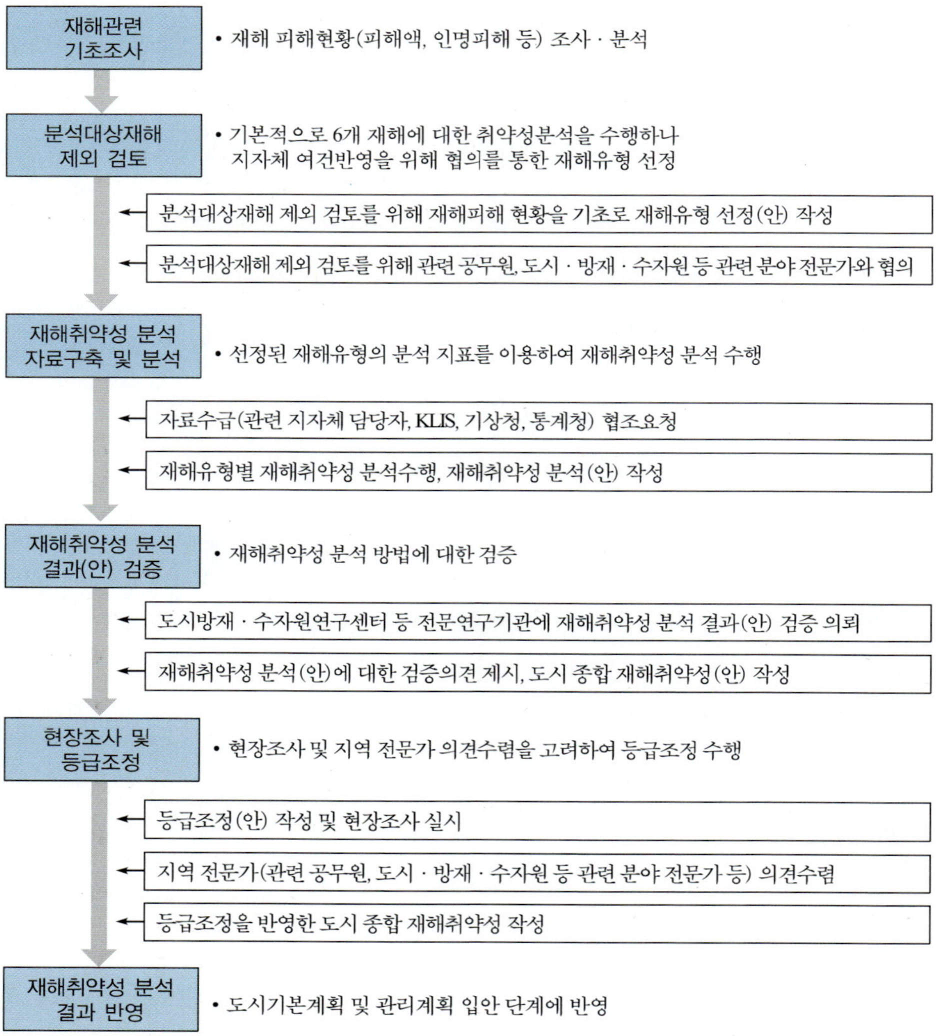

그림 10-6 재해취약성 분석의 절차

출처: '도시 기후변화 재해취약성분석 및 활용에 관한 지침', 국토교통부, 2018년 1월 2일

10.2.4 도시방재 법과 제도의 변화 방향

도시계획 수립시 방재성을 고려한다는 것은 삶의 질 향상과 직결되고 지속 발전 가능한 도시기반을 구축하는 가장 핵심적이고 기본적인 요소라고 할 수 있다. 따라서 도시기본계획의 부문계획으로서 방재 및 안전계획의 역할이 강화되어야 함은 물론, 도시계획 전체를 방재 측면에서 총괄하는 독립된 계획으로서 '방재도시계획'이 제도화되어야 한다. 이를 기반으로 방재계획과 사업이 상호 연계되며 주민의 자발적인 참여를 통해 사업의 효율적인 추진을 도모해야 한다.

즉 도시의 공간구조와 장기 발전 방향을 도시기본계획에서 제시하고, 이를 공간에 구체화하고 실현시키기 위한 도시의 개발 · 정비 · 보전에 관하여 도시관리계획을 수립하는 현행 도시계획체계를 고려하여, 방재기본계획의 내용이 도시기본계획의 방재 및 안전계획에 반영되고, 방재지구의 지정 및 방재지구에 대한 정비계획이 도시관리계획에 포함될 수 있도록 하여야하며, 이러한 연계적인 운용을 통해 계획의 실효성이 확보되도록 하여야 한다.

기후변화에 따른 재난과 성장 위주의 개발로 인하여 증가하는 재난의 발생빈도, 규모, 취약성을 최소화는 정책방향의 도출과 법제도 정비가 필요하며, 환경과의 공존을 융합한 예방 · 대비 · 대응 중심의 도시방재체계의 구축이 필요하다

도시방재를 위한 미래지향적 실천 대안 제시

(1) 기후변화에 대응가능한 방재기준의 정비

- 기후변화로 인한 재해의 변화 예측 및 예방계획 수립 점검
- 예방중심의 방재대책의 수립 및 시행

(2) 자연재난 증가에 따른 방재시설 강화 및 설치 제도화

- 첨단기술을 활용한 자연재난 예측능력 강화
- 현재의 방재기준을 새로운 환경에 맞추어 재설정하여 재난 위험지역에 대한 예방과 대비 능력 향상
- 선진기술의 운용 및 적용을 위해 법과 기술의 융합을 위한 노력

(3) 첨단기술을 적용한 방재기술 개발

- 스마트기술 및 IoT기술을 활용한 방재기술 개발
- 재난에 대한 법적 기준과 방재시스템 구축, 대피요령 등에 대한 지침 마련

(4) 사전적 재해대응 도시계획 수립

- 국토교통부와 행정안전부 등에서 시행하고 있는 스마트 시티, 방재안전마을 만들기 등의 사업 확대
- 국외 선진국에서 시행하고 있는 방재안전구역, 재난관리센터 등 선진제도의 도입

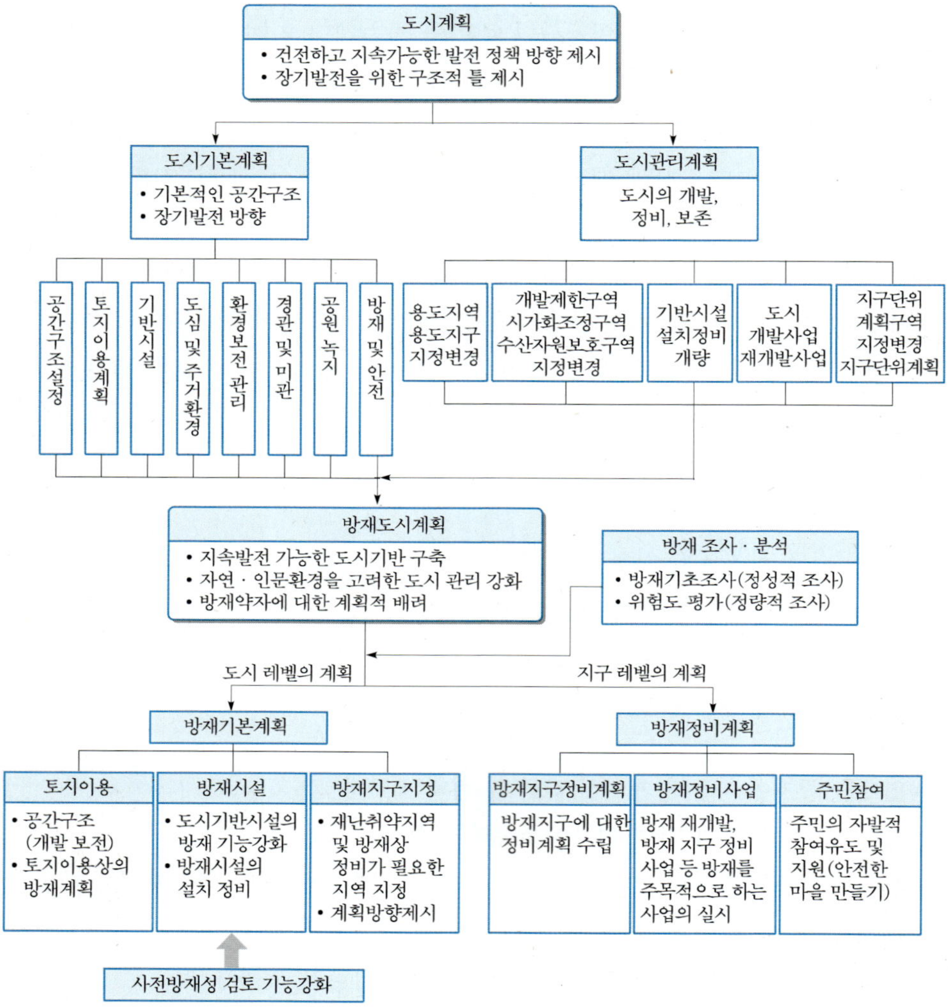

그림 10-7 도시방재계획의 기본 틀

10.3 방재성을 고려한 도시계획 사례

도시지역의 재난피해를 예방하기 위한 국내외 국가들의 도시계획적 접근 사례를 소개하고자 한다.

- **도시방재 계획 사례**
  (1) 미국의 허리케인 관련 갈베스톤 지방 방재계획 사례
  (2) 일본의 광역방재공원 방재녹지계획
  (3) 중국 사천성 청두시 방재공원 설치 사례
- **리질리언스를 고려한 도시방재계획 사례**
  (1) 덴마크 코펜하겐 전략적 홍수 마스터 플랜
- **LID 도시방재계획 사례**
  (1) 아산탕정지구 분산형 빗물관리 도시조성공사
  (2) 성남판교신도시

10.3.1 도시방재계획 사례

가. 미국의 허리케인 관련 갈베스톤 지방 방재계획 사례

미국 텍사스 갈베스톤(Galveston, TX)지역의 방재사례는 방재 관련 연방정부 보조금 활용에 있어서 공간계획 기반의 통합적 방안이 매우 효율적일 수 있음을 보여주고 있다. 텍사스 갈베스톤 지역은 휴스톤 인근 멕시코만에 위치한 갈베스톤섬(Galveston Island)을 포함하는 지역으로 1900년에 발생한 허리케인으로 인하여 약 8,000명의 사상자가 발생하는 등 허리케인관련 자연재해에 매우 취약한 지역에 해당된다. 1900년 참사 이후 축조된 길이 16킬로미터 높이 5.2미터의 방조제가 암시하는 바와 같이 구조적 방재대책을 기반으로 자연재해를 극복하여 성장을 계속하였다. 하지만 이러한 시설 중심의 방재대책은 2005년 해당 지역을 강타한 허리케인 리타(Rita) 이후 전환점을 맞게 되었다. 허리케인 리타로 인한 피해 복구를 돕기 위하여 2006년에 마련된 연방재난관리국(FEMA)의 방재관련보조금프로그램(HMGP, Hazard Mitigation Grant Program) 기금을 활용하는 데 있어 갈베스톤지역 내 서프사이드비치(Surfside Beach) 마을 지도자는 마을 해안에 위치한 상습 피해 주택을 매입 · 보상(Buyouts)을 통하여 안전지역으로 이주시켜줄 것을 제안하였고, 갈베스톤 지방정부는 연방정부의 동의하에 해당기금을 피해시설 복구 또는 방재시설 강화가 아닌 자발적

으로 참여한 9채의 주택을 이주시키는 데 사용하였다. 이때 자발적 매입 · 보상에 참여하지 않은 나머지 주택은 2년 후 같은 지역을 강타한 허리케인 아이크(Ike)에 의하여 모두 상실되었으며(그림 10-8 참고) 이는 단순 피해 복구 차원이 아닌 항구적 대책마련을 위한 복구기금 활용의 중요성을 극명하게 보여주었다.

그림 10-8 허리케인 아이크(Hurricane Ike) 의한 텍사스 연안 피해

출처: 갈베스톤 위원회 제공

이러한 공간계획적 접근 방식 채택의 긍정적 결과는 이후 연방정부의 재난복구관련 기금 활용 방향을 전환하는데 큰 영향을 미치게 되었다. 즉, 허리케인 아이크(Ike) 피해복구를 위해 텍사스 내에서 재난지역으로 선포되었던 지역을 대상으로 인명피해 및 재산 손실을 방지할 수 있는 프로젝트를 위하여 3억 9천 5백만 미국 달러 규모의 기금을 편성 · 지원하였는데, 해당 기금의 수여 대상이 되기 위한 프로젝트는 반드시 향후 재난에 대비한 중장기적, 항구적 해결책이 되어야 함을 명시하기에 이르렀다. 물론, 중장기적이며 항구적인 해결책으로는 침수 위험 주택 및 시설의 지상고 높임 사업이나 강풍 및 지진에 대비한 건축물 내진 보강공사 등을 포함하고 있으나 가장 대표적인 프로젝트 유형에는 재해피해를 반복적으로 경험하였거나 사전위험분석을 통하여 나타난 취약지역 내 주택 및 사유지 매입이 해당되었다(FEMA, 2008).

나. 일본의 광역방재공원 방재녹지계획

도쿄 임해 광역 방재공원은 대규모 재해 발생 시, 현지의 재해 정보를 총괄하고 재해 응급 대책을 조정하는 「재해 현지 대책 본부」가 설치되며, 수도권 광역 방재 사령부 및 광역 지원부대의 베이스캠프이자 재해 의료 지원 기지 역할 및 히가시 오기시마 지구(가와사키시)의 물류 컨트롤 센터와 일체적으로 기능하는 방재 거점시설이다.

방재공원은 도시공원 사업의 일환으로 국토교통성과 도쿄시가 역할을 분담하여 정비하고 있다. 국영공원의 면적은 6.7ha, 도립공원의 면적은 6.5ha로 합계 13.2ha이다. 다양한 체험, 학습, 훈련을 통해 국민들의 방재에 대한 관심을 높이고, 실제 재해 발생 시에 대응할 수 있도록 지식을 습득하는 일깨우는 장소이기도 하다.

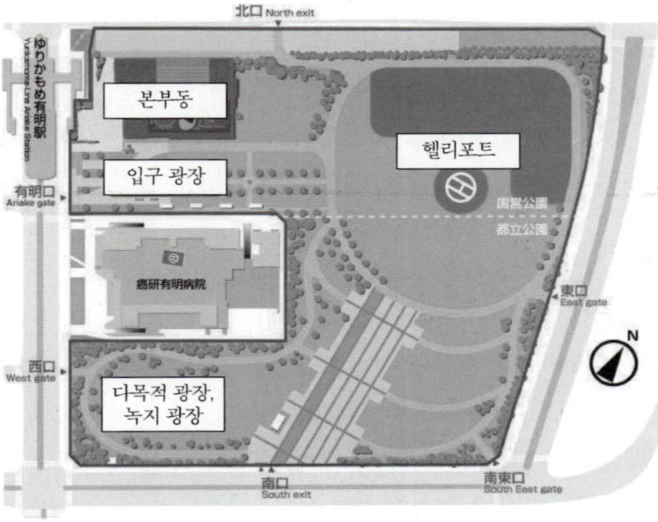

그림 10-9 도쿄 국영 임해 광역방재공원 방재녹지계획

공원 방재시설의 특징은 다음과 같다.

- 건물 전체를 지반이 안정된 곳에 배치한다.
- 중앙 방재 무선(지상계 및 위성계)을 이용하여 각 정부 부처 및 전국 현과 접속되도록 한다.
- 영상 전송(도쿄, 사이타마, 가나가와, 지바), 영상 회의, 헬리콥터 카메라를 이용한 영상 수집이 가능하도록 한다.
- 비상용 전원(자가 발전)이 있다. 자가발전기로는 발전력1,000kVA×2 기등유식, 무정전 장치에 의해 자동으로 변환, 연료 90,000L 저장, 3일간 연속 가동 가능(연료 추가 시 7일까지 연속 가동 가능)이 있다.
- 락커실, 샤워실, 임시 수면실을 배치한다. 재해 발생 시는 공원 시설의 일부를 임시 수면실로 조성되었다.)
- 비축식량, 음용수(페트병) 등을 7일 동안 사용할 수 있도록 비축 계획을 수립한다. 마지막으로 기타 음용수 약 6톤, 샤워, 살수용수 약 133톤 합계 139톤을 2개의 저수조에 나누어 배치한다.

'국립 임해 광역 방재공원'은 대표적 방재공원이다. 재해 발생 시 다목적광장, 녹지 광장 등 넓은 부지는 헬리포트 및 베이스캠프로 사용된다. 도쿄 임해 광역 방재공원은 출입구가 6개 있으며 외부 환경과 연결하는 부분에서 방화 수림대를 배치하였다. 대부분 지역에서수목은 교차방식 2열로 심고 건축과 연결하는 구역에서는 3열 이상을 심었다. 평상시 관계기관들이 연계하여, 방재에 관한 정보교환, 각종 시뮬레이션과 훈련 등을 진행하며, 지진과 같은 대규모 재해 발생 시, S구역에서 위치하는 헬리포트 및 재해 의료 지원 용지를 제외한 공원 지역은 인명 구조나 재해 복구를 위해 파견되는 광역 지원 부대 외 전국 각지에서 찾아오시는 자원봉사자들의 관리 및 보급 통제소 기능을 가지는 베이스캠프 용지가 된다. 공원의 주요 산책로나 헬리포트에는 액상화 방지 대책 공법을 실시하고 있다.

다. 중국 사천성 청두시 방재공원 설치.

중국 사천성 문천현 영수진(映秀镇)과 선구진(漩口镇)지역에서 2008년 5월 12일에 발생한 문천 대지진은 표면파 규모 M8.0이고 모멘트 규모 M8.3(미국 지질 조사국의 보고에서는 모멘트 규모가 M7.9로 기록됨), 진도 11도에 달하는 대지진이었다.

문천 지진의 피해지역은 총 10만km^2로 사망자 총 69,227명, 부상자 374,643명, 실종자 17,923명으로 이는 중화인민공화국이 설립된 이래 파괴력이 가장 크며 당산 대지진 이후 가장 많은 사상자를 낸 재해였다. 이 재해로 인해 중국 정부는 새로운 도시계획을 시행함에 있어서 방재의 개념을 도입하기로 하였다.

중국정부는 지진재난 이후에 도시녹지의 기능에 집중하였다. 도시공원녹지는 지진재해의 발생 시간 순서에 따라 재해 발생 전, 재해 발생 시, 재해 발생 후 3가지로 나누어 볼 수 있다.

표 10-7 도시녹지 기능의 유형

<table>
<tr><th colspan="2">자연 · 환경적 측면</th><th>위탁 및 활용적 측면</th></tr>
<tr><td>도시형태 제한</td><td>각종 토지이용의 분할과 완화</td><td rowspan="6">건강, 체육과 오락기능, 체력의 증가와 향상, 교양, 문화, 풍습 의식의 형성, 사회성 증진, 교류와 활동 장소, 재해대책 등</td></tr>
<tr><td>환경 보호</td><td>도시기온(미기후)의 조절, 소음방지, 바람방지, 먼지방지, 공기정화</td></tr>
<tr><td>자연생태</td><td>야생동물 생존환경 보호, 도시생태시스템보호와 개선</td></tr>
<tr><td>재해 방지</td><td>화재방지, 폭발완화 등 재해, 긴급피난, 홍수조절 등</td></tr>
<tr><td>심리기능</td><td>녹지로 인한 정신건강, 도시경관미화 등</td></tr>
<tr><td>경제기능</td><td>주변지역에 경제적 주는 부가가치 등</td></tr>
</table>

먼저, 지진 발생 전 도시녹지의 기능이다. 도시녹지는 재해를 예방하는 시스템 체계를 구축해야 하여, 이를 통해 지진으로 인한 화재 및 기타 화재 발생을 예방하고 피해를 최대한 줄일 수 있는 기능을 갖추도록 하여야 한다. 동시에 보행로나 주거지의 방재교육 및 응급 행동요령에 관한 홍보물 활용 및 사전공간에 대한 숙지를 통해 실제 지진 발생에 대비하도록 시설물 등의 기능을 고려하여 계획해야 한다.

지진 발생 시 도시녹지는 3가지 기능을 한다. 첫째, 분산, 구조 통로와 임시 대피장소의 기능. 지진 발생 시 공원녹지의 주된 기능은 피난자에게 피난장소와 지진대피통로를 마련하고, 그들에게 임시 거주지를 제공함으로 기본생활조건을 확보하도록 것이다. 대지진 발생 시, 붕괴된 건물은 인명피해의 주된 원인이므로 주민들은 최대한 빨리 넓은 공지로 이동하여야 한다. 공원녹지는 주민들의 생활환경과 밀접하여 피난공간으로 매우 적합한 장소이다. 또한 높은 수목들은 대개 뿌리가 든든하고 잎이 무성하여 재난 발생시 쉽게 쓰러지지 않아 지진 발생 시 피해를 방지할 수 있다. 또한, 수목 하부에서 구조 활동을 하거나 임시 수송 통로를 이루어 피난자들의 임시 거주지로 활용 가능하다.

그림 10-10 재해 시 임시 피난처(좌), 긴급 피난공간 기능의 녹지공간

둘째, 구조작업 지원의 기능. 도시녹지는 임시 응급 지휘소의 통신 및 정보교류를 위한 장소로 재해 지역과 주변 지역과의 원활한 정보교류가 가능한 공간이다. 또한 임시 의료소를 세워 신속한 인명구조와 구호품 보관 및 분배를 가능하다. 이는 단 시간 내에 구조자, 구호품 운송, 피난자의 안전을 보장하고, 도로의 교통 혼잡으로 피해자의 분산 이동에 어려움이 발생했을 때 도시녹지를 구조헬기 이착륙 장소로 사용할 수 있기 때문이다. 더불어 대 지진 발생으로 생겨난 잔해물 및 시설을 매립하는 장소로 활용 가능하다. 당산 대지진 발생시, 도로가 차단되어 교통이 중단되었을 뿐 아니라 무더위로 인해 사망자의 시신, 각

종 전염병을 초래했다. 이에 정부는 녹지공간을 활용하여 시신을 처리하였다.

셋째, 2차 재해 방지와 감소 기능. 지진 발생 시, 다양한 도시 기반 시설이 밀집되어있는 도시에 폭발, 화재와 같은 2차 재해 발생한다. 하지만 도시녹지공간의 녹화식물은 많은 양의 수분을 갖고 있어 천연 방화소재가 된다.

마지막으로 지진발생 후의 도시녹지의 기능이다. 지진재해로 인해 폐허가 된 도시에는 보수 및 재건 공사가 진행된다. 이 과정에서 도시녹지는 피난에 필요한 자원을 갖춘 장기 거주지로 활용된다. 또한, 도시 재건과 회복의 중요한 기반과 활동 거점이 된다. 이처럼 체계적인 도시녹지의 기본 인프라를 구축하는 것은 도시 재건과 회복에 있어 매우 중요한 역할을 한다.

10.3.2 리질리언스를 고려한 도시방재계획 사례

리질리언스는 되돌아 가려는 것이라는 의미를 지닌 라틴어인 "resi-lire"에 어원이 있다. 물리학자들에 의해 처음 사용된 리질리언스의 개념은 물질이 지닌 탄성의 특성을 설명하는 것이었으며, 외생적 충격으로부터 물질의 안정성을 기술하는데 이용되었다. 최근 리질리언스는 자연과학 뿐만 아니라 심리학과 정신질환, 사회와 커뮤니티 개발, 재난 대응에 이르기 까지 다양하게 사용되고 있다.

먼저 사회학적 관점에서 복원력은 "장기적 전망을 통해 위험요인 또는 외부충격과 스트레스를 예측하고 흡수하며, 이로부터 회복할 수 있는 개인, 가구, 인구집단 또는 체제의 역량"으로 정의한다. 이러한 개념은 복원력이 고정된 종결상태가 아니라, 상태와 과정의 역동적인 조합으로 보는 견해라고 할 수 있다. 자연 및 생태분야에서는 복원력을 "자연 환경 및 생태계에서 오염이나 작은 변화가 발생하였을 때 이를 자정할 수 있는 능력"으로 정의한다. 따라서 시스템 상태의 변화 없이 흡수할 수 있는 교란의 정도이며 교란된 이후에 돌아갈 수 있는 균형점은 하나가 아니라 여러 개 일 수 있다고 파악하였다. 자연 및 생태분야에서는 자연적인 '회복'을 강조하며 이를 위해 일정한 기간이 필요한 것이 특징이다. 공학 분야에서의 복원력은 "시스템이 내·외부 변화요인에 의해 제 기능을 발휘하지 못하게 되었을 때, 얼마나 빠른 속도로 정상상태로 복원이 가능한가"를 정령화한 지표로 정의한다. 특히 본원력이 우수한 사회기반시설은 자연적, 인위적인 외부요인에 신속히 대응하여 원래의 상태로 복구가 빠른 시설을 의미한다. 따라서 공학분야의 복원력은 시스템이 본래의 기능을 신속히 회복하는 것에 중점을 둔다고 할 수 있다.

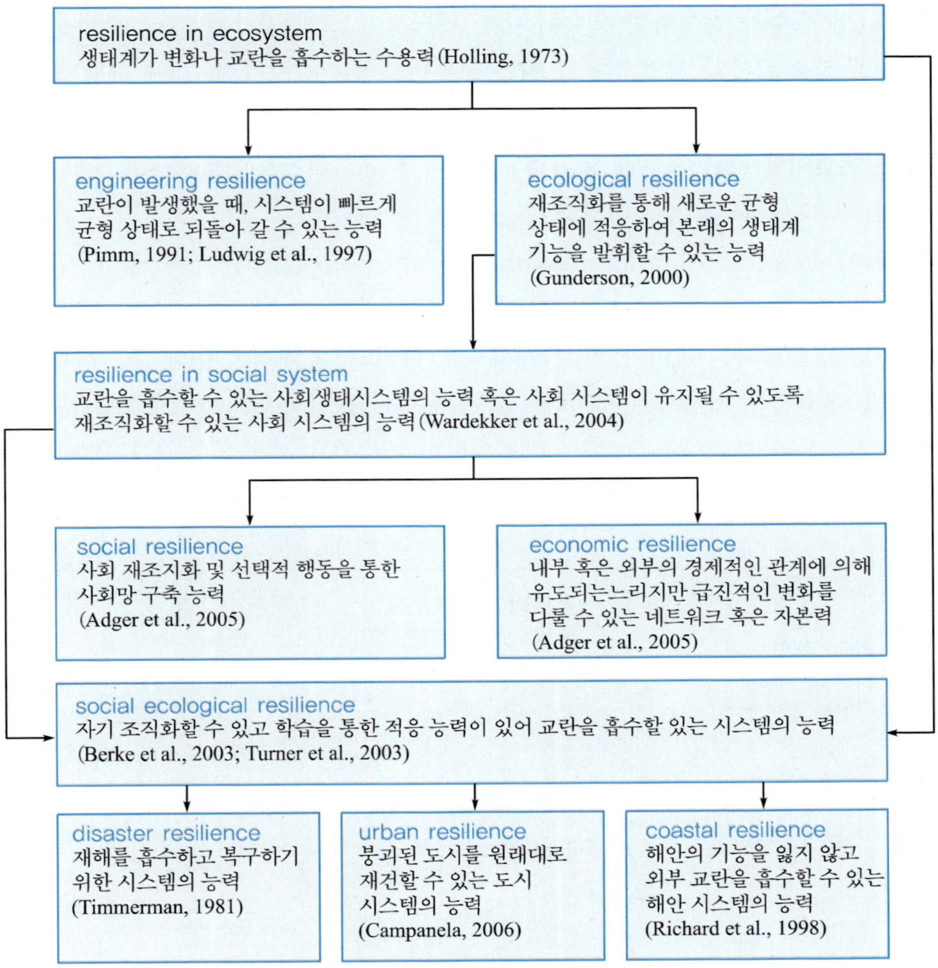

그림 10-11 리질리언스 개념의 등장과 확장과정

가. 덴마크 코펜하겐 전략적 홍수 마스터 플랜

덴마크 코펜하겐은 홍수가 빈번히 발생하는 지역으로 2011년 7월 2일 1000년 만에 기록될만한 대규모 홍수가 발생하여 홍수에 대한 위험성이 크게 증가되었다. 당시에 3시간 동안 150mm의 집중 폭우가 있었으며 그 양은 코펜하겐의 연강수량의 1/5에 해당한다.

그 이후 2014년에 또다시 홍수 피해를 입었다. 이러한 상황에 대한 원인은 단순한 홍수가 아니라 지구온난화에 따른 해수면 상승이라 판단하고 대응책으로 Cloudbrust concretization masterplan란 도시계획을 수립하였다.

Cloudbrust concertization masterplan는 도시의 리질리언스를 위해 공원, 광장, 도로, 도시 운하, 녹색 길 조성 등으로 도시 전반적인 계획을 세우고 모든 배수는 하천과 발트해로 배출될 수 있게 연결하는 것이다. 이 도시계획은 여러 가지 대책이 있다. 첫 번째는 완충지대에서 지표 유출량을 저장하는 것이다. 홍수 시 공원을 일시적인 호수로 사용해 탄력적으로 대응이 가능하며 도로도 녹지화를 통해 원활한 배수가 이루어지게 계획하였다. 또한 계획적으로 경사를 낮추어 최소한의 보행로만을 남겨놓아 홍수에 대응할 수 있게 구성하였다.

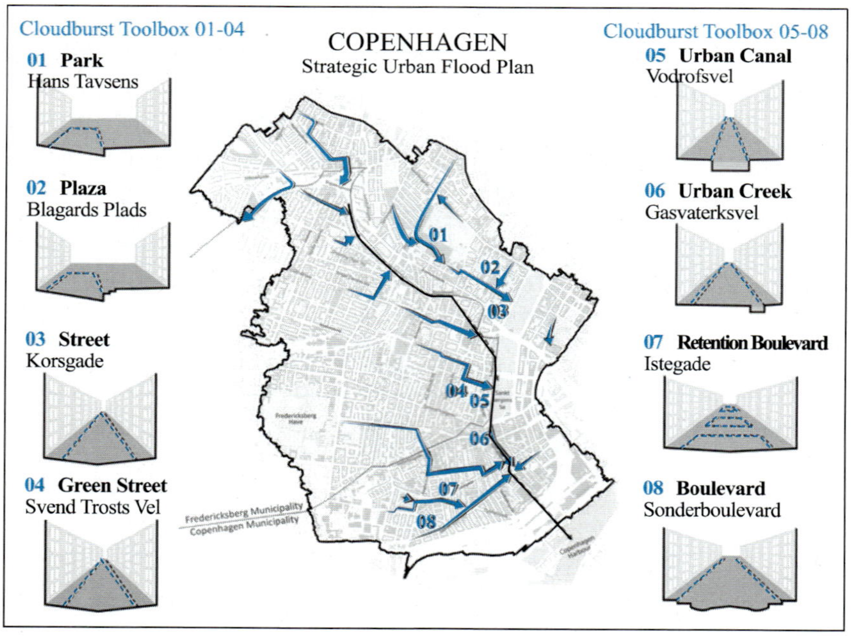

그림 10-12 Cloudbrust concretization masterplan 도시계획

출처: http://www.landezine.com/

Cloudbrust concertization masterplan는 도시의 리질리언스를 위해 공원, 광장, 도로, 도시 운하, 녹색 길 조성 등으로 도시 전반적인 계획을 나타내고 모두 하천과 발트해로 배출될 수 있게 연결되어 있다. 이 도시계획은 여러 가지의 대책이 있다. 첫 번째는 완충지대에서 지표 유출량을 저장하는 것이다. 홍수 시 공원을 일시적인 호수로 사용해 탄력적으로 대응이 가능하며 도로도 녹지화를 통해 원활한 배수가 이루어지게 계획하였다. 또한 계획적으로 경사를 낮추어 최소한의 보행로만을 남겨놓아 홍수에 대응할 수 있게 구성하였다.

그림 10-13 홍수전과 홍수후의 도시공원 활용 예

출처: http://www.landezine.com/

두 번째는 지하에 배수가 가능하게 레인가든을 형성했다. Cloudbrust concretization masterplan에서는 지표면에 침투되는 빗물의 양을 증가시켜 하천, 하수관거로 짧은 시간 내 유출되는 빗물의 양을 증가시킬 수 있게 조성하였다.

그림 10-14 홍수전과 홍수후의 도시배수 예

출처: http://www.landezine.com/

10.3.3 LID 도시방재계획 사례

저영향개발(Low Impact Development, LID)기법은 1990년에 Prince George's County와 메릴랜드 환경자원부에서 기존의 비점오염원 최적관리 기법(Best Management Practices, BMP)의 대안으로 도입되었다. 비점오염원에 의해 발생하는 오염량을 수질목표에 상응하는 수준으로 줄이거나 억제하는 수단인 BMP는 빗물관리에 사용되며, 기계적인 여과장치, 빗물받이 등이 있다. LID는 빗물을 관리하는 방법으로 소규모 시설을 분산 적용하여 개발지역의 강우 유출수(Rainfall effluent)를 차단하거나 분산시키며, 자연 물순환 기능을 최대한 유지하여 도시개발로 인해 발생한 오염물질의 정화기능 뿐 아니라 물순환, 미기후(Micro climate)조절 기능을 제공한다. 이러한 LID는 자연 침투 및 저류 프로세스를 원칙으로 하여 도시 경관을 아름답게 하는데 일조하며, 수자원 확보, 수질유지, 생활의 질 향상에 기여한다.

가. 아산탕정지구 분산형 빗물관리 도시조성공사

아산탕정지구는 2011년 12월에 착공하여, 2016년 4월 준공한 사업이다. 본 사업은 대단위 도시개발사업 중 분산형 빗물관리시스템을 적용하여 자연적 물 순환체계 복원 및 친환경 도시를 조성하는 국내 최초의 사업이다.

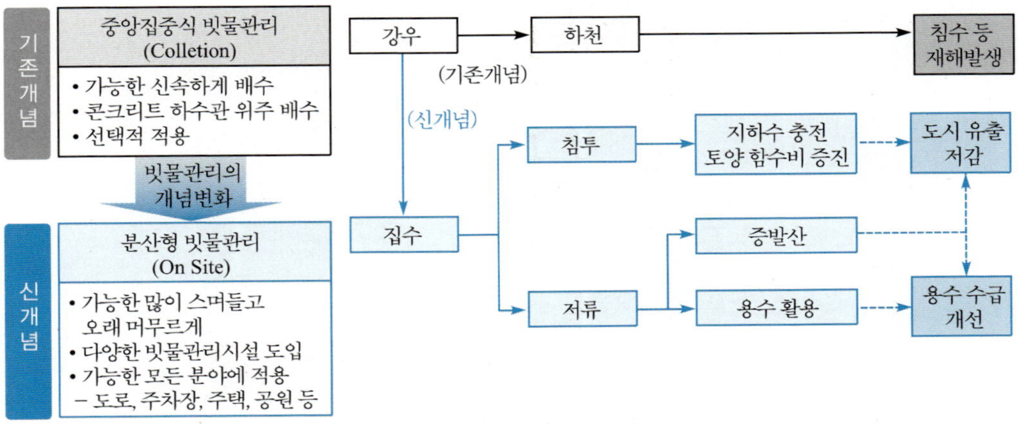

그림 10-15 분산형 빗물관리 개념도

표 10-8 아산탕정신도시 분산형 빗물관리 도입시설(국토교통부)

구 분	모식도	설치장소	수량(EA)
침투도랑	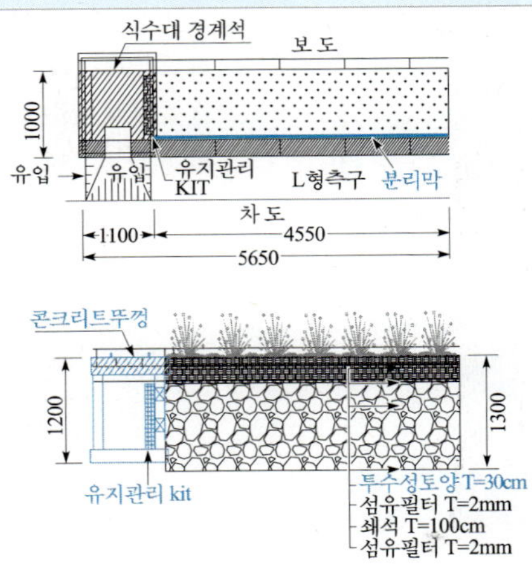	공원, 완충녹지, 식수대	803

구 분	모식도	설치장소	수량(EA)
측구형침투시설	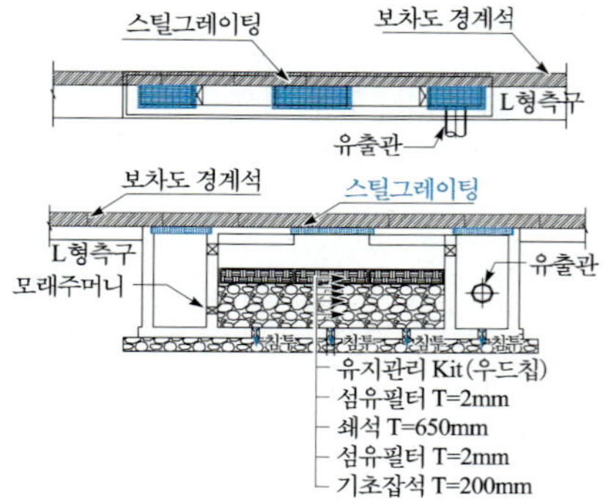	도로 L형측구 구간	50
식생수로	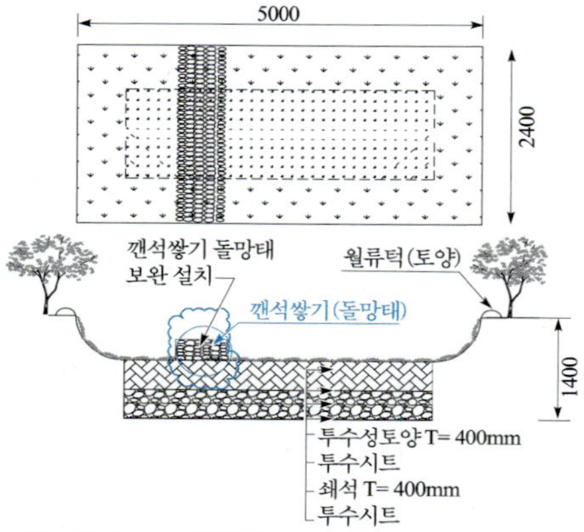	공원, 완충녹지구간	178
빗물저류조		공원내	5
투수블럭		보도	보도 구간

주요 도입내용은 다음과 같다. 첫째, 투수면적 확대를 위한 공간 배치. 투수면적 확대를 위해 공원부 시설물 배치를 최소화 하였으며, 도로 및 주차장에 대해서는 증발산량 극대화를 통한 미기후 개선을 위해 식재공간 확보 및 다양한 투수성 포장을 도입하여 불투수층을 최소화 하였다. 둘째, 분산형 빗물관리를 위한 공간 배치. 부지계획고 결정시 원지반 지형 및 지반교란을 최소화하도록 하였으며, 블록부는 빗물관리에 효율적이도록 2% 이하의 경사로 조성하였다. 또한 분산형 빗물관리 시스템 설치효과 증대를 위해 공원녹지가 도로보다 높지 않도록 계획하였으며, 공원녹지가 도로보다 높게 조성되는 구간에 대해서는 공원녹지와 도로 사이에 식생수로 또는 침투도랑을 설치하여 빗물침투를 극대화하였다. 셋째, 분산형 빗물관리 효과 분석 및 검증. 본 사업지구에서는 계획당시 빗물처리시설 적정규모 산정 및 빗물이용 분석 등 사업지구에 적합하도록 모델을 개발하여 10년간 연속시강우분석을 통해 LID 시설에 대한 개선효과를 분석하였다. 넷째, 모니터링 시행. 대상지역내 분산 대상지역내 분산식 빗물관리시스템 설치계획에 따른 개발 전 · 후의 기상 및 강우상태, 유출량, 지하수위, 수질 등을 측정하도록 계획하였다. 이후 아산탕정지구를 대상으로 개발사업 시행 전 · 후의 물수지를 분석한 연구(한국토지주택공사, 2011)에서 우수유출량은 개발 전에 비해 262% 증가하였으나, 분산형 빗물관리 시설을 설치하는 경우 우수유출량은 개발 전에 비해 163% 증가하는 것으로 나타났다. 즉 분산형 빗물관리 시설 설치를 통하여 우수유출량의 38%가량을 저감할 수 있는 것으로 예측되었다.

표 10-9 분산형 빗물관리시설 설치 전 · 후의 물수지 분석 결과 (단위: m^3/yr)

구분	개발 전	개발 후	
		빗물관리시설 설치 전	빗물관리시설 설치 후
증발산	724,207(33.5%)	202,772(9.4%)	238,372(11.0%)
침투량	897,151(41.5%)	543,827(25.2%)	1,000,765(46.3%)
저류량	-	-	41,046(1.9%)
유출량	540,453(25.0%)	1,415,213(65.5%)	881,629(40.8%)
계	2,161,812(100%)	2,161,812(100%)	2,161,812(100%)

10.3.4 스마트시티 도시운영 계획

스마트시티는 '도시에 ICT, 빅데이터 등 신기술을 접목하여 각종 도시문제를 해결하고, 삶의 질을 개선할 수 있는 도시모델'로 정의 하고 있으며(국제전기통신연합 보고서) 주로 IT 및 소프트웨어 기술을 활용한 데이터 분석 및 자원의 최적배분을 위한 서비스 플랫폼을 구축 · 적용하여 도시문제 해결과 기후변화에 대응하고자 하는 목표로 추진되고 있다. 또한 최근에는 다양한 혁신적 기술을 도시 인프라와 결합하고 융 · 복합하는 '도시 플랫폼' 개념이 확산되고 있다(이순정, 2019)

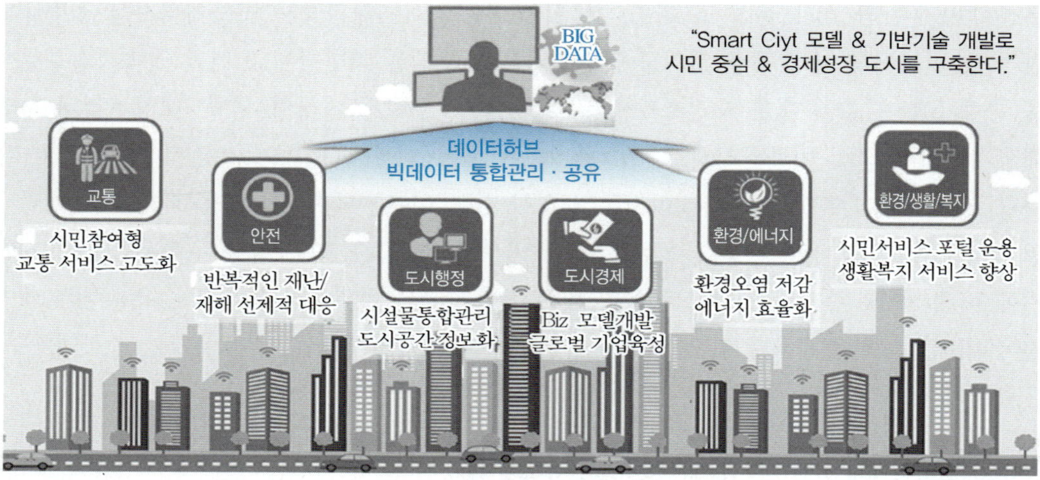

그림 10-16 스마트시티 적용 대표 서비스

출처: 정보과학회지 36(7) pp.61 2018.7

현재 국내 · 외 스마트 시티 사업은 초기 진입단계로서 국가 실증사업 위주로 추진되고 있어 향후 방재성을 고려한 도시계획 수립시 시범도시는 혁신기술 테스트, 기존도시와 노후도시는 각각 상용화단계 기술 적용 및 도시문제 해결에 초점을 맞춰 진행이 필요하다.

도시문제	기존도시 대응	스마트시티 대응
에너지 부족	신규 인프라 건설	▪에너지효율화로 사용량 이전 · 절감 ▪네트워크 운영 최적화로 손실 저감
교통 혼잡	도로 확장 · 건설	▪혼잡 정보 실시간 제공으로 우회 유도 ▪실시간 교통량에 따른 교통신호 제어
주차 문제	신규 주차장 건설	▪빈 주차공간 정보제공으로 주차 유도 ▪카세어링 서비스로 도심진입 최소화
방범 · 안전	경찰 인력 확장	▪CCTV 정보 공유로 경찰인력 즉각 투입 ▪스마트범죄 앱 활용으로 도움 요청
상하수도	누수지점 확인 불가	▪누수지점 센서 감지로 즉각 조치 가능 ▪장기적 노후도 추정으로 누수 예측

스마트 에너지 / 스마트 빌딩 / 스마트 교통 / 스마트 환경 / 스마트 ICT / 스마트 복지

그림 10-17 주요 도시문제 해결을 위한 스마트시티 대응 방안

구분	대상	주요 내용	관련 부서	비고
국가 시범도시	세종	에너지, 교통 등	국토부, 과정부 등 6개 부처	2018년 하반기 추가선정 예정
	부산	수변, 국제물류 등		
혁신도시 선도모델	전남 나주	이전 공공기관의 특성을 살린 모델 수립	한국전력	공공기관 이전 혁신도시 추가예정
	경북 김천		도로공사	
국가전략 프로젝트	2개 도시 (공모 중)	도시문제 해결형(교통 등)	국토부, 과정부	연구개발 중심
		비즈니스 창출형(에너지 등)		
도시재생 뉴딜	68곳 선정 (2017)	스마트시티 기술 이용한 생활환경 재생	도시재생 특위	매년 선정
테마형 특화단지	2018~2020년 매년 4개 선정	지역특성에 맞는 스마트시티 사업 발굴	지자체 매칭	국비 2,25억 원

그림 10-18 주요 도시문제 해결을 위한 국가 스마트시티 사업내용

출처: 국가 스마트시티 추진전략, 2018.01

참고문헌

1. 건설교통기술평가원 (2006). u-Eco City 사업단 사전기획
2. 과학기술부 (2000). 2025년을 향한 과학기술발전 장기비전
3. 관계부처 합동 (2017.1). 2016년 이상 기후 보고서
4. 권영진 등 (2010). 도시화재의 물리적 연소성상예측모델 구축 및 이를 활용한 도시화재리스크 평가기법의 개발. 소방방재청, pp53-61
5. 구글 위키백과(미세 플라스틱)
6. 국가과학기술심의회(구: 국가과학기술위원회) (2013).
7. 국립방재연구소 (2004). 토석류의 발생작용 및 저감대책에 관한 연구
8. 국립재난안전연구원 (2013). 내진설계 기준 정비 방안
9. 국립재난안전연구원 (2013). 국가 지진재난 관리 연구개발사업 중장기 기획연구, 내신설계기준 정비 방안
10. 국민안전처 (2017.5). 9.12 지진백서 : 9.12지진과 그후 180일간의 기록, pp150-157
11. 국민안전처 중앙재난안전대책본부 (2016.10.2). 9.12 지진발생 및 대처상황 보고자료
12. 국토연구원 (2010). 21세기 통합적인 도시홍수 위험관리 지침서 : 도시와 홍수
13. 국회예산정책처 (2017). 재난안전 관리현황과 주요 대책 분석 IV(지진방재 실태 분석)
14. 그림자료: 그린피스 동아시아 서울사무소 홈페이지(https://www.greenpeace.org/korea/)
15. 그림자료: 그린피스보고서 (2016.7.6). 우리가 먹는 해산물 속 플라스틱
16. 기상청 (2001). 1978-2000 지진관측 보고
17. 기상청 (2015). 지진연보
18. 기상청 (2016). 지진연보
19. 기상청 (2017). 지진연보
20. 기상청 (2017). 9.12 지진 대응 보고서
21. 기상청 (2017). 포항지진 분석 보고서
22. 김기환 (2010). 모형실험을 통한 토석류확산과 제어시설의 저감효과, 상지대학교 대학원, 박사학위논문
23. 김남균 (2011). FLO-2D를 이용한 토석류의 이동과 확산에 관한 연구, 강원대학교 방재전문대학원, 석사학위논문
24. 김명주 · 곽덕훈 (2008). Understanding of Ubiquitous. 이한출판사
25. 김시환 외 공저 (2012). 알기 쉬운 원자력공학, 한국원전수출산업협회
26. 김효정 (2012). 원자력안전과 규제, 한스하우스.

27. [네이버 지식백과] 국제원전사고•고장분류지침 [International Nuclear Event, 國際原電事故•故障分類指針] (원자력용어사전, 한국원자력산업회의) (2011)
28. [네이버 지식백과] 납(Pb) [Lead[Plumbum]] - 납축전지에 쓰이는 내부식성 금속 (화학원소, 박준우)
29. [네이버 지식백과] 방사선관리 [radiation control, 放射線管理] (두산백과)
30. [네이버 지식백과] 방사선공학 [Radiation Engineering] (학문명백과 : 공학, 김희령)
31. [네이버 지식백과] 원자력 사고 - 원자력 사고 등급과 주요 사고 (물리산책, 김충섭)
32. [네이버 지식백과] 원자력안전 [Nuclear Safety] (학문명백과 : 공학, 석수동)
33. [네이버 지식백과] 원자력안전 [Nuclear Safety] (학문명백과 : 공학, 석수동)
34. [네이버 지식백과] 스리마일섬원자력발전소사고 (두산백과)
35. [네이버 지식백과] 스리마일 원자력발전 사고 (시사상식사전, pmg 지식엔진연구소)
36. [네이버 지식백과] 체르노빌 원자력발전 사고 [Chernobyl disaster, 一原子力發電事故] (두산백과)
37. [네이버 지식백과] 후쿠시마원전사고 [Fukushima Daiichi nuclear disaster, 福島原電事故(복도원전사고)] (두산백과)
38. 정동환 · 주병규 · 이원석 · 정현미 · 박준원 · 김창수 (2018.8), 국내외 연구사례를 통해 본 하수처리시설 미세플라스틱 배출특성 및 관리방안 고찰, 국립환경과학원 상하수도연구과, 대한상하수도학회, 상하수도 학회지
39. 동아사이언스 (2018.4.23). "'쓰레기 대란'에 플라스틱 그냥 버렸다간…미세 플라스틱으로 식탁까지 위협"
40. 류동현 · 이호근 · 김규형 (2010). u-방재 서비스 및 기술동향. ETRI 전자통신동향분석. 제25권, 제4호.
41. 리질리언스 읽기2 (2012). 전진형
42. '미세플라스틱의 역습…인체유입 공포'. 아시아 경제. (2018.10.25) (오스트리아 환경청 발표. www.umweltbundesamt.at)
43. 박덕근 · 오정림 · 박정훈 (2007). 재해경감대책협의회 사면분야 활동보고, 방재연구, Vol.9(2), pp13-18
44. 박미리, 이영근 (2015.05). 대형복합재난의 주요사례와 시사점, 방재저널(Journal of Disaster Prevention) (한국방재협회), 제69호 Vol.19 No3, p21
45. 박외철 · 김영수 · 방창훈 · 이수경 · 이춘하 (2011). 최신 소화설비. 동화기술.
46. 박지혜 (2018.10). '미세플라스틱 오염현황 및 주요 국가의 관리방안과 시사점' 한국수자원공사(K-water), 저널 물 정책 · 경제 31권0호
47. 사토 카즈오(佐藤一男). 원자력 안전의 논리 (2006년). 심기보 옮김, 한솜미디어
48. 산업통상자원부/한국수력원자력 (2015). 원자력발전백서
49. 산업통상자원부/한국수력원자력 (2016). 원자력발전백서
50. 삼성방재연구소 (2005). 위험관리 가을호, pp10-1712
51. 서울특별시교육청 (2008). 지능형 로봇 유비쿼터스.
52. 소방방재청 (2013)
53. 소방방재청 (2013). 재해연보
54. 수충부 및 토석류 방재기술연구단 (2011). 제 3차년도 수충부 및 토석류 방재기술연구단 성과발표회, pp319-330

55. 승규(인천대학교 해양학과)교수팀이 그린피스와 함께 발표한 '식용 소금에 함유된 미세 플라스틱의 국제적 양상: 해양의 미세 플라스틱 오염 지표로서 해염'-그린피스 (Global Pattern of Microplastics (MPs) in Commercial Food-Grade Salts: Sea Salt as an Indicator ofSeawater MP Pollution)

56. 식품 안전 정보원 글로벌 식품 안전 포커스 (3분기) - 미세플라스틱 오염현황 및 주요국 관리 동향

57. 신동성・하부영 (2006). 대기환경 기사.산업기사, 신광문화사

58. 원자력안전위원회 (2012). 원자력안전연감, 한국원자력안전기술원

59. 원자력안전위원회 (2012). 알기 쉽고 읽기 좋은 원자력안전관리, 한국원자력안전기술원

60. 유남재・김동건 외 3명 (2007). "2006집중강우에 따른 사면붕괴 특성에 관한 연구-강원도 화천을 중심으로", 2007한국지반공학회 봄학술발표회 초청강연 및 초록집, 한국지반공학회, pp158~158

61. 유남재 외 2명, "강원도 토석류 산사태의 특성에 관한 연구", 강원대학교산업기술연구소 논문집, 강원대학교 산업기술연구소, 2008-02, 제28권, 제A호, 3~10

62. 유병옥・장범수・최승일・최우경 (2006). 2006 고속도로변 토석류 피해발생 및 대책, 한국지반환경공학회 학술발표회논문집, pp115-127.

63. 윤용남 (1998). 공업수문학

64. 윤찬영・김경석・이재웅 (2009). 토석류의 정의와 분류, 한국지반공학회지, Vol.25(4), pp28-35

65. 이시영 (2014). 특수화재학개론. 화수목, pp45-258

66. 이시영 등 (2011). 산림인접지 산불위험성 평가기법 개발. 국립산림과학원, (1).

67. 이재수 (2016). 수리학

68. 이재수 (2010). 수문학

69. 이재준・심재현・김지태 (2009). 방재학개론. 동화기술

70. 장창덕・전계원・전병희・연규방 (2011). 수치해석을 통한 토석류사방댐 설치위치개선에 관한 연구, 한국방재학회 2011년도 학술발표대회 논문집, p49

71. 저영향개발(LID) 기반의 친환경 도시 계획, 이상진

72. 전계원・전병희・안광국・장창덕・김남균 (2010). 지상 LiDAR를 이용한 토석류 발생량 산정에 관한 기초연구, 한국지반환경공학회논문집, Vol.11 No.3, pp63-68

73. 전계원・전병희・장창덕・오채연・김남균 (2011). 토석류 도달거리 예측에 관한 실험적 연구, 2011년 한국수자원학회 학술발표대회 초록집, p323

74. 전국대학소방학과교수회 (2012). 새로운 소방학개론. 동화기술, p156

75. 전국대학소방학과교수협의회 (2008). 소방학개론. 동화기술, p119

76. 전병호・최계운・정상만・오경두・박상우・장석환・이주헌 (2013). 수리학

77. 제2차 재난 및 안전관리기술개발 종합계획 (2013)

78. 제4회 재난・재해과학기술지원실무위원회(국가과학기술심의회(구: 국가과학기술위원회) (2012)

79. 제주시 (2017). 제주형 지진방재종합대책 수립

80. 조선일보 (2018.3.19.), B1

81. 조선일보 (2018.11.27.), A31

82. 조선일보 (2018.12.8.), A30

83. 최준식 · 곽철수 · 유남재 (2010). 2009년 집중호우에 의한 인제군 상남리 토석류 현장 분석, 한국지반공학회 2010년도 춘계 국제학술발표대회, pp883-890

84. 표: GESAMP (2016) 및 Miller.et.al. (2016) 재구성, 안대한 (2018) 재인용

85. 한국방재학회 (2012). 방재학. 구미서관, pp350-356

86. 한국방재학회 (2017). 방재학, 구미서관

87. 한국방재학회, 안재현 · 김태웅 · 강두선 (2017). 재해복원력의 개념과 도입필요성

88. 한국원자력안전재단 (2018). 방사선작업종사자를 위한 방사선안전 기본교육 일반분야(산업)

89. 한국원자력안전재단 (2019). 방사선작업종사자를 위한 방사선안전 기본교육 일반분야(산업)

90. 한국원자력문화재단 공저 (2013). 원자력 · 방사선 입문서, 글방문화

91. 한국원자력학회 공저 (1989). 핵공학개론, 현진인쇄사

92. 한국원전수출산업협회 공저 (2012). 알기 쉬운 원자력공학, 현대아트콤

93. 한국전산원 (2004). 유비쿼터스 환경구축에 대한 국내외 동향 분석.

94. 한국행정연구원 (2015.12). 대형복합재난 법적기반 구축연구, p10, p16

95. 행정안전부 (2017). 생활속 지진안전

96. 행정자치부 (2004). 토석류의 발생작용 및 피해저감에 관한 연구, 국립방재연구소

97. 황학 · 고갑수 (1996). 토석류 거동을 위한 운동학적 모델, 대한토목학회 논문집, Vol.16 No.III-3, pp287-294

98. 2011년 농협중앙회 국내 축산업 피해규모(직접피해 규모) (2011.3.2)

99. 2011 Thailand Floods Event Recap Report Impact Forecasting (2012.3). AON BENFIELD

100. An, Cheol-Hyun (2011); Park, Deok-Gun (2008)

101. Bagnold, R. A. (1954). Experiments on a gravity-free dispersion of large solid spheres in a Newtonian Fluid under shear, Proc. R. Soc. London, A 225, pp49-63

102. Broscoe, A. J., Thomson, S. (1969). Observations on an alpine mudflow, Steele Creek, Yukon. Canadian J., Vol.27, pp219-229

103. Campbell, R. H. (1975). Soil Slips, Debris Flows, and Rainstorms in the Santa Monica Mountains and Vicinity, Southern California, United States Geological Survey Professional, p851

104. Calligaris C., Boniello M. A. &Zini L. (2008). Debris flow modelling in Julian Alps using FLO-2D

105. Chen, C. L. (1983). On Frontier Between Rheology and Mudflow Mechanics, Proceeding of the 1983 Hydraulic Division Specialty Conference on Frontier in Hydraulic Engineering, ASCE, MIT, Cambridge, MA, pp113-118

106. CIER (Center for Integrative Environmental Research) (2007). "The U.S. Economic Impacts of Climate Change and the Costs of Inaction". www .cier. umd/climateadaption.

107. Cox, S. & Cox, T (1991). The structure of employee attitudes to safety - a European example Work and Stress, p5, pp93-106.

108. Dirk Helbing, Hendrik Ammoser and christian KÄuhnert (2016). institute for transport & Economics, Dresden University of Technology, Germany, Disasters as Extreme Events and the Importance of Net works for Disaster Response Management, No.2.8, p14

109. Dirk Helbing, Hendrik Ammoser and christian KÄuhnert (2016). institute for transport & Economics, Dresden University of Technology, Germany, Disasters as Extreme Events and the Importance of Net works for Disaster Response Management, No.2.8, p16

110. Dirk Helbing, Hendrik Ammoser and christian KÄuhnert (2016). institute for transport & Economics, Dresden University of Technology, Germany, Disasters as Extreme Events and the Importance of Net works for Disaster Response Management, No.2.1, p3

111. Dirk Helbing, Hendrik Ammoser and christian KÄuhnert (2016). institute for transport & Economics, Dresden University of Technology, Germany, Disasters as Extreme Events and the Importance of Net works for Disaster Response Management, No.2.3, p6

112. Dirk Helbing, Hendrik Ammoser and christian KÄuhnert (2016). institute for transport & Economics, Dresden University of Technology, Germany, Disasters as Extreme Events and the Importance of Net works for Disaster Response Management, No.2.5, p11

113. Dirk Helbing, Hendrik Ammoser and christian KÄuhnert (2016). institute for transport & Economics, Dresden University of Technology, Germany, Disasters as Extreme Events and the Importance of Net works for Disaster Response Management, No.2.7, p13

114. Dietz, Simon and Nicholas Ste40

115. r9n. (2008). "Why Economic Analysis Supports Strong Action on Climate Change: A Response to the Stern Review's Critics". Review of Environmental Economics and Policy Vol. 2, No. 1. pp94-113

116. EEA (European Environment Agency) (2009). Ensuring quality of life in Europe's cities and towns. EEA Report No 5/2009. Copenhagen : EEA.

117. Egashira, S., Ashida, K., Yajima, H., Takahama, J., Constitutive equation of debris flow, Annuals of the Disaster Prevention Research Institute, Kyoto University, No.32 B2, pp487-501

118. EM.DAT(The OFDA/CRED International Disaster Daabase, www.emdat.be)

119. Felix, H., Peakall, M. (2006). Annette Geibel Journal Journal of the American College of Cardiology, Vol.48(10), pp2070-2076

120. GESAMP (2015). "Sources, fate and effects of microplastics in the marine environment: A global assessment," In P. J. Kershaw (ed.), (IMO/FAO/UNESCO-IOC/UNIDO/WMO/IAEA/UN/UNEP /UNDP Joint Group of Experts on the Scientific Aspects of Marine Environmental Protection), Rep. Stud. GESAMP No.90, p96.

121. Global Bioplastics Market Prediction to grow 350% (Energy and Gold Ltd (2016)

122. Hallegatte, Stéphane, Fanny Henriet and Jan Corfee-Morlo (2008). The Economics of Climate Change Impacts and Policy Benefits at City Scale: A Conceptual Framework. Environment Working Paper No. 4. Paris : OECD.

123. Hitchcock, David (2009). "Chapter 7: Urban Areas", in Jurgen Schmandt, Judith Clarkson and Gerald R. North (eds.). The Impact of Global Winning on Texas 2nd ed. Austin, Texas : University of Texas Press. www. taxasclimate. org/Home/Inlpacto/fGlobalWarmingonTexas/tabid/481/Default. aspx.

124. Hitz, S. and J. Smith. 2004. "Estimating Global Impacts from Climate Change". The Benefits of Climate Change Policies Chapter 2. Paris : OECD Publications

125. Hungr, O. and Rawlings, G. (1995). Assessment of Terrain Hazards for Planning Purposes: Cheekye Fan,

British Columbia: 48th Can. Geotech. Conf., Vancouver, B. C., Preprint Volume 1, pp509-517

126. Hungr, O., G. C. Morgan, D. F. VanDine, and D. R. Lister. (1987). Debris Flow Defences in British Columbia, In Debris Flow/Avalanches: Process, Recognition and Mitigation, Reviews in Engineering Geology, Vol. Ⅶ, pp201-222

127. Hunt, Alistair and Paul Watkiss (2007). Literature Review on Climate Change Impacts on Urban City Centres: Initial Findings, OSassa, K. (1988). Geotechnical Model for the Motion of Landslides, Special Lecture, 5th International Symposium on Landslides, Vol. 1, pp37-55

128. ECD Environment Directorate Working Paper. Paris : OECD

129. IAEA (1999). "Basic Safety Principles for Nuclear Power Plants", Safety Series 75-INSAG-3(개정; 75-INSAG-3 Rev. 1, INSAG Series No. 12) International Nuclear Safety Advisory Group

130. IAEA (1991.2). "Safety Culture", Safety Series No. 75-INSAG-4, International Nuclear Safety Advisory Group

131. Ibarrarán, M. et al. (2009). "Climate change and natural disasters: macroeconomic performance and distributional impacts". Environment, Development and Sustainability Vol. 11, No. 3. Springer Netherlands. pp549-56

132. Ikeya, H. (1976). A Method of Designation for Area in Danger of Debris Flow, In Erosion and Sediment Transport in Pacific Rim Steeplands, Proc. of the Christchurch Symp., Int. Assoc. Hydrol. Sci., Publ., N. 132, pp576-588

133. IPCC (2001a). "Summary for Policymakers", in R.T. Watson, and the Core Writing Team (eds.). Climate Change 2001: Synthesis Report, Contribution of Working Groups I, II, and III to the Third Assessment Report of the Intergovernmental Panel on Climate Change. Cambridge and New York : Cambridge University Press, pp1-34

134. IPCC (2001b). "Hydrology and Water Resources", in J.J. McCarthy, O.F. Canziani, N.A. Leary, D.J. Dokken and K.S. White (eds.). Climate Change 2001: Impacts, Adaptation, and Vulnerability, Contribution of Working Group II to the Third Assessment Report of the Intergovernmental Panel on Climate Change, Cambridge and New York : Cambridge University Press. pp1-17

135. IPCC (2007b). Climate Change 2007: Climate Change Impacts, Adaptation and Vulnerability, Contribution of Working Group II to the Fourth Assessment Report of the Intergovernmental Panel on Climate Change. M.L. Parry, O.F. Canziani, J.P. Palutikof, P.J. van der Linden and C.E. Hanson (eds.). Cambridge : Cambridge University Press.

136. Iverson, R. M. (1997). The physics of debris flows, Review of Geophsics, Vol.35(3), pp245-296

137. Jha, A. K. (2010). Sater homes, stronger communities: A handbook for reconstruction after natural disasters. Washingtonj. DC: World Bank, GFDRR.
Http://www.housingreconstruction.org/files/saferHomesStronger Communities.

138. Johnson, A. M. (1970). Phsical processes in geology, Freeman, Cooper, San Francisco

139. Jones, Roger (2004). "Managing Climate Change Risks", The Benefits of Climate Change Policies. Paris : OECD Publication's.

140. José G.BDerraik (The pollution of the marine environment by plastic debris: a review)

141. KAIST 정보보호 대학원 보안연구센터 임채호

142. Mark Weiser (1991). The Computer for the 21st Century. Scientific American Sep.

143. Mark Weiser (1993). Some Computer Science Problems in Ubiquitous Computing. Communications of the ACM, pp75-84

144. Mansanet-Bataller, Maria, Morgan Hervé-Mignucci, Alexia Leseur (2008). "Energy Infrastructures in France: Climate Change Vulnerabilities and Adaptation Possibilities". Mission Climat de la Caisse des DépÔts. Working Paper 1.
www.aprec.fr/documents/08-10-MC-WP1_Energy-Infrastructures-in-France_ vMan sanet&al,pdf.

145. Mayor of London (2007.2). Action Today to Protect Tomorrow: The Mayor's Climate Change Action Plan, Greater London Authority, London
www.london.gov.uk/mayor/environment/climate-change /docs/ccap_fullreport, Pdf.

146. McDougall T. M., Donley, H. F., and Howard, T. R. (2003). On Debris Flow/Avalanche California, In Debris Flows/Avalanches: Process, Recognition and Mitigation, Reviews in Engineering Geology, Geol. Soc. AM., Vol. VII, pp223-236

147. McGranahan, G., D. Balk, and B. Anderson (2007). "The Rising Tide: Assessing the Risks of Climate Change and Human Settlements in Low Elevation Coastal Zones". Environment and Urbanization Vol. 19. London : International Institute for Environment and Development

148. Mizuyama, T., and S. Uehara. (1983). Experimental Study of the Depositional Process of Debris Flows, Trans. Jap. Geomorphol. Union, Vol. 4, No. 1, pp49-63

149. Nasmith, H. W., Mercer, A. G. (1979). Design of Dykes to Protect against Debris Flows at Port Alice, British Columbia, Canadian Geotechnical J., Vol.16, pp748-757

150. Nicholls, R., S. Hanson, C. Herweijer, N. Patmore, J. Corfee-Morlot, J. Chateau, and R. Muir-Wood (2008). Ranking Port Cities with High Exposure and Vulnerability to Climate Extremes. OECD Environment Working Papers No. 1. Paris : OECD.

151. N. S. Wang, R. H. Yi, D. Liu (2008). A solution method to the problem proposed by Wang in voting systems, Journal of Computational and Applied Mathematics, Vol(221), pp106-113

152. O'Brien, J. S. and Julien, P. Y. (1993). Physical Properties and Mechanics oh Hyperconcentrated Sediment Flows, Proceedings of the Specialty Conference on Delineation of Landslide, Flash Flood and Flow Hazard in Utah, Utah State University, Utah, pp260-279

153. OECD (2007b). Screening Study: Ranking Port Cities with High Exposure and Vulnerability to Climate Extremes. Interim Analysis: Exposure Estimates, 9 November, 2007. Paris : OECD.

154. OECD (2008a). Competitive Cities and Climate Change: OECD Conference Proceedings, Milan, Italy, October 9-10, 2008. Paris : OECD.

155. OECD (2008b). Environmental Outlook to 2030, september. Paris : OECD Publications.

156. OECD (2009b). Cities, Climate Change and Multilevel Governance. Environment Working Papers. Paris : OECD.

157. Ohyagi, N. (1985). Definition and classification of sediment hazard, Prediction and countermeasures fo sediment hazards, Japanese Soc. Soil Mech. Foundation Eng., Tokyo, pp5-15

158. Pierson, T. C. (1980). Erosion and Deposition by Debris Flows at Mt. Thomas, North Canterbury, New Zealand, Earth Surface Processes, Vol. 5, pp227-247

159. Pierson, T. C., Costa, J. E. (1987). A rheologic classification of subaerial sediment-water flows, Debris flow/avalanches, process, recognition, and mitigation, Rev. Eng. Geolo. Soc. Am, pp1-12

160. Rickenmann D. (1999). Hyperconcentrated Flow and Sediment Transport at Steep Slopes, J. Hydraul. Eng. Vol.117(11), pp1419-1440

161. Ruth, M. (ed.). (2006). Smart Growth and Climate Change, Cheltenham, England : Edward Elgar Publishers. p403

162. Ruth, M., K. Donaghy and P.H. Kirshen (eds.) (2006). Regional Climate Change and Variability Impacts and Responses. Cheltenham, England : Edward Elgar Publishers. p260

163. Ruth, M. and D. Coelho (2007). "Understanding and Managing the Complexity of Urban Systems under Climate Change", Climate Policy Vol. 7. pp317-336

164. Ruth, M. and M. Ibarraran (eds.) (2009). Distributional Impacts of Climate Change: Social and Economic Implications. Cheltenham, England : Edward Elgar Publisher.

165. Sassa, K. (1988). Geotechnical Model for the Motion of Landslides, Special Lecture, 5th International Symposium on Landslides, Vol. 1, pp37-55

166. Savage, S. B., Sayed, M. (1984). Stress developed by dry cohesionless granular materials sheared in an annular shear cell, J. Fluid Mech., Vol. 127, pp453-472

167. Schlumberger (1882). Fileld observations of a debris flow event in the Dolomites, Geomorphology, Vol.29, pp265-274

168. Swantson, D. N., Swantson, F. J. (1976). Timber harvesting, mass erosion, and steepland forest geomorphology in the Pacific Northwest, Geomorphology and Engineering, pp199-221

169. Takahashi, T. (1981). Debris Flow, Annual Review of Fluid Mechanics, Vol.13, pp57-77

170. Takahashi, T. (1991). Debris Flow: Monograph of IAHR, Balkedam, Roltterdam, pp1-165

171. Takahashi, T., Nakagawa, H., Satofuca, Y. Kawaike, K. (2001). Flood and seciment disasters triggered by 1999 rainfall in Venezuela, a river restoration plan for an alluvial fan, J. Natureal Disaster Science, Vol.23(2), pp65-82

172. Takahashi, T., Tsujimoto, H. (1984). Mechanics of granular flow in inclined chute, J. Hydraul. Coast. Environment. Eng., JSCE, 565/2-39, pp57-71

173. The City of New York (2007.4). "P1aNYC: A Greener, Greater New York".
www. nyc. gov/html/planyc2030/downloads/pdf/full report. pdf.

174. THE FEDERAL RESPONSE TO HURRICANE KATRINA LESSONS LEARNED, FEBRUARY (2006)

175. Transesophageal Real-Time Three-Dimensional Echocardiography: Methods and Initial In Vitro and Human In Vivo Studies

176. UNEP, 일회용 플라스틱: 지속가능성을 위한 로드맵

177. Van Dine, D. F. (1985). Debris Flows and Torrents in the Southern Canadian Cordillera, Canadian Geotechnical Journal, Vol. 22, No. 1, pp44-68

178. Yano, K., Daido, A. (1965). Fundamental stusy on mud-flow, Bull. DPRI, Vol.14, pp69-83

179. ZCBI (1991). Developing a Safety Culture., Confederation of British Industry, London.

■ Wed site

1. AAAS (American Association for the Advancement of Science) (2006)
   AAAS Atlas of Population and Environment, http://adas. aaas. org
2. CNN. https://edition.cnn.com/2017/08/27/us/harvey-landfall/index.html
3. e-나라지표. www.index.go.kr
4. NASAv. http://earthobservatory.nasa.gov
5. National Police Agency of Japan. (2014). Damage Situation and Police Countermeasures associated with 2011 Tohoku district - off the Pacific Ocean Earthquake
6. SBS뉴스 (2016). https://news.sbs.co.kr/news/endPage.do?news_id=N1003793366
7. The Economist intelligence unit (2017). The Safe Cities
8. USGS. https://earthquake.usgs.gov/earthquakes/browse/stats.php
9. 강원신문 (2016). http://www.gwnews.org/news/articleView.html?idxno=88419
10. 경인일보. (2011). http://www.kyeongin.com/main/view.php?key=596465
11. 국가법령정보센터. www.law.go.kr
12. 국민일보. (2016). https://news.naver.com/main/read.nhn?mode=LSD&mid=sec&sid1=001&oid=009&aid=0003801364
13. 그린포스트코리아. https://m.post.naver.com/viewer/postView.nhn?volumeNo=9334536&memberNo=30293492&vType=VERTICAL
14. 나무 위키. https://namu.wiki/w/2017%EB%85%84%20%EB%8F%99%EB%82%A8%EA%B6%8C%20%ED%8F%AD%EC%9A%B0%20%EC%82%AC%ED%83%9C
15. 네이버 블로그. https://blog.naver.com/e4u2000/90184573740
16. 네이버 블로그. https://blog.naver.com/PostView.nhn?blogId=thaistyle&logNo=80143995400&proxyReferer=http%3A%2F%2Fwww.google.com%2Furl%3Fsa%3Di%26rct%3Dj%26q%3D%26esrc%3Ds%26source%3Dimages%26cd%3D%26ved%3D2ahUKEwi__pXitPfgAhWuxIsBHQGiAicQjhx6BAgBEAM%26url%3Dhttp%253A%252F%252Fm.blog.naver.com%252Fthaistyle%252F80143995400%26psig%3DAOvVaw1kjJYrz1ZsKyO1PAB_QiUx%26ust%3D1552301688042446
17. 다음블로그 http://blog.daum.net/_blog/BlogTypeView.do?blogid=0W4oc&articleno=188&categoryId=2&regdt=20170927115604
18. 두산백과. (2018). http://www.doopedia.co.kr/
19. 매일경제. (2016). https://news.naver.com/main/read.nhn?mode=LSD&mid=sec&sid1=001&oid=009&aid=0003801364
20. 부산일보사 (2017). https://news.naver.com/main/read.nhn?oid=082&aid=0000737586
21. 부산이야기. https://news.busan.go.kr/totalnews01/view?dataNo=60982
22. 서울 안전누리 (2018). https://safecity.seoul.go.kr/main/getSafetyPolicyErthqk.do
23. 세계일보. (2013). http://segye.com/view/20131110002863
24. 수자원공사, 물정보 포털. https://www.water.or.kr/disaster/general/flood
25. 아시아경제 (2017). http://www.asiae.co.kr/news/view.htm?idxno=2017082814254725094

26. 아주경제 (2013). https://www.ajunews.com/view/20131112081221418
27. 연합뉴스 (2016). https://news.naver.com/main/read.nhn?oid=001&aid=0008613760
28. 연합뉴스 (2016). https://news.naver.com/main/read.nhn?oid=001&aid=0008729982
29. 연합뉴스 (2017). https://www.yna.co.kr/view/AKR20170826002452075
30. 연합뉴스 (2018). https://www.yna.co.kr/view/AKR20181001034500076?input=1195m
31. 연합뉴스 (2018). https://news.naver.com/main/read.nhn?oid=001&aid=0010383129
32. 월요신문 (2015). http://www.wolyo.co.kr/news/articleView.html?idxno=33285
33. 장경국 (2016.10.5). 경주시, '대풍 차바'지진 피해지구 큰사로 없어. 아시아투데이, 2018.03.28. 검색, http://www.asiatoday.co.kr/view.php?key=20161005010002383
34. 전북포스트 (2016). http://www.jbpost.co.kr/news/articleView.html?idxno=7490
35. 조선일보.(2018). http://news.chosun.com/site/data/html_dir/2018/07/08/2018070800778.html
36. 중앙일보.(2018). https://news.joins.com/article/23017975
37. 프레시안 (2018). http://www.pressian.com/news/article/?no=214939#09T0
38. 한겨래 (2017). http://www.hani.co.kr/arti/society/area/810463.html
39. 한국일보 (2016). http://news1.kr/articles/?2774230
40. 행정안전부/서울신문 (2016.10.5). 온라인 뉴스부 http://www.seoul.co.kr/newsView.php?id=20161005500256
41. 헤드라인 제주 (2018). http://www.headlinejeju.co.kr/?mod=news&act=articleView&idxno=346146
42. 환경운동연합. http://kfem.or.kr/?p=128781
43. Landezien. www.landezine.com
44. https://atomic.snu.ac.kr/index.php
45. http://www.ohmynews.com/NWS_Web/View
46. http://www.greenpostkorea.co.kr/news
47. https://book.naver.com/bookdb
48. https://terms.naver.com/entry.nhn?
49. https://terms.naver.com/entry.nhn?docId=3430965&cid
50. https://namu.wiki/w
51. https://blog.naver.com/radsafe
52. https://terms.naver.com/entry.nhn?docId=1146908&cid
53. https://blog.naver.com/koshablog/220212712003
54. https://m.post.naver.com/viewer/postView.nhn?
55. https://terms.naver.com/entry.nhn?docId=1116735&cid
56. https://news.v.daum.net/v/20161130092401084
57. https://ko.wikipedia.org/wiki
58. http://news.zum.com/articles/48027256

찾아보기

ㄱ

가뭄 225
가상사고 303
가연내장재 87
가연성 82
간접소화법(indirect attack) 103
감마선 292
강수 221
강하분진 111
건설허가(CP) 305
결정론적 영향 295
경보소화설비 87
고리원전 281
고온관리 235
고형화 137
공간혁명 256
관성토석류 195
광역재해완화 지침서(EDMG) 316
구조지진 155
국가안전관리기본계획 343
국가지진대응시스템 159
규모 152
그리드 컴퓨팅 274
기후변화에 대한 적응 원칙 232

ㄴ

납 113
내진설계 기준 161
냉각재상실사고(LOCA) 303
냉각효과 83
노심손상빈도(CDF) 301
농연 93

ㄷ

다발형 34
다중형 34
단락(합선) 83
대량위험물 90
대한민국헌법 341
대형화 23
도시 계획 330
도시관리계획 332
도시기본계획 330
도시방재 제도 337
도시방재계획 336, 349
도시열섬효과 224
도시 인프라 216
도시재생 250
도시혁명 257
도시홍수 43
도시화재 81
등가선량 293

ㄹ

라돈 294
라듐 294
리질리언스 354

ㅁ

맞불(back firing) 103
매립 136
무기 응집제 121
무대책(Urban Inaction) 228
무선통신 97
물리공간 256
미세먼지 112
미세플라스틱 137

ㅂ

반치사선량 295
발화 83
발화점 84
방사선 300
방사선비상계획구역(EPZ) 306
방사선 장해 294
방사성폐기물 135
방수압력 98
방재도시계획 340
방호의 최적화 295
방화구획 87
방화선(fire line) 103
백색비상 297
법적재난 7
베타선 292
벤젠 113
보충성 12
보호장구 91
복합재난 27
복합화 24
부유분진 111
붕괴열(decay heat) 302
비산화 105
비상로심냉각계통(ECCS) 303

ㅅ

사업장폐기물 134
산불 102
산업혁명 257
산화반응 102
상부맨틀 148
상수처리 119
생물화학적 산소요구량 127
생태도시 252
선량 한도 295
선원항(source term) 304
설계기준사고(DBA) 303
설계기준 초과 사고(BDBA) 303
세계원자력발전협회(INPO) 325
소각처리법 136
소독공정 124
소방시스템 86
소화설비 85
소화용수 85
수질 관리 239
스마트시티 362
스마트 자동차 267
스마트 홈 264
심층방어(DiD) 301

ㅇ

아황산가스 111
안전관리기준 88
안전문화 284
알파선 292
암석권 148
압축도시 252
양성자선 278
여과공정 123
연계성 11
연소 82

연속형 34
열방출율 107
열분해 136
열섬효과 223
열세성 11
예비안전성분석보고서(PSAR) 305
오염총관리제도 117
오존 113
옥내소화전 101
완화와 적응 234
용존산소 127
우주방사선 292
운영개선프로그램(CAP) 291
운영허가(OL) 305
원자력공학 300
원자력안전 300
위그너 에너지(Wigner Energy) 326
윈드스케일 326
유도등설비 102
유비쿼터스 260
유비쿼터스 컴퓨팅 261, 262
유비쿼터스 혁명 258, 259
유효선량 293
응집공정 121
의료폐기물 135
이동 191
이산화질소 112
인공방사선 278, 292
인공지진 155
인과관계 네트워크 28
인적 · 사회적 재난 15
일산화탄소 112
임야화재 82

ㅈ

자연방사선 277, 292
자연재난 13
자연재해대책법 340
자연지진 155
재난 9
재난 및 안전관리 기본법 340
재난의 정의 5
재해취약성 분석 346
적색비상 297
적심층 106
전자공간 256
전자선 278
정보혁명 258
조사선량 293
주시곡선 150
중성자선 279, 294
증강현실 263
지상진화도구 103
지정폐기물 135
지진 147
지진대응매뉴얼 164
지진방재종합대책 157
지진조기경보 160
지진통보서비스 159
지진파 155
지진학 150
직접소화법(direct attack) 103
직접유출량 45
진도 154
진앙 151
진원 151

ㅊ

차바 54
청색비상 297
체르노빌 원전 사고 319
체적농도(volumetric concentration) 195
최종안전성분석보고서(FSAR) 305
치사선량 295

침전공정 122

ㅋ

카트리나 48
콩레이 57

ㅌ

탄성반발설 149
텔레메틱스 273
토석류 190
통수능력 45
퇴적 191

ㅍ

판구조론 149
폭염 222
표준활성슬러지공법 134
풍수해저감종합계획 337, 343
프로토콜 94
플래시오버(Flash Over) 96

ㅎ

하나로 281
하비 52
하수처리 126
하이옌 50
함몰지진 156
행위의 정당화 295
허리케인 48
현장지휘소 92
협조성 12
혼화공정 120
홍수 예 · 경보 시스템 68
홍수위험관리 237
화산지진 156
화재 분류 82
화재안전기준 102
화재안전성 84
화학적 산소요구량 133
확률론적 안전성 평가(PSA) 304
확률론적 영향 295
환기설비 94
후쿠시마 원전사고 309
후쿠시마 후속조치 282
훈소 82
흡수선량 293

A-Z

Dam break flow 198
FLO-2D 63
GIS 273
GPS 268
HEC-HMS 59
IPCC 제4차 평가보고서 215
LBS 273
LID 도시방재계획 358
PM10 114
PM2.5 114
RBMK-1000형 319
RFID 271
Richter 154
S-RAT 60
SFP 316
SIMOD 65
SWMM 63
TMI 325
USN 274
VfloTM 62

집필진

CHAPTER	저 자	소속
제1장 도시재난안전의 개념 범위	김 병 식	강원대학교 방재전문대학원 교수
제2장 도시와 홍수	이 석 호	강원대학교 방재전문대학원 책임연구원
제3장 도시와 화재	이 시 영	강원대학교 방재전문대학원 교수
제4장 도시와 환경	전 병 희	강원대학교 방재전문대학원 교수
제5장 도시와 지진	김 만 일	산림조합중앙회 산림공학연구소 책임연구원
제6장 도시와 토석류	김 병 식	강원대학교 방재전문대학원 교수
제7장 도시와 기후변화	김 병 식	강원대학교 방재전문대학원 교수
제8장 도시와 유비쿼터스	곽 동 걸	강원대학교 방재전문대학원 교수
제9장 도시와 원자력	임 형 규	한국수력원자력 부장
제10장 도시계획과 제도	전 계 원	강원대학교 방재전문대학원 교수

도시방재학개론 정가 20,000원

저자 : 강원대학교 방재전문대학원

발행인 : 임해진
발행처 : 도서출판 구미서관

인쇄 : 2019년 8월 23일
발행 : 2019년 8월 30일

등록 : 1979년 6월 29일 No.9-6호
주소 : 서울시 마포구 신촌로 2길 5-15 구미빌딩
전화 : 02-333-1101
팩스 : 02-335-2201

ISBN 979-11-6257-082-1 (93530)

이 교재는 행정안전부의 방재안전분야 전문인력 양성사업의 지원을 받아 제작되었습니다.